LINGNENGHAO JIANZHU
JI KEZAISHENG NENGYUAN XINJISHU

零能耗建筑及可再生能源新技术

刘秋新　等著

·北京·

建筑节能技术已经成为目前建筑技术发展的重点和热点之一。为实现夏热冬冷地区的建筑零能耗或近零能耗，本书根据相关研究确定了夏热冬冷地区零能耗建筑的定义和标准，通过理论、实验和模拟等方法，研究了可再生能源利用的相关技术，包括：太阳能半导体热电堆冷热墙技术，太阳能半导体热电堆空调器技术，基于太阳能利用的风冷热泵三联供技术、辐射供暖技术、太阳能吸收制冷技术等。本书内容对零能耗建筑与可再生能源新技术的研究、理论探索、应用推广有较好的参考价值。

本书在编写时注重理论与实践相结合，内容深入浅出，可供从事建筑节能技术研究、暖通空调、能源利用、环境保护等领域的专业工作者、管理工作者参考，也可用作建筑环境与能源应用工程、土木工程、建筑学等专业的本科及研究生的教学参考书。

图书在版编目（CIP）数据

零能耗建筑及可再生能源新技术/刘秋新等著．—北京：化学工业出版社，2019.12

ISBN 978-7-122-35453-2

Ⅰ．①零…　Ⅱ．①刘…　Ⅲ．①建筑设计-节能设计②再生能源-应用-生态建筑-建筑工程　Ⅳ．①TU201.5②TU18

中国版本图书馆 CIP 数据核字（2019）第 244349 号

责任编辑：朱　彤　　　　文字编辑：林　丹
责任校对：盛　琦　　　　装帧设计：刘丽华

出版发行：化学工业出版社
（北京市东城区青年湖南街 13 号　邮政编码 100011）
印　　装：高教社（天津）印务有限公司
787mm×1092mm　1/16　印张 16　字数 418 千字
2020 年 6 月北京第 1 版第 1 次印刷

购书咨询：010-64518888
售后服务：010-64518899
网　　址：http://www.cip.com.cn
凡购买本书，如有缺损质量问题，本社销售中心负责调换。

定　　价：98.00 元　　

前言

我国正处在工业化和城镇化加快发展的重要时期，每年大约有 20 亿平方米的建筑总量，接近全球年建筑总量的 1/2，其中建筑能耗已经占到全社会总耗能的 30%以上。与此同时，我国还面临着资源严重短缺的现象，无论是人均资源，还是资源总量都严重不足；能耗强度较高，约为世界平均水平的 1.4 倍，约为发达国家平均水平的 2.1 倍，建筑能耗问题已成为影响我国未来经济可持续发展的制约因素之一。因此，建筑节能技术已经成为目前建筑技术发展的重点之一。

为进一步提升我国建筑节能工作的水平，帮助广大建筑节能工作人员更好地进行建筑节能工作，本书根据相关研究确定了夏热冬冷地区零能耗建筑的定义和标准，通过理论、实验和模拟等方法，研究了可再生能源利用的相关技术，包括：太阳能半导体热电堆冷热墙技术，太阳能半导体热电堆空调器技术，基于太阳能利用的风冷热泵三联供技术、辐射供暖技术、太阳能吸收制冷技术等。需要指出的是，本书内容所包含的可再生能源新技术主要是指太阳能技术在零能耗建筑方面的应用新技术等。

全书在编写时尽量做到内容深入浅出，层次清晰，注重理论与实践的结合，力图通过利用可再生能源技术，实现夏热冬冷地区的建筑零能耗或近零能耗。本书可用于建筑环境与能源应用工程、土木工程、建筑学等专业的本科及研究生的教学参考书，也可供公用设备暖通专业工程师及相关工程技术人员学习和参考。

本书的编写得到武汉市建筑节能办公室、武汉市建筑节能检测中心的鼎力支持。在本项目研究与可再生能源技术示范工程实施期间，武汉市建筑节能检测中心积极配合相关研究工作和项目的施工，在此表示衷心感谢。本书还得到了武汉科技大学城市学院学术专著出版基金资助。参与本书撰写工作的有刘冬华、鄢小虎、焦良珍、龙一飞、符媛媛、高春雪、韦卜方、郎倩珺、杨树、朱傲、吴松林、郝禹、丁照球、杨二平、胡中平、吴海涛、佘明威、席洋、包阔、黄倞、徐伟、陈添寿、罗继春、吕学林、梅钢、童亮、向金童、陈芬、蔡美元、潘华阳、王心慰等老师与同学，对上述人员所付出的辛勤劳动，在此表示衷心感谢。

因时间所限以及本人水平有限，书中难免有不妥之处，敬请广大读者不吝赐教，提出宝贵意见。

著者

2019 年 10 月

目录

第1章　夏热冬冷地区零能耗建筑的建立 / 001

1.1　零能耗建筑现行标准与研究进展 …… 001
1.1.1　国外研究现状 …… 001
1.1.2　国内研究现状 …… 003

1.2　夏热冬冷地区零能耗建筑的建立 …… 005
1.2.1　实验建筑概况 …… 005
1.2.2　建筑能耗影响因素分析 …… 006
1.2.3　近零能耗建筑的建立 …… 008
1.2.4　零能耗建筑的建立 …… 009
1.2.5　能耗模拟计算 …… 011

1.3　夏热冬冷地区零能耗建筑中可再生能源新技术 …… 013

第2章　基于太阳能的半导体热电堆冷热墙及空调器设计 / 015

2.1　太阳能半导体制冷 …… 015
2.1.1　太阳能光伏发电 …… 016
2.1.2　半导体制冷 …… 020

2.2　太阳能半导体热电堆冷热墙设计 …… 023
2.2.1　光-电转换系统 …… 023
2.2.2　半导体冷热墙体 …… 025

2.3　太阳能半导体热电堆空调器设计 …… 028
2.3.1　嵌入式半导体空调器 …… 028
2.3.2　系统匹配设计 …… 029

2.4　本章小结 …… 032

第3章 太阳能半导体热电堆冷热墙应用 / 033

3.1 半导体冷热墙单体性能研究 …… 033
3.1.1 传热性能及制冷效果测试 …… 033
3.1.2 强化换热研究 …… 037

3.2 太阳能半导体冷热墙在近零能耗建筑中的应用研究 …… 040
3.2.1 实验研究 …… 041
3.2.2 模拟研究 …… 048

3.3 半导体冷热墙的优化设计 …… 050

3.4 本章小结 …… 051

第4章 太阳能半导体热电堆空调器应用 / 052

4.1 太阳能光伏电池特性研究 …… 052
4.1.1 实验设备及元件 …… 052
4.1.2 太阳能光伏电池的特性测试 …… 053

4.2 半导体制冷制热实验结果与分析 …… 063
4.2.1 制冷实验结果与分析 …… 063
4.2.2 制热实验结果与分析 …… 068

4.3 太阳能半导体空调器的经济性分析 …… 068
4.3.1 成本分析 …… 068
4.3.2 系统减排效益分析 …… 069

4.4 本章小结 …… 070

第5章 基于太阳能利用的风冷热泵三联供技术 / 072

5.1 太阳能热泵及冷热、热水三联供系统 …… 072
5.1.1 太阳能热泵 …… 072
5.1.2 三联供系统及分析 …… 073

5.2 基于太阳能利用的风冷热泵三联供系统 …… 079
5.2.1 系统设计 …… 079
5.2.2 系统节能潜力分析 …… 081
5.2.3 部件匹配设计 …… 082

5.3 三联供系统的实验研究 …… 089
5.3.1 实验准备 …… 089
5.3.2 数据处理 …… 092
5.3.3 系统全年运行性能测试结果分析 …… 094

5.3.4 系统的效益分析 ………………………………………………………… 105

5.4 本章小结 ………………………………………………………… 110

第6章 辐射供暖技术 / 111

6.1 辐射冷热墙系统 ………………………………………………………… 111
6.1.1 辐射冷热墙系统及设计 ………………………………………………………… 111
6.1.2 辐射冷热墙系统供暖工况实验测试 ………………………………………………………… 120

6.2 低谷电地板辐射采暖系统 ………………………………………………………… 129
6.2.1 电力资源使用现状 ………………………………………………………… 129
6.2.2 低谷电地板辐射采暖系统 ………………………………………………………… 130
6.2.3 地板辐射采暖蓄热特性和蓄热材料分析 ………………………………………………………… 132
6.2.4 低谷电地暖辐射采暖的实验研究 ………………………………………………………… 139

6.3 本章小结 ………………………………………………………… 148

第7章 太阳能溶液除湿及吸附式制冷技术 / 149

7.1 太阳能溶液除湿系统 ………………………………………………………… 149
7.1.1 溶液除湿系统 ………………………………………………………… 149
7.1.2 溶液再生设备 ………………………………………………………… 156
7.1.3 集热型溶液再生过程的实验研究 ………………………………………………………… 165

7.2 太阳能吸附式制冷系统 ………………………………………………………… 173
7.2.1 太阳能吸附式制冷原理 ………………………………………………………… 173
7.2.2 太阳能复合管吸附式制冷系统的设计 ………………………………………………………… 174
7.2.3 吸附式制冷系统动态仿真模型的建立 ………………………………………………………… 182
7.2.4 太阳能空调工况制冷仿真系统性能分析 ………………………………………………………… 189

7.3 基于余热利用的卡车驾驶室局部空调系统研究 ………………………………………………………… 195
7.3.1 汽车空调与吸附式制冷技术 ………………………………………………………… 195
7.3.2 余热利用空调系统稳定性分析 ………………………………………………………… 196
7.3.3 驾驶室局部空调系统模拟研究 ………………………………………………………… 201
7.3.4 驾驶室局部空调系统实验研究 ………………………………………………………… 233
7.3.5 经济性分析 ………………………………………………………… 241

7.4 本章小结 ………………………………………………………… 243

参考文献 / 244

后记 / 249

第1章

夏热冬冷地区零能耗建筑的建立

1.1 零能耗建筑现行标准与研究进展

建筑能耗是指在建筑的产生和运行使用过程中，为满足人们正常的生活和工作需求所消耗的各种能源。建筑节能一直是世界各国降低能耗，应对气候变化的重要手段之一。建筑节能经过几十年的发展，不断迈向更高能效以达到甚至接近零能耗的目标。零能耗建筑并非表示建筑本身不消耗任何形式的能源，其内涵在于：在以年为计算周期的时间段内，以终端用能形式作为衡量指标，建筑物及附近与其相关的可再生能源系统产生的能源总量大于或等于建筑本身消耗的能源总量的建筑物。

上述建筑发展路线可概括为：常规建筑→节能建筑→近零能耗建筑→零能耗建筑。常规建筑和节能建筑主要要求建筑物尽可能减少对一次能源的消耗，而近零能耗建筑则是节能建筑实现更进一步节能的结果，即当建筑物全年的单位面积总能耗值小于某一限定值的时候，便达到了近零能耗建筑的定义要求。节能建筑和近零能耗建筑的实施途径主要是通过提高建筑物本体的合理设计，包括合理的建筑朝向、合理的体形系数、合理的窗墙比、提高围护结构热工性能等几个方面；而对于可再生能源的利用则只是作为一种鼓励措施，国家和政府层面一般不要求强制实施。但是零能耗建筑的重点不仅包括对于建筑本体设计的要求，更重要的是必不可少地充分利用包括太阳能、风能、地热等在内的各种可再生能源。

从其内涵描述可以看出，零能耗建筑的最大特点在于：建筑物维持自身正常功能所需要的能源须全部由太阳能等可再生能源提供，不消耗煤炭、石油等一次能源。零能耗建筑强调的是能源的自给自足，不依赖于常规的能源供给便能够实现建筑的舒适性。

1.1.1 国外研究现状

国外开展零能耗建筑的研究工作较早，20世纪70年代初全球石油危机爆发后，世界各国相继开始注重节能减排并关注建筑零能耗的发展，主要的研究重点集中在对零能耗建筑定义及内涵的确定、寻求实现建筑零能耗的最优技术手段以及未来零能耗建筑的发展方向等方面。部分国家/经济体对于零能耗建筑相关定义及所指建筑类型、能耗计算范围比对见表1-1。

⊡ 表 1-1 部分国家/经济体对于零能耗建筑相关定义及所指建筑类型、能耗计算范围比对

国家/经济体	定义		建筑类型			能耗计算范围		
	英文	中文	低层居住建筑	多层居住建筑	公共建筑	供暖	供冷	照明、家电、热水
丹麦	zero energy house	零能耗住宅	√	×	×	√	×	×
德国	energy autonomous house	无源建筑	√	×	×	√	√	√
德国	zero-energy building	零能耗建筑	√	√	√	√	√	√
德国	passive house	被动房	√	√	×	√	√	×
瑞士	minergie	迷你能耗房	√	×	×	√	√	×
意大利	climate house	气候房	√	×	×	√	√	×
加拿大	net zero energy solar communities	零能耗太阳能社区	√	×	×	√	√	√
美国	zero energy home	零能耗住宅	√	×	×	√	√	√
美国	zero energy building	零能耗建筑	×	√	√	√	√	√
美国	zero-net-energy commercial building	净零能耗公共建筑	×	×	√	√	√	√
欧盟	nearly zero-energy buildings	近零能耗建筑	√	√	√	√	√	√
英国	zero-carbon home	零碳居住建筑	√	×	×	√	√	√
比利时	low-energy house	低能耗居住建筑	√	√	×	√	√	×

注："√"表示包括该建筑类型及能耗计算范围；"×"表示不包括该建筑类型及能耗计算范围。

德国零能耗建筑的研究一直处于世界领先地位，尤其在太阳能利用方面。德国在零能耗建筑方面的研究，主要是基于太阳能利用的"被动房"，从表 1-1 可以看出，德国的零能耗被动房技术可覆盖绝大部分建筑类型，能耗计算范围涵盖了供热、供冷等主要能耗。德国住宅建筑被动房标准要求建筑物全年平均采暖（空调）能耗小于等于 $15kW \cdot h/m^2$，被动房认证标准见表 1-2。被动房的供暖、供热、制冷、照明等主要来自"被动源"：太阳能、房屋使用者的人体热源、电器散热等，这样就能使主动外加的热能耗降低到最低甚至接近零。

⊡ 表 1-2 被动房认证标准

认证内容	认证标准	备 注
独立空间热需求	$\leqslant 15kW \cdot h/(m^2 \cdot a)$	—
热负荷	$10W/m^2$	—
独立空间冷需求	$\leqslant 15kW \cdot h/(m^2 \cdot a)$	—
一次能源需求	$\leqslant 120kW \cdot h/(m^2 \cdot a)$	一次能源包括采暖、制冷、热水、通风、辅助电量、照明和其他等用能
换气次数	$n_{50} \leqslant 0.6h^{-1}$	—
热桥损失系数	$\Phi < 0.01W/(m \cdot K)$	—
超温频率	≤10%	室温超过 25℃

注：数据来源于徐伟，国际建筑节能标准研究［M］，中国建筑工业出版社，2012。

各国政府在探讨零能耗建筑的定义和技术路线的同时，还都建造了大量示范项目。零能耗示范工程情况汇总见表 1-3。

⊡ 表 1-3　零能耗示范工程情况汇总

建筑类型	国家（地点）	建筑面积/m^2	外墙传热系数/[W/(m^2·K)]	窗户传热系数/[W/(m^2·K)]	能源系统类型	全年耗能/[kW·h/(m^2·a)]	全年产能/[kW·h/(m^2·a)]
低层居住建筑	英国加的夫	150	0.1	1.36	PV+风电+太阳能热水	40	48.7
	丹麦	145	0.11	1.5	区域供暖+机械通风热回收	19.8(不包括采暖能耗)	—
	塞尔维亚克拉库耶伐次	130.6	0.22	3.19	PV+地源热泵系统	—	—
	奥地利维也纳	89.5	0.13	0.8	区域供暖	32.8	—
多层居住建筑	丹麦	7000	0.1	0.9	PV/T+地源热泵	56.5	56.5
	丹麦	2717	0.16	1.03	通风热回收	51.5	
	韩国首尔	1344	0.15	0.85	BIPV	60	38
公共建筑	法国留尼旺岛	681	—	—	屋顶PV+自然通风	15.2	105
	葡萄牙里斯本	1500	0.45	3.5	BIPV /T+地道送风	43	35.85
	美国西雅图	4800	—	—	屋顶PV+BIPV+地源热泵系统	53	53
居住区	德国弗莱堡	8142	0.28	0.7	屋顶PV	79	115

注：BIPV 为 building integrated PV，建筑光伏一体化。

从表 1-3 中可以看出：①示范建筑都采用了高性能的建筑围护结构；②太阳能光电系统、太阳能光热系统作为建筑物能量来源使用最为广泛；③大多数项目都可以达到近零能耗和零能耗。

世界主要经济体都在积极推动建筑节能，使建筑逐步迈向零能耗，并以立法或条例的形式明确时间节点和发展目标；各国在实现的过程中，目标和时间进度有所差别，但都是逐步实现近零能耗，最终达到零能耗。世界部分国家/经济体实现近零能耗建筑/零能耗建筑政策信息见表 1-4。

⊡ 表 1-4　世界部分国家/经济体实现近零能耗建筑/零能耗建筑政策信息

编号	国家/经济体	时间节点	实现目标	相关条例
1	美国	2030 年	零能耗	行政命令 13514，发挥联邦政府在环境、能源和经济绩效方面的作用
2	日本	2020 年(公共建筑)/2030 年(全部新建建筑)	零能耗	低碳社会、促进住房工作时间表
3	欧盟	2018 年(公共建筑)/2020 年(全部新建建筑)	近零能耗	建筑能效指令
4	韩国	2017 年	近零能耗	应对气候变化的零能耗建筑行动计划
		2025 年	零能耗	
5	英国	2016 年住宅	零碳	永续住宅技术规则
		2019 年公共建筑		
6	德国	2020 年	零能耗	—

1.1.2　国内研究现状

随着社会经济的发展，城市建设的加快，能源问题已成为人们关注的焦点。据统计，建筑能耗已经占到我国能源消耗总量的20%～30%。建筑能耗的增大，成为制约我国可持续发展的关键问题，建筑师们目前正在研究适应各个区域的近零能耗建筑和零能耗建筑。如何创造有地域特色的适应当地气候的节能建筑，既要为当地的建筑节能提供有效、科学的技术措施指导，同时还要满足人们的热舒适要求，是目前亟待解决的问题。

在国内，建筑节能的发展相对落后，目前还处于“三步节能”的最后一步。我国现有超过400多亿平方米的高能耗住宅，能耗水平是发达国家的3倍；而全国每年新建住宅近10亿平方米，超过所有发达国家新增建筑的总和，其中90%都是高能耗型。我国建筑节能工作，从北方采暖区开始，过渡到夏热冬冷地区，直至2003年夏热冬暖地区开始实行之后，居住建筑节能率共历经了3个阶段（1986年、1996年、2010年）：30%、50%、65%。2001年颁布了《夏热冬冷地区居住建筑节能设计标准》，要求新建、扩建和改建的居住建筑应达到节能率50%的标准。目前，全国都已实施节能50%以上的强制性标准，而北京、上海、重庆等直辖市已经执行或即将执行节能率65%的设计标准。根据国家节能发展规划，2020年将全面实行节能75%的标准。所以，降低建筑能耗、提高建筑能源综合利用效率迫切要求对零能耗建筑开展创新研究与应用实践。

近年来我国环境污染日益严重，尤其从2015年开始，每到冬季全国大部分城市都出现了重度霾的天气。为了有效遏制环境恶化，减少建筑能耗尤其是采暖能耗，国家频繁发布相关政策和法规。随着对节能的要求越来越紧迫，建筑行业相关节能规范的更新速度也明显加快，有关绿色建筑评价的标准以及超低能耗建筑设计的规范也开始试行。根据《近零能耗建筑技术标准》（GB/T 51350—2019）第6.1条的规定：围护结构平均传热系数可按表1-5、表1-6选取。国外典型工程围护结构传热系数见表1-7。

表1-5 居住建筑非透光围护结构平均传热系数 单位：$W/(m^2 \cdot K)$

围护结构	传热系数 K				
	严寒地区	寒冷地区	夏热冬冷地区	夏热冬暖地区	温和地区
屋面	0.10～0.15	0.10～0.20	0.15～0.35	0.25～0.40	0.20～0.40
外墙	0.10～0.15	0.15～0.20	0.15～0.40	0.30～0.80	0.20～0.80
地面及外挑楼板	0.15～0.30	0.20～0.40	—	—	—

表1-6 公共建筑非透光围护结构平均传热系数 单位：$W/(m^2 \cdot K)$

围护结构	传热系数 K				
	严寒地区	寒冷地区	夏热冬冷地区	夏热冬暖地区	温和地区
屋面	0.10～0.20	0.10～0.30	0.15～0.35	0.30～0.60	0.20～0.60
外墙	0.10～0.25	0.10～0.30	0.15～0.40	0.30～0.80	0.20～0.80
地面及外挑楼板	0.20～0.30	0.25～0.40	—	—	—

表1-7 国外典型工程围护结构传热系数 单位：$W/(m^2 \cdot K)$

围护结构	德国《建筑节能条例》EnEV2009	德国被动房标准（passive house）	德国某示范工程	比利时某示范工程
窗户	1.30	0.80	0.70	0.74
外墙	0.28	0.15	0.12	0.18
地板	0.35	0.15	0.16	0.26
屋面	0.20	0.15	0.11	0.10

对比表1-5～表1-7可知：我国技术标准对围护结构传热系数的要求越来越高，但与国外先进标准相比尚存在一定差距。零能耗建筑的实现与被动式设计、高性能围护结构、高效集成的产能系统与能源结构、建筑能耗预测监管平台技术的应用紧密相连。由于我国的建筑形式和气候特点与发达国家不尽相同，建筑物的能源需求也相差很大，我国建筑在实现零能

耗的过程中还需要针对不同地区、不同建筑形式研究其具体技术方式，在我国全面实现零能耗建筑的标准化、规模化、经济化目标尚存在一定困难。因此，关于零能耗建筑及可再生能源新技术的研究和推广任务也将更加紧迫。

目前，在我国北方寒冷地区，通过与德国能源署的合作，已经有一些比较成功的近零能耗住宅项目，冬季其室内在不需要传统采暖设施的情况下，依旧能保持舒适的环境温度，效果非常好。在我国的长江中下游地区，夏季炎热，冬季寒冷，特别是与北方相比，冬季没有集中采暖，室内舒适性较差。零能耗建筑在我国起步也不久，在夏热冬冷地区还没有具体的应用工程，而且鉴于夏热冬冷地区对采暖和空调的巨大需求以及能耗的不断增加，研究零能耗建筑在夏热冬冷地区的应用是很有必要的。

1.2 夏热冬冷地区零能耗建筑的建立

夏热冬冷地区位于我国长江中下游地区，最热月平均温度 25～30℃，平均相对湿度 80%左右，最冷月平均气温 0～10℃，平均相对湿度 80%左右。冬季气温虽然高于北方，但日照率远远低于北方，整体气候特点表现为夏季潮湿炎热，冬季阴冷潮湿。针对这一气候特点，该地区的建筑需要兼顾夏季隔热和冬季保温，综合处理好建筑围护结构的热工性能，才能满足零能耗建筑的目标能耗限值。本节以一实验建筑为依托，利用建筑能耗模拟分析软件 DeST 分析夏热冬冷地区近零能耗建筑和零能耗建筑的围护结构参数。

1.2.1 实验建筑概况

本实验建筑位于湖北省武汉市，武汉市为典型的夏热冬冷地区，气象参数如下：武汉市，北纬 30°37′，东经 114°08′，平均海拔 23.3m，年平均气温 16.3℃。冬季采暖室外计算干球温度−2℃，夏季室外计算干球温度 35.2℃，夏季空调室外计算湿球温度 28.2℃，最冷月室外计算相对湿度 76%，最热月室外计算相对湿度 79%。

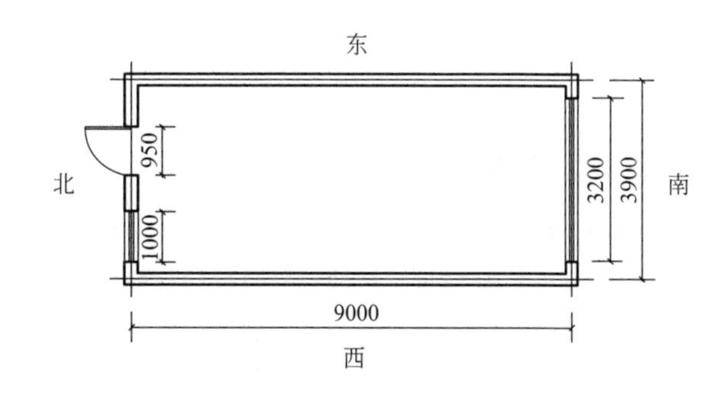

图 1-1 实验室平面示意图

该建筑位于武汉市南部，建筑南外墙的窗户面积过大，且窗户为塑钢单层不节能外窗，外墙的传热系数大，为典型的不节能建筑。实验室平面示意图如图 1-1 所示，实验室外景图如图 1-2 所示。实验室的尺寸：长、宽、高分别为 9000mm、3900mm、2800mm，总面积为 35.10m^2。

由传热学知识可知，由 2 种以上的材料组成的组合材料层，其热阻按下式计算：

$$R=R_1+R_2+\cdots+R_n=\frac{d_1}{\lambda_1}+\frac{d_2}{\lambda_2}+\cdots+\frac{d_n}{\lambda_n} \tag{1-1}$$

式中 $R_1,R_2,\cdots,R_n$——各层材料热阻，m^2·K/W；

$d_1,d_2,\cdots,d_n$——各层材料的厚度，m；

$\lambda_1,\lambda_2,\cdots,\lambda_n$——各层材料热导率，W/(m·K)。

图 1-2　实验室外景图

传热系数为：

$$K_0 = \frac{1}{R_0} \tag{1-2}$$

实验建筑围护结构的构造做法及热工参数如表 1-8 所示。

表 1-8　实验建筑围护结构的构造做法及热工参数

围护结构名称	构造做法（由外至内）	热导率/[W/(m·K)]	厚度/mm	传热系数/[W/(m²·K)]
外墙	水泥	0.93	2	1.80
	水泥砂浆	0.93	10	
	黏土陶粒混凝土	0.54	200	
	水泥砂浆	0.93	15	
	白水泥	0.93	2	
屋面	水泥砂浆	0.93	20	0.81
	多孔混凝土	0.21	200	
	钢筋混凝土	1.63	130	
	水泥砂浆	0.93	15	
外窗	塑钢单层玻璃	—	—	6.4
外门	普通金属推拉门	—	—	4.5

1.2.2　建筑能耗影响因素分析

利用 DeST 分别分析该实验建筑中外墙、屋顶、外窗的热工性能变化对于建筑全年累计负荷指标的影响情况，结果见图 1-3～图 1-5。

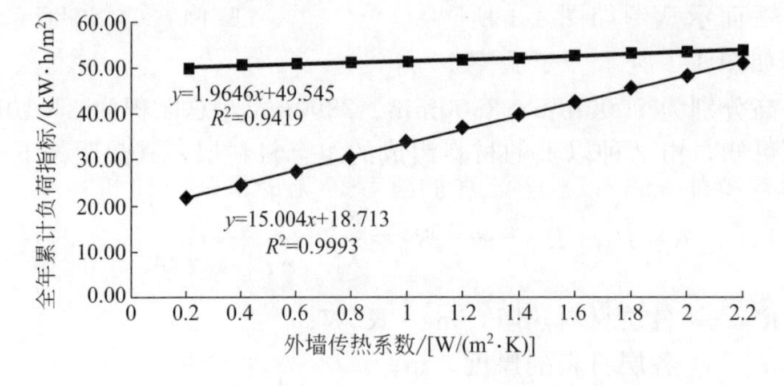

图 1-3　武汉市外墙传热系数对建筑全年累计负荷指标的影响

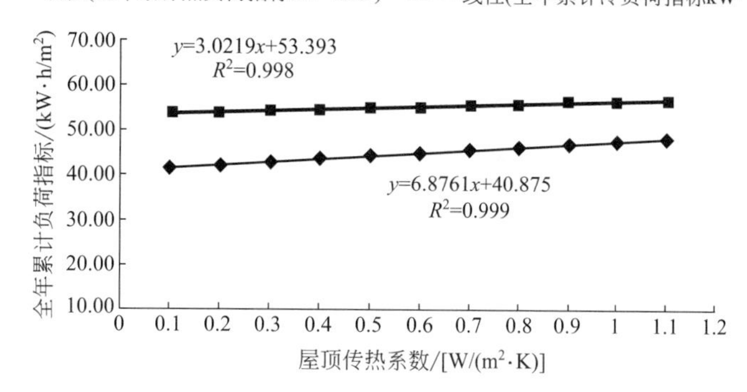

图 1-4 武汉市屋顶传热系数对建筑全年累计负荷指标的影响

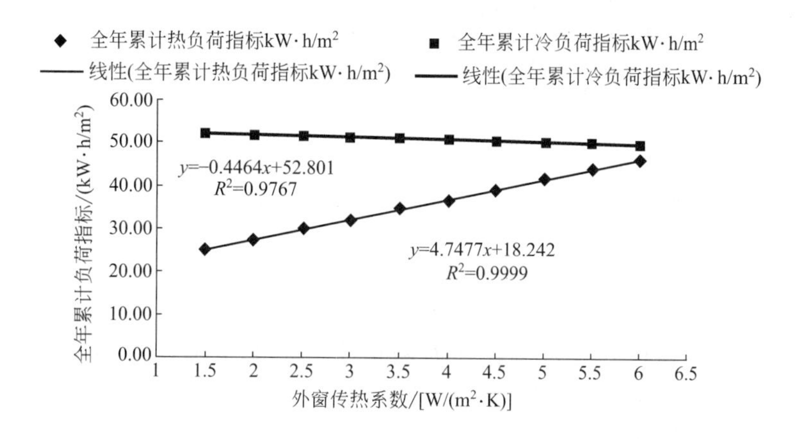

图 1-5 武汉市外窗传热系数对建筑全年累计负荷指标的影响

从图 1-3～图 1-5 可以看出，外墙和屋顶的传热系数较小时建筑能耗也相应较小；同时，外墙和屋顶的传热系数对于冬季建筑能耗的影响效果要比夏季明显很多，因此对于夏热冬冷地区，对外墙和屋顶采取保温措施将在冬季起到更明显的节能效果。

对于冬季而言，随着外窗传热系数的逐渐减小，建筑热负荷也呈明显的下降趋势。但是，在夏季由于外窗传热系数的减小，建筑冷负荷值不但没有呈现降低的趋势反而增大了。外窗传热系数的降低，虽然在冬季起到良好的保温作用，但是在夏季通过透明外窗辐射进入的热量，却因为外窗良好的隔热性能而无法排出，从而导致其制冷负荷反而增加。因此，在确定该地区零能耗建筑的外窗传热系数时，要综合考虑其对全年负荷降低所做出的贡献以及因此而增加的初投资成本。

实现建筑的高效节能是一个循序渐进的过程，无论是新建建筑还是对已有建筑进行改造，为达到耗能更低的目的都需要一步步地实现。因此，这里从近零能耗和零能耗两个目标层面分别探讨相应典型建筑的建立。对于非透明围护结构而言，改变其传热系数值可通过改变其保温层厚度实现，在基础墙体结构固定的条件下，传热系数和保温层厚度呈现一一对应的关系。因此，下面从保温层厚度的角度，研究典型建筑的传热系数限值。

1.2.3 近零能耗建筑的建立

利用 DeST-h 软件分别研究上述实验建筑中外墙、屋顶的保温层厚度和建筑能耗的关系，结果如图 1-6 所示。

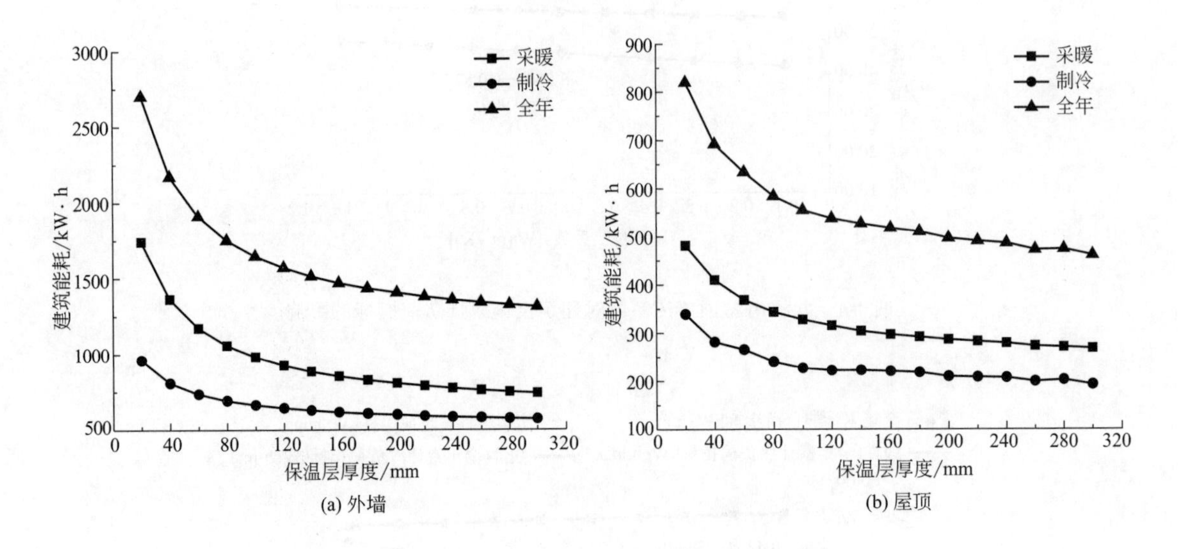

图 1-6 建筑中外墙、屋顶的保温层厚度和建筑能耗的关系

从图 1-6 可以看出，外墙保温层厚度从 20mm 增加到 200mm 时，全年制冷能耗降低 444kW·h，减少制冷能耗 44%，增加到 160mm 后曲线变化较平缓，说明再通过增加保温层厚度降低外墙传热系数的做法对减少全年的制冷能耗效果不是很明显。全年采暖能耗降低 939kW·h，减少制冷能耗 54%，超过 200mm 后再通过增加保温层厚度降低外墙传热系数的做法对减少采暖能耗效果不明显。总能耗降低 1294kW·h，减少总能耗 48%，超过 200mm 后再通过增加保温层厚度降低外墙传热系数的做法对减少总能耗效果不明显。

屋顶保温层厚度从 20mm 增加到 200mm 时，全年制冷能耗降低 129.5kW·h，减少制冷能耗 38%，增加到 200mm 后曲线变化较平缓，说明再通过增加保温层厚度降低屋顶传热系数的做法不能减少全年的制冷能耗，全年的制冷能耗还有可能增加。全年采暖能耗降低 195kW·h，减少制冷能耗 41%，超过 200mm 后再通过增加保温层厚度降低屋顶传热系数的做法对减少采暖能耗效果不明显。总能耗降低 324kW·h，减少总能耗 40%，超过 200mm 后再通过增加保温层厚度降低屋顶传热系数的做法对减少总能耗效果不明显。

图 1-7 分别是外墙和屋顶在不同保温层厚度条件下的单位面积能耗递减量变化。从图 1-7 中可以看出，当外墙保温层厚度大于 60mm 时，其单位面积能耗递减量已经降至 10kW·h/(m^2·a)，屋顶保温层厚度大于 60mm，单位面积能耗递减量降至 4kW·h/(m^2·a)，两条曲线渐至平缓；继续增加保温层厚度对建筑能耗影响不大，但对室内面积、建筑美观程度有不利影响，且保温层厚度增大，对于施工和后期的维护不利。因此，对该实验建筑而言，设置其外围护结构的保温层厚度为 60mm 比较合理。由此计算的其外墙传热系数为 0.30W/(m^2·K)，屋顶传热系数为 0.41W/(m^2·K)。

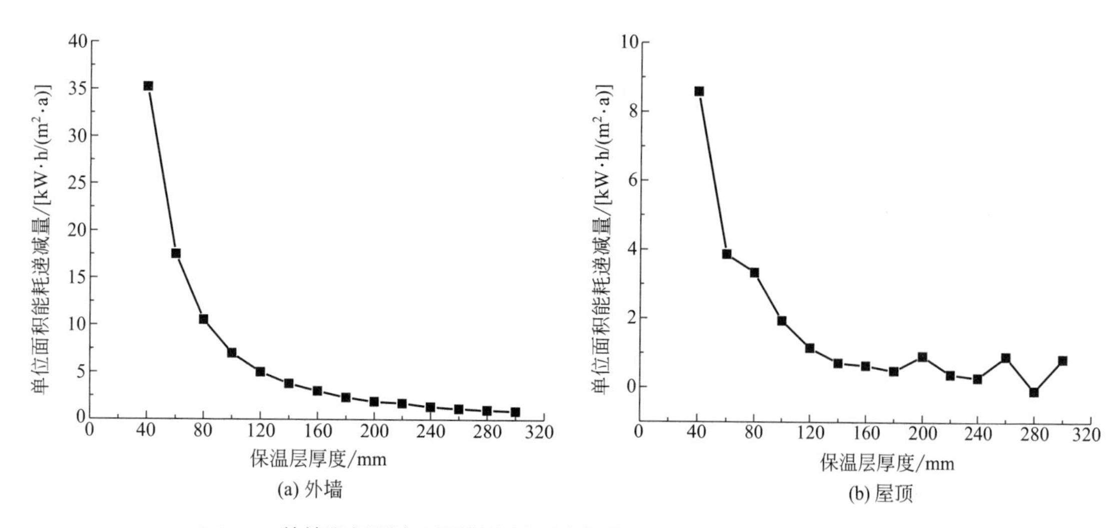

图 1-7　外墙和屋顶在不同保温层厚度条件下的单位面积能耗递减量变化

1.2.4　零能耗建筑的建立

我们一般认为保温层做得越厚，建筑的隔热保温性能就会越优越，因此建筑的全年总负荷就会越低，但从上述研究中可以看出，实际上并非如此。针对不同的气候区，对建筑物做保温处理，所达到的效果有些差异，尤其在夏季，这种差异较为明显。夏热冬冷地区的建筑在保持其他物理参数不变的情况下，减小围护结构的传热系数，当减小到一定程度之后，夏季室内冷负荷反而会增大。这是因为在夏季炎热的白天，围护结构传热系数越减少，隔绝室外热量的效果越明显。但是，当到了夏季的夜晚或者某些过渡季节，室外的温度会比室内温度更低，然而由于围护结构良好的隔热保温措施，使得室内多余的热量无法传递到室外，从而导致整个夏季的冷负荷值增大。

权衡冬季保温效果和夏季隔热效果对全年供暖空调负荷的影响，总的来说，在一定范围内随着传热系数的减小，全年能耗水平也会相应降低。但是由于在实际工程中，要想使墙体和屋顶的传热系数降到足够小，应不得不增加保温层的厚度。但是，保温层的厚度不能无止境地增加，一来会导致建设费用的增加，二来将会减少建筑的使用面积。因此，必须在能耗降低效果和总的费用之间寻找一个平衡点，在这个平衡点上用最少的总费用，将可以获得最大的能耗降低目标。因此，对于零能耗建筑而言，本书引入经济保温层的概念，在建筑保温层厚度 δ_{op} 下所确定的建筑物，其生命周期内的总费用将达到最小值。以同一实验建筑为例，计算过程如下。

考虑运营费用和建造费用，忽略其他因素，则计算公式为：

$$C_t=(C_w+C_s)\times \mathrm{PWF}+\delta\times C_{in}$$
$$=\frac{0.24\times \mathrm{PWF}\times C_e}{R_{wt}+\dfrac{\delta}{\lambda}}\times\left(\frac{\mathrm{HDD18}}{\mathrm{COP}}+\frac{\mathrm{CDD26}}{\mathrm{EER}}\right)+\delta\times C_{in} \tag{1-3}$$

式中　C_t——建筑生命周期总费用；

C_w,C_s——全年冬季、夏季总能耗费用；

δ——保温材料的厚度，m；

C_{in}——建筑所用的保温材料的成本价格，元/m^3；

C_e——居民生活电价，取 0.58 元/kW·h；

R_{wt}——外墙的基层总热阻，即不包括保温层部分的墙体热阻，$m^2 \cdot K/W$，在本次研究的对象中，建筑物的 $R_{wt}=0.56\ m^2 \cdot K/W$；

λ——保温材料的热导率，$W/m \cdot K$；

HDD18,CDD26——采暖度日数和空调度日数，武汉市分别为 1690℃·d 和 227℃·d；

COP,EER——空调系统在冬季、夏季工作时的能效比，取 COP=3.2，EER=2.8；

PWF——生命周期内的现值因子，受国家货币膨胀、银行贷款利率以及保温材料的生命周期等影响。

计算表达式如下：

$$\mathrm{PWF}=\frac{1-(1+I^{*})^{-N}}{I^{*}} \tag{1-4}$$

$$I^{*}=\frac{I-g}{1+g} \tag{1-5}$$

式中 I^{*}——贴现率；

I——银行贷款利率，取 6.55%；

N——建筑物保温材料的使用年限，取 20 年；

g——通货膨胀率，取 2.8%。

当式(1-3) 满足 $\frac{dC_t}{d\delta}=0$ 时，在此时的保温层厚度 δ_{op} 下所确定的建筑物，其生命周期内的总费用将达到最小值。因此，求得的保温层厚度 δ_{op} 即为经济厚度：

$$\delta_{op}=\sqrt{\frac{0.024\times \mathrm{PWF}\times\left(\frac{\mathrm{HDD18}}{\mathrm{COP}}+\frac{\mathrm{CDD26}}{\mathrm{EER}}\right)\times\lambda\times C_e}{C_{in}}}-R_{wt}\times\lambda \tag{1-6}$$

根据上述公式，以夏热冬冷地区武汉市为代表，计算在该地区建筑保温材料的经济厚度。

此处采用 EPS 板（绝热用模塑聚苯乙烯泡沫塑料）作为保温材料，该保温材料的热导率约为 $0.03W/m \cdot K$，市场价格在 1000 元/m^3 左右。由此得出，建筑物在生命周期内的经济厚度为 $\delta_{OP}=0.0812m\approx 80mm$。由此确定武汉市典型零能耗建筑的外墙传热系数为 $0.25W/(m^2 \cdot K)$，屋顶传热系数为 $0.17W/(m^2 \cdot K)$。

由于该实验建筑年代略早，原有墙体结构的保温性能差，所以计算得出的保温层厚度较大。而目前新建建筑的围护结构普遍采用如表 1-9 所示的做法，基于此构造建立零能耗建筑的成本和难度会大幅降低。

表 1-9 围护结构常规做法

围护结构名称	构造做法（由外至内）	热导率/[W/(m·K)]	厚度/mm	传热系数/[W/(m²·K)]
外墙	水泥砂浆	0.93	20	0.63
	加气混凝土砌块 B06	0.24	200	
	抹灰砂浆或界面剂	0.93	5	
	EPS 保温板 B1 级	0.03	20	
	抹面胶浆或抗裂砂浆	0.93	10	
屋顶	水泥砂浆	0.93	25	0.49
	细石混凝土	1.74	40	
	高分子防水卷材	—	1.5	
	EPS 保温板 B1 级	0.03	60	
	高分子防水卷材	—	1.5	
	水泥砂浆	0.93	20	
	现浇 C5 泡沫混凝土	0.27	20	
	钢筋混凝土	1.74	120	
	水泥砂浆	0.93	20	

续表

围护结构名称	构造做法（由外至内）	热导率/[W/(m·K)]	厚度/mm	传热系数/[W/(m²·K)]
外窗	低辐射镀膜(Low-E)中空玻璃；白玻Ⅰ膜层/氩气白玻	—	—	2.30
外门	节能外门	—	—	3.00

对比该实验建筑的结构（见表1-8）来看，外墙的最大区别在于混凝土砌块的自身导热性，现有建筑墙体的导热性能普遍降低，相比实验建筑，其隔热保温性能更优。同等条件下，实验建筑零能耗所需的保温层厚度降低。屋顶的传热系数虽然略有增加，但是其维修成本会更低。本实验建筑屋顶采用内保温措施，时间久了，保温层会由于自身重力作用变得易脱落，而现有建筑将保温层夹杂在两层混凝土之间，并用防水材料隔断，这样能延长其使用年限，降低日后的维修成本。现有建筑的屋顶传热系数值约为0.49W/(m²·K)，未能达到前述中夏热冬冷地区零能耗建筑的屋顶传热系数限值0.17W/(m²·K)，因此，还需增加其保温层厚度。由1.2.2节可知，外窗传热系数的减小对于降低建筑冷负荷有利，但却增加了冬季的热负荷。其综合影响程度还需根据外窗朝向、得热系数值确定。除此之外，对于有渗漏可能性的部位，如门窗的缝隙等，还需采取必要的防渗漏措施，以降低空调系统的非必要能耗。

综上所述，实现建筑零能耗目标的关键技术有两个方面：首先，建筑本身需要有良好的设计和布局，在满足功能要求的前提下，力求减少其室内环境受室外气候的影响程度，即保证其具有夏季隔热、冬季保温的功能；其次，在满足上述条件的基础之上，再考虑与可再生能源新技术相结合，通过高效节能的供能途径为建筑提供能量需求。只有通过这两个方面的技术灵活耦合，才能够在真正意义上实现“零能耗”。

本节仅从建筑外围护结构的角度来建立零能耗建筑的典型模型，事实上影响建筑能耗的因素还有很多，这些因素有些可控，但改善成本较高，如建筑热桥梁、柱的保温，窗户启闭的智能控制，灯光的智能控制等；也有不可控的因素，如人员数量和在室率等。因此，要实现建筑零能耗的目标，我们仍然任重而道远。

1.2.5 能耗模拟计算

为了做对比实验以及研究实验室的节能效果，在实验室内位于房间中间的位置，砌筑一面墙将其分为两个实验小室，该隔墙墙体为加气混凝土砌块，即为后面即将实验的冷热墙面，如图1-8所示。

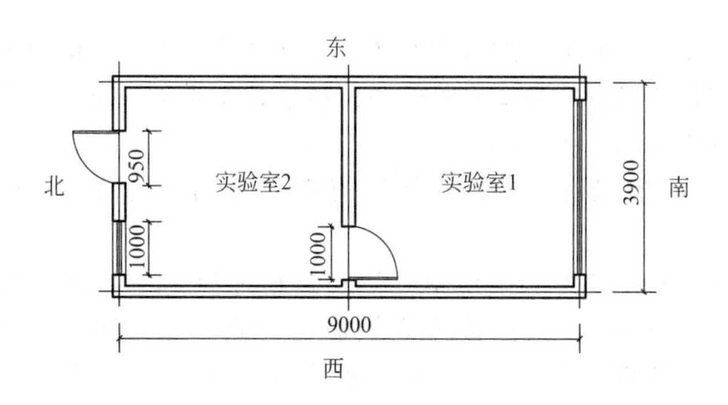

图1-8 实验室分隔图

其中，实验室 1 为即将改造的节能实验室，作为对比研究，实验室 2 为不做任何改变的不节能实验室，两实验小室的面积均为 17.55m^2。改造内容如下：

① 实验室内门采用节能双层门，如图 1-9 所示。

② 考虑施工方便，外墙均采取内保温节能改造措施，如图 1-10 所示，保温材料为 EPS 板，需要贴保温材料的外墙是东外墙、西外墙、南外墙（不包括南外窗）、屋顶。根据上述研究结果，EPS 板厚度为 60mm。

③ 湖北省《低能耗居住建筑节能设计标准》中规定建筑南向外墙的窗墙面积比≤0.35，所以该实验室的建筑南向外墙的窗墙面积比不符合节能规范的要求。如图 1-11 所示，改造后南外窗的尺寸为 2000mm(宽)×1800mm（高），窗墙面积比为 0.33，符合湖北省新的建筑节能设计标准对窗墙比的要求。具体改造方案是在已有窗户的基础上，在窗户的内部再安装一个断热铝合金节能窗。该节能窗户的玻璃材料为低辐射镀膜（Low-E）中空玻璃，窗户整体传热系数为 1.94W/(m^2·K)。

图 1-9 节能双层门

图 1-10 外墙内保温

图 1-11 节能双层窗

改造完成之后的实验室 1 和实验室 2 的围护结构传热系数值的对比见表 1-10。

表 1-10 实验室 1 和实验室 2 的围护结构传热系数值对比　　单位：W/(m^2·K)

名称	外墙	屋面	外窗	外门
实验室 1	0.30	0.41	1.94	2.50
实验室 2	1.80	0.81	6.40	4.50

通过对近零能耗建筑实验室 1 的节能改造，并且对比不进行节能改造的实验室 2，可以看到外墙传热系数有显著降低，外窗和外门的传热系数有明显下降。说明通过改造之后的实验室 1 比实验室 2 有明显的节能趋势。

用 DeST-h 软件对实验室 1 进行能耗模拟，得出住宅建筑负荷统计表，如表 1-11 所示。

由表 1-11 可知，实验室 1 的全年累计热负荷指标为 11.61kW·h/m^2，全年累计冷负荷指标为 7.23kW·h/m^2。依据近零能耗居住建筑对采暖制冷需求：房屋单位面积采暖热需求不大于 15kW·h/(m^2·a)，房屋单位面积制冷需求不大于 15kW·h/(m^2·a)。因此，实验室 1 作为近零能耗建筑实验室，符合近零能耗居住建筑对于能耗的要求。

表 1-11 住宅建筑负荷统计表

统计项目	单位	统计值	统计项目	单位	统计值
建筑空调面积	m^2	18	全年最大冷负荷指标	W/m^2	87.78
全年最大热负荷	kW	1.10	全年累计热负荷指标	$kW \cdot h/m^2$	11.61
全年最大冷负荷	kW	1.58	全年累计冷负荷指标	$kW \cdot h/m^2$	7.23
全年累计热负荷	$kW \cdot h$	209.73	采暖季热负荷指标	W/m^2	4.40
全年累计冷负荷	$kW \cdot h$	130.13	空调季冷负荷指标	W/m^2	3.76
全年最大热负荷指标	W/m^2	61.11			

1.3 夏热冬冷地区零能耗建筑中可再生能源新技术

前面以夏热冬冷地区武汉市为例，定义了零能耗建筑的外围护结构和保温层的技术参数。根据欧洲各国的实践经验，设计零能耗建筑时如果从隔热和保温方面着手考虑，同时结合使用节能设备可实现节约60%～70%建筑能耗的目标，而剩下的30%～40%建筑能耗可以通过合理地利用当地可再生能源的方法提供。因此，研究可再生能源技术与建筑的有机耦合进而实现零能耗建筑就十分重要，本书介绍了如下可再生能源技术。

（1）太阳能半导体热电堆冷热墙

当直流电通过具有热电转换特性的导体组成的回路时具有制冷功能，这就是所谓的热电制冷。半导体制冷是一种固体元件的制冷，属于热电制冷的一种，即直流电通过由半导体材料制成的P-N结回路时，靠空穴和电子的运动，在P-N结的接触面上直接传递热量来实现；又由于半导体材料是一种较好的热电能量转换材料，在国际上热电制冷器件普遍采用半导体材料制成，因此称为半导体制冷。与传统的压缩机制冷系统相比，半导体制冷过程没有机械运转部分，因此没有噪声，不需要制冷剂，更不用说对环境有害的制冷剂，可靠性较高，寿命长，而且直接将电流反向相接就可以将加热端和制冷端互换，便于恒温控制和调节等。

半导体冷热墙制冷、制热的基本原理是：对半导体模块通电后，半导体片与铝棒相连的面是冷端，与铝板相连的面是热端，冷量经过铝棒传给室内的铝板，再由铝板与室内空气自然对流换热，以及通过辐射作用，将冷量传到室内，达到室内制冷的目的。若需要采暖，将半导体片与电源反接，室内铝板就变成热端，从而制热。

（2）太阳能半导体热电堆空调器

太阳能半导体空调系统是将太阳能光伏发电和半导体制冷相结合的空调系统，通过太阳能发电来提供电源。作为空调系统的能量来源，半导体主要用于对房间进行制冷和制热，两者搭配使用就能够达到建筑节能的目的。太阳能半导体制冷具有良好的季节匹配性，即夏季温度高，天气热，所需冷量大，但同时太阳辐射强，正好可以提供较多的太阳能。太阳能半导体制冷、制热空调系统是一个“光-电-冷/热”的转换过程，通过太阳能光伏电池得到电能，且为直流形式，然后直接通入半导体中，利用半导体热电制冷效应达到制冷、制热的目的，合理并充分地利用太阳能，可以降低对电力能源的依赖，减轻现有电力供应的压力；同时也从侧面推动可再生能源的发展，推动清洁能源广泛应用的步伐。如果为了体现房间的高舒适性，最大化地减少能量损耗，可以将其应用到前面所研究的近零能耗建筑里面去，这样可以增大房间围护结构的保温性，减少房间热量的散失。

（3）基于太阳能利用的风冷热泵三联供技术

太阳能-空气源热泵三联供机组系统主要由压缩机、两台翅片式风冷换热器（分别用于室内机和室外机）、套管式换热器、四通换向阀、膨胀阀、储热水箱、混合水箱、循环水泵、太阳能集热器等部件组成，通过自控系统控制各阀门的开启和关闭，使机组实现不同功能。太阳能-空气源热泵三联供机组是在冷暖空调的基础上整合了太阳能集热器，通过设计与匹配，使得整个机组兼具冷暖空调、热泵热水器、太阳能热水器的所有功能；利用自控系统控制各个阀门的开启与关闭以及各个部件的运行状态，机组可以在各种运行模式下进行自由切换以实现不同功能。

（4）地板辐射采暖

地板辐射采暖是一种较为先进的采暖形式，其具有较好的舒适性、节能性和经济性。常规地板辐射采暖系统一般包括热源、辅助热源、蓄热装置、动力装置、控制装置、管道系统以及地热盘管等。地板采暖系统（地暖系统）按照采暖介质可以分为低温热水采暖和电采暖，按照蓄热形式可以分为蓄热水箱地暖系统和蓄热材料地暖系统。地板辐射采暖系统的组成和传统采暖系统基本一致，只是在系统末端的散热部分发生了变化。地暖系统用地热盘管取代了散热器，同时系统的热水温度由70～95℃，调整到供水温度45～50℃，最高不宜超过60℃。在我们的实验中，当室外温度低于－5℃时，供水温度35℃就能满足室内温度18℃的要求。相对于传统采暖系统，地暖系统具有更好的室内舒适性和节能性。

太阳能地板辐射采暖系统是一种新型采暖形式。太阳能是一种新型清洁能源，虽然在能源特征方面和采暖负荷变化相冲突，但只要采取合理的系统形式和适合的辅助热源，就可以将太阳能合理而高效地应用于采暖工程。

（5）太阳能吸附式制冷技术

太阳能吸附式制冷技术同样包含压缩式制冷系统中的冷凝器、蒸发器以及节流装置，唯一不同的是以集热吸附床取代了压缩机。其工作原理是：在夜晚或者温度较低的条件下，集热吸附床被冷却降温，在压差的驱动下制冷剂液体于蒸发器内被吸附，从而产生蒸发制冷现象，直至集热吸附床内填充的吸附剂达到吸附平衡；日间集热吸附床温度在阳光辐射下升高，当达到工质对解吸附驱动温度时，制冷剂逐渐从吸附剂中解吸出来并在冷凝器中冷凝为液体，完成再生；然后等夜晚温度降低时又进行吸附制冷，如此往复形成循环就是整个系统完成制冷工作的过程。吸附制冷技术对热源要求不高，可充分利用低品位热能，大大减轻了对环境的破坏，符合当前能源和环境协调发展的总趋势，是近些年发展起来的一种节能、对环境友好的新型制冷技术。

第2章

基于太阳能的半导体热电堆冷热墙及空调器设计

2.1 太阳能半导体制冷

太阳能是目前使用较为广泛的可再生能源。光-热、光-电、光-化学三大转换过程是太阳能利用的主要形式。其中，光-电转换是利用太阳能光伏板将太阳能转化为电能来进行利用，并能通过蓄电池将电能储存起来。目前，太阳能光伏发电虽受成本因素影响不能大面积推广，但它却是新能源体系中的重要一环，也是未来重要的发展方向之一。

半导体制冷是一种环保的制冷技术，具有体积小、无污染、反应速度快等诸多优点，但制冷量小，适用于制冷能源需求不大的场合，如近零能耗建筑。

太阳能半导体制冷是集太阳能光伏发电和半导体制冷二者优势于一体的绿色制冷技术，其系统原理如图 2-1 所示。太阳能光伏板将太阳能转化为电能，当室内环境满足舒适性要求时，电能储存在蓄电池里；当室内环境不能满足要求时，需要接通半导体制冷器，通过太阳能充电控制器，由太阳能光伏板给半导体制冷片供电；当太阳能光伏板提供的电能不足时，由太阳能光伏板和蓄电池联合为半导体制冷片供电。对于近零能耗建筑，其冷负荷指标较小，依靠太阳能光伏板就能满足室内舒适性的要求，系统的运作可完成“光-电-冷/热”转换过程。该技术充分利用太阳能，既降低了对电能的依赖，也推动了可再生能源的发展。本节主要针对太阳能光伏发电和半导体制冷这两项关键技术展开叙述。

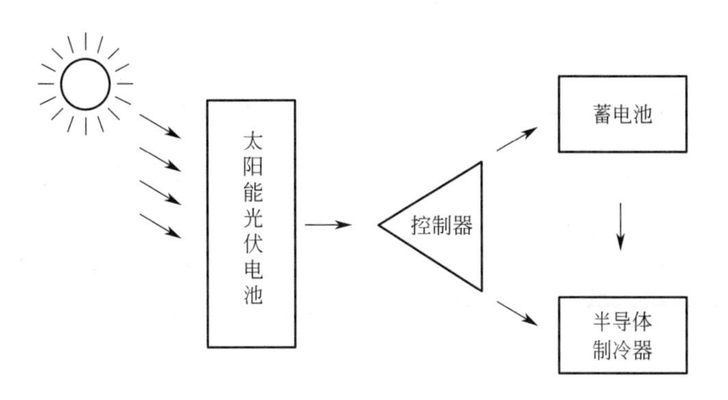

图 2-1　太阳能半导体制冷系统原理

2.1.1 太阳能光伏发电

（1）光伏发电的基本原理

太阳能光伏电池可以将太阳辐射直接转换为电能，这就是半导体的光伏效应，也是太阳能光伏电池的基本原理。

半导体材料的电学特性一般可以通过化学键和能带两种模型来进行解释。

硅晶格内共价键示意如图 2-2 所示，可以看出电子在硅材料晶格中的变化过程。温度较低时，共价键不受任何影响，此时硅材料具有绝缘特性，当遇到高温时，共价键就会遭到破坏，此时硅材料就会显示出导电性，主要由两种过程产生其导电性能：①共价键被破坏后释放自由电子；②被破坏掉的共价键会产生空穴，与之相邻的共价键中的电子就会移动到空穴中，从而导致共价键的连环破坏，空穴得以传播，就像是空穴具有正电荷一样。

半导体能带中电子示意如图 2-3 所示，电子进入导带产生电流，而空穴则在价带中运动产生电流，运动方向与电子运动方向相反。

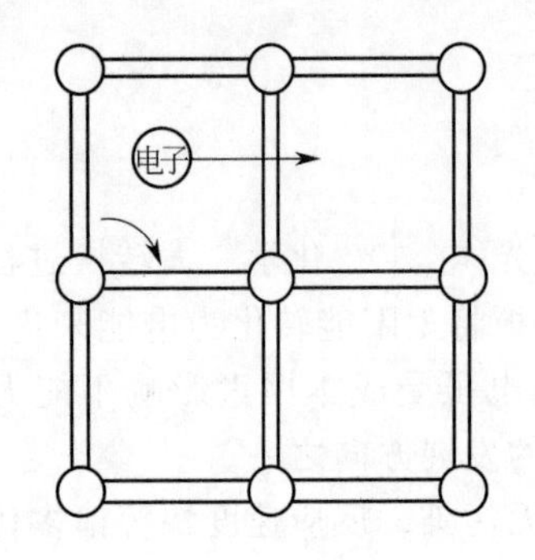

图 2-2　硅晶格内共价键示意

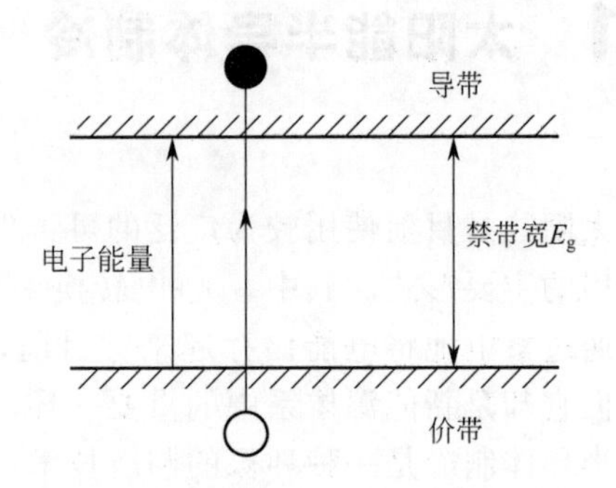

图 2-3　半导体能带中电子示意

太阳能光伏电池的基本结构为 P-N 结，如图 2-4 所示。受光面是 N 型半导体，背光面是 P 型半导体。当 P 型半导体和 N 型半导体没有相连时，它们各自保持自己的电中性，但是一旦 P 型半导体和 N 型半导体接触，就会形成 P-N 结。由于在 P-N 结交界面的载流子分布存在浓度梯度，即 N 区存在的电子浓度要大于 P 区的电子浓度，空穴浓度则相反，导致 N 区中过剩的电子通过扩散作用运动到 P 区。同理，P 区中过剩的空穴通过扩散作用运动到 N 区，这样就会使得原来 N 型和 P 型半导体各自保持的电中性被打破。

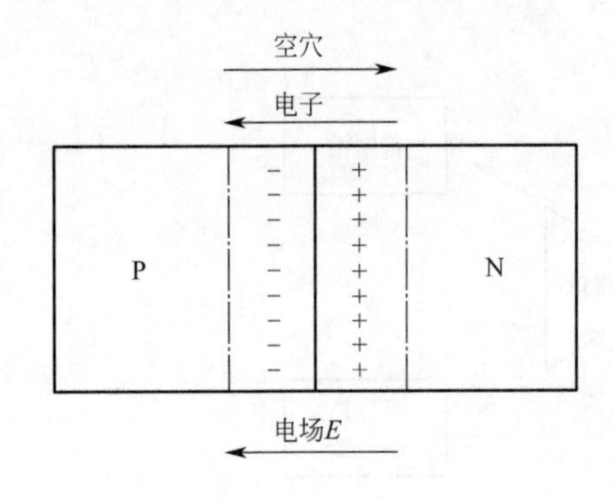

图 2-4　P-N 结示意

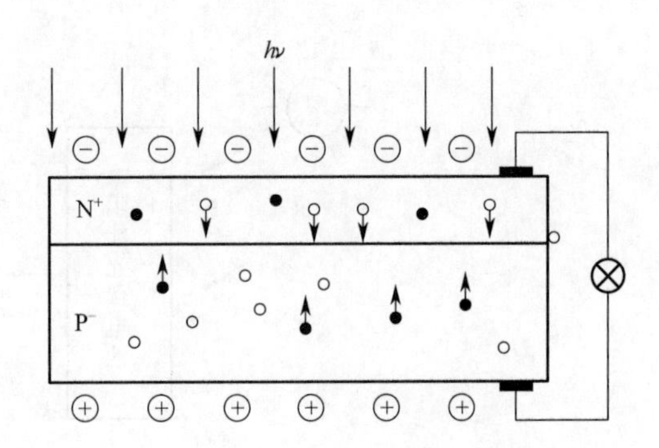

图 2-5　太阳能电池原理

当电子或者空穴脱离杂质原子后，杂质原子就会被电离，从而建立起一个电场，电场方向由N区指向P区，用来阻止电子和空穴的进一步扩散运动。当电子和空穴的流动不受电场阻止时，就产生电流。因为如果太阳光照射到空间电荷区，光子就会被吸收，从而产生光生载流子，即电子-空穴对。电子和空穴就会因为内在电场的作用，产生出从N区向P区的光生电流。太阳能电池原理如图2-5所示。

综上所述，只要有足够的光子到达P-N结附近，就会产生电子-空穴对，进而形成光电流。光照强度越大，P-N结界面层面积越大，太阳能电池中产生的电流也就越大。当然，对于不同材料制成的太阳能光伏电池，其产生的光谱响应范围是不同的，但是其所运用的光电转换原理是一样的。

（2）太阳能光伏电池的特性

太阳能光伏电池的光电转换效率主要受光照、光谱响应、温度和寄生电阻这四个方面的影响。

① 光照影响　硅太阳能光伏电池（或简称光伏电池）是由通过硼掺杂的P型与通过磷掺杂的N型硅材料相连所组成的、原理同二极管一样的设备。光伏电池上所接收到的太阳光呈现出不同的形式，如图2-6所示。太阳能光伏电池最主要的吸收是对太阳光的直接吸收和反射后的吸收，因此，为了能够尽可能地提高光伏电池的能量转换效率，必须合理设计光伏电池，使其达到最佳效果。

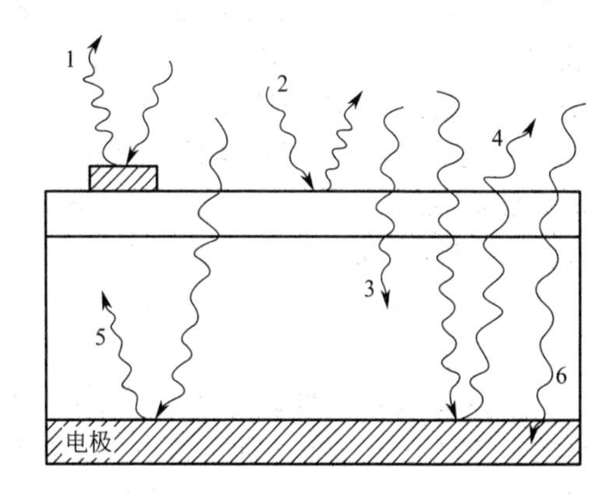

图2-6　光伏电池接收太阳光的不同形式

1—在顶电极部分的反射；2—在电池表面的反射；3—可用的吸收；4—电池底部的反射；5—反射后的吸收；6—背电极处的吸收

在P-N结中，电子受到内场作用力后向N区一侧移动，同理空穴受力后向P区移动。但是，有一些电子-空穴对在被收集之前就消失了。这是因为离P-N结越近，所产生的电子-空穴对收集起来越容易，即在离P-N结附近的不足一个扩散长度的区域，电子-空穴对被收集的概率会较大。

太阳能光伏电池自身相当于一个二极管设备，在有光照的情况下，则可以看成是在原有二极管电流的基础上，附加一个电流增量，此时二极管的公式为：

$$I=I_0\left[\exp\left(\frac{qV}{nkT}\right)-1\right]-I_L \tag{2-1}$$

式中　I——净电流；

I_0——反向饱和电流；

q——电子电量；

V——二极管电压；

n——理想因子，一般取1～2；

k——玻尔兹曼常数；

T——热力学温度；

I_L——光生电流。

在通常情况下，为了讨论和分析方便，将由式(2-1)得出的I-V曲线进行翻转处理，此时得出如下公式：

$$I=I_L-I_0\left[\exp\left(\frac{qV}{nkT}\right)-1\right] \tag{2-2}$$

I_{sc} 和 V_{oc} 是衡量在一定光照强度、温度和采光面积的条件下，太阳能光伏电池输出功率的两个主要参数。短路电流是指当电压 $V=0$ 时，光伏电池输出的最大电流。由式(2-2)可知，$V=0$ 时，$I=I_L$，即 $I_{sc}=I_L$。开路电压是指当电流 $I=0$ 时，光伏电池输出的最大电压。V_{oc} 随着光照强度的增加呈现对数增长，这一特性为光伏电池的储存，即为蓄电池充电奠定理论基础。

在 I-V 曲线上的每一点，任一条件下的输出功率都可以取该点上电流和电压的乘积，取得最大值时，电压 V 和电流 I 达到二者乘积函数的最大值，最大功率点也是效能这一参数的重要表现。在光照强度（$1kW/m^2$）较为强烈的情况下，此时最大功率点对应的输出功率被称为太阳能光伏电池的“峰值功率”，太阳能光伏电池的效能通常也用峰值功率“W_p”来描述。

在光照情况下，将太阳能光伏电池接上负载后，输出电压和输出电流将会随着负载电阻的变化而发生变化。当改变电阻使光伏电池的输出功率达到最大时，此时电压 V_m 和电流 I_m 的乘积即为对应的最大功率 P_m，从而可得填充因子 FF 的表达式为：

$$FF=\frac{I_m V_m}{I_{sc} V_{oc}}=1-\frac{nkT}{qV_{oc}}In\left(1+\frac{qV_m}{kT}\right)-\frac{nkT}{qV_{oc}} \tag{2-3}$$

从式中可以很明显地看出，填充因子 FF 越接近于 1，说明太阳能光伏电池的质量也就越好。在理想状态下，即不考虑由于存在的寄生电阻而造成的损耗，填充因子 FF 只会受到开路电压一个参数的影响，并且可以采用如下经验公式进行计算：

$$FF=\frac{v_{oc}-In(v_{oc}+0.72)}{v_{oc}} \tag{2-4}$$

式中，v_{oc} 可以看成是经过归一化处理后的 V_{oc}，即：

$$v_{oc}=\frac{qV_{oc}}{nkT} \tag{2-5}$$

② 光谱响应影响　当半导体材料的禁带宽比太阳光照中单个光子的能量小时，太阳能光伏电池就会将这个能量低于半导体禁带宽的光子吸收，从而产生一个电子-空穴对；同时，该光子超出半导体禁带宽的那部分能量将会以热量的形式迅速地散失掉，人们称这个过程为光伏电池对入射光子产生响应的过程，该过程的示意如图 2-7 所示。

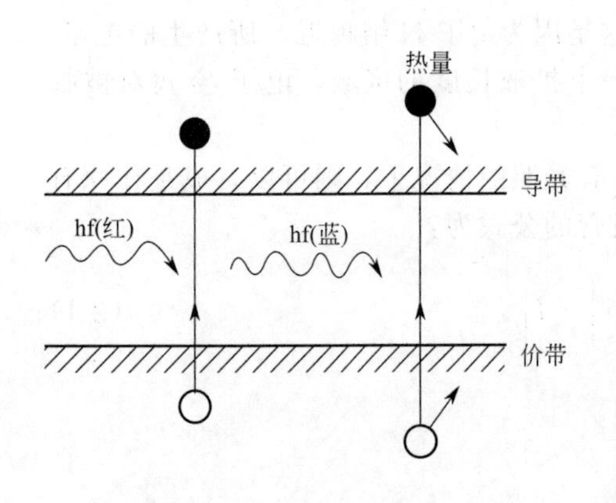

图 2-7　光伏电池对入射光子产生影响的过程

光子流 n_{ph} 在光伏电池上，被吸收后产生电子-空穴对，这些载流子并不是全部成为光伏电池的输出电流，人们将对光伏电池的输出电流产生贡献的载流子的概率称为太阳能光伏电池的量子效率，简称 QE，它分为外部量子概率（EQE）和内部量子概率（IEQ)。在一般情况下，“量子效率”指的是外部量子效率，当然特别说明的地方除外。外部量子效率可以较为容易地通过对实验数据如光伏电池输出电流、光照强度等的计算得到。相关计算公式为：

$$EQE=\frac{I_L}{qn_{ph}}=\frac{I_{sc}}{qn_{ph}}=\frac{n_e}{n_{ph}} \tag{2-6}$$

式中　I_L——光生电流，在理想情况下，I_L 可以采用实验中测得的光伏电池的短路电流 I_{sc} 进行替代；

n_e——在短路情况下，电子通过外接电路单位时间内的流量；

n_{ph}——波长为 λ 的入射光子在单位时间内的流量。

由上述可知，太阳能光伏电池是否能够很好地响应，即效率较高，受半导体材料禁带宽的限制。通过大量研究人们已经知道，当半导体材料的禁带宽大于 1.0eV 且小于 1.6eV 时，入射光才能得到最大程度的利用。如果不考虑其他因素，太阳能光伏电池就会限制在 44% 以下。硅材料半导体的禁带宽是 1.1eV，刚好处于理想值的边缘；而砷化镓材料半导体为 1.4eV。从上述分析来看，后者更适合于光伏应用，当然实际中还需综合考虑各方面因素。光谱响应度也是太阳能光伏电池的一个重要参数。在理想情况下，光谱响应度随着波长的增大而增大，且呈线性关系。

③ 温度影响　太阳能光伏电池的工作温度由周围的环境温度、光伏电池自身的组成元件特性、照在光伏电池上的光照强度和风速等因素决定。

暗饱和电流 I_0 是随着光伏电池工作温度的升高而增大的，如下式所述：

$$I_0 = BT\exp\left(\frac{-E_{g0}}{kT}\right) \tag{2-7}$$

式中　B——一个与温度无关的量；

E_{g0}——半导体的材料带隙，它随着工作温度的升高而减小，即带隙的能量会下降。

这样一来，大量太阳光子也即丰富的能量可产生电子-空穴对，跨过带隙从而使光生电流 I_{ph} 得以诞生。换句话说，短路电流 I_{sc} 随着光伏电池工作温度的升高而增大，但是这种影响相对来说是很微弱的。

对于硅材料的太阳能光伏电池而言，工作温度的变化主要影响到的是开路电压 V_{OC} 和填充因子 FF，二者都随着光伏电池工作温度的升高而减小。这是因为当工作温度升高时，较少的载流子增加，反向饱和电流 I_0 同样大幅度增加，从而导致开路电压降低。

根据已有的大量实验基础和数据，可以知道光伏电池的工作温度在室温左右的变化规律基本上是：正向压降随着温度的升高按（2～2.5）∶1 的比值减小，就会减小 2～2.5mV；而反向饱和电流则随温度的升高按 10∶1 的比值变大；开路电压 V_{OC} 的值越大，受到温度的影响就会越小。为了在满足日照强度的前提下，尽可能地降低温度升高对光伏电池输出效率的影响，应该将其布置在日照强度大，同时光伏电池上下表面都能有良好空气流通的地方。

④ 寄生电阻影响　太阳能光伏电池通常伴随的寄生电阻有串联电阻和并联电阻，两种电阻都是以在其自身上消能耗的形式来反映光伏电池的电阻效应，二者都会使得填充因子 FF 降低，从而降低电池效率。其中，串联电阻主要由以下因素引起：一是电池自身上下表面的金属电阻；二是硅与金属电极之间的接触电阻；三是电流穿过发射区与基区的流动。它对太阳能光伏电池的主要影响是使得填充因子 FF 降低，如果过大将会使短路电流减小。串联电阻对填充因子的影响如图 2-8 所示，并联电阻对填充因子的影响如图 2-9 所示。

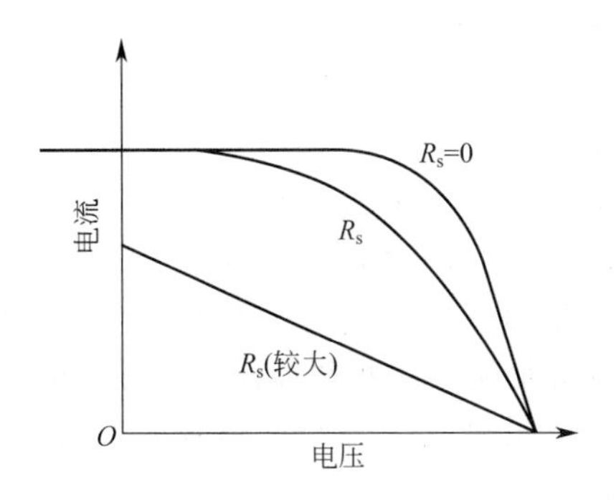

图 2-8　串联电阻对填充因子的影响

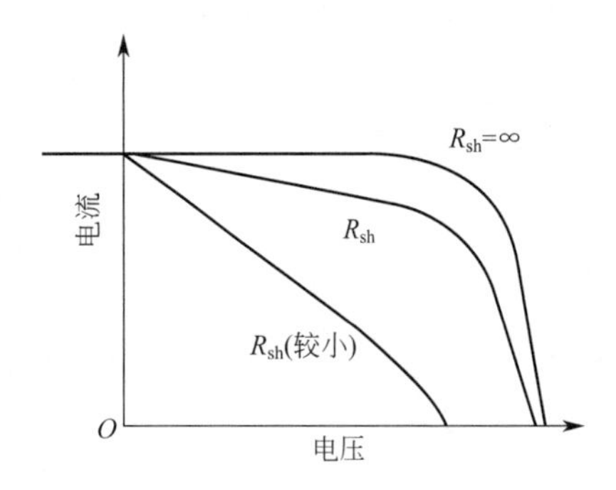

图 2-9　并联电阻对填充因子的影响

并联电阻是一个虚拟的物理参数，且不是真实存在的，它是由于P-N结的非理想性以及其周围杂质引起的，它会造成P-N结的局部短路；也可以理解为是由于漏电流引起的，比如复合和表面电流、电池边缘以及电极穿透P-N结等情况，都会产生漏电流。漏电流的大小可用并联电阻表示，同时并联电阻还可以表示其自身能量消耗的大小。

寄生电阻影响着太阳能光伏电池的填充因子FF，从而必将对电池效率产生较大影响。从提高效率的角度进行分析，人们知道串联电阻越小，并联电阻越大，太阳能光伏电池的效率就会越高，对其进行的理论计算分析如下。

太阳能光伏电池特征电阻的关系表达式为：

$$R_{CH}=\frac{V_{mp}}{I_{mp}} \tag{2-8}$$

考虑串联电阻，则最大输出功率为：

$$P'_{mp}\approx I_{mp}(V_{mp}-I_{mp}R_s)=V_{mp}I_{mp}\left[1-\left(\frac{I_{mp}}{V_{mp}}\right)R_s\right] \tag{2-9}$$

代入特征电阻 R_{CH} 可得：

$$P'_{mp}=P_{mp}\left(1-\frac{R_s}{R_{CH}}\right) \tag{2-10}$$

考虑并联电阻，则最大输出功率为：

$$P'_{mp}\approx V_{mp}I_{mp}-\frac{V_{mp}^2}{R_{sh}}=V_{mp}I_{mp}\left(1-\frac{V_{mp}}{I_{mp}}\times\frac{1}{R_{sh}}\right) \tag{2-11}$$

代入特征电阻 R_{CH} 可得：

$$P'_{mp}=P_{mp}\left(1-\frac{R_{CH}}{R_{sh}}\right) \tag{2-12}$$

由以上公式可知，串联电阻 R_s 越小越好，并联电阻 R_{sh} 越大越好，因为电阻 R_s 越小、R_{sh} 越大，输出功率就越大，从而使太阳能光伏电池效率越高。考虑到实际的运行情况，寄生电阻对太阳能光伏电池效率产生的影响会受到光照强度的影响，特别是并联电阻的影响。因此，人们需要综合考虑太阳能光伏电池输出功率所受到的影响因素。

2.1.2 半导体制冷

半导体制冷的基本原理是建立在珀尔帖效应基础之上的，珀尔帖效应又是从塞贝克效应发展而进一步得出的。同时，在半导体制冷的整个过程之中，还伴随着三种不同的热电效应，它们分别是：汤姆逊效应、焦耳效应和傅里叶效应。其中，珀尔帖效应、塞贝克效应和汤姆逊效应三者是电-热转换的可逆效应，它们是温度-电-热的理论基础，而焦耳效应和傅里叶效应二者是不可逆效应。

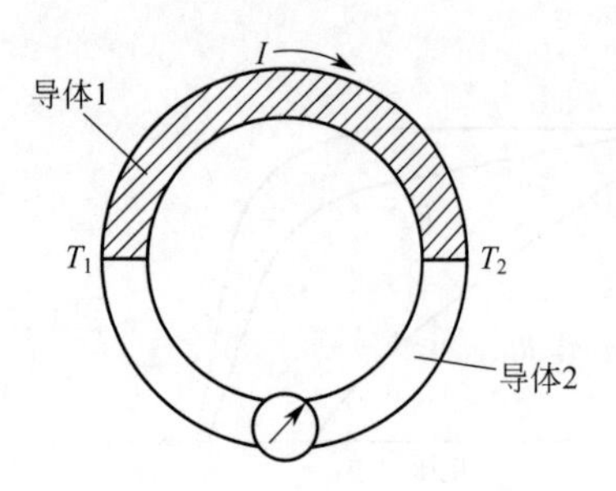

图2-10 塞贝克效应示意

（1）塞贝克效应

塞贝克（Seebeck）发现，只要人们将两种不同导体连接，形成闭合回路，若保持两种导体的两处接口位置的温度不同，那么就会产生磁场，经过进一步研究发现，回路中会有电流流过；也就是说，在两种导体之间存在电动势，称为塞贝克电动势。塞贝克效应也叫作温差电效应。塞贝克效应示意如图2-10所示。

通过实验研究发现，只要在上述回路中两导体的两个连接点的温度能够维持不同的 T_1、T_2，假定 $T_1>T_2$，则在导体 2 的开路位置，就会产生一个电位差，即塞贝克电动势，用公式表示如下：

$$\Delta V=\alpha_{12}(T_1-T_2) \tag{2-13}$$

在上式中，只要 T_1、T_2 的值相差不大，则电势差 ΔV 与温差 T_1-T_2 呈线性关系，也即上式中系数 α_{12} 是一个常数，这个常数被称为相对塞贝克系数，也被称为温差电动势率，单位为 V/K，即：

$$\alpha_{12}=\frac{\mathrm{d}V}{\mathrm{d}T} \tag{2-14}$$

由于电位差 ΔV 的值可以取正，也可以取负。所以，塞贝克系数 α_{12} 同样具有正值和负值。因此，一般规定如果热连接点上电流 I 是由导体 1 向导体 2 流动，则塞贝克系数 α_{12} 就是正的，反之则为负。塞贝克系数的正负是由所用的导体 1、导体 2 自身的热电特性决定的，而与温度梯度无关。同时，塞贝克系数的大小取决于一对材料，而非一种材料。如果将每一种材料都规定一个塞贝克系数绝对值，那么两种材料的塞贝克系数绝对值的差就可以用来表示连接点处的塞贝克系数，这样比较方便。那么，就需要寻找一种标准材料作为标定其他材料的参照，考虑到超导材料在温度极低的情况下电阻等于零，即不会产生电动势，则超导材料就可以作为这一标准材料。将其他材料和超导材料连接构成一个回路，测出连接点处的塞贝克系数即是该材料的绝对塞贝克系数。这样，每一种材料都有自身塞贝克系数的绝对值。对于两种不同材料构成的回路，连接点处的塞贝克系数就可以用二者的塞贝克系数绝对值之差来表示。若材料 1 和材料 2 的塞贝克系数分别为 α_1、α_2，那么构成回路的连接点处的塞贝克系数为 $\alpha_1-\alpha_2$。

（2）珀尔帖效应

珀尔帖效应是由法国科学家珀尔帖于 1834 年发现的。他发现当有直流电流经过两种导体或半导体结合的回路时，不仅会产生不可逆的焦耳热，同时在二者的连接处随着电流方向的不同，会分别产生吸热和放热的现象，如图 2-11 所示。

根据珀尔帖效应的上述定义，可以知道它与塞贝克效应是互为反效应的。对于珀尔帖效应的确定，俄国科学家楞次教授也功不可没，他曾做了一个著名的结点水滴结冰实验才真正地确定了珀尔帖效应，证实了其与焦耳效应的独立性。实验研究表明，在结点上产生的珀尔帖热与通入的直流电流成正比：

$$Q_{\mathrm{p}}=\pi_{12}I \tag{2-15}$$

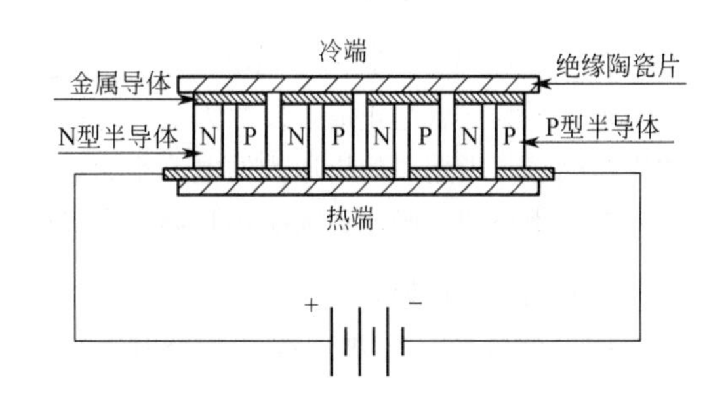

图 2-11　珀尔帖效应示意

上式中，π_{12} 是一个比例系数，被称为珀尔帖系数，单位为 W/A。它同塞贝克系数一样，不是取决于一种材料，而是取决于一对材料；负荷也与塞贝克系数一样，有正有负，通常当电流在结点处从导体 1 流向导体 2 时，如果结头处处于吸热状态，那么此时珀尔帖系数就为正，反之则为负，这也说明了珀尔帖热与通入电流的方向有关。进一步研究发现，确定珀尔帖系数的值有个前提条件，即需保持一定的温度条件，这也说明温度的不同会导致珀尔帖系数值的变化。

由上述可知，珀尔帖系数有许多地方存在相似之处，它们必定存在联系。后来通过开尔文爵士进行的温差电路热力学分析，确定出塞贝克系数和珀尔帖系数存在如下数值关系：

$$\pi=\alpha T \tag{2-16}$$

式中，T 是结点处的热力学温度。将式(2-16) 代入式(2-15) 中，可以得出两种不同材料单位时间在结点处吸收或放出的热量为：

$$Q_{p}=\alpha_{12}IT \tag{2-17}$$

珀尔帖效应的产生是基于载流子会在两种构成回路的材料中形成的势能差异。当材料 1 和材料 2 构成回路时，二者的接触电位差使得电子在通过结点时发生电位突变。当接触电位差与外电场方向一致时，电场力就会对电子做功，进而使电子的能量增大；同时，电子与晶体点阵发生碰撞的动能也就变大，可转换为晶体的内能，从而使结头的温度随之升高，向周围环境产生放热现象；同理，当接触电位差与外电场方向相反时，电场力对电子就做负功，即电子会反抗电场力做功，此时结点处的晶体点阵就会提供能量给电子，从而使得结点从周围环境吸热，达到降低环境温度的效果。

（3）汤姆逊效应

汤姆逊效应是英国物理学家汤姆逊于 1851 年发现的，他综合分析了塞贝克和珀尔帖效应，经过研究指出，在一个热电回路中，单一导体也存在温差效应。同时，经过进一步的理论和实验分析，他发现当向一根温度不均匀的导体或半导体通电时，该导体或半导体不仅产生焦耳热，还会产生一种可逆的热电效应，吸收或放出一定热量。通过实验可以得出，汤姆逊热效应与电流、温度梯度有关，且与它们都成正比。至于该导体是表现出吸热还是放热，则与通过它的电流方向有关，可用下式来表示：

$$Q_{T}=\tau I\frac{dT}{dx} \tag{2-18}$$

式中 Q_{T}——汤姆逊热，W/m；

τ——汤姆逊系数，V/K；

I——电流，A；

$\frac{dT}{dx}$——温度梯度，K/m。

从上式我们可以看出，当电流 I 和温度梯度 dT/dx 的方向相同时，外界向半导体传热，那么汤姆逊系数 τ 就是正值，反之为负。导体冷端与热端的温差和冷端的温度比值越大时，汤姆逊效应越明显。当然，如果通入的电流很大，产生的焦耳热明显会大于汤姆逊热，汤姆逊热只会在通入电流很小的时候才会大于焦耳热，在平时简单的计算中，一般可以不考虑汤姆逊热。

（4）傅里叶效应

傅里叶效应是传热过程的一个基本效应，其公式可表示为：

$$Q_{f}=A\lambda\frac{\partial t}{\partial x} \tag{2-19}$$

式中 Q_{f}——导热量，W；

A——传热面积，m^2；

λ——热导率；

t——温度，K；

x——导热面上的坐标，m。

傅里叶定律是热传导的基础，它是用来描述固体内热传导的基本关系式。但是，它并不是由热力学第一定律推导得出的，而是在大量实验结果的基础上，运用归纳总结的方法得出的一个经验公式。对于每一个具体问题，还须给出说明该问题相应的补充条件。就半导体制冷器来说，计算导热量时需要给出它的表面积、与之接触的环境温度、边界上与周围介质热交换的情况等条件。

（5）焦耳效应

焦耳定律是用来描述传导电流将电能转换成热能的定律，可用下式表示：

$$Q_J = I^2 R = I^2 \frac{\rho l}{A} \tag{2-20}$$

式中 Q_J——焦耳热，W；

I——流过导体的电流，A；

R——导体的电阻，Ω；

ρ——导体的电阻率，Ω·m；

l——导体的长度，m。

需要说明的是，焦耳效应是不可逆的，它只与导体的电阻和通入的电流大小有关，与电流的方向无关，且永远为正，即为放热反应。

2.2 太阳能半导体热电堆冷热墙设计

太阳能半导体热电堆冷热墙是基于太阳能半导体制冷技术的创新设计，其系统原理如图2-12所示。

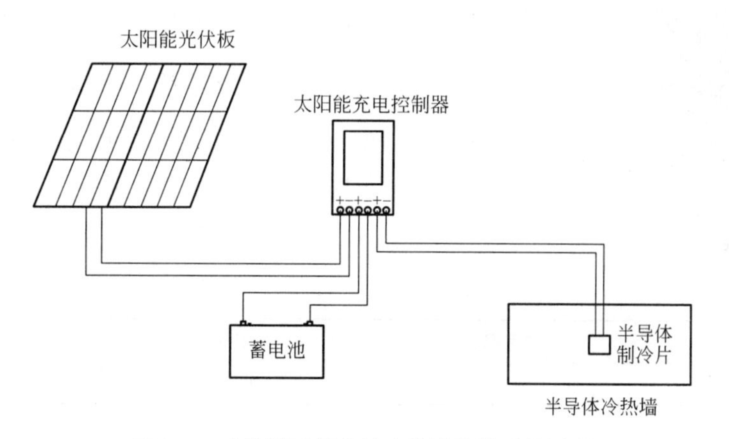

图2-12 太阳能半导体热电堆冷热墙系统原理

太阳能半导体热电堆冷热墙的设计主要分为光-电转换系统和半导体冷热墙两大部分。前者由太阳能光伏板、蓄电池和太阳能充电控制器组成。而半导体冷热墙是系统的核心，对整个系统的应用效果起着至关重要的作用。

2.2.1 光-电转换系统

（1）太阳能光伏电池

太阳能光伏电池（简称光伏电池）的选择与系统各部分组件的匹配性是密不可分的，应保证所选光伏电池输出的能量大于系统所需提供的总能量，即能量须考虑一定的富余量。目前，在市场上销售较为普遍的光伏电池主要以单晶硅和多晶硅两种光伏电池居多。同时，还存在非晶硅光伏电池和薄膜晶体硅光伏电池。虽然非晶硅光伏电池和薄膜晶体硅光伏电池具有低成本和较大发展潜力的优势，但如今应用较少，在此就不再赘述。另外，虽然市场上生产厂商有很多，但是产品都差不多，大多采用进口组件，然后将这些组件拼装在一起就组成太阳能光伏电池。根据拼装的组件数量不同，就会得到不同功率的太阳能光伏电池。国内生产的光伏电池功率一般为5～100W，寿命可以达到20年以上。

就单晶硅光伏电池和多晶硅光伏电池而言，对于相同功率的光伏板，单晶硅板的面积要小于多晶硅板的面积；单晶硅中的晶粒大小基本一致，取向相同，而多晶硅中的晶粒大小和取向都不同，这样就较易造成在光电转换时晶粒的界面受到干扰。

根据表2-3的能耗计算结果，综合考虑容量和材料因素，选择功率为18W的单晶硅太阳能光伏电池进行实验测试。表2-1为所选太阳能光伏电池技术参数。图2-13为太阳能光伏电池实物。

⊡ 表 2-1　太阳能光伏电池技术参数

型号	功率	输出电压	输出电流	尺寸
HTB18	18W	17.4V	1.03A	540mm×340mm×23mm

图 2-13　太阳能光伏电池实物

（2）蓄电池

光伏系统中常见蓄电池主要有免维护铅酸蓄电池、胶体蓄电池和镍镉蓄电池等。镍镉蓄电池的价格高，成本大；胶体蓄电池内阻较大，对大电流不适用；而铅酸蓄电池技术相对成熟，在太阳能光伏系统中有广泛应用。因此，本系统选择铅酸蓄电池。

目前市场上最常见的单个铅酸蓄电池电压有2V、6V、12V和24V，根据所选太阳能光伏电池最大功率点电压为18V，选取工作电压为12V的蓄电池。蓄电池技术参数如表2-2所示。图2-14为蓄电池实物。

⊡ 表 2-2　蓄电池技术参数

型号	额定电压	额定容量	充电电压
MF12-100	12V	100A·h	13.6～13.7V

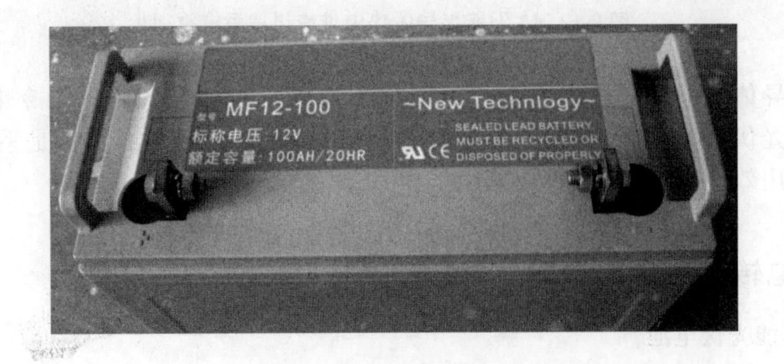

图 2-14　蓄电池实物

蓄电池一般长期处于充电、放电的工作循环中，内部化学反应会受到外界环境影响；为保证蓄电池尽量达到理想工作状态，应将铅酸蓄电池放置在控制柜中，保持其干燥、散热良好，还应定期对蓄电池进行维护和保养。

（3）太阳能充电控制器

如前所述，太阳能光伏电池的输出特性随着太阳强度、环境温度等因素呈非线性变化，系统中所选用的控制器可以对蓄电池起到很好的保护作用，并且可以有效控制充放电过程，使得蓄电池具有较为稳定的充放电电压和电流，从而使得整个系统的能量供应处于一个相对稳定的状态，为半导体制冷器提供12V工作电压下的直流电。

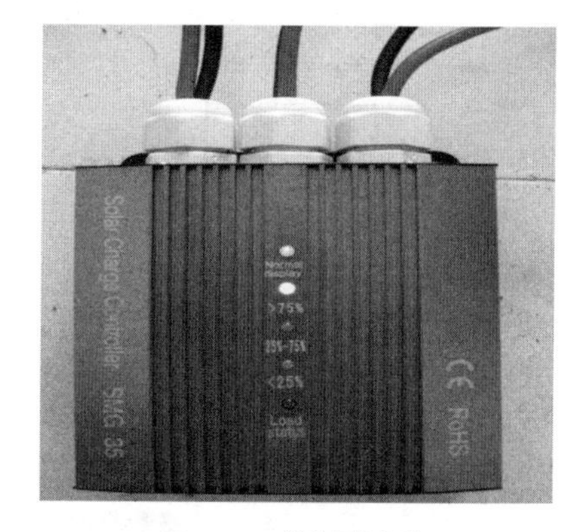

图 2-15　控制器实物

控制器技术参数见表 2-3，图 2-15 为控制器实物。

表 2-3　控制器技术参数

型号	额定电压	最大负载电流	最大压降	工作温度范围
PL20	12V	20A	0.4V	−20～50℃

2.2.2　半导体冷热墙体

为满足近零能耗建筑中半导体冷热墙的制冷制热效果，首先要建立冷热墙面，将近零能耗实验室分隔开以形成两个对比性实验室，如图 1-8 所示。改造之后的冷热墙面实际效果如图 2-16 所示。

图 2-16　冷热墙面实际效果

该墙面是用来隔断近零能耗实验室（即实验室 1 和一般实验室 2）的，墙面由加气块隔断组成。墙面中间插入 5 个冷热墙模块，利用冷热墙模块的制冷制热特性，对实验室 1 的温度进行调节；实验室 2 作为对比性研究，模拟室外。

（1）冷热墙模块的结构

半导体冷热墙的研究是基于珀尔帖效应的延伸和创新，我们将半导体两端分别接触金属铝棒，将热量导出到两端并且利用薄铝板将热量延伸到更大的平面，利用对流换热和辐射换热将热量和冷量分别扩散到两端铝板所在空间。在采暖季节和空调季节将电源反接，冷热端就会颠倒，然后就可以自由切换对目标房间的制冷制热控制。

利用这个原理，我们制成了半导体冷热墙模块单体，如图 2-17 所示。单体模块尺寸为 560mm×300mm×200mm；大小与建筑使用的加气混凝土砌块一样，铝板厚度 3mm，铝棒尺寸为 250mm×50mm×50mm。将半导体片、铝板、铝棒之间用导热硅胶连接，保证能很好地传热。图 2-18 和图 2-19 为其内部结构和板面示意。图 2-20 和图 2-21 分别为半导体冷热墙框架和实物。

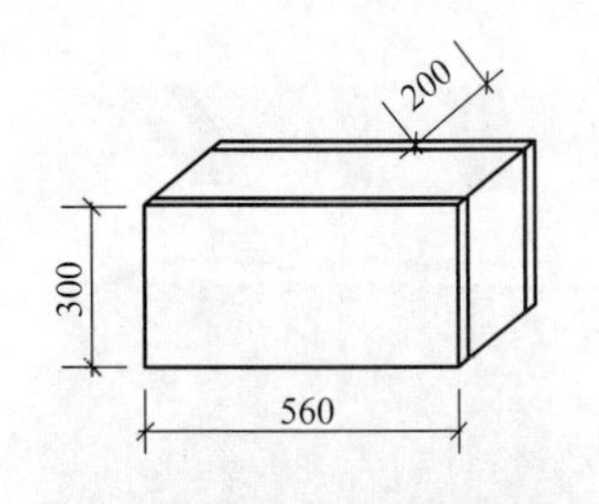

图 2-17　半导体冷热墙模块单体

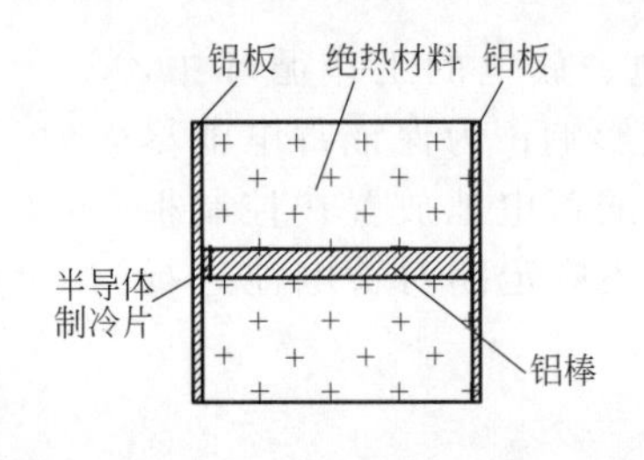

图 2-18　半导体冷热墙内部结构

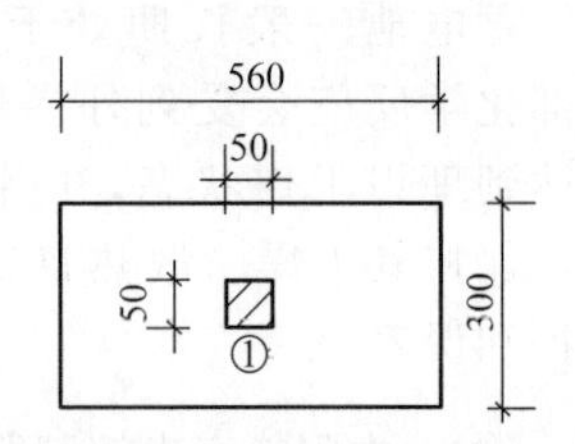

图 2-19　半导体冷热墙板面示意

图 2-20　半导体冷热墙框架

图 2-21　半导体冷热墙实物

（2）半导体制冷片

半导体制冷片可根据其冷热两端是否有陶瓷板分为两种结构：一种是不带陶瓷板的空心热电堆结构；另一种是带有陶瓷板的热电堆结构。前者在使用时必须在冷热两端加上绝缘导热层后，才能够与散冷器以及散热器连接；而后者可以直接与散冷器以及散热器连接，使用较前者方便，在市场上销售和使用较多的是冷热端带有陶瓷板的制冷片。

另外，半导体制冷片还可以根据级数的不同分为：单级（一级）、二级和多级（三级及三级以上）半导体制冷片。单级半导体制冷片主要是在一般场合中使用，其价格也较二级和多级便宜，二级与多级制冷片主要用在制冷温差较大的工况下。在考虑本实验所需温差大小和成本的基础上，选用带有陶瓷板的单级制冷片即可满足实验需要。

初步选定制冷片的结构形式后，具体型号和参数还要根据前文计算得出的所需制冷量来进行确定；还要同时考虑其他设备和环境的要求，所选半导体制冷器的制冷量应该大于所有对象所需能耗的总和。本实验中，所选用的半导体制冷片型号是 Tec1-12706，型号中“Te”表示半导体制冷组件，“c”表示陶瓷面板，“1”表示制冷片是单级的，“127”表示制冷片中的热电偶对数，即 127 对；“06”表示制冷片的最大工作电流是 6A。半导体制冷片的具体参数如表 2-4 所示。

表 2-4　半导体制冷片参数

参数名称	参数	参数名称	参数
型号	Tec1-12706	最大产冷量/W	56
阻抗/Ω	1.95～2.15	最大温差/℃	65～69
最大工作电流/A	5.6	外形尺寸/mm	40×40×3.8
最大工作电压/V	12		

（3）冷热墙体的构造

在实验室房间的中间隔断墙上按照图 2-16 所示的墙体的空心区域装入 5 个冷热墙模块，形成整个制冷制热的冷热墙体。室内的冷热墙位置关系如图 2-22 所示。5 个冷热墙模块均匀地分布于中间的实验墙体上，在实验墙体的左侧是一个双层玻璃的出入门，用来隔断实验中近零能耗建筑与房间外的冷热交换。安装的墙体采用的是一般混凝土加气块，具有良好的绝热性，并且能够很好地保持结构的完整性。将 5 个不同的半导体模块分别编号记录，以便后续分析，冷热墙编号示意如图 2-23 所示。

冷热墙模块都安装完成之后，需要依据冷热墙模块的稳定工作状态接入稳定电压。冷热墙模块单体工作的稳定直流电压为 12V，因此，需要将市电交流 220V 的电压转换成直流 12V 的电压，稳定地输入各冷热墙模块。开关电源如图 2-24 所示，电源连接如图 2-25 所示。

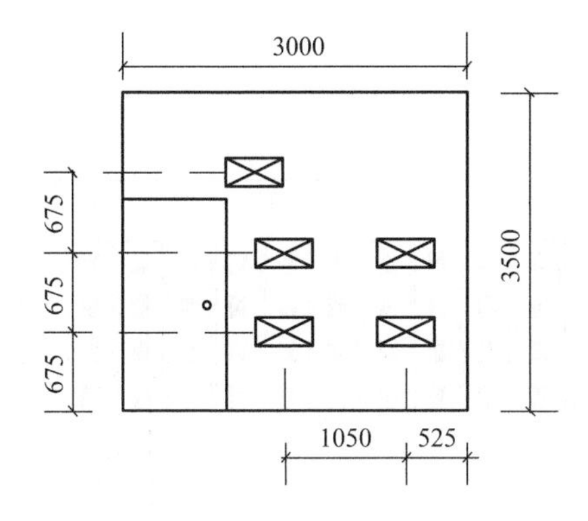

图 2-22　室内的冷热墙位置关系

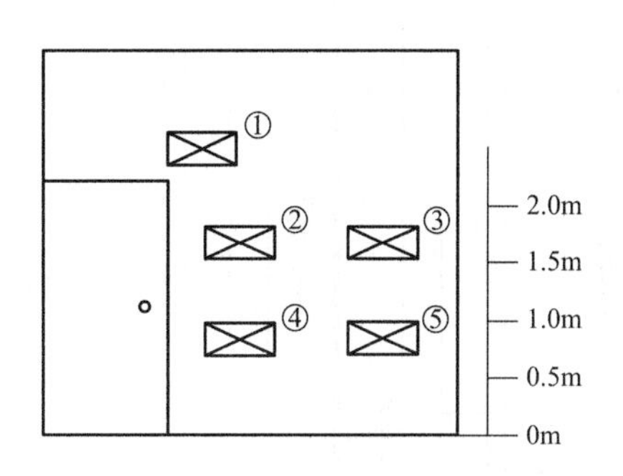

图 2-23　冷热墙编号示意

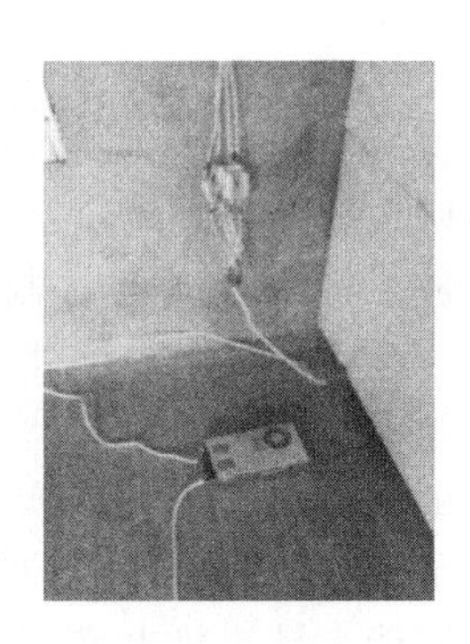

图 2-24　开关电源

图 2-25　电源连接

5 个冷热墙体通过并联方式与开关电源连接，保证 5 个半导体模块的输入电压为直流 12V。将系统接通之后，通过电源线和插头将市电接入开关电源的输入端，即可保证系统的稳定运行。这样，半导体冷热墙模块形成一面同时稳定工作的冷热墙体，通过开关电源的变压，再通过各不同开关的自由开启和关闭，可以自由地控制各个冷热墙单体的启闭。

2.3 太阳能半导体热电堆空调器设计

2.3.1 嵌入式半导体空调器

太阳能半导体热电堆空调器是基于半导体冷热墙技术改良形成的，核心原理均为太阳能半导体制冷技术。与半导体冷热墙的最大区别在于嵌入式半导体空调器的设计，其内部结构示意如图 2-26 所示，实物如图 2-27 所示。

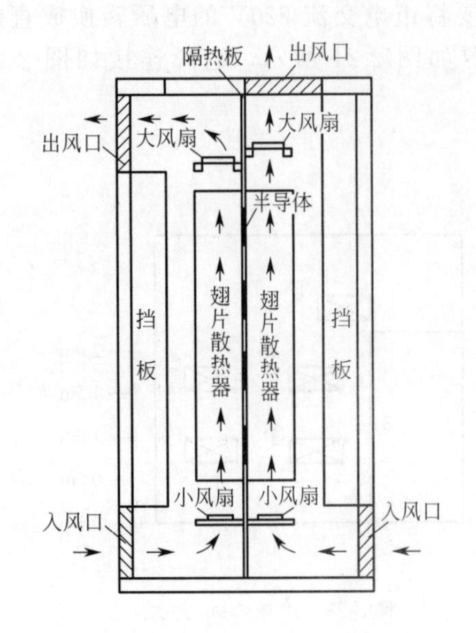

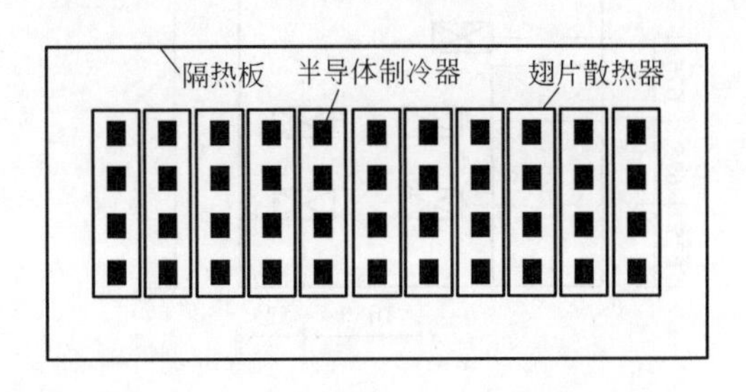

图 2-26 太阳能半导体热电堆空调器内部结构示意

图 2-27 太阳能半导体热电堆空调器实物

太阳能半导体热电堆空调器由 11 组共 44 片半导体制冷片、冷热两端各 11 块翅片散热器、冷热两端各 6 个大风扇、冷热两端各 11 个小风扇组成。将 11 组半导体制冷器分为 4 个大组，其中 3 个大组各有 3 组半导体制冷片，还有 1 个大组有 2 组半导体制冷片，各大组之间通过线路的分别设置，可以实现分组控制；根据所需冷量和热量的大小，控制空调器的运行组数。太阳能半导体热电堆空调器内嵌于外墙内，这样的设计一方面可以节约室内空间，直接将空调器作为外墙的一部分；另一方面还有助于营造良好的气流组织形式。

为了保证制冷、制热空间内冷、热量分布得尽可能均匀，并考虑安装的方便与美观，同时考虑到安装后的接触热阻、漏冷与漏热等不利影响，本实验中选用了 12 块型号为 Tec1-12706 的半导体制冷片，其参数见表 2-4。根据翅片散热器的大小，应均匀合理地布置半导体制冷片，每 4 个并联为一组，共计 3 组；采取在隔热板上钻孔的形式，将半导体制冷片内嵌于隔热板中；采用硬质隔热板可以有效地防止冷热两端的冷热混流，起到分隔冷端和热端的作用。同时，硬质隔热板也是整个结构的骨架，起到固定半导体制冷片和翅片散热器的作用。半导体制冷片以隔热材料进行填充处理，减少单元模块与周围环境之间的热交换，从而减少半导体制冷片的热量流失；在其表面涂上导热硅胶后，直接附上散热翅片。翅片散热器数量可根据半导体制冷器的安装形式和个数确定，冷热两端各 3 组，共计 6 个，翅片散热器固定于硬质隔热板的两面，通过翅片散热器将半导体制冷片产生的冷量和热量带出，再通过风扇作用将冷量和热量传入室内与室外。

在本实验中，采用的是铝制翅片散热器（其结构参数如表 2-5 所示），它是常用的散热器之一，其投资成本较低，运用广泛，热传导效果明显。

表 2-5 铝制翅片散热器结构参数

翅片长度/mm	翅片高度/mm	翅片厚度/mm	底座宽度/mm	底座厚度/mm	翅片间距/mm	翅片数
300	50	1.5	100	4.2	3	9

在翅片安装位置的上下两端，均安装风扇，进行冷量和热量的引导，鼓风形式采用由下至上的轴流形式。这种方式投入成本较低，效果较好。当然，如果风扇的安装方向相反，则变成由上至下的鼓风形式。两种安装方式都可以起到冷量和热量的传导作用，主要区别在于气流的方向和组织形式的不同。当风扇向铝制翅片散热器鼓风时，气流呈现为湍流状态，风压较大；反之，风扇从翅片散热器抽风鼓向环境时，气流呈现为层流状态，风压较小。在实验中，空调器设计为一整体结构，可以直接内嵌于墙体中；考虑到整体的安装范围，铝制翅片散热器在空调器中的布局较为密集。如果采用由上至下鼓风，气流较紊乱，受到翅片散热器的阻力损失将较大，不利于空调器整体的送风和散热效果。因此，翅片上部风扇为抽风，下部风扇为鼓风，无论是在冷端还是热端，均采用由下至上的气流形式。根据产生冷热量的多少和空调器的整体结构，上部冷热两端抽风用的风扇选用额定电压为直流 12V，额定电流为 0.90A，风扇冷端 1 个，风扇热端 2 个；下部冷热两端鼓风用的风扇选用额定电压为直流 12V，额定电流为 0.15A，风扇冷热两端各 3 个。风扇和翅片散热器实物分别如图 2-28 和图 2-29 所示。

图 2-28 风扇实物

图 2-29 翅片散热器实物

2.3.2 系统匹配设计

除了上述嵌入式半导体空调器，还需对太阳能光伏电池、蓄电池、控制器进行重新设计和选型。

（1）太阳能光伏电池

太阳能光伏电池作为系统的能量来源，可为半导体制冷器提供直流电。因此，太阳能光伏电池能够提供的电能，须大于半导体制冷器制冷制热时的冷负荷和热负荷；同时，由于半导体制冷器的制热较为容易，选择太阳能光伏电池时，只需确定其输出功率大于制冷时制冷空间的冷负荷即可。

运用传热学的基本理论知识，可对制冷空间的冷负荷进行计算。冷负荷包括：制冷空间的壁面传热、制冷空间的缝隙漏热、太阳辐射热和地表传热等。由于制冷空间位于室内，因此计算时，太阳辐射热和地表传热不作考虑。

① 制冷空间外表面传热系数的确定　由于制冷空间置于室内，所以制冷空间外表面的换热可以看成是自然对流换热，取环境温度为 $t_f=36.2℃$，制冷空间室内设计温度 $t_n=26℃$，室内外温差 $\Delta T=10.2℃$。经查，干空气的物理参数如表 2-6 所示。

⊡ 表 2-6　干空气的物理参数（$P=1.013\times10^5$Pa）

t/℃	ρ/(kg/m³)	c_p/[kJ/(kg·K)]	$\lambda\times10^2$/[W/(m·K)]	$\mu\times10^6$/(N·s/m²)	$\nu\times10^6$/(m²/s)	P_r
0	1.293	1.005	2.44	17.2	13.28	0.707
10	1.247	1.005	2.51	17.6	14.16	0.705
20	1.205	1.005	2.59	18.1	15.06	0.703
30	1.165	1.005	2.67	18.6	16.00	0.701
40	1.128	1.005	2.76	19.1	16.96	0.699
50	1.093	1.005	2.83	19.6	17.95	0.698

设外表面温度为 $t_w=31.2℃$，与环境温度的差值 $\Delta t=5℃$，可得定性温度：

$$t_m=\frac{t_f+t_w}{2} \tag{2-21}$$

计算得定性温度 $t_m=33.7℃$，又因制冷空间高 $l=1.5$m，代入格拉晓夫数计算公式：

$$G_r=\frac{g\alpha\Delta t l^3}{\nu^2} \tag{2-22}$$

式中　G_r——格拉晓夫数；

g——重力加速度，取 9.8m/s²；

α——体积膨胀系数，K^{-1}；

l——定型尺寸，m；

ν——运动黏度，m²/s。

代入数据，其中运动黏度 ν 运用线性插值法可得到对应温度下的数值，计算可得格拉晓夫数 $G_r=2.02\times10^9$。查文献中大空间自然对流换热关系式，根据表 2-7 可知该自然对流是紊流，因此取常数 $C=0.1$，$n=1/3$。

⊡ 表 2-7　自然对流换热准则关联式中常数 C 和 n 值

壁面形状、位置及边界条件	流态	C	n	定型尺寸	适用范围 G_rP_r
t_w＝常数	层流	0.59	1/4	高度 h	104～109
竖平壁、竖直圆管，平均努谢尔特数	紊流	0.1	1/3		109～1013

则努谢尔特数：

$$N_u=C(G_rP_r)^n \tag{2-23}$$

式中，P_r 为普朗特数。

计算可得：$N_u=0.1\times(2.02\times10^9\times0.7)^{\frac{1}{3}}=112.24$，代入下式：

$$h_0=N_u\frac{\lambda}{l} \tag{2-24}$$

计算可得，外表面传热系数 $h_0=112.24\times2.7033\times10^{-2}/1.5=2.02\text{W}/(\text{m}^2\cdot\text{K})$。

由于上述外表面传热系数的计算方式是建立在大空间自然对流换热情况的基础上，没有考虑风速对它的影响，考虑到实际情况，风速对其影响是不可忽略的。在实际中，外表面受到风速的影响，应属于强迫对流换热，但由于强迫对流换热很难通过计算确定传热系数，因此，应根据自然对流换热的计算结果及风速对外表面传热系数的影响经验应用于后续计算中。外表面传热系数 h_0 近似取 $7\text{W}/(\text{m}^2\cdot\text{K})$。

② 制冷空间内表面传热系数的确定　内表面为自然对流换热，取内表面温度 $t'_w=23℃$。同外表面传热系数计算方法一致，依次代入式(3-2)、式(3-3) 和式(3-4)，可得格拉晓夫数 $G_r=1.39\times10^9$，努谢尔特数 $N_u=99.19$，内表面传热系数 $h_i=1.74\text{W}/(\text{m}^2\cdot\text{K})$。为了保证制冷量设计的富余量，在后续计算中，内表面传热系数 h_i 近似取 $6\text{W}/(\text{m}^2\cdot\text{K})$。

③ 制冷空间传热系数的确定　制冷空间的壁厚为 $\sigma=45\text{mm}$，壁面的导热系数 $\lambda=0.08\text{W}/(\text{m}^2\cdot\text{K})$，因此制冷空间的传热系数：

$$k=\frac{1}{\frac{1}{h_0}+\frac{1}{h_i}+\frac{\sigma}{\lambda}} \tag{2-25}$$

计算可得，$k=1.15\text{W}/(\text{m}^2\cdot\text{K})$。

④ 制冷空间壁面的传热量：

$$Q=kA\Delta T=1.15\times(1.0^2+4\times1.0\times1.5)\times10.2=82.11(\text{W}) \tag{2-26}$$

⑤ 制冷空间缝隙漏热　对于制冷空间的缝隙漏热很难进行测试或计算出一个准确值，根据经验，取壁面传热的10%～20%作为缝隙漏热量。本实验中取15%。

⑥ 制冷空间的冷负荷：

$$Q_c=1.15Q=1.15\times82.11=94.43(\text{W}) \tag{2-27}$$

从本节上述中得到的制冷空间冷负荷为94.43W，考虑到半导体制冷器的制冷系数一般为0.2～0.4，取0.3，计算其功率为：

$$P_0=94.43\div0.3=314.77(\text{W}) \tag{2-28}$$

同时，太阳能光伏电池在系统中还需为风扇提供能量，按3个10.8W和6个1.8W考虑，风扇功率 $P_1=43.2\text{W}$，因此太阳能光伏电池所需提供的功率为：

$$P=P_0+P_1=314.77+43.2=357.97(\text{W}) \tag{2-29}$$

综合考虑容量和材料，本实验中选用了4块100W的单晶硅太阳能光伏电池作为系统的能量来源，其具体参数如表2-8所示。

表2-8　单晶硅太阳能光伏电池参数表（测试条件：AM1.5，1000W/m²，25℃）

参数名称	数值	参数名称	数值
最大输出功率(P)	100W	峰值工作电压(V_{mpp})	18.0V
开路电压(V_{oc})	22.1V	峰值工作电流(I_{mpp})	5.56A
短路电流(I_{sc})	6.00A		

（2）蓄电池

考虑到系统的安全性、稳定性和经济性以及各种蓄电池的技术发展成熟性，结合本实验中蓄电池的所需容量，选择3块12V阀控密封式铅酸蓄电池即可满足实验要求，其具体参数见表 2-2。

（3） 控制器

在本实验中，从系统的形式和实验成本的角度出发，选用了上海斯普威尔牌太阳能充放电控制器，通过控制器上面的指示灯，可以观测运行情况；根据电量指示灯确定蓄电池所储存电量的多少；同时，还可以自动调节对蓄电池的充放电过程。具体参数如表 2-9 所示。

表 2-9 太阳能充放电控制器参数

名称	参数值	名称	参数值
型号	SMG35	最大充电电流(50℃时)	35A
额定电压	14.5V(25℃),2h	最大负载电流(50℃时)	35A
均衡充电压	14.8V(25℃),2h	尺寸	145mm×98mm×53mm
浮充电压	13.7V(25℃)	质量	388g
负载低压切断电压	11.4～11.9V,蓄电池剩余容量控制 11.0V,电压控制	最大接线直径	$24mm^2$(AWG＃6)
		空载电流	4mA
负载再连接电压	12.8V	工作温度范围	－40～＋50℃
温度补偿系数	－4mV/(cell·K)	防护等级	IP22/IP66

2.4 本章小结

本章介绍了两种基于太阳能光电技术且适用于零能耗建筑的半导体热电堆空调技术，即半导体热电堆冷热墙和半导体热电堆空调器，阐述了与之相关的技术原理，并根据实际项目情况对这两种技术进行适应性设计；主要包括半导体冷热墙墙体结构和换热优化设计，以及半导体空调器的结构设计和系统匹配设计。

第3章

太阳能半导体热电堆冷热墙应用

3.1 半导体冷热墙单体性能研究

3.1.1 传热性能及制冷效果测试

（1）实验准备

本实验主要是对半导体冷热墙的传热效果及半导体制冷片的制冷效果进行测试，为半导体冷热墙在近零能耗建筑的应用提供设计依据。测试的主要内容有：

① 通过半导体制冷片的工作电流及工作电压，计算和分析半导体冷热墙中制冷片的制冷量及制冷率。

② 测量半导体冷热墙中铝棒的温度分布情况，主要是分析铝棒的传热效果。

③ 对冷热端的铝板表面温度进行测试，了解铝板的表面温度分布情况。

在实际应用中，除了第2章中设计选用的设备，还需要部分实验测试仪器，主要有电流表和电压表（图3-1）、温度计。温度计采用如图3-2所示的热电偶温度计，它由热电偶、导线和显示仪表组成，精度为0.1℃，具体参数见表3-1。

图3-1 电流表和电压表

图3-2 热电偶温度计

（2）实验数据整理与分析

① 半导体制冷片的电压、电流测试 用电流表、电压表对通过半导体制冷片的电流及两端电压进行测试，直到半导体制冷片达到稳定的工作状态，结果如图3-3所示。

表 3-1　热电偶温度计具体参数

名　称	参　数	名　称	参　数
传感器特性	K 型热电偶合器(NICR-NIAI)	精度	0～－20℃：±2℃； －20～－40℃：±3℃； －40～－50℃：－3℃
分辨率	－199.9～199.9℃：0.1℃； 200～1370℃：1℃； 0～500℃：±(0.75%＋1)℃； 500～750℃：±(1%＋1)℃	测量范围	－50～750℃
		工作温度	0～50℃，相对湿度≤70%RH
		储存温度	－10～60℃，相对湿度≤70%RH

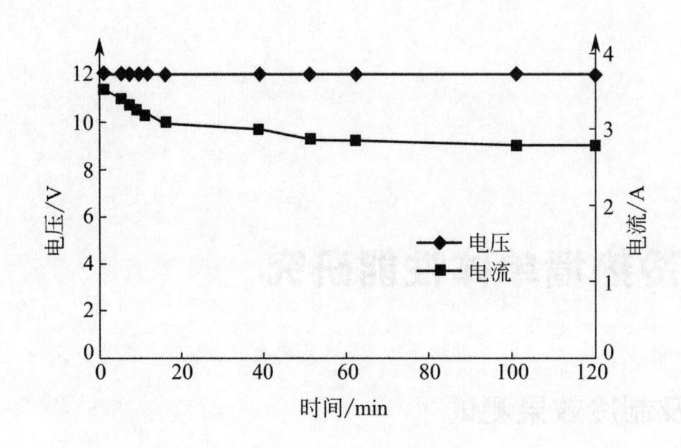

图 3-3　半导体制冷片的电压、电流随时间变化曲线

由图 3-3 可知，半导体制冷片两端的工作电压基本不变，为 12V。通过半导体制冷片的最大电流为 3.5A，半导体制冷片工作 60min 后，工作电流降为 2.8A，之后电流趋于稳定，保持不变。

② 铝棒的温度分布测试　用热电偶温度计对铝棒表面的温度进行测试，铝棒长度为 250mm，为了更好地了解铝棒的传热效果及其温度分布，布置 6 个测点，测点位置如图 3-4 所示。

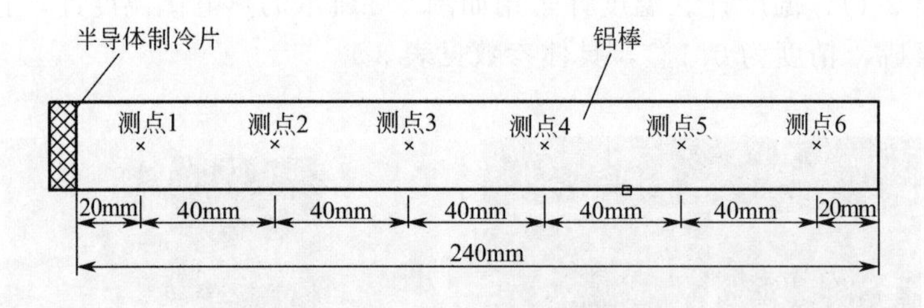

图 3-4　铝棒表面温度测点分布图

为了测试铝棒的传热效果，对半导体冷热墙在连续工作约 4h 铝棒表面温度进行测试，测试结果如图 3-5 所示。

在图 3-5 中，最下方的曲线为半导体冷端铝棒中心的温度曲线，铝棒最初的温度为 14.8℃，运行 8min 后，铝棒温度达到最低温度 11.8℃，之后铝棒温度缓慢上升；约 4h 后，铝棒中心的温度为 22.0℃，冷热端的换热也达到稳定平衡状态。冷端铝棒中心温度曲线上方的是热端铝棒中心温度曲线，热端铝棒中心温度先上升后趋于稳定，开始阶段铝棒温度为 14.8℃；90min 后，热端铝棒中心温度上升到 46.3℃；再往后铝棒中心的温度变化不大，

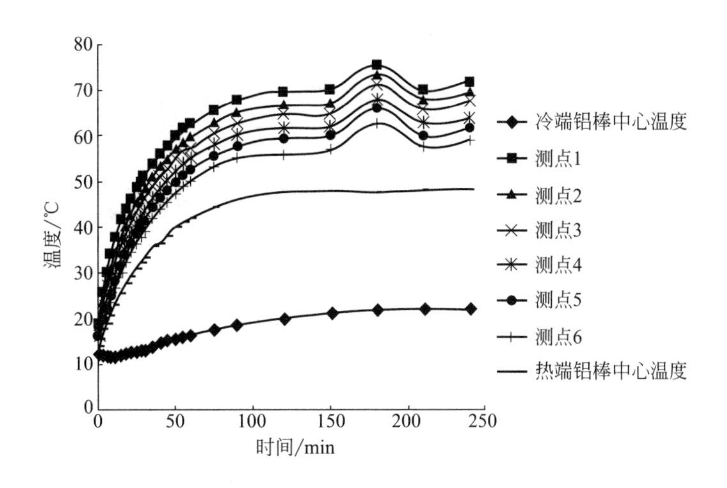

图 3-5　铝棒表面测点温度曲线

最高温度为 48.2℃。

最上方变化规律相似的 6 条温度曲线从上向下分别为测点 1、测点 2、测点 3、测点 4、测点 5、测点 6 的铝棒表面温度曲线。在半导体制冷片工作的前 120min，导热铝棒各测点的温度逐渐上升；离半导体制冷片热端越近，测点的温度越高，各测点之间的温差大小相差不大；在同一时刻，相邻两测点的温差为 2～3.7℃。

③ 冷端铝板表面温度测试　为测试铝板与室内空气通过自然对流与辐射的换热效果，对冷端铝板表面的温度进行测试，布置 17 个测点，测点的位置如图 3-6 所示。

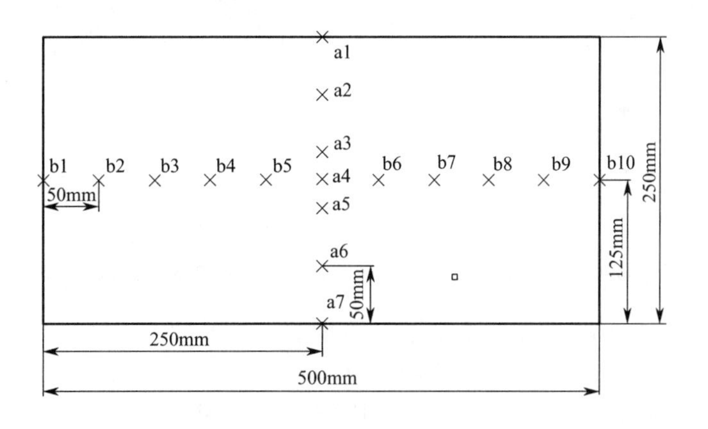

图 3-6　冷端铝板表面温度测点分布图

每隔半小时记录各测点的温度，120min 后，冷端铝板的温度基本达到平衡稳定状态。纵向的 7 个测点测试结果如图 3-7 所示，轴向的 10 个测点测试结果如图 3-8 所示。

由图 3-7 可知，在 30min 时，铝板各测点的温度都较低，此时的制冷效果较好，中心位置的温度最低，为 9.1℃，铝板边缘处的温度为 9.8℃；到 60min 时，铝板各测点的温度为 15～16℃，此时铝板中心的温度比边缘处高些，这是因为半导体冷热端的温度没有及时地散出去，导致制冷效果变差，半导体形成串热；之后的变化规律相似，铝板表面的温度缓慢升高，120min 时冷热达到平衡状态，各测点的温度也相近。图 3-8 中轴向各测点的温度变化情况与图 3-7 中的纵向测点变化规律相同。

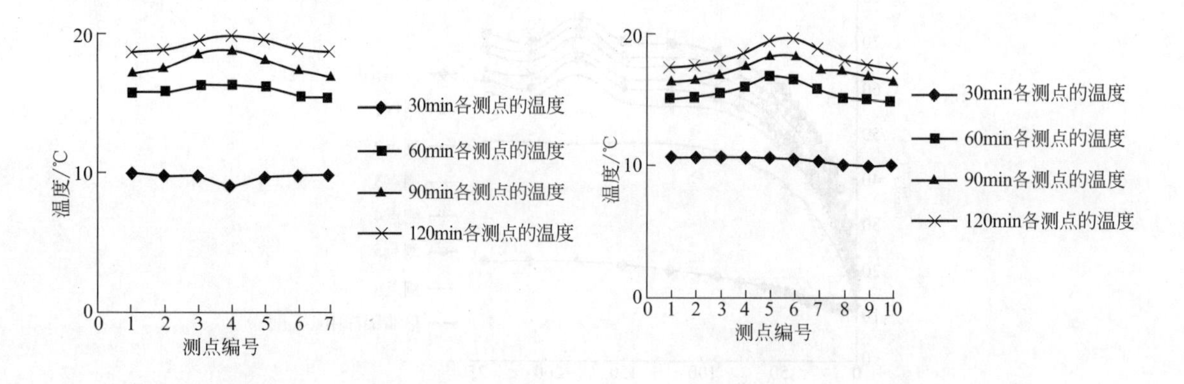

图 3-7　冷端铝板纵向测点温度　　图 3-8　冷端铝板轴向测点温度

④ 热端铝板表面温度测试　为测试铝板与室外空气通过自然对流与辐射的换热效果，对热端铝板表面的温度进行测试，测点的布置与冷端的布置相似，见图 3-6。

每隔 1h 记录各测点的温度，4h 后，热端铝板的温度基本达到平衡稳定状态。纵向的 7 个测点测试结果如图 3-9 所示，轴向的 10 个测点测试结果如图 3-10 所示。

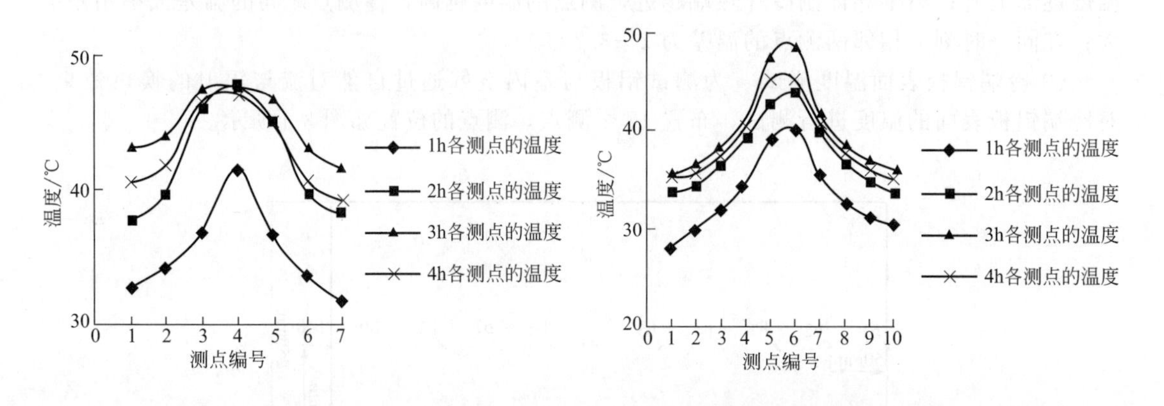

图 3-9　热端铝板纵向测点温度　　图 3-10　热端铝板轴向测点温度

由图 3-9 可知，在 1h 时，热端铝板各测点的温度相差较大，热端铝板的温度较低，此时的制冷效果较好，中心位置的温度比两端温度高大约 10℃，铝板中心的温度为 41.7℃；到 2h 时，铝板中心测点的温度为 47℃，此时铝板中心的温度基本达到平衡，再工作 2h 后，铝板中心的温度为 47.6℃，比之前升高了只有 0.6℃；在 4h 时，与 3h 时各测点的温度相比，还略低 2℃左右，说明此时半导体制冷片的散热达到稳定平衡状态。图 3-10 中轴向各测点的温度变化情况与图 3-9 中的纵向测点变化规律相同。

⑤ 半导体冷热墙制冷量的计算　根据半导体片的热电制冷原理，半导体制冷原件的特性参数可以由半导体冷热端温差、半导体两端电压及电路电流计算出来。

半导体制冷片的塞贝克系数为：

$$\alpha=\frac{U-IR}{\Delta T} \tag{3-1}$$

式中　α——半导体制冷片的塞贝克系数，V/K；

U——供电电压，V；

I——半导体制冷元件的工作电流，A；

ΔT——半导体制冷元件的冷热端温差，K；

R——半导体制冷片的电阻，Ω。

半导体元件的制冷量为：

$$Q_c=\alpha IT_c-\frac{1}{2}I^2R-K(T_h-T_c) \tag{3-2}$$

式中 Q_c——半导体元件的制冷量，W；

T_h——半导体制冷片热端的温度，K；

T_c——半导体制冷片冷端的温度，K；

K——半导体制冷片的热导率，W/(m·K)。

半导体制冷片的输入功率为：

$$N=\alpha I(T_h-T_c)+I^2R \tag{3-3}$$

式中，N 为半导体制冷片的输入功率，W。

半导体制冷片的制热量为：

$$Q_h=Q_c+N \tag{3-4}$$

式中 Q_h——半导体元件的制热量，W；

Q_c——半导体元件的制冷量，W；

N——半导体制冷片的输入功率，W。

半导体制冷片的制冷效率为：

$$\varepsilon=\frac{Q_c}{N} \tag{3-5}$$

式中 ε——半导体制冷片的制冷效率；

Q_c——半导体元件的制冷量，W；

N——半导体制冷片的输入功率，W。

利用半导体制冷量的计算公式，可对达到稳定状态的半导体冷热墙的制冷量进行计算。在稳定状态时，半导体冷热墙冷端的温度为 21.2℃，半导体冷热墙热端的温度为 68℃，半导体制冷片的工作电压为 12V，通过半导体制冷片的电流为 2.8A；再利用 Tecl-12706 半导体制冷片的具体参数，取半导体制冷片电阻为 2Ω，对半导体冷热墙的制冷量进行计算。

半导体制冷片的塞贝克系数为：

$$\alpha=\frac{12-2.8\times2}{68-21.2}=0.137(\mathrm{V/K})$$

半导体冷热墙的制冷量为：

$$Q_c=0.137\times2.8\times294.4-0.5\times2.8^2\times2-1.8\times(68-21.2)=20.8(\mathrm{W})$$

半导体冷热墙的输入功率为：

$$N=0.137\times2.8\times(68-21.2)+2.8^2\times2=33.6(\mathrm{W})$$

半导体冷热墙的制冷效率为：

$$\varepsilon=\frac{20.8}{33.6}\times100\%=61.9\%$$

3.1.2 强化换热研究

为了更好地了解半导体制冷传热的过程及影响制冷效果的因素，可建立一个小型的半导体制冷换热模型，通过实验来研究增大冷端的散热面积、热端采用强制对流散热对半导体制冷的影响。

(1) 系统方案设计

根据需要制作一个小型、简单的半导体制冷模型，具体由半导体制冷片、铝板、小风扇组成。半导体制冷片选用型号为 Tec1-12706，设计 4 个实验来分析增强热端散热和增强冷端换热对半导体制冷的影响。图 3-11 为基础半导体制冷模型。图 3-12 为热端加风扇的半导体制冷模型。

图 3-11　基础半导体制冷模型

图 3-12　热端加风扇的半导体制冷模型

实验一：用导热硅胶将半导体制冷片的热端与 20mm 厚铝板相连，冷端与 40mm×40mm×1mm（厚）的铝板相连，热端铝板的两侧用 1mm 厚的铝板做 2 个肋片。

实验二：在实验一半导体制冷模块的基础上，在热端铝板上加一小风扇，增强铝板的对流换热。

实验三：在实验一半导体制冷模块的基础上，在冷端铝板上再连 160mm×160mm（长×宽）的铝板，使冷端的自然换热面积增加约 15 倍。

实验四：综合实验二与实验三，在冷端增大自然对流换热面积，在热端加风扇增强对流换热。

(2) 实验结果分析

对半导体制冷模块通 12V 的直流电压。在实验一中，半导体制冷片的电压、电流随时间变化的曲线如图 3-13 所示，冷、热端温度随时间变化的曲线如图 3-14 所示。

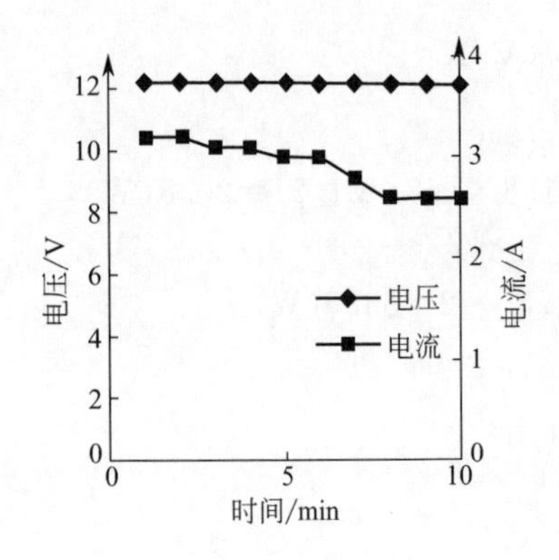

图 3-13　半导体制冷片电压、电流随时间变化曲线

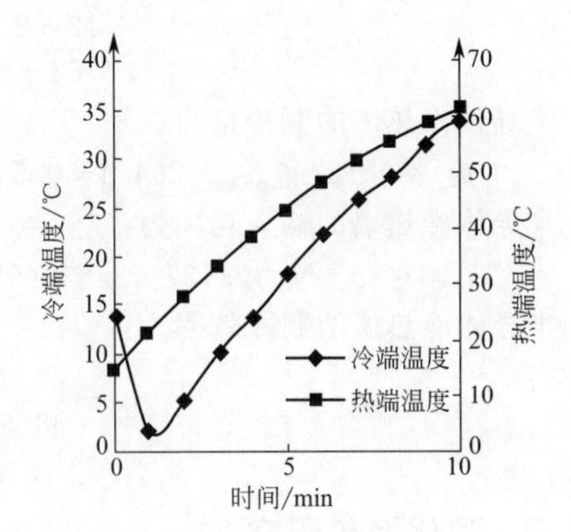

图 3-14　半导体制冷片冷、热端温度随时间变化曲线

由图 3-13 可知，半导体制冷片两端的电压为 12V，电压变化不大，通过半导体制冷片的电流在最初时刻其值最大，达到 4.5A；受冷热端铝板散热效果的影响，工作电流慢慢减小，工作 10min，由 3.2A 降至 2.6A，之后电流趋于稳定。由图 3-14 可知，冷端铝板中心的温度先迅速降低，之后温度逐渐升高，而热端铝板中心的温度缓慢升高。冷端铝板的温度在 1min 内由 14.3℃降至最低温度 1.9℃，工作 10min 后，冷端铝板温度已达 34.0℃，此时已达不到所需的制冷目的，冷、热端的散热效果都不好。

对半导体制冷模块通 12V 的直流电压。在实验二中，半导体制冷片的电压、电流随时间变化的曲线如图 3-15 所示，冷、热端温度随时间变化的曲线如图 3-16 所示。

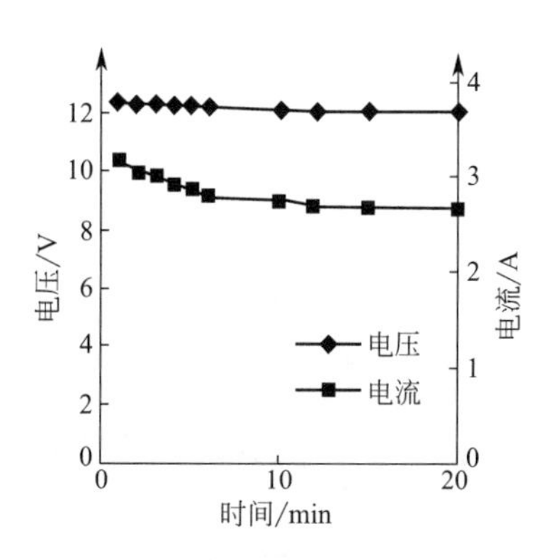

图 3-15　半导体制冷片电压、电流随时间变化曲线

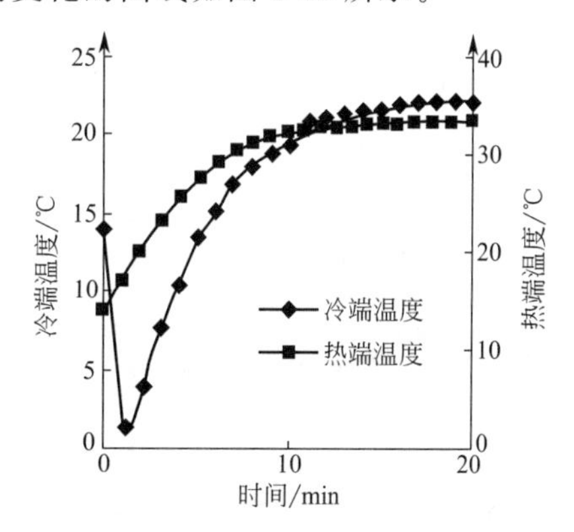

图 3-16　半导体制冷片冷、热端温度随时间变化曲线

由图 3-15 可知，半导体制冷片两端的电压为 12V，电压变化不大，通过半导体制冷片的电流在最初时刻其值最大，达到 4.5A，受冷、热端铝板散热效果的影响，工作电流慢慢减小，工作 20min，由 3.2A 降至 2.7A，之后电流趋于稳定。由图 3-16 可知，冷端铝板中心的温度先迅速降低，之后温度逐渐升高，而热端铝板中心的温度缓慢升高。冷端铝板的温度在 1min 内由 14.3℃降至最低温度 1.5℃，工作 10min 后，冷端铝板温度为 19.7℃，之后冷端铝板的温度升温幅度较小，冷热端铝板换热基本达到平衡；在 10min 内，热端铝板的温度由 14.3℃升至 32.2℃，之后热端铝板的温度趋于稳定，最高温度为 33.8℃，这说明打开热端风扇后，热端铝板的散热明显增强，半导体制冷片的制冷效果较好。

对半导体制冷模块通 12V 的直流电压，在实验三中，半导体制冷片的电压、电流随时间变化的曲线如图 3-17 所示，冷、热端温度随时间变化的曲线如图 3-18 所示。

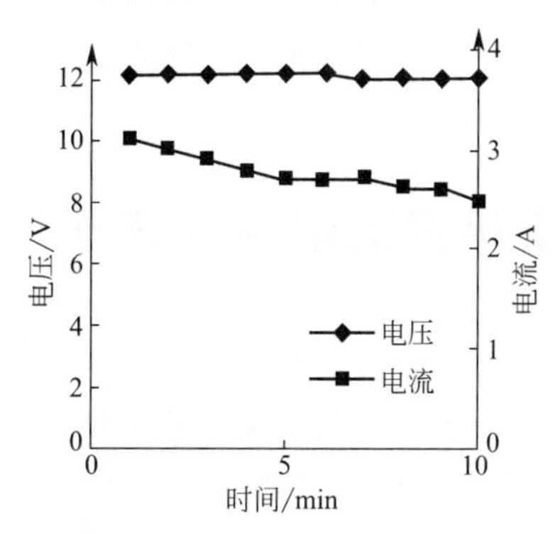

图 3-17　半导体制冷片电压、电流随时间变化曲线

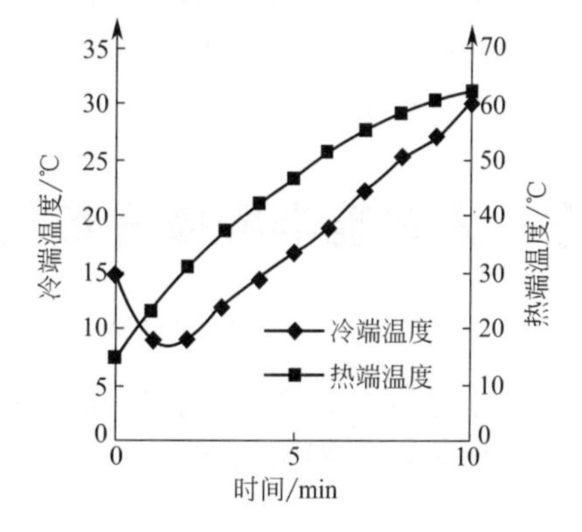

图 3-18　半导体制冷片冷、热端温度随时间变化曲线

由图 3-17 可知，半导体制冷片两端的电压为 12V，电压变化不大，通过半导体制冷片的电流在最初时刻其值最大，达到 4.5A，受冷、热端铝板散热效果的影响，工作电流慢慢减小，工作 10min，由 3.1A 降至 2.5A，之后电流趋于稳定。由图 3-18 可知，冷端铝板中心的温度先迅速降低，之后温度逐渐升高，而热端铝板中心的温度缓慢升高。冷端铝板的温度在 1min 内由 14.8℃降至 9.0℃，因为此时冷端的铝板厚度为 2mm，而上述两个实验中冷端铝板的厚度为 1mm，冷端铝板的最低温度与前面相比高了近 7℃；工作 10min 后，冷端铝板温度已达 30.4℃，此时已达不到所需的制冷目的，说明靠增大冷端铝板的面积对半导体制冷片的制冷效果并不是很好。

对半导体制冷模块通 12V 的直流电压，在实验三中，半导体制冷片的电压、电流随时间变化的曲线如图 3-19 所示，冷、热端温度随时间变化的曲线如图 3-20 所示。

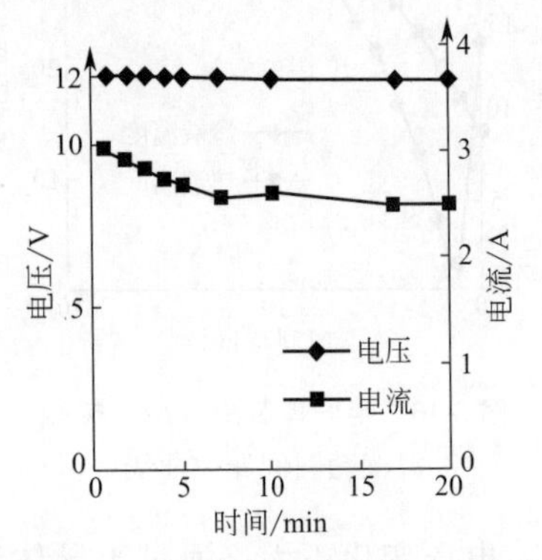

图 3-19　半导体制冷片电压、电流随时间变化曲线

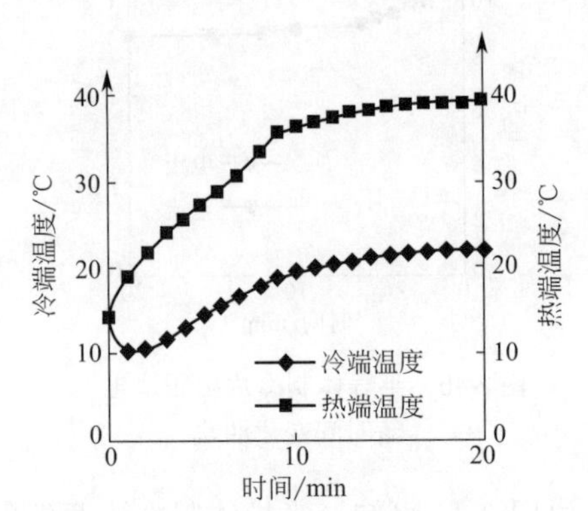

图 3-20　半导体制冷片冷、热端温度随时间变化曲线

由图 3-19 可知，半导体制冷片两端的电压为 12V，电压变化不大，通过半导体制冷片的电流在最初时刻其值最大，达到 4.5A，受冷、热端铝板散热效果的影响，工作电流慢慢减小，工作 20min，由 3.1A 降至 2.5A，之后电流趋于稳定。由图 3-20 可知，冷端铝板中心的温度先迅速降低，之后温度逐渐升高，而热端铝板中心的温度缓慢升高。冷端铝板的温度在 1min 内由 14.3℃降至最低温度 9.0℃，工作 10min 后，冷端铝板温度为 20.2℃，之后冷端铝板的温度升温幅度较小，冷、热端铝板换热基本达到平衡；在 10min 内，热端铝板的温度由 14.3℃升至 35.5℃，之后热端铝板的温度趋于稳定，最高温度为 38.8℃；这说明通过增强半导体制冷片冷、热两端的换热，可以提高半导体制冷片的制冷效果。

3.2 太阳能半导体冷热墙在近零能耗建筑中的应用研究

半导体冷热墙的单体实验证明了在电流、电压稳定的情况下，冷热墙可以稳定有效地工作；但是在近零能耗建筑实验室中能否满足负荷需求，在建筑中冷热墙该如何布置以及如何运行等问题，都要进行相应测试和研究。考虑到实验测试数据的单一性及片面性，我们利用实验与模拟相结合的方法对太阳能半导体冷热墙应用于夏热冬冷地区的效果进行研究。

3.2.1 实验研究

在近零能耗实验室中，首先要确保建筑的近零能耗最大化，我们在建立近零能耗实验室的过程中，充分考虑到建筑的能耗问题和保温材料以及措施的可实施性。通过在冬、夏两个极端季节测试装备了半导体冷热墙的近零能耗建筑中的温度变化情况，可以得出半导体冷热墙在近零能耗建筑中效果的好坏，以及在建立了近零能耗建筑的前提下室内环境如何保证，以便为新型空调模式开辟道路。

(1) 实验方法

在实验近零能耗建筑中，当搭建的冷热墙墙体安装完成之后，将 12V 的开关电源接入，待 5 个冷热墙模块正常工作之后方可完成，如图 3-21 所示。

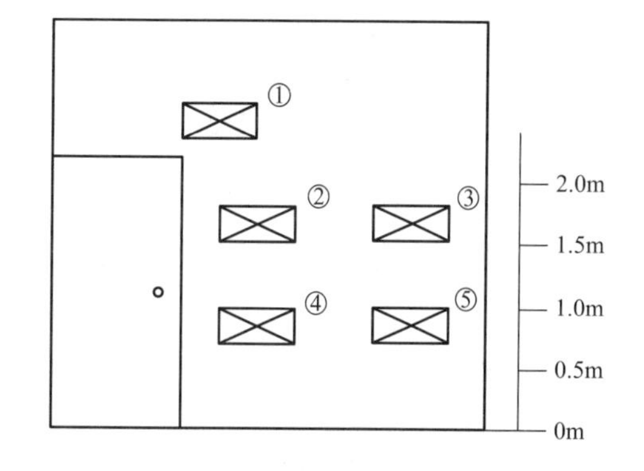

图 3-21 冷热墙编号示意

每隔 2h 测试一组室内不同高度、分布不同的 5 个测点，记录测点的温度，并每天记录室外气温，分析温度梯度以及每个墙体的工作板面温度和工作电流电压。在测试期间保证室内无内热源并且保证门窗关闭，单独测试冷热墙工作对室内温度的影响。为了记录室内外的温度，我们使用了如图 3-22 所示的智能便携式数据记录仪、温湿度测试仪（图 3-23）和热电偶温度计；为了测试工作电流、电压，还使用了数字万用表。

图 3-22 智能便携式数据记录仪

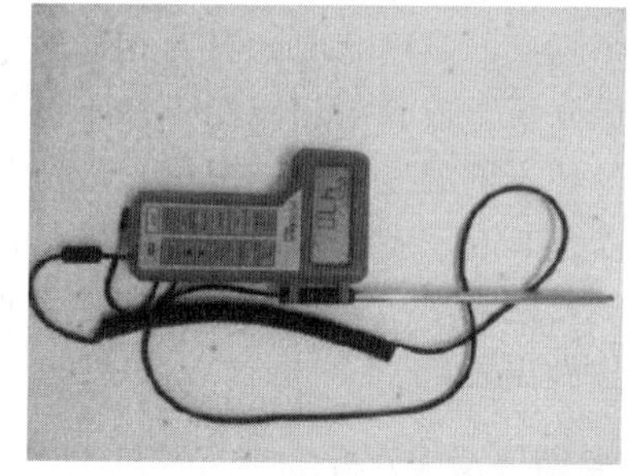

图 3-23 温湿度测试仪

我们通过使用数字万用表记录每个冷热墙模块工作中的电流、电压值，然后记录整个系统运行中的总电流、电压，分析冷热墙工作的稳定性和可适用性。

为了准确地记录冷热墙板面的工作状态，在冬、夏季节测试的过程中，我们使用了热电偶温度计测试近零能耗室内的板面工作温度，并对比各个不同的板面。

近零能耗实验室的室内热环境测试由便携式数据记录仪和温湿度测试仪共同完成。为了达到监测均匀的目的，我们测试时将房间从平面到立面进行划分，纵向上大致将房间分成 0m、0.5m、1.0m、1.5m、2.0m 5 个不同的平面。5 个不同的平面代表了典型的人体生活活动区域，在 5 个区域形成了 5 个不同的测量平面。在横向上，房间大致分为 5 个测点：靠近冷热墙体的测点 1 和测点 2，房间中心的测点 3 以及靠近窗户的测点 4 和测点 5，如图 3-24 和图 3-25 所示。

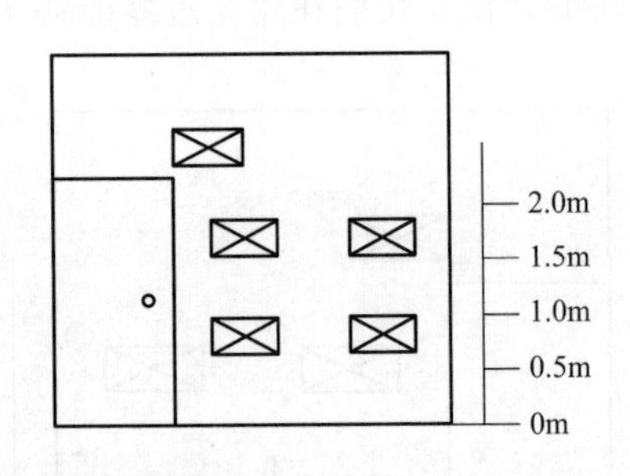

图 3-24　实验室测试立面测点的划分

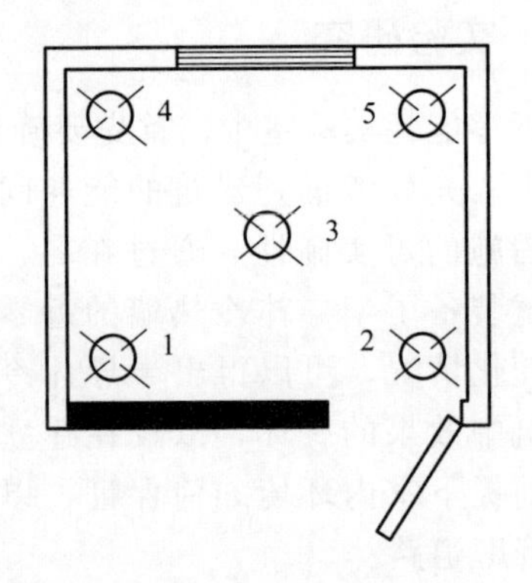

图 3-25　实验室测试平面测点的划分

（2）实验研究内容

我们的测试是将房间模拟成正常起居室，为了避免外界因素对房间温度场的影响，将房间门窗关闭，避免人员进入对室内的温、湿度场产生影响；在不同的季节可将冷热墙开启，运行稳定之后，每隔 2h 进入实验室测试不同的 25 个点的温度情况，连续测量多个工作日，产生多组数据，分析不同季节冷热墙工作的效果和不足。

在测试过程中，我们将测量的数据值分别在夏季和冬季进行分类别、分区域的整理和对比。同样，我们选取了 8:00～20:00 的每隔 2h 时间间隔的不同立体室内 25 个数据采集点的温度值进行分析。

在每隔 2h、冷热墙板面温度分布稳定之后，室内各点的温度分布也稳定不变时，我们通过测量各个测点的温度状况，再对相同时刻、不同平面、不同立面上各个测点之间的温度关系进行对比分析，或者对相同测点在不同测量时刻温度的变化情况进行分析。

通过对各种不同温度变化情况的比较分析，可以得出在近零能耗建筑中半导体冷热墙工作的稳定性以及其对于室内温湿度的影响情况，进而分析半导体冷热墙在近零能耗建筑中应用的优缺点以及注意事项，为夏热冬冷地区近零能耗建筑的实现提出相应的指导方法，为建筑节能新方法做出贡献。

（3）实验结果及其分析

由于测试数据过多，分析的时候选取典型的测试点和典型的稳定测试时间进行分析，分别选取夏季和冬季做出相应的对比表格进行分析。

① 同一测点不同高度的温度分布　测点我们选取典型的房间中心的测点 3。将不同日期、不同测量高度、不同测量时间的数据进行对比研究，夏季实验测试结果如表 3-2 所示。

表 3-2　夏季（8月9日~8月11日）实验测试结果　　单位：℃

时间	0.5m			1.0m			1.5m		
	9日	10日	11日	9日	10日	11日	9日	10日	11日
10:00	26.3	26.5	28.3	26.5	26.5	28.2	26.4	26.2	27.3
12:00	26.8	26.4	27.4	26.4	26.8	27.1	26.5	26.6	27.3
14:00	26.7	26.4	26.8	26.4	26.8	27.5	26.7	26.4	27.3
16:00	26.1	26.8	26.5	26.5	26.7	26.4	26.8	26.5	26.3
18:00	27.2	26.4	27.2	26.6	26.5	26.6	26.5	26.3	26.8

利用表 3-2 的测试结果可以画出在不同高度上测点的温度变化图。不同测量日期、相同高度上相同测点的温度随半导体冷热墙系统运行时间增加的变化情况，如图 3-26～图 3-28 所示。

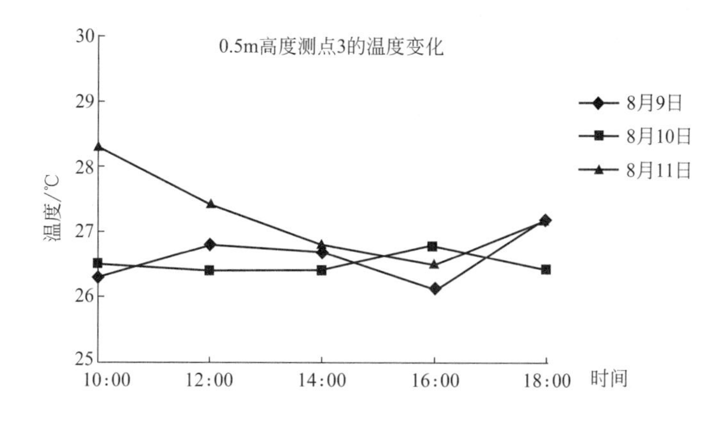

图 3-26 0.5m 高度上测点 3 的温度变化

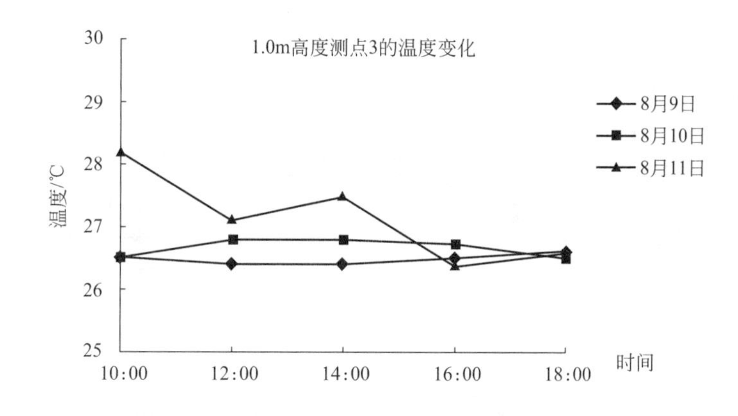

图 3-27 1.0m 高度上测点 3 的温度变化

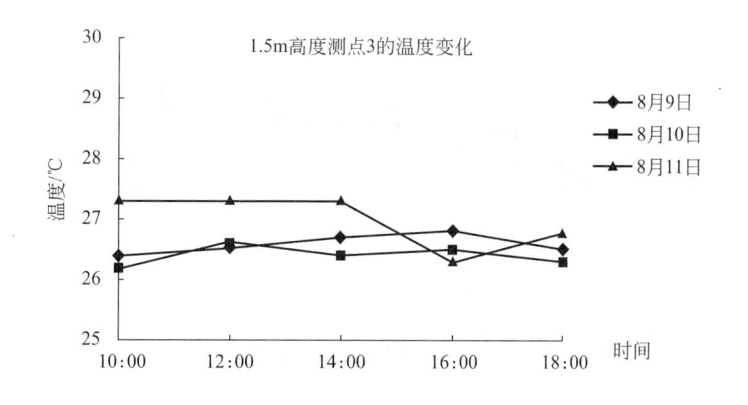

图 3-28 1.5m 高度上测点 3 的温度变化

通过以上典型高度相同测点的温度变化情况可以看出，在夏季，相同测点在冷热墙体运行稳定的情况下，温度趋于稳定不变，不随外界温度变化而变化，说明冷热墙体发挥了作用。在室外测量温度为28～29℃的情况下，由于房间保温效果的良好以及冷热墙体的制冷效果，室内测点3在不同高度分布下的温度有降低趋势。

冬季实验测试结果如表3-3所示。

⊡ 表3-3 冬季（1月13日~1月15日）实验测试结果 单位：℃

时间	0.5m			1.0m			1.5m		
	13日	14日	15日	13日	14日	15日	13日	14日	15日
10:00	11.3	10.8	11.1	11.2	11.4	11	10.5	11.2	11.2
12:00	12.5	12.8	12.6	13.5	13.5	12.7	13.8	12.9	12.4
14:00	14.1	13.8	13.7	13.7	14.2	13.8	14.5	13.8	13.5
16:00	14.1	14.3	13.7	14	14.5	13.9	14.2	14.5	14.2
18:00	15	14.8	14.2	14.7	14.9	14.3	15.1	15.1	14.2

利用表3-3的测试结果可以画出在不同高度上测点的温度变化图。在不同测量日期、相同高度上，相同测点的温度随半导体冷热墙系统运行时间增加的变化情况如图3-29～图3-31所示。

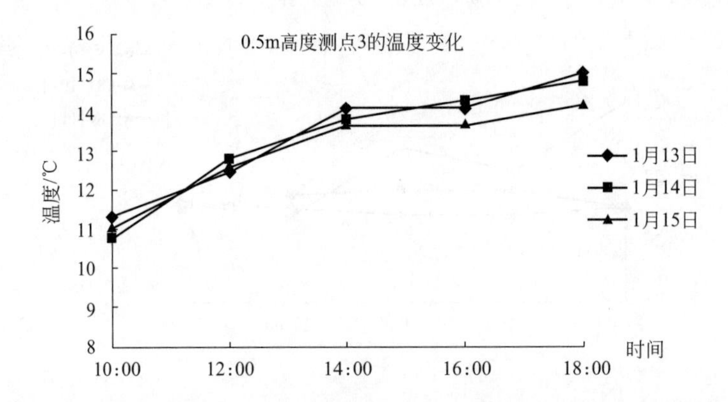

图3-29 0.5m高度上测点3的温度变化

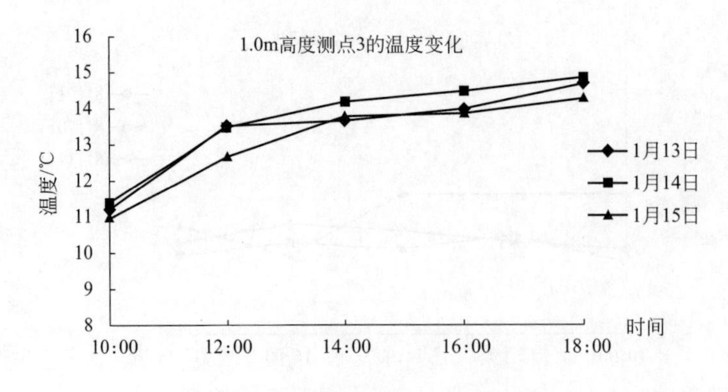

图3-30 1.0m高度上测点3的温度变化

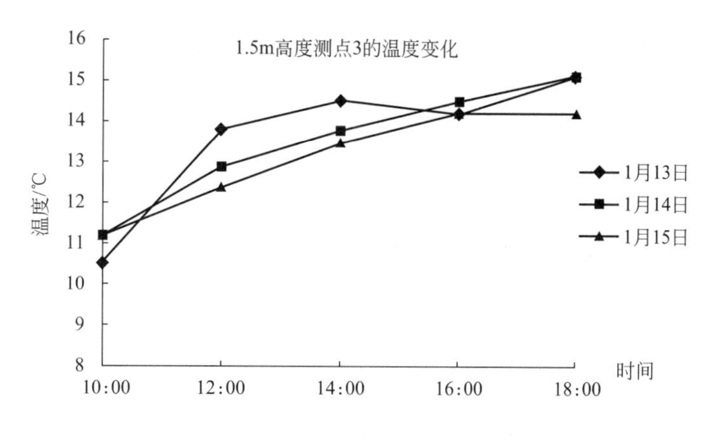

图 3-31 1.5m 高度上测点 3 的温度变化

以上还可看出，在 1 月 13 日至 1 月 15 日的测量中，随着系统运行时间的增加，室内测点 3 在不同高度上的温度逐渐增加并且最终趋于稳定。在这段时间中，室外测量温度为 8～10℃。因此，在半导体冷热墙体工作稳定的过程中，室内温度有明显提升，说明冷热墙体在近零能耗实验室中的运行能够对实验室中的温度做出改变并且能朝着对采暖有利的方向进行。

② 同一高度不同测点的温度分布　不同测点依据离冷热墙面的位置可以大致测量出图中的 2 号测点、3 号测点和 5 号测点相应情况。对于测量高度，我们选择 1.0m 的平面，仍然是用不同季节、不同测量时间来进行对比研究。夏季实验测试结果如表 3-4 所示。

表 3-4 夏季（8 月 9 日～8 月 11 日）实验测试结果　　单位：℃

时间	8 月 9 日			8 月 10 日			8 月 11 日		
	测点 2	测点 3	测点 5	测点 2	测点 3	测点 5	测点 2	测点 3	测点 5
10:00	26.3	26.5	26.3	26.7	26.5	26.8	28.5	28.2	27.6
12:00	26.7	26.4	26.8	26.5	26.8	26.4	27.3	27.1	27.3
14:00	26.9	26.4	26.5	26.4	26.8	26.8	26.4	27.5	27.3
16:00	27.1	26.5	26.4	26.5	26.7	26.4	25.9	26.4	25.8
18:00	26.8	26.6	26.8	26.5	26.5	26.5	26.5	26.6	27.2

利用表 3-4 的测试结果可以作出夏季在相同高度上不同测点的温度变化图。在不同的测量日期、相同高度上不同测点的温度随半导体冷热墙系统运行时间增加的变化情况，如图 3-32～图 3-34 所示。

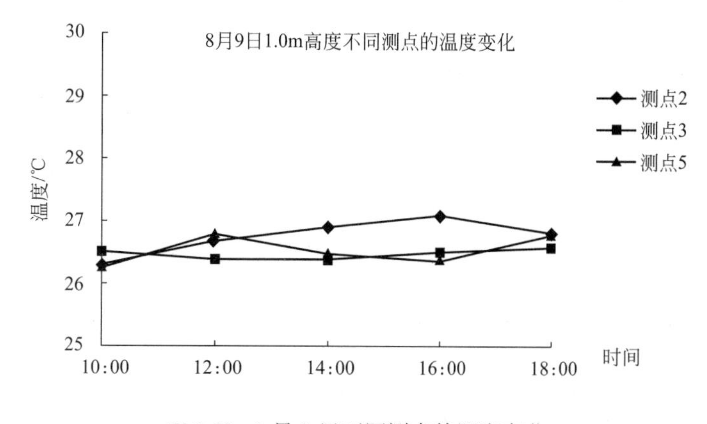

图 3-32 8 月 9 日不同测点的温度变化

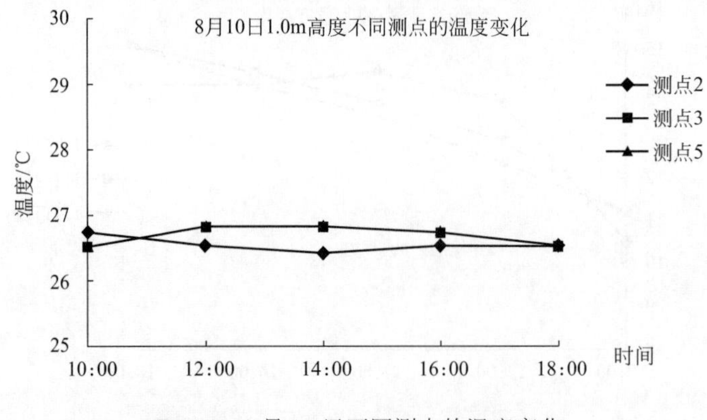

图 3-33　8 月 10 日不同测点的温度变化

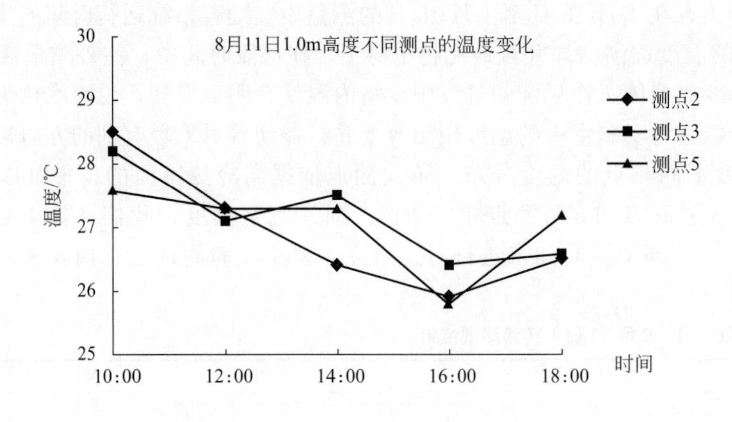

图 3-34　8 月 11 日不同测点的温度变化

依据以上测量数据以及分析对比，可以得出一系列结论：在夏季使用冷热墙运行过程中，待冷热墙体运行稳定之后，测量得出的温度变化在各个测点上基本差别不大，说明室内温度分布均匀。从 8 月 9 日至 8 月 11 日三天的测量数据看，从冷热墙面端至窗户端，在 1.0m 高度的平面，室内不同测点的温度差别不大，室内基本保持均匀温度，这说明冷热墙运行中，室内温度分布均衡，夏季不存在温度不均的现象。

冬季实验测试结果如表 3-5 所示。

⊡ 表 3-5　冬季（1 月 13 日～1 月 15 日）实验测试结果　　单位：℃

时间	1 月 13 日			1 月 14 日			1 月 15 日		
	测点 2	测点 3	测点 5	测点 2	测点 3	测点 5	测点 2	测点 3	测点 5
10:00	10.9	11.2	11	12	11.4	10.9	11.2	11	10.8
12:00	13.5	13.5	13.2	13.4	13.5	13.1	12.4	12.7	12.8
14:00	14.2	13.7	13.6	14.6	14.2	13.7	13.6	13.8	13.4
16:00	14.3	14	14	14.5	14.5	14.3	13.8	13.9	13.7
18:00	15.2	14.7	14.7	15.3	14.9	15.1	14.2	14.3	13.7

利用表 3-5 的测试结果可以作出冬季在相同高度上不同测点的温度变化图。在不同的测量日期、相同高度上不同测点的温度随半导体冷热墙系统运行时间增加的变化情况，如图

3-35～图 3-37 所示。

从以上的测量数据以及分析对比，我们得出一些结论：冬季使用冷热墙运行稳定之后，测量得出的温度变化在各个测点上基本无差别，说明室内温度分布十分均匀。从 1 月 13 日至 1 月 15 日三天的测量数据看，从冷热墙面端至窗户端，在 1.0m 高度的平面，室内不同测点的温度基本无差别；随着时间的变化也基本保持不变，室内基本保持温度均匀，这说明冷热墙在稳定运行过程中，冬季实验室内温度分布均匀，能够保持较为舒适的温度均衡性。

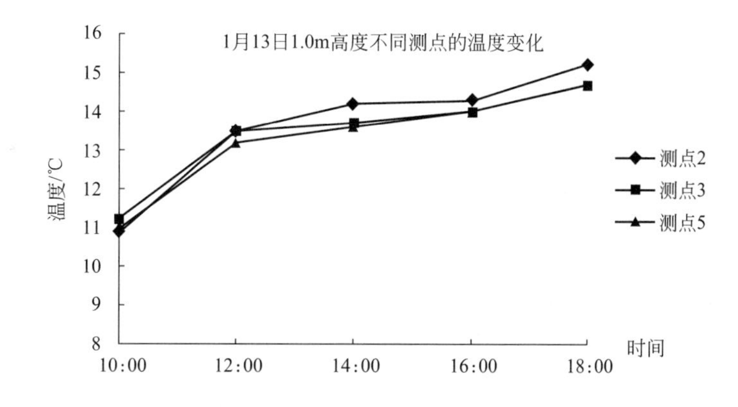

图 3-35　1 月 13 日不同测点的温度变化

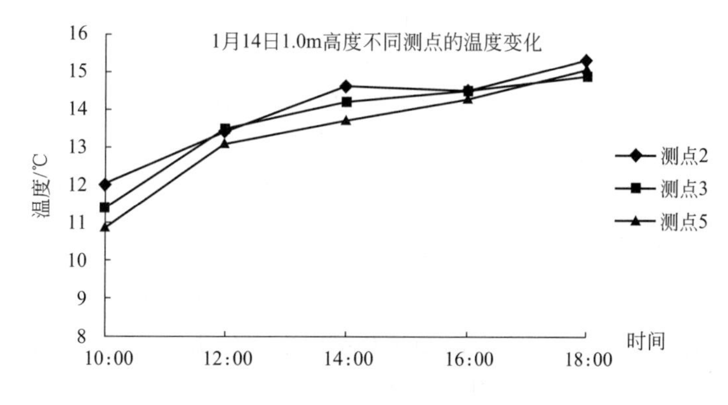

图 3-36　1 月 14 日不同测点的温度变化

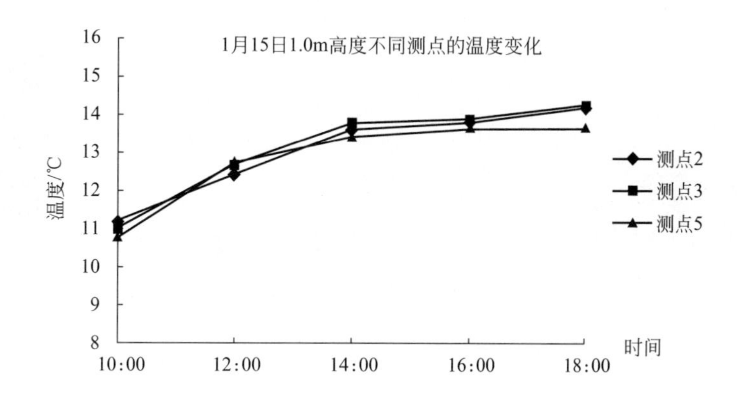

图 3-37　1 月 15 日不同测点的温度变化

3.2.2 模拟研究

（1）模拟的意义及方法

在模拟过程中，采用了与第 3 章相同的 PHOENICS 软件来进行。实验模拟时需要对房间进行网格划分，从横截面以及纵向上将房间区分成不同区域，再利用软件模拟出冷热墙板面的散热情况，并且按时间和空间将房间分成不同的测试种类，可以直观地得出近零能耗建筑房间内的温度分布状况；有利于分析半导体冷热墙稳定工作对于房间内部温度的影响以及制冷制热的效果。从模拟的结果可以得出一系列结论：冬季在纵向上温度分布的均匀性是否合理；在人体生活的舒适区域，地面到 2m 的区域，温度分布差别大小将如何直接影响人体感官的舒适程度；室内温度分布的合理性如何，冷热墙面上冷热墙模块分布的合理性与其直接相关。因此，要以模拟分析并结合实验测试数据来对比研究近零能耗实验室内半导体冷热墙分布的合理性以及注意事项。

（2）模拟结果及其分析

为了便于分析模拟结果和对比研究，并且使半导体冷热墙对冬季的采暖效果更佳，实验均采用冬季室内采暖进行模拟；还可利用 PHOENICS 软件对房间整体的温度场进行模拟实验，通过设置温度范围和房间参数进行模拟以得出结论。

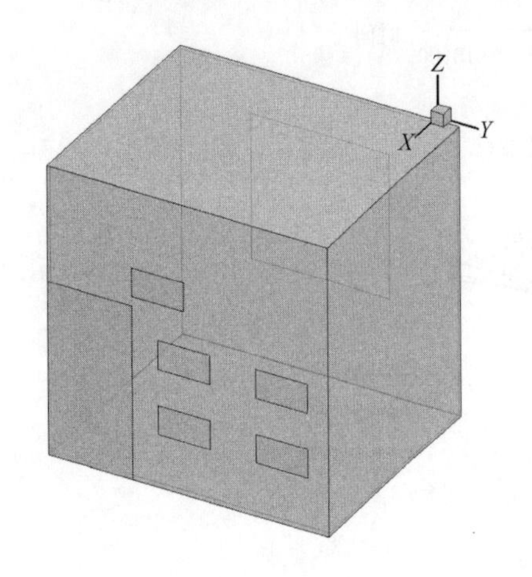

图 3-38 房间坐标轴线

房间的尺寸为 4500mm×3900mm×3000mm。为了说明位置关系，设置坐标时可以按照如图 3-38 所示进行设置，与冷热墙面平行的方向设置成 Y 轴，与冷热墙面垂直的方向设置成 X 轴，竖直方向设置成 Z 轴，这样便于分析实验结果和计算数据。

实验分析 $Y=1.75$m 方向上的房间整体温度分布状况：从 Y 方向分析有利于分析在房间整体立面上温度的梯度情况；在随着高度上升的过程中，温度分布状况如何；还需分析随着离冷热墙距离变大，室内温度分布状况的变化及室内空气的流速情况。模拟结果如图 3-39～图 3-41 所示。

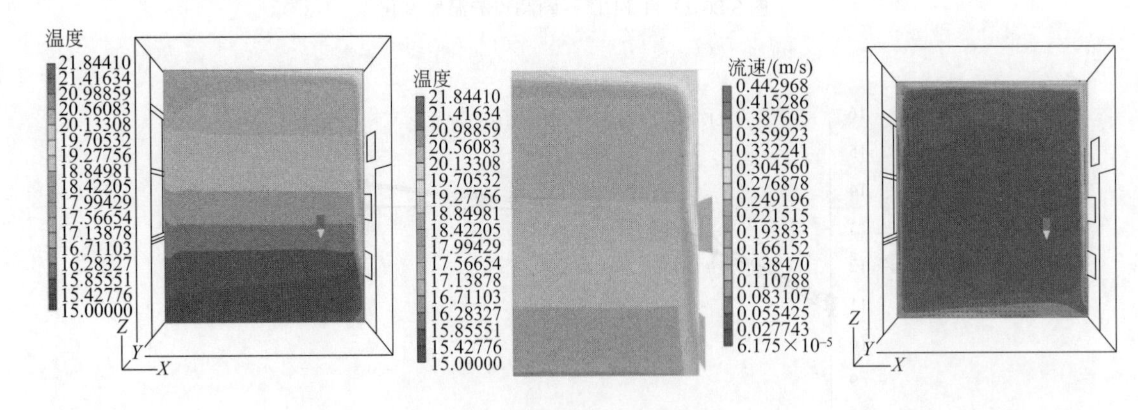

图 3-39 $Y=1.75$m 方向温度场　　图 3-40 近面板顶部温度梯度　　图 3-41 $Y=1.75$m 方向空气流速

从图 3-39～图 3-41 可以看出，在冷热墙板面的附近，温度呈现出明显的辐射状，靠近冷热墙的位置温度明显高于附近，冷热墙板面附近0.5m以内的温度达17～19℃，温度明显高于室内均温。从左侧的温度尺可以看出，冬季室内中心温度在运行达到稳定状态下可达到15～16℃，因此极大地改善了室内冬季的温度状况，为近零能耗建筑实验室内采暖提供了有效手段。

将图3-39右上角的冷热墙板面附近的空间温度放大后可得出图3-40；在房间最上方，可以看到热流明显上流，从上到下呈现出明显的温度梯度，冷热墙板面的温度明显高于附近，并且在热流上流过程中，房间顶部温度可以达到17～20℃，往下呈现出明显的温度分层。冬季室内温度低，冷空气下流，热空气上流，呈现出明显的分层，符合预期设想。

取$Z=1$m的平面进行分析。在此平面上，可以清楚地看到人体生活高度上的温度分布情况，以及从冷热墙板面到窗户端房间整体的温度变化和分布。在冷热墙稳定工作之后，分析离冷热墙远近不同的温度状况，模拟结果如图3-42～图3-44所示。

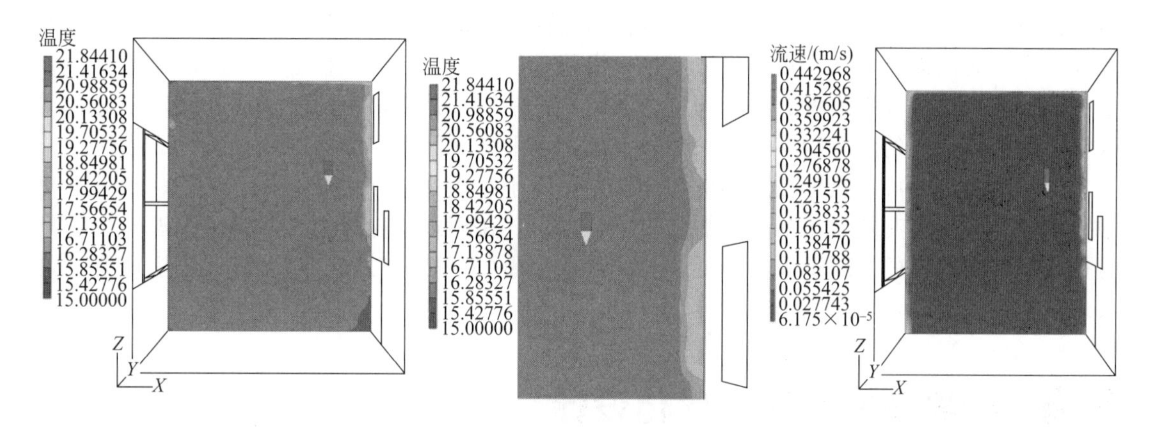

图3-42　$Z=1$m平面温度分布图　　图3-43　局部放大图　　图3-44　$Z=1$m方向空气流速图

从图3-42～图4-44可以看出，从冷热墙板面附近到窗户端，室内温度呈现出一定的波动，但是整体上处于相对均匀的情况。在靠近冷热墙板面端的温度处于17～18℃，而房间整体温度处于15～17℃，并且房间内部的温度均匀性较好。

取$X=2$m的平面和$X=2.5$m的平面进行分析，在近半导体面端的平面利于分析半导体制热对于房间温度的影响情况，大致可以看清楚半导体面附近的温度场情况，模拟结果如图3-45～图3-47所示。

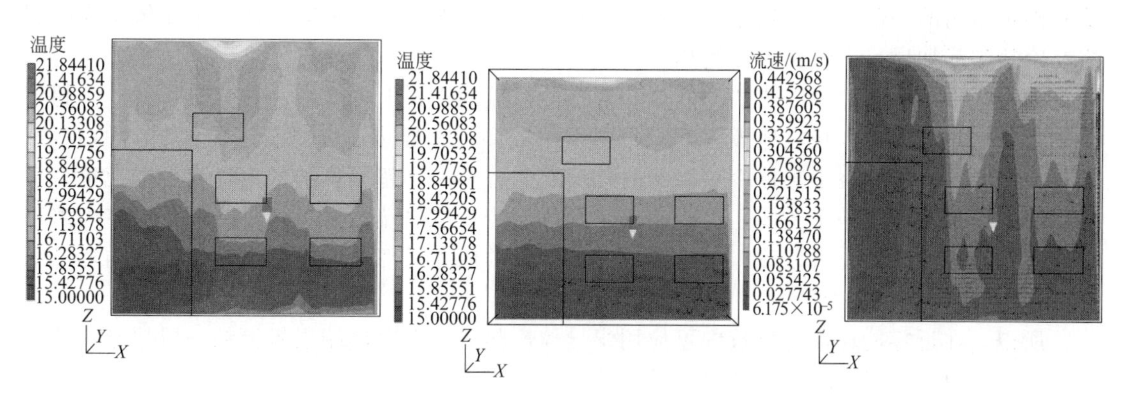

图3-45　$X=2$m平面温度分布图　　图3-46　$X=2.5$m平面温度分布图　　图3-47　$X=2.5$m方向空气流速图

选取 $X=2\mathrm{m}$ 和 $X=2.5\mathrm{m}$ 靠近冷热墙面的位置进行分析，如图 3-45、图 3-46 所示，图中对于冷热墙外表面空气点，在靠近冷热墙的附近，温度呈现出不规则的波动，但是有明显的梯度趋势。各个不同温度层在图中十分明显，靠近冷热墙端温度可达 19℃以上，往外温度依次降低，这是辐射不稳定的体现。在图 3-45 和图 3-46 的对比中，可以明显地看出，越靠近冷热墙面，温度梯度越紊乱，没有呈现出明显的分层现象，这说明受冷热墙板面温度的影响，附近空气温度场有明显扰动。

从图 3-39 和图 3-42 还可以看出，在靠近冷热墙端，从冷热墙往房间方向依次出现温度下降明显的温度梯度。在辐射采暖过程中，温度从采暖点到环境温度有明显的下降趋势，最高温度为 18℃左右，往外即为室温。模拟结果符合实际情况。

通过模拟结果，分析得出一系列结论，在近零能耗建筑实验室内部，采暖效果显著，冷热墙模块工作稳定。在横截面上，温度从板面到窗户端依次呈梯度降低，靠近冷热墙端温度较高。在纵向截面上，从冷热墙出来的热量沿墙壁往上流，热流上移。房间顶部温度明显高于下部，在冷热墙板面附近的温度场符合实验测试结果。其中，房间个别地方出现冷量堆积区域，冷热墙板面的温度能够影响大部分室内温度上升，但是在局部区域热量无法达到。

这一系列结论可以指导在近零能耗建筑中，对于制冷制热方式的探索。在近零能耗建筑中，半导体冷热墙有效果，冬季制热效果十分理想。在探索的过程中可以尝试改进一系列实验方式，将实验室的能耗进一步降低，如冷热墙板面可以增设对流换热设施，使热量更加高效地交换。

3.3 半导体冷热墙的优化设计

基于以上对半导体冷热墙单体的性能测试实验，以及将其应用于近零能耗建筑中的效果，这里提出两个针对半导体冷热墙的优化设计要点。

（1）增强半导体制冷片冷热端的换热

在 3.1.2 节中，对影响半导体制冷的因素进行了实验研究，经分析可得出增强半导体制冷片冷热端的换热可以提高半导体制冷片的制冷效率。在实际应用中，半导体冷热墙作为建筑外围护结构的一部分，冷热端与外界换热制冷通过自然对流及辐射换热，不能像实验中那样在冷热端增加风扇来强化对流换热。

为增强半导体制冷片冷热端的换热，可在冷热端的铝板上再增加一种导热材料——超导热纳米板。超导热纳米板在地板辐射采暖中应用较多，其导热速度是普通金属材料的 6 倍，具有单向导热功能。在半导体冷热墙的内外墙北侧各加一层超导热纳米板，就可以把单个半导体冷热墙砌块连成一个整体，更有利于半导体制冷片冷热端的换热。对冷端，在室内由于超导热纳米板的存在，可以改善半导体冷热墙带来的墙体局部温度过低现象，使室内环境温度更加均衡。

所以，在近零能耗住宅建筑中可应用半导体冷热墙，在冷热端铝板上粘一层超导热纳米板有利于换热，可提高半导体制冷片的制冷效率。

（2）减少半导体制冷片冷热端的串热

在进行半导体冷热墙实验过程中，半导体制冷片冷端的温度先降低，之后都会升高，这主要是由于半导体制冷片较薄，半导体制冷片冷热端没有完全绝热；同时，半导体制冷片本身是个半导体，也有一定的导热能力。如果半导体制冷片冷热端散热不及时，热量就会通过半导体制冷片及缝隙传到半导体制冷片的冷端，造成冷热抵消甚至冷端温度升高现象，这是要避免的。

在实验研究中，由于工作环境及条件的限制，在制作半导体冷热墙模块中，如果没有使用好的制作工艺，则会出现半导体冷热端串热现象。在实际应用过程中，半导体制冷片冷热端应采用绝热板隔绝，中间还要填充绝热材料以保证半导体制冷片冷热端不会通过缝隙或导热材料形成串热。这样可以解决半导体冷热墙室内冷端温度较高的问题，还可提高半导体制冷片的制冷效率。

3.4 本章小结

本章在前述近零能耗实验室中，搭建了冷热墙，还完成了系统的连接和运行，并进行了实验测试，测试效果良好。研究结果表明，可再生能源在近零能耗建筑中的应用可进一步减少近零能耗建筑的能耗。在武汉市，对太阳能的利用主要是光伏发电及太阳能热水器，这都可以与近零能耗建筑很好地结合。太阳能光伏板输出的电能可以供半导体制冷片夏季制冷、冬季制热，过渡季节电能可以通过蓄电池储存起来，供室内的照明等相关电器设备使用。太阳能热水器则主要是为住宅建筑物提供必需的生活用水，以此来减少生活热水的能耗。

第4章

太阳能半导体热电堆空调器应用

前述第3章侧重于对半导体冷热墙自身性能的研究，尚缺少对整个太阳能半导体系统的应用研究与节能分析。本章拟通过另外一组实验来研究太阳能半导体热电堆空调器的应用效果，并从成本和节能性两个方面进行分析。

4.1 太阳能光伏电池特性研究

4.1.1 实验设备及元件

为分析不同太阳辐射强度对系统的影响，除了前面几章中用到的一些设备，还需要太阳能表和一些其他测试仪器。

（1）太阳能表

实验选用了某电子工业股份有限公司生产的TES-1333型太阳能表对太阳辐射强度进行测试与记录，其实物图如图4-1所示，具体参数如表4-1所示。

图4-1 太阳能表实物

表4-1 太阳能表参数

名称	参数
型号	TES-1333
显示器	LCD显示,4位数读值
测量范围	2000W/m^2,634Btu/(ft^2·h)[1Btu/(ft^2·h)=3.15W/m^2;以下全书同]
解析度	0.1W/m^2,0.1Btu/(ft^2·h)
光谱反应	400～1100nm
漂移	<±2%/每年
取样率	4次/s
光检测器	矽质光伏感测器
资料记忆容量	99组
电源	4只4#1.5V电池
电池寿命	100h(碳锌电池)
电表尺寸	110mm×64mm×34mm(长×宽×高)
质量	158g

（2）其他

在本实验中，还需测量系统电路中的电压、电流、电阻等参数。同时，在太阳能较小、蓄电池电量不足以提供系统所需能量时，为了使半导体末端的实验测试不受到太阳能的限制，我们将采用市电作为补充能源来保证末端半导体制冷器实验的顺利进行，通过记录和分析各参数，从而对系统性能和系统的影响因素进行分析。为完成以上参数的测试和记录，相关测试仪器和元件是必不可少的，如万用表、电阻、滑动变阻器和开关、电源等。选用时均需根据系统的参数进行匹配选择，各自的基本参数在这里就不再赘述，万用表、电阻及开关、电源实物如图 4-2 所示。

图 4-2 万用表、电阻及开关、电源实物

4.1.2 太阳能光伏电池的特性测试

从第 2 章对于太阳能光伏电池特性的研究可知，太阳能光伏电池的输出呈现出非线性特点；系统的能量来源，即太阳能光伏电池输出功率的大小受到诸多条件的影响。其中，外界因素包括环境因素、太阳辐射强度等；内部因素包括太阳能光伏电池自身的阻抗等。因此，太阳能光伏电池的特性测试是后续对系统研究的前提与基础。太阳能特性的测试主要涵盖以下几个方面：最佳倾角、U-I 特性、照度特性。根据实验所在地（武汉市）的太阳能辐射情况和太阳能光伏电池的特性测试结果，综合研究系统各部分之间的匹配性，可合理地组合系统并使系统发挥出其最优的状态。

（1）太阳角和太阳辐射的计算

正如人们所知，由于地球的自转和公转，太阳的高度角和方位角在不同时刻有所不同。为了能够使得太阳辐射达到最大，即光电转换后产生的电量最大，还需要通过理论计算和实验测试为光伏板选择一个最佳的倾斜角。

太阳的位置可以通过太阳高度角 h 和方位角 γ 两个参数来确定。太阳高度角指的是太阳光的入射方向与地平面之间的夹角，可简单计算太阳高度角 $h=90°-|\Delta W|$，ΔW 指的是所求地点的纬度值减去太阳直射点所在纬度值所得到的差值。太阳高度角基本计算公式如下：

$$\sin h=\sin\varphi\sin\delta+\cos\varphi\cos\delta\cos\omega \tag{4-1}$$

式中 φ——观测地地理纬度；

δ——太阳赤纬角；

ω——太阳时角（正午时，太阳高度角最大时角 $\omega=0°$，每间隔 1h，高度角改变 15°，并且规定上午值为负，下午值为正）。

太阳赤纬角 δ 可以近似地根据经验公式进行计算，其计算公式如下：

$$\delta=23.45\sin\left[\frac{360\times(284+N)}{365}\right] \tag{4-2}$$

式中，N 为积日（日期在年内的顺序号）。

太阳方位角，顾名思义就是太阳所处的方位，它是指太阳光线在地面上的投影与当地子午线之间的夹角，向东取负值，向西取正值，其计算公式如下：

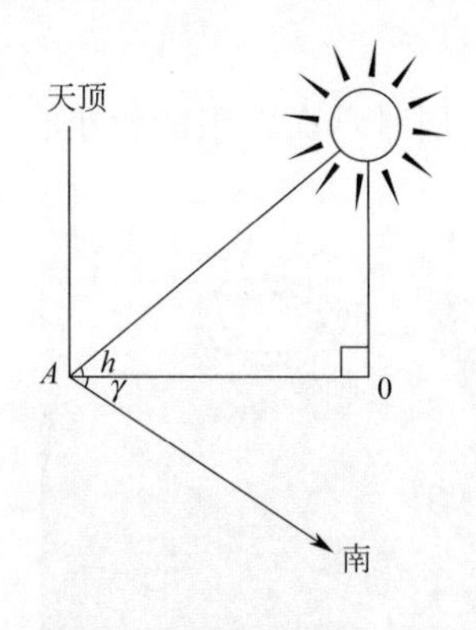

图 4-3　太阳高度角和方位角

$$\sin\gamma=\frac{\cos\delta\sin\omega}{\cos h} \tag{4-3}$$

当上式中 $\sin\gamma$ 的计算值大于 1 时，说明不满足要求，则需要采用下面的太阳方位角计算公式：

$$\cos\gamma=\frac{\sin\varphi\sin h-\sin\delta}{\cos\varphi\cos h} \tag{4-4}$$

太阳高度角和方位角的表示方式如图 4-3 所示。

根据实验所在地武汉市的地理位置（N 30.37°，E 114.08°），通过上述太阳高度角和方位角的计算公式，可以计算得到在不同季节武汉市的太阳高度角和方位角，如表 4-2 所示。

表 4-2　不同季节武汉市的太阳高度角和方位角

季节（日期）	8:00		10:00		12:00		14:00		16:00	
	h	γ	h	γ	h	γ	h	γ	h	γ
春分(3 月 20 日)	25.10	−72.99	47.73	−48.01	58.82	0	47.73	48.01	25.10	72.99
夏至(6 月 21 日)	36.65	−82.01	62.45	−82.63	83.08	0	62.45	82.63	36.65	82.01
秋分(9 月 22 日)	27.00	−72.99	50.31	−48.01	62.25	0	50.31	48.01	27.00	72.99
冬至(12 月 22 日)	11.77	−54.76	29.71	−32.11	37.04	0	29.71	32.11	11.77	54.76

根据表中计算所得数据，可以看出：

① 在确定地点的一天中，日升日落，太阳高度角是不断变化的，呈现出先增大后减小的趋势。在日出和日落时，高度角等于零，正午时高度角达到最大。同时，太阳方位角先减小后增大，正午时达到最小值 0°。

② 在某一确定的时刻，太阳高度角在春分和秋分时太阳高度角相同，在夏至日时达到最大，冬至日时最小；同样，在同一时刻（正午除外），太阳方位角在夏至日达到最大，冬至日最小，春分和秋分时太阳方位角相同；在一年中，太阳高度角最大时刻出现在夏至日的正午，其值为 83.08°。

太阳能光伏板的安装方式分为固定式和跟踪式。考虑到投资成本、装置的复杂程度以及后续维护等诸多因素，固定式的安装方式是较为常用的。在本实验中，同样采用了固定式安装方法。

太阳能光伏板的安装方位角 α 是指光伏板自身的正面与正南方向的夹角，一般取向西为正，向东为负。根据上述所得数据可知，在正午时，太阳高度角 h 达到一天中的最大值，此时太阳方位角 γ 等于 0°，方向朝着正南。在本实验中，所在地武汉市位于北半球，太阳能光伏板的安装方向应朝向正南方，也即安装方位角 $\alpha=0°$。

太阳能光伏板的安装倾角 β 是指光伏板与水平地面之间的倾斜角度，取值区间为 0°～90°。当 $\beta=0°$时，光伏板水平放于地面；$\beta=90°$时，光伏板与地面垂直放置。最佳倾角的取值与当地纬度有关。一般估算时，纬度越大则最佳倾斜角也就越大。本实验中着重考虑太阳能半导体制冷工况，因此，在对倾角进行选择时应该尽可能考虑在夏季工况下的平均日辐射量。因武汉市地理位置在夏季制冷工况下，最佳倾角可根据纬度值减去 5°～10°进行选取，即最佳倾角范围应在 20°～26°。

实验中，选定最佳的倾角后，太阳能光伏板呈现倾斜放置，运用 Klein 方法，辐射总量在倾斜面上主要分为三个方面：直接太阳辐射量 H_{zt}、天空散射辐射量 H_{st}、地面反射辐射量 H_{ft}。但是 Klein 关于天空散热辐射量的各向同性的假设是不合理的，Hay 等又提出了天空散射各向异向的计算方法，Jain 等还分析验证了 Hay 计算方法的实用性。Hay 提出的倾斜面上的太阳散射辐射量近似计算公式如下：

$$H_{st}=H_s\left[\frac{H_z}{H_0}R_z+\frac{1}{2}\left(1-\frac{H_z}{H_0}\right)(1+\cos\beta)\right] \tag{4-5}$$

式中 H_z——水平面上直接辐射量；

H_s——水平面上散射辐射量；

R_z——倾斜面与水平面上直接辐射量之比；

H_0——大气层外水平面上的太阳辐射量。

直接太阳辐射量 H_{zt} 可以由水平面上直接辐射量 H_z 得出，即：

$$H_{zt}=H_zR_z \tag{4-6}$$

地面反射辐射量表达式为：

$$H_{ft}=\frac{1}{2}[\rho H(1-\cos\beta)] \tag{4-7}$$

式中 H——水平面上的总辐射量；

ρ——地面发射率。

因此，由式(4-5)～式(4-7)可得倾斜面上太阳辐射总量公式为：

$$H_T=H_{zt}+H_{st}+H_{ft} \tag{4-8}$$

也即：

$$H_T=H_zR_z+H_s\left[\frac{H_z}{H_0}R_z+\frac{1}{2}\left(1-\frac{H_z}{H_0}\right)(1+\cos\beta)\right]+\frac{1}{2}[\rho H(1-\cos\beta)] \tag{4-9}$$

对于某一特定地点，可以根据式(4-9)结合全年各月水平太阳辐射统计资料，从而计算出倾斜平面上的太阳辐射总量。表 4-3 给出了我国部分地区每个月的日平均辐射量。

表 4-3 我国部分地区每个月的日平均辐射量 单位：MJ/m^2

月份	广州	拉萨	武汉	成都	上海	西安	银川	乌鲁木齐	哈尔滨
1	11.86	27.29	10.56	6.59	11.58	10.69	18.59	11.96	13.52
2	9.49	26.18	11.10	7.69	12.07	11.64	20.38	15.64	16.62
3	9.02	24.79	11.59	10.80	13.01	12.94	19.70	16.80	18.57
4	9.51	22.76	13.46	12.59	13.71	14.48	20.09	19.23	17.28
5	11.73	22.83	14.80	13.75	14.28	15.88	20.43	20.27	19.90
6	12.27	21.94	16.29	14.41	13.71	17.71	20.63	19.73	16.70
7	14.23	21.00	18.30	15.04	16.95	16.92	19.13	20.54	15.80
8	14.27	21.22	19.24	14.76	17.67	18.07	19.97	21.07	15.95
9	15.04	23.10	15.84	10.37	13.74	12.77	19.58	20.57	17.55
10	16.05	27.73	13.98	7.96	13.91	11.89	19.98	18.73	16.25
11	15.52	28.45	12.03	6.90	12.76	10.77	19.25	13.43	13.81
12	13.53	27.30	10.54	6.09	11.63	10.09	17.77	9.26	11.54
平均	12.71	24.55	13.98	10.58	13.75	13.65	19.63	17.27	16.12

（2）最佳倾角的测试

对于太阳能半导体空调器制冷/制热系统，主要研究其在夏季工况下的运行情况，我们选择夏季晴朗天气，调整太阳能光伏电池的倾斜角度，通过测试光伏板的开路电压、短路电流以及在特定负载（负载为 5Ω 和 20Ω 的额定电阻器）情况下的输出电压和电流，以找到太阳能光伏电池的最大输出功率，从而确定其最佳的倾斜角度。同时，根据 3.2.3 节的理论计算，确定太阳能光伏板的最佳摆放位置。

在本实验中，采用 TES-1333 型太阳能表实时地测试太阳辐射强度。为了能够使系统的工作状态更佳，测试数据有效且符合实验的目的与要求，当太阳辐射强度不足 $100W/m^2$ 时，可忽略数据的变化，不计入倾斜角的测试实验。在本实验过程中，太阳辐射强度的大小都在 $600W/m^2$ 以上。

太阳能光伏板的倾斜角度，取值范围为 0°～90°。为了缩短测试时间，提高测试效率，根据理论计算和相关参考文献，我们在 0°～45°之间每隔 5°测试一次，在 45°～90°之间任意选取几个角度进行测试。

工况一：太阳辐射强度 $680W/m^2$，环境温度 33.7℃，相对湿度 58%，平均风速 2.2m/s，风力 2 级，负载电阻 20Ω，开路电压和输出电压、短路电流和输出电流以及输出功率随倾斜角的变化如图 4-4～图 4-6 所示。

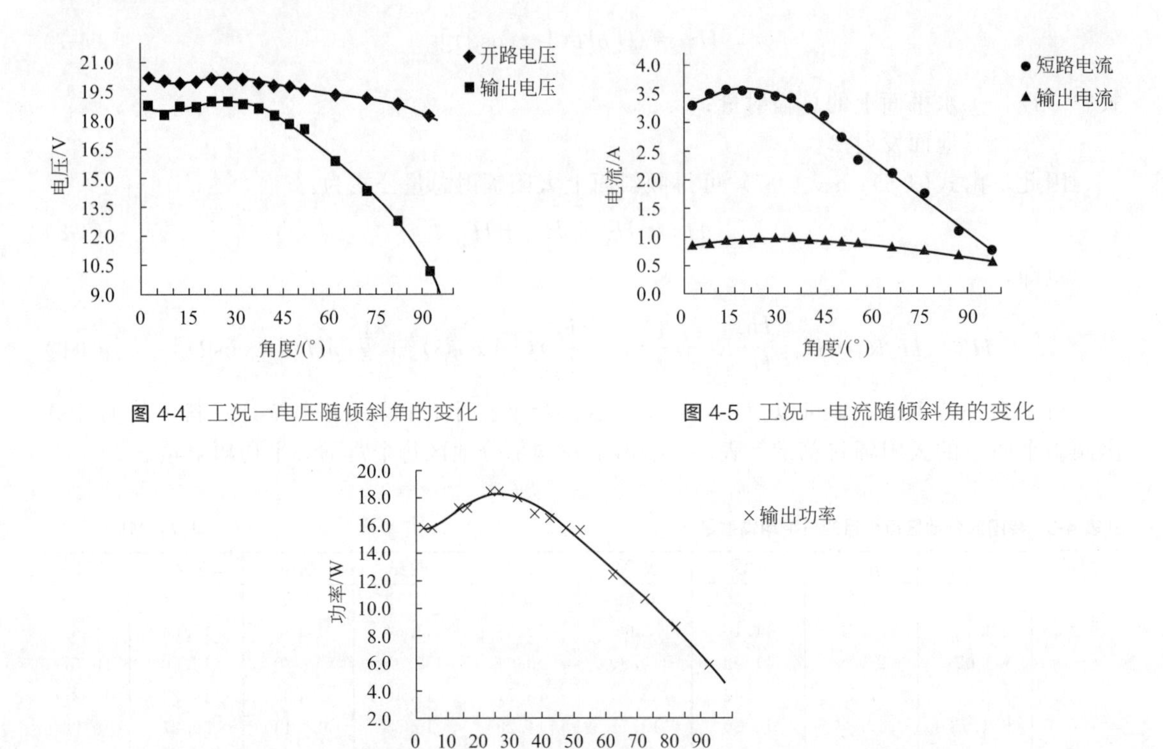

图 4-4　工况一电压随倾斜角的变化

图 4-5　工况一电流随倾斜角的变化

图 4-6　工况一输出功率随倾斜角的变化

工况二：太阳辐射强度 $753W/m^2$，环境温度 34.1℃，相对湿度 52%，平均风速 2.4m/s，风力 2 级，负载电阻 20Ω，开路电压和输出电压、短路电流和输出电流以及输出功率随倾斜角的变化如图 4-7～图 4-9 所示。

工况三：太阳辐射强度 $857W/m^2$，环境温度 39.6℃，相对湿度 49%，平均风速 2.4m/s，风力 2 级，负载电阻 5Ω，开路电压和输出电压、短路电流和输出电流以及输出功率随倾斜角的变化如图 4-10～图 4-12 所示。

从以上测试数据中可以看出：开路电压、输出电压、短路电流和输出电流随着太阳能光伏板倾斜角的变化规律在工况一、工况二和工况三中基本一致。

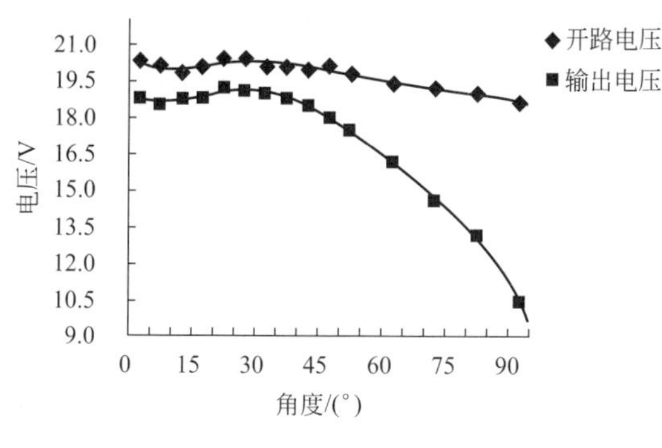

图 4-7 工况二电压随倾斜角的变化

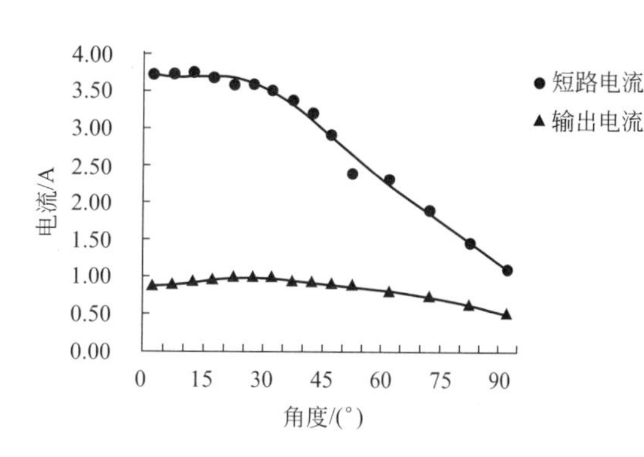

图 4-8 工况二电流随倾斜角的变化

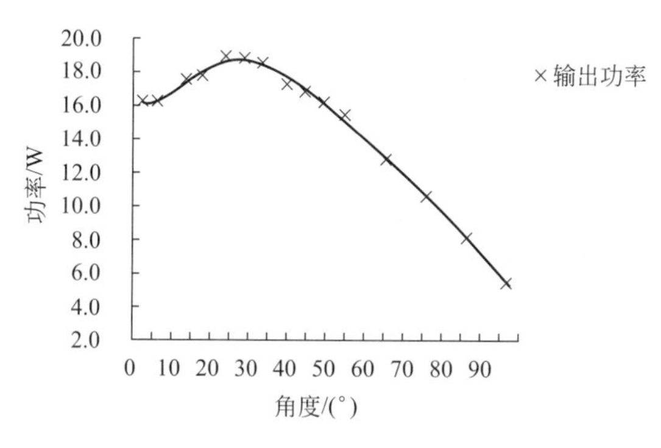

图 4-9 工况二输出功率随倾斜角的变化

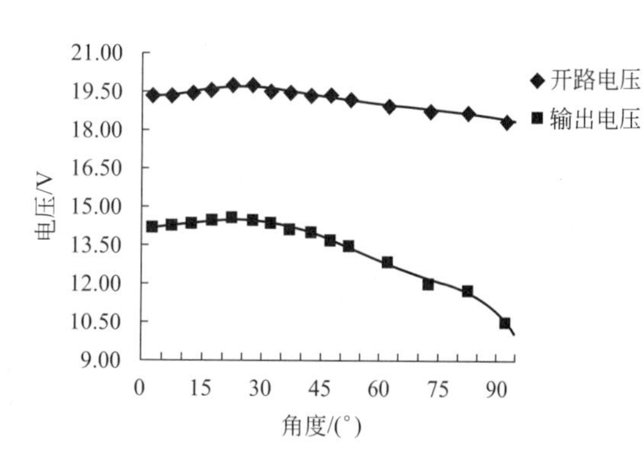

图 4-10 工况三电压随倾斜角的变化

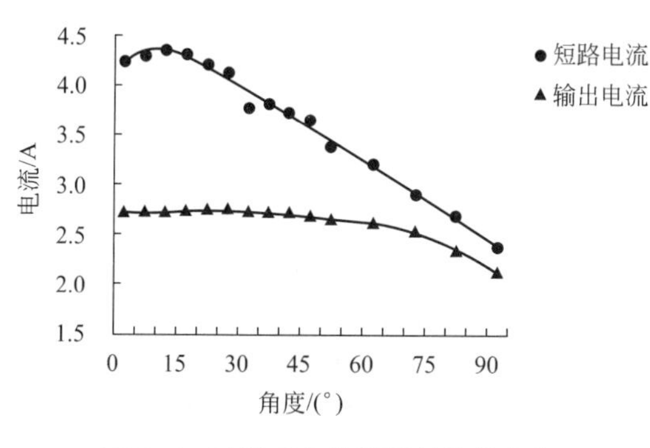

图 4-11 工况三电流随倾斜角的变化

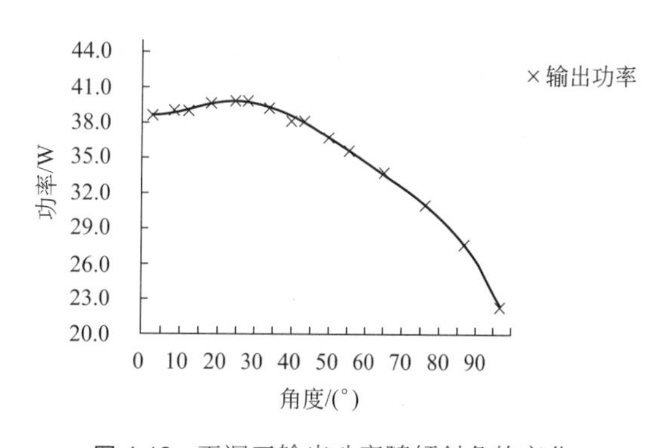

图 4-12 工况三输出功率随倾斜角的变化

从图 4-4、图 4-7 和图 4-10 电压随倾斜角的变化规律中可以看出：开路电压和输出电压在总体上随着倾斜角的不断增大呈现出先增大后减小的变化趋势；当倾斜角位于 0°～35°时，开路电压和输出电压的变化趋势基本一致，从图上反映出来即开路电压与输出电压之间的差值基本相等；随着倾斜角的不断增大，开路电压和输出电压都呈现出逐渐减小的变化规律，开路电压变化较为平缓，输出电压的变化幅度较大。

从图 4-5、图 4-8 和图 4-11 电流随倾斜角的变化规律中可以看出：短路电流和输出电流在总体上随着倾斜角的不断增大呈现出先增大后减小的变化趋势；当倾斜角 β 在 25°左右时，短路电流和输出电流达到最大值；当倾斜角 $\beta<25°$时，短路电流和输出电流变化趋势较为平缓，且二者之间的差值基本保持不变；当倾斜角 $\beta>25°$时，短路电流急剧减小，而输出电流也减小，但幅度不大。

通过输出电压和输出电流可以计算得出输出功率，从图 4-6、图 4-9 和图 4-12 输出功率随倾斜角的变化规律中可以看出：由于输出电流变化较为平缓，输出功率的变化规律与输出电压的变化规律基本保持一致。当倾斜角从 0°逐渐增大，输出功率先增大后急剧减小，且在倾斜角 $\beta=25°$左右时，太阳能光伏板的输出功率达到最大值。将实验所得最佳倾斜角 $\beta=25°$同上述理论计算结果进行对比，倾斜角 $\beta=25°$处于理论计算范围 20°～26°内。因此，在本实验中，可取太阳能光伏板的倾斜角为 25°进行后续相关实验。

（3） ***U-I*** **特性的测试**

太阳能光伏板性能的优劣取决于诸多因素，其铭牌上的额定参数均是厂家在生产过程中在标准测试条件下所得到的。但是，在实际应用中，太阳能光伏板的具体参数需要通过实验方法进行测试。

实验运用伏安法原理对光伏板进行 *U-I* 特性测试，即将光伏板按 25°进行放置，在太阳辐射强度不变或变化幅度不大的情况下，通过改变负载的电阻值（实验中通过滑动变阻器来实现电阻的不断变化），对在不同负载电阻值条件下的输出电流、输出电压、短路电流和开路电压进行测试并记录，从而得到太阳能光伏板的 *U-I* 特性曲线，并计算得到最大输出功率和填充因子。

在进行实验测试时，负载电阻变化范围取 0～100Ω，负载电阻每增大 5Ω 测试一次。为了使测试准确性更高，实验所得数据是在同一个或几乎相同的太阳辐射强度条件下测试的；太阳辐射强度变化较大时，数据不计入 *U-I* 特性测试结果。

工况一：太阳辐射强度 700W/m^2，环境温度 34.2℃，相对湿度 57%，输出电压、输出电流、输出功率随负载电阻的变化以及伏安特性曲线如图 4-13～图 4-17 所示。

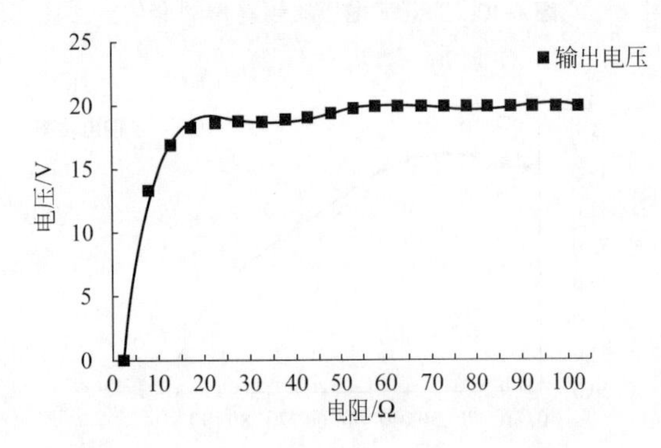

图 4-13 工况一输出电压随负载电阻的变化

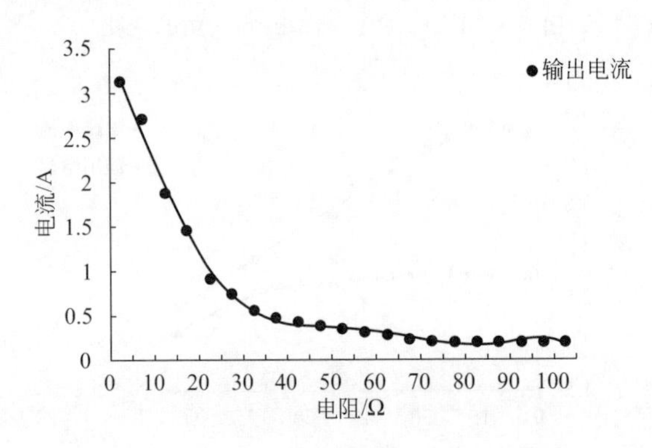

图 4-14 工况一输出电流随负载电阻的变化

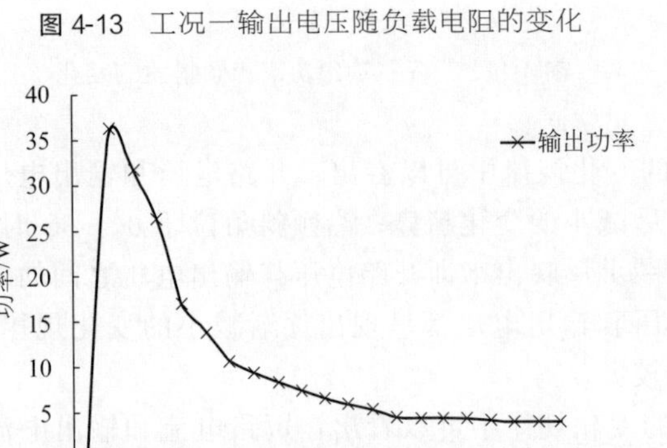

图 4-15 工况一输出功率随负载电阻的变化

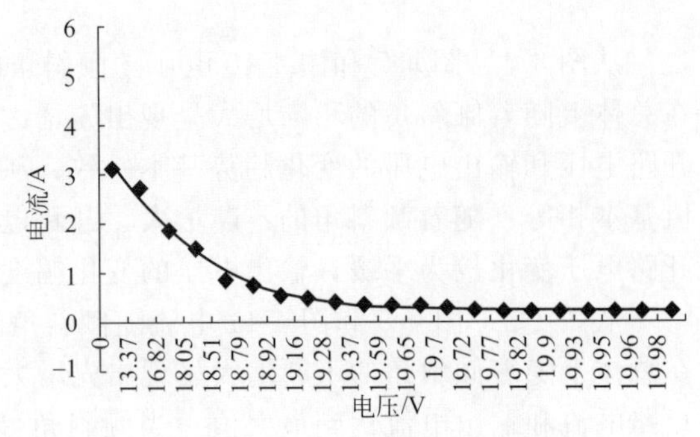

图 4-16 工况一伏安特性曲线

工况二：太阳辐射强度 850W/m^2，环境温度 34.6℃，相对湿度 54%，输出电压、输出电流、输出功率随负载电阻的变化以及伏安特性曲线如图 4-17～图 4-20 所示。

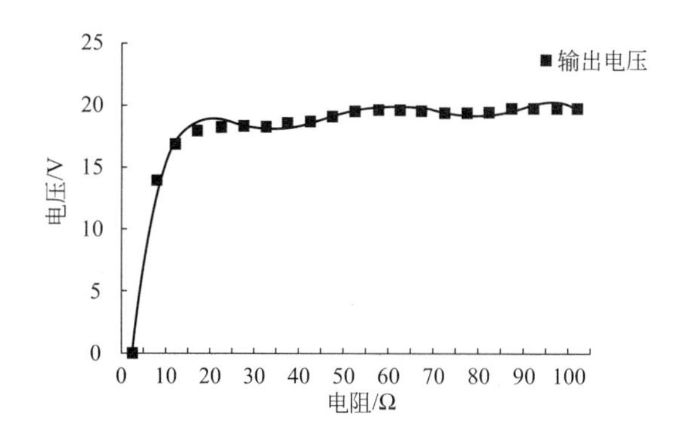

图 4-17　工况二输出电压随负载电阻的变化

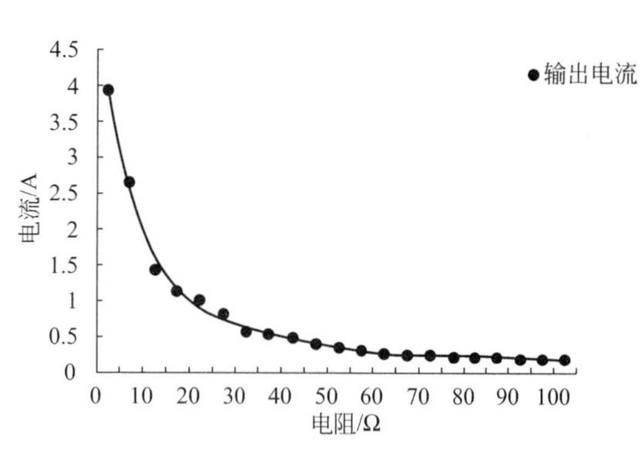

图 4-18　工况二输出电流随负载电阻的变化

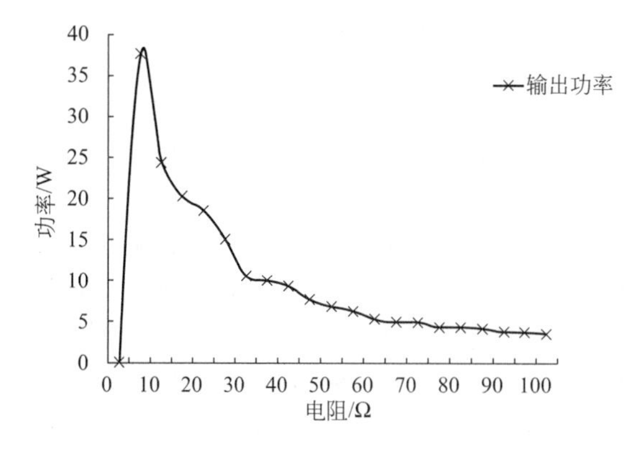

图 4-19　工况二输出功率随负载电阻的变化

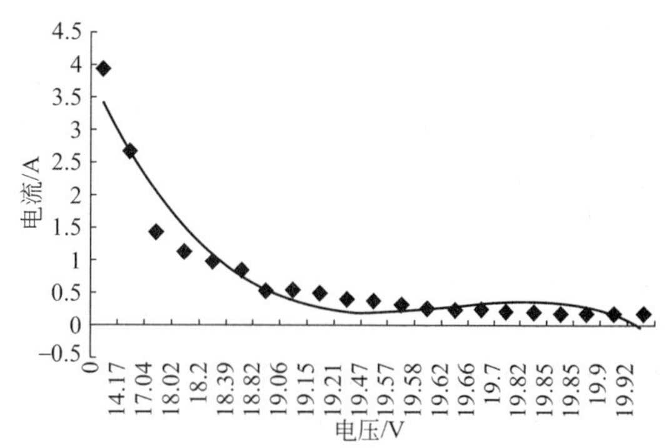

图 4-20　工况二伏安特性曲线

工况三：太阳辐射强度 990W/m^2，环境温度 35.3℃，相对湿度 52%，输出电压、输出电流、输出功率随负载电阻的变化以及伏安特性曲线如图 4-21～图 4-24 所示。

从前述工况一、工况二和工况三实验所得数据的图中可以看出：工况一、工况二和工况三中各参数包括输出电压、输出电流和输出功率随负载电阻的变化而变化的趋势基本一

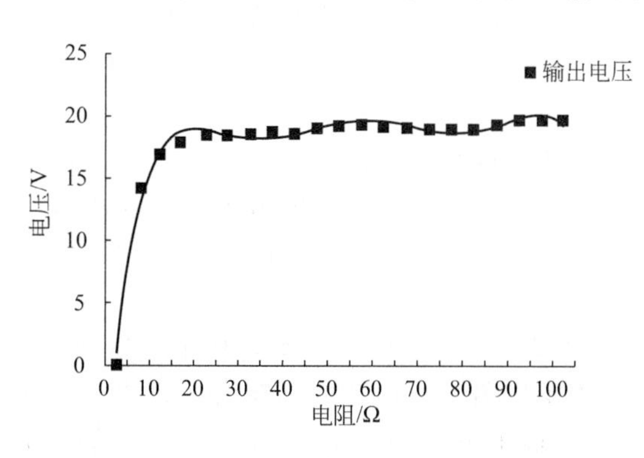

图 4-21　工况三输出电压随负载电阻的变化

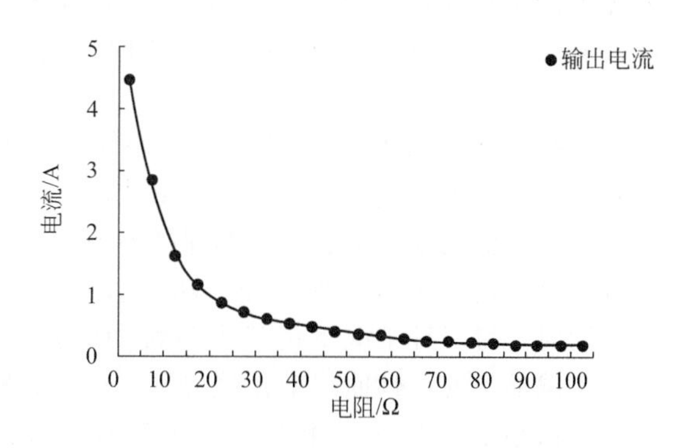

图 4-22　工况三输出电流随负载电阻的变化

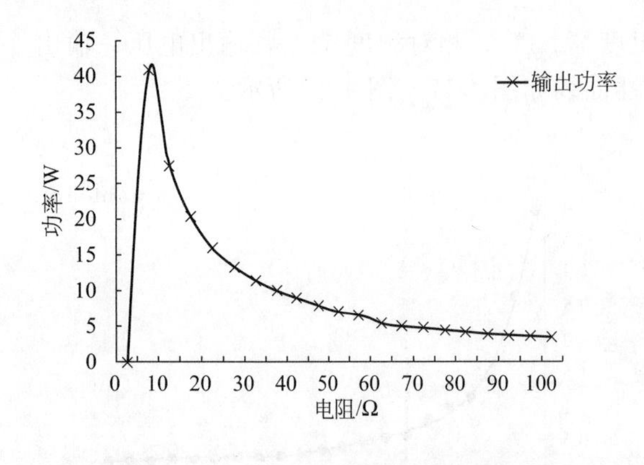

图 4-23 工况三输出功率随负载电阻的变化

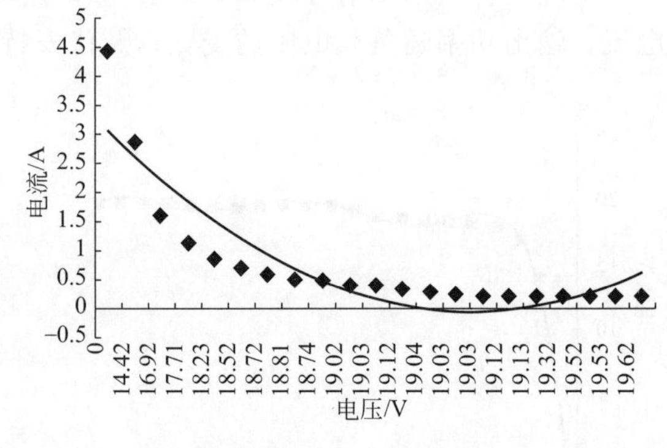

图 4-24 工况三伏安特性曲线

致，伏安特性曲线的变化规律也基本相同。

从图 4-13、图 4-17 和图 4-21 电压随负载电阻变化而变化的规律中可以看出：负载两端电压随着负载电阻的不断增大而增大。当负载电阻小于 15Ω 时，负载两端电压值急剧增大；当负载电阻为 15Ω 时，工况一、工况二和工况三负载两端的输出电压分别为 18.05V、18.02V 和 17.71V，与各工况的开路电压相比，都达到了开路电压值的 90%左右；当负载电阻大于 15Ω 时，负载两端的输出电压增长缓慢，呈稳定增长趋势，负载电阻越大，输出电压越接近开路电压。

从图 4-14、图 4-18 和图 4-22 电流随负载电阻变化而变化的规律中可以看出：输出电流随着负载电阻的不断增大而减小。当负载电阻等于 0Ω 时，此时为短路电流，三种工况的数值分别为：3.12A、3.94A 和 4.46A；当负载电阻小于 20Ω 时，通过负载的输出电流值急剧减小；当负载电阻为 20Ω 时，工况一、工况二和工况三通过负载的输出电流分别为 0.91A、1.02A 和 0.88A，与短路电流相比，各工况输出电流分别下降 70%、75%和 80%；当负载电阻大于 20Ω 时，通过负载的输出电流下降缓慢，随着负载电阻的不断增大，最终输出电流趋近于 0A。

从图 4-15、图 4-19 和图 4-23 可以看出：输出功率随着负载电阻的增大，其值呈现出先增大后减小的变化趋势。当负载电阻小于 5Ω 时，输出功率急剧增大；当负载电阻约为 5Ω 时，工况一、工况二和工况三的输出功率达到最大值，分别为 36.23W、37.83W 和 40.95W；当负载电阻处于 5～50Ω 时，输出功率急剧减小；当负载电阻为 50Ω 时，三种工况下的输出功率分别为 6.46W、6.81W 和 7.04W，仅占各工况最大输出功率的 18%、18%和 17%；当负载电阻大于 50Ω 时，输出功率随着负载电阻的增大呈现缓慢减小的趋势。

从图 4-16、图 4-20 和图 4-24 太阳能光伏板伏安特性曲线的变化规律中可以看出：通过负载电阻的输出电流随着输出电压的增大而逐渐减小，但当输出电压的取值小于 14V 时，输出电流的变化较为平缓，基本保持不变；当输出电压大于 14V 时，电流则会大幅度减小；当输出电压在 14V 左右时，输出功率达到最大值。

同时，将三种工况下的伏安特性曲线进行综合比较，如图 4-25 所示，从中可以看出：三种工况的伏安特性曲线变化趋势基本一致，输出电流随着输出电压的不断增大而减小；输出电压值小于 14V 时，输出电流的减小幅度较小；当输出电压约为 14V 后，输出电流随着输出电压的增大而急剧减小。由于对于太阳能辐射强度：工况一＜工况二＜工况三，所以输出电流在相同输出电压的情况下从小到大依次是工况一、工况二和工况三。

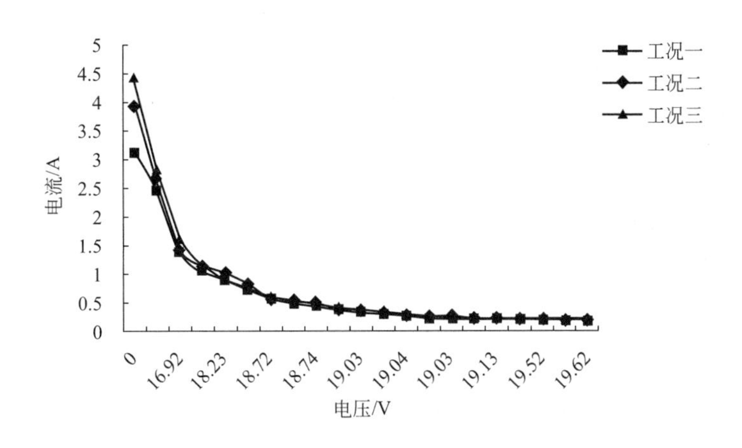

图 4-25 工况一、工况二和工况三的伏安特性曲线

同时，由于太阳辐射强度的不同，三种工况对应的最大输出功率点也会不同，如表 4-4 所示。

表 4-4 最大输出功率点参数表

工况	辐射强度/(W/m^2)	开路电压/V	短路电流/A	最佳工作电压/V	最佳工作电流/A	最大输出功率/W
一	700	19.8	3.12	13.37	2.71	36.23
二	850	20.0	3.94	14.17	2.67	37.83
三	990	20.1	4.46	14.42	2.84	40.95

从表 4-4 中可以看出：三种工况下的开路电压基本相同，结合本书 2.1.1 节太阳能光伏电池的特性中所述的相关理论知识可知，开路电压受到环境温度的影响，随着太阳辐射增大，环境温度也有所提高，光生电流和反向饱和电流都有所增大。因此，开路电压在三种工况下基本相同。在上述三种工况下，工况三的短路电流最大，这是因为短路电流是指当电压等于零时，光伏电池输出的最大电流。

根据表 4-4 中数据，可以由式(2-3) 计算得出衡量太阳能光伏电池质量优劣的一个重要参数——填充因子，工况一的填充因子为：

$$FF=\frac{I_m V_m}{I_{sc} V_{oc}}=\frac{2.71\times 13.37}{3.12\times 19.8}=0.59 \tag{4-10}$$

同理，可得到工况二和工况三的填充因子分别为 0.48 和 0.46。填充因子的大小表征着太阳能光伏电池质量的优劣，填充因子越接近 1，说明太阳能光伏电池的性能越好，硅太阳能电池一般最大可达到 0.80 左右。填充因子的大小还取决于负载、旁路电阻及其自身材料的禁带宽度和 P-N 结特性。在一般情况下，填充因子的大小会随着环境温度的增大而有所减小，因为随着温度升高，P-N 结的漏电流会有所增加，这也是上述实验中填充因子计算结果约小于理论值 20%的原因所在。

根据表 4-4 中数据计算可得光伏电池的转换效率，三种工况分别为：10.4%、8.9%和 8.3%。转换效率的大小决定着太阳能光伏电池的性能好坏、系统的运行情况和辅助设施的匹配，当然也决定着太阳能光伏电池的投资成本。实验所得转换效率较低的原因主要是由于太阳能光伏板一直暴露在太阳光的照射下，垂直照射在光伏板上的辐射强度小于 1000 W/m^2；同时，环境温度较高，长时间光伏板上的温度更高，从而转换效率减小。

（4）辐射强度特性的测试

太阳辐射强度受到地理位置和气象参数包括风速、大气透明度和大气污染度等因素的影响。太阳能光伏电池在实际应用中接收到的来自太阳的辐射量也是在时刻变化着，因而其为负载提供的输出功率也在时刻发生变化。

武汉市地处长江中下游，属于亚热带季风性湿润气候区，具有日照丰富、雨量充沛、夏季高温、冬季湿润等特点。表 4-5 给出了武汉市月总辐射、日均总辐射、日照小时数和月平均气温的数据。

表 4-5 武汉市气象参数

月份	月总辐射/(MJ/m^2)	日均总辐射/(MJ/m^2)	日照小时数/h	月平均气温/℃
1	198	6.39	106.5	0.7
2	248	8.86	109.3	6
3	384	12.37	150.9	10.3
4	455	15.18	184.6	18.3
5	519	16.74	206.7	22
6	346	11.52	102.7	25.1
7	563	18.16	192.8	28.9
8	502	16.20	177	27.1
9	332	11.06	121.8	22.4
10	338	10.90	136.5	17.2
11	261	8.69	133.9	13.4
12	240	7.75	118.7	4.5

从表 4-5 中可以看出：武汉市在 1 月份是最寒冷的，日照小时数也是最短的；5 月份日照小时最长，辐射量和温度也是全年升温的一个转折点；7 月份是全年温度最高的月份，即最热月；2～4 月份以及 10 月份以后都是过渡季节，气温较低，日照较少；太阳年总辐射量约为 $4386MJ/m^2$。

本节通过实验的方式，测试并分析不同太阳辐射和不同环境温度情况下开路电压和短路电流的变化，从而得出太阳能光伏板的辐射强度特性，所得实验数据如图 4-26、图 4-27 所示。

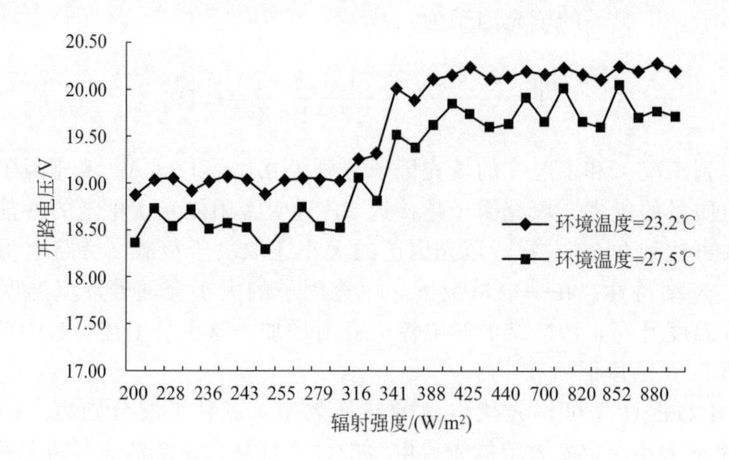

图 4-26 不同环境温度下开路电压随辐射强度的变化

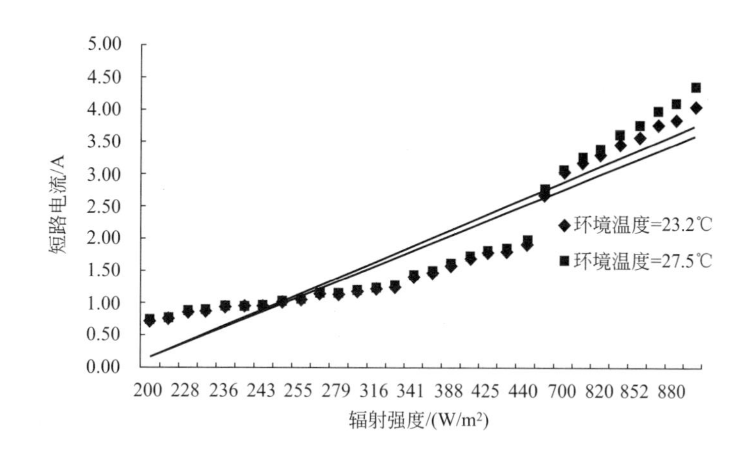

图 4-27 不同环境温度下短路电流随辐射强度的变化

由图 4-26 可知，在环境温度保持不变的前提下，开路电压随着太阳辐射强度的变化出现波动式的变化。当环境温度为 23.2℃，太阳辐射强度小于 350W/m^2 时，开路电压的值在 18.5V 左右波动；太阳辐射强度位于 350～400W/m^2 之间时，开路电压呈现出上升趋势；太阳辐射强度大于 400W/m^2 时，开路电压的值在 19.5V 左右波动。在太阳辐射强度一定的情况下，环境温度越高，开路电压的值却越小，即环境温度为 27.5℃时的开路电压要略大于环境温度为 23.2℃时的开路电压。

由图 4-27 可知，太阳辐射强度的增大导致短路电流也随着增大，并呈现出线性变化规律。同时，环境温度的不同也会导致短路电流的不同，在相同的太阳辐射强度条件下，短路电流会随着环境温度的不同而不同，并且在太阳辐射强度越大的情况下，不同环境温度所对应的短路电流之间的差异也会越大，这一点可通过图中线性拟合直线的斜率来反映。

4.2 半导体制冷制热实验结果与分析

半导体制冷器的制冷制热效果受到工作电流、环境温度、蓄电池的使用情况、太阳辐射强度以及风扇功率等因素的影响。本节是在理论分析的基础上，通过实验方法，分析和研究上述因素对半导体制冷制热的影响程度，并同时得出最优的半导体制冷制热条件。

4.2.1 制冷实验结果与分析

(1) 工作电流对制冷效果的影响

工作电流是影响半导体制冷器制冷效果的主要因素，由前面的理论分析可知，半导体制冷器在工作时存在着一个最佳值，即产生最大制冷量时对应的工作电流。实验中为了保证输出电压的稳定性，可采用通过控制器后输出的 12V 直流稳压作为半导体制冷器的工作电压，环境温度为 27.8℃，将 3 组各 4 块并联后的半导体制冷器与滑动变阻器相连，在保证其他条件不变的情况下，改变滑动变阻器的电阻值，测试并记录通过半导体制冷器的工作电流；同时，记录每一个工作电流对应制冷空间稳定后的温度，实验结果如图 4-28 所示。

可以看出，制冷空间的温度随着电流的变化呈现出抛物线的变化规律，随着电流的不断增大，制冷空间的温度先减小后增大，存在一个最小值，即抛物线的最小值，对应的工作电流就是半导体制冷器的最佳工作电流。之所以产生上述变化规律，主要是因为构成半导体制冷器的电偶对，在工作电流增大时，冷端制冷量随之增大，从而使制冷空间温度降低；但工作电流继续增大后，半导体制冷器的热端也在不断产热，当热端的散热能力不足以将产生的热量及时散出时，半导体制冷器热端产生的富余热量就会向冷端传递，从而导致制冷空间的温度又会有所回升。

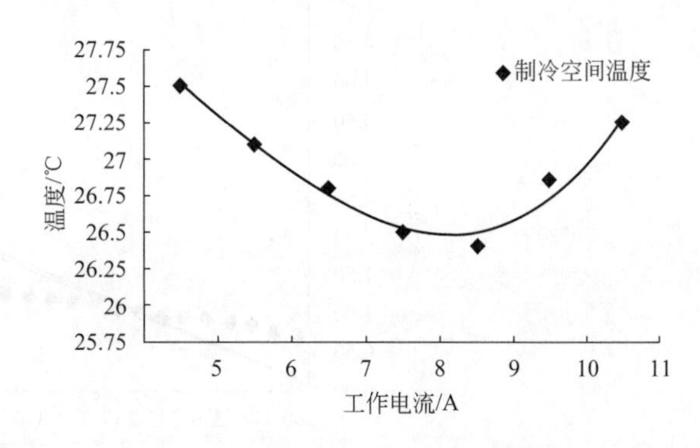

图 4-28 制冷空间温度随工作电流的变化

根据实验所得数据可知，当通过半导体制冷器的电流约为 8.6A 时，制冷空间的温度达到最小。由于实验中采用了 4 块半导体并联，因此制冷空间达到最低温度时，通过单片制冷器的最佳工作电流约为 2.15A。

（2）环境温度对制冷效果的影响

在保证半导体制冷器散热条件和工作电流等其他条件一致的情况下，可测试不同环境温度，半导体制冷器热端温度和制冷空间的温度变化，分析环境温度对制冷器制冷效果的影响。在实验中，环境温度是唯一变量，可选取环境温度分别为 22.3℃、28.2℃和 34.1℃三种不同工况进行测试并记录，如图 4-29～图 4-31 所示。

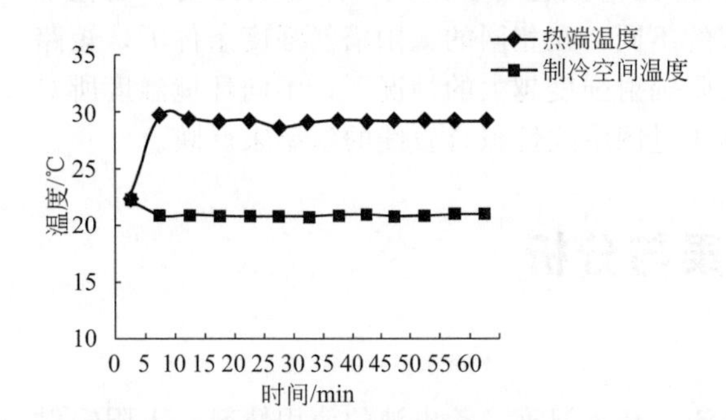

图 4-29 工况一制冷空间和热端温度变化情况

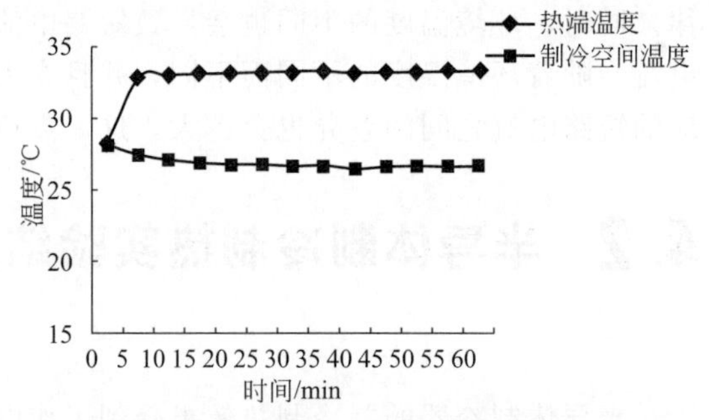

图 4-30 工况二制冷空间和热端温度变化情况

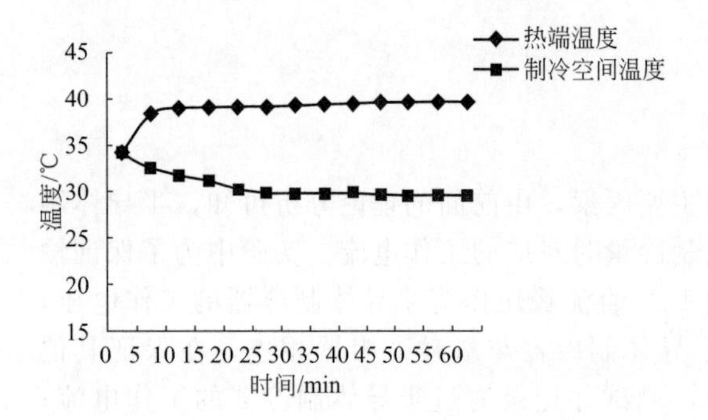

图 4-31 工况三制冷空间和热端温度变化情况

从图 4-29～图 4-31 可以看出：在环境温度为 22.3℃、28.2℃和 34.1℃三种不同工况下，制冷空间的温度随着系统的运行，前几分钟降低得很快，然后基本稳定，波动幅度微弱，制冷空间达到稳定后的温度分别为 21.0℃、26.7℃和 29.5℃，计算可得制冷空间与环境之间的温差为 1.3℃、1.5℃和 4.6℃。在不同的环境温度下，制冷空间达到稳定后的温度不同，制冷空间稳定后的温度随着环境温度的增大而增大；同时，制冷空间与环境之间的温差也随着环境温度的增大而增大，即环境温度越高，制冷空间稳定后与环境温度差值越大，降温效果越明显。

同时，在三种不同环境温度的工况下，制冷器热端的温度随着系统的运行，前几分钟升温很快，然后基本保持不变。制冷器热端稳定后温度分别为 29.3℃、33.4℃和 39.6℃，即制冷器热端稳定后的温度随着环境温度的增大而增大。这是由于在散热条件不变的情况下，环境温度越高则导致换热的温差越小，从热端带走的热量就越少，从而使制冷器热端的温度升高。

（3）有、无蓄电池对制冷效果的影响

蓄电池是太阳能半导体制冷制热空调系统的重要组成部分，是系统储能不可或缺的部分。但是从系统的初始成本看，蓄电池的成本相对较高，如果能够在保证制冷效果的前提下不使用蓄电池，这对系统的成本和应用将有着重要意义。因此，可通过实验方式，测试并记录有蓄电池和无蓄电池时系统的输出电压和输出电流，如图 4-32、图 4-33 所示，通过测试数据可比较与分析在有、无蓄电池的情况下系统的制冷效果。

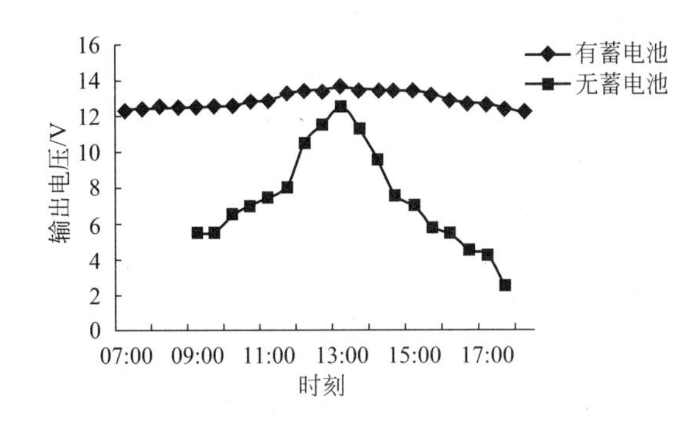

图 4-32　有、无蓄电池条件下输出电压的变化情况

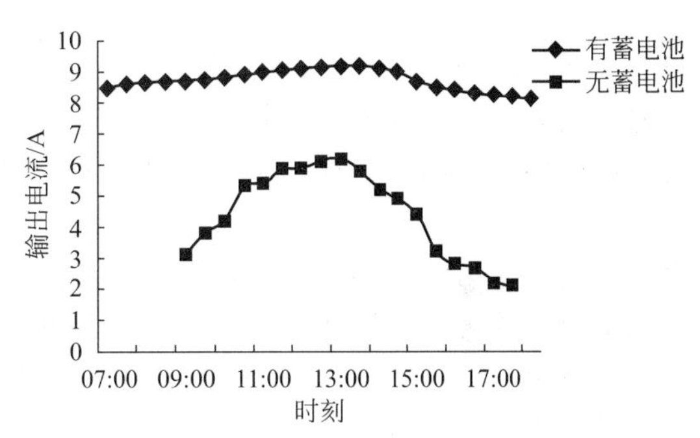

图 4-33　有、无蓄电池条件下输出电流的变化情况

从图 4-32 可以看出：无论有、无蓄电池，系统全天工作的输出电压都是呈现先增大后减小的趋势，在中午 13：00 左右输出电压达到最大值。同时，还可以看出在有蓄电池的情况下，系统的输出电压范围在 12.2～13.6V，全天变化幅度很小，工作状态稳定。但在无蓄电池的情况下，系统的输出电压在 2.5～12.5V 之间波动，系统工作很不稳定，并且在上午 9：00 之前和下午 17：30 之后，太阳辐射强度极弱，系统不能工作，整个系统全天出现工作的不连续性。

从图 4-33 可以看出：输出电流的变化趋势与输出电压的趋势基本一致，同样在中午 13：00 左右出现输出电流的最大值。当将蓄电池运用于系统时，系统全天的输出电流变化区间为 8.1～9.2A，保持着平稳的工作状态；当无蓄电池时，系统输出电流波动很大，一天中只在上午 9：00 到下午 17：30 之间为有效工作时间，不能保证系统运行的连续性。

为了更加直观地了解蓄电池对系统制冷效果的影响，在比较输出电压和输出电流的情况下，同时比较制冷空间在有、无蓄电池情况下的温度变化情况，从而分析蓄电池对制冷效果的影响情况，制冷空间温度详细变化情况如图 4-34 所示。

由图 4-34 可以看出：在上午 9：00 之前，有蓄电池的情况下，制冷空间的温度平稳下降，而无蓄电池时，系统不工作，制冷空间的温度与环境温度一致；在上午 9：00 至中午 13：30 之间，在有、无蓄电池两种情况下，制冷空间的温度变化曲线趋势基本一致，有蓄电池比无蓄电池时制冷空间的温度略低；在中午 13：30 之后，在有蓄电池情况下，制冷空间的温度基本稳定，保持不变；而在无蓄电池的情况下，制冷空间的温度开始逐渐上升。

因此，从上述实验分析中可以看出，蓄电池的运用可以使得系统的工作更加稳定，系统的工作状态具有连续性。同时，从节能的角度分析，蓄电池的运用可以有效地储存丰富的太阳能

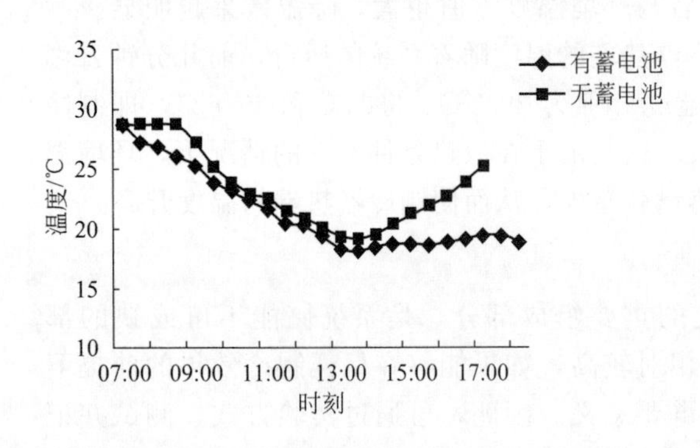

图 4-34　有、无蓄电池条件下制冷空间温度的变化情况

转换后的电能，尤其是中午太阳辐射强度较大时，转换成的电能大于负载所需时，多余的能量可以利用蓄电池储存起来；当太阳辐射强度较弱或几乎没有时，再由蓄电池供电，这样就能在很大程度上增大对太阳能的利用效率。

（4）风扇功率对制冷效果的影响

通过前面的理论分析我们知道，半导体制冷器产生的热量和冷量都需及时地排出，否则会严重影响制冷器的制冷制热效果。在实验中，采用翅片散热器将热端的热量和冷端的冷量带出，同时在翅片散热器安装位置的上下两端都安装风扇，进行强制通风以加强翅片周围的空气对流，从而达到提高翅片换热能力的效果。还可选取不同功率的风扇，即改变翅片的散热强度，分析制冷空间温度的变化，从而确定风扇、半导体和翅片散热器的最优匹配方式。

为了能够为半导体提供尽可能稳定的电压，保证其正常工作，可采用控制器输出的 12V 稳压直流电作为负载端的电能输入。在冷热端分别采用 1.8W（额定电压为 12V，额定电流为 0.15A）的风扇时，测试 4 块半导体并联为一组。当采用两组串联时，工作电流为 2.7A。当采用三组串联时，工作电流为 1.8A。通过与最佳电流进行比对可知，三组半导体制冷器串联时的电流更加接近于最佳工作电流。因此，在实验中可采用三组半导体制冷器串联的方式，改变风扇的功率测试制冷空间的温度，研究风扇功率对制冷效果的影响。

在环境温度为 28.6℃时，对不同功率风扇情况下，即工况一制冷器冷端和热端均采用 1.8W 的风扇；工况二冷端采用 1.8W 的风扇，热端采用 10.8W（额定电压 12V，额定电流 0.90A）的风扇进行制冷空间温度的测试，测试结果如图 4-35、图 4-36 所示。

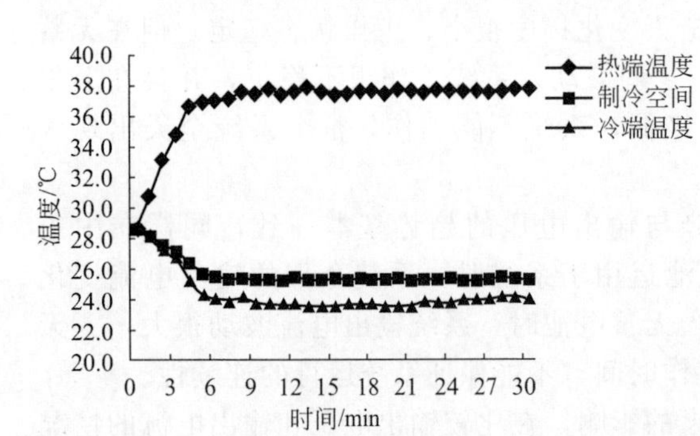

图 4-35　工况一不同功率风扇情况下温度的变化情况

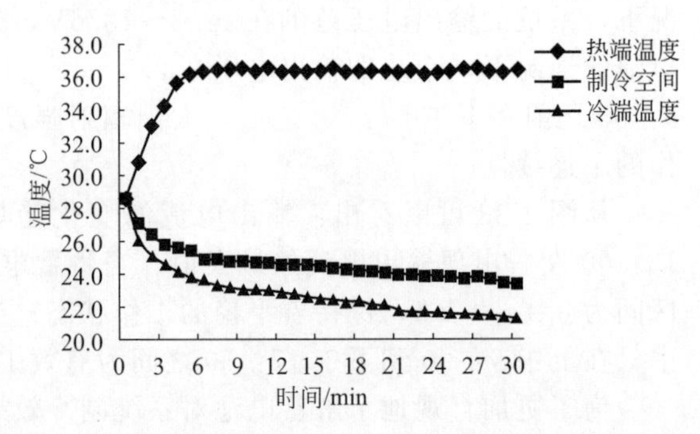

图 4-36　工况二不同功率风扇情况下温度的变化情况

从图 4-35、图 4-36 中可以看出，无论是采用大功率风扇还是小功率风扇，制冷空间以及半导体制冷器冷热两端的温度变化趋势基本一致，只是温度数值的大小有所不同。半导体制冷器的响应速度很快，尤其是热响应，6min 左右基本达到稳定工作状态。系统稳定工作后，工况一中制冷空间温度约为 26℃，与环境之间的温差为 2.6℃；工况二中制冷空间温度约为 24.5℃，与环境之间的温差为 4.1℃。工况二热端采用大功率风扇后，半导体制冷器冷、热端和制冷空间的温度较工况一都有所下降，这是由于工况二较工况一中的风扇功率有

所提高，加强了翅片散热器表面的空气流动，增大了对流换热系数，从而使翅片的散热能力得到提高。在单位时间内，热端产生的热量与环境之间的热交换会更快更强，从而使得热端的温度下降，减弱热端与冷端的导热，因此制冷器冷端的产冷量就会增大，制冷空间的温度也就会有所降低。

在增大风扇的功率后，半导体制冷器的产冷量增大，制冷空间的温度降低，通过计算系统的制冷系数可衡量系统制冷的性能。首先，根据式(4-11) 计算工况一和工况二各自的制冷量。

$$Q_0=(\alpha_p-\alpha_n)IT_c-\frac{1}{2}I^2R-K\Delta T \tag{4-11}$$

式中 Q_0——制冷量，W；

α_p——P型半导体塞贝克系数，取 215μV/K；

α_n——N型半导体塞贝克系数，取 200μV/K；

I——电流强度，A；

T_c——制冷器冷端温度，K；

R——电偶臂的总电阻，Ω；

K——单位厚度电偶臂的总热导，W/K；

ΔT——冷、热端温差，K。

计算可得，工况一和工况二半导体制冷器的制冷量分别为 31.7W 和 35.2W。由于制冷器热端的换热情况较为复杂，换热系数不易确定，因此在计算半导体制冷器的制冷系数时采用电功率进行计算：

$$\varepsilon=\frac{Q_0}{UI} \tag{4-12}$$

式中 ε——制冷系数；

U——半导体制冷器两端工作电压，V；

I——通过半导体制冷器的工作电流，A。

根据式(4-12) 计算可得，工况一和工况二半导体制冷器的制冷系数分别为 0.26 和 0.29，工况二的制冷系数略大于工况一。但是，风扇消耗的电能也来自太阳能，式(4-12) 中并未考虑风扇自身消耗的电能，在衡量该系统制冷效果的时候，电功率的消耗应该主要包括半导体制冷器和风扇两部分。因此，式(4-12) 可改写成式(4-13)：

$$\varepsilon'=\frac{Q_0}{UI+P} \tag{4-13}$$

式中 ε'——综合制冷系数；

P——风扇消耗的电功率，W。

根据式(4-13) 计算可得，工况一和工况二的综合制冷系数分别为 0.23 和 0.18，工况一的综合制冷系数大于工况二。这是由于工况二与工况一相比，虽然增大风扇的功率提高了制冷空间的制冷量，但是由于风扇也是系统能耗的一部分，增大风扇的功率也即增大了系统的整体功耗，从而使得综合制冷系数减小。

由上述分析可知，在选择半导体制冷器的风扇功率时，大功率风扇有助于加强翅片的散热，提高半导体的制冷性能；但并不是功率越大越好，必须考虑风扇自身的电能消耗，不能单独地从风扇的功率着手去改变制冷器的换热条件，应该综合考虑各因素之间的相互影响，选择最优的匹配方式。经过反复实验测试，当在冷端采用 1.8W（12V，0.15A）、热端两组翅片之间共用一个 10.8W（12V，0.90A）的风扇时，系统的工作状态最优。因此，太阳能半导体空调器最终也应采用这种风扇和翅片的匹配方式进行设计。

4.2.2 制热实验结果与分析

由制冷实验测试可以看出，半导体制冷器产热的响应速度很快，并且根据热电制冷的理论知识可知，半导体制热功能相对于制冷功能来说要容易很多，因为半导体制冷器热端产生的热量要大于其自身消耗的电功率。

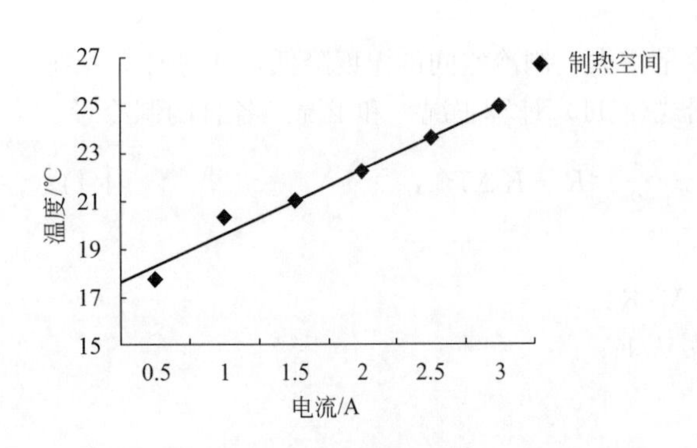

图 4-37 制热空间温度随电流的变化情况

通过实验进一步测试半导体制冷器的制热情况，可改变通入半导体制冷器的工作电流方向来实现半导体制冷器冷热两端的转换。测试时环境温度为15.6℃，同样采用滑动变阻器与三组半导体制冷器串联，设定不同阻值从而得到不同的工作电流，测试并记录不同电流情况下，制热空间稳定后的温度，测试结果如图4-37所示。

从图4-37中可以看出，制热空间稳定后的温度随着半导体制冷器工作电流的增大而增大，根据半导体制冷器的产热量计算公式：

$$Q_h=(\alpha_p-\alpha_n)IT_c+\frac{1}{2}I^2R-K\Delta T \tag{4-14}$$

可知，制冷器热端产生的珀尔帖热值与工作电流成正比，焦耳热值与工作电流的二次方成正比，热端与冷端之间的导热与工作电流大小无关。因此，制冷器的热端产热量随电流的不断增大而增大。但是，半导体的产热和产冷是同时工作的，并不是将工作电流提得越高对系统的运行情况越好，过大的电流可能引起半导体自身的热短路甚至结构毁坏，从而影响整个系统的运行情况。通过实验选取合适的工作电流，从图4-37中可以看出，当工作电流在2～3A时，制热空间的温度与环境温度之间的温差已经达到6.6～9.3℃，制热效果较好。

4.3 太阳能半导体空调器的经济性分析

4.3.1 成本分析

通过上述实验可以看出，太阳能半导体空调器的制冷制热效果良好，并且具有维护简单、储能方便、对环境无污染等优点。但是，在实际应用中还需考虑其实用性。另外，经济性也是其中一个重要的考虑因素。因此，根据所设计的太阳能半导体空调器，分析其初投资成本和使用寿命具有重要意义，其详细的初投资成本计算结果与过程如表4-6所示。

表 4-6 初投资成本计算结果与过程

名称	成本/元	名称	成本/元
太阳能光伏电池	350×15	蓄电池	300×11
SMG35 控制器	320	半导体制冷器	12×44
翅片散热器	5×22	风扇	12×12+5×22
其他材料和加工费	270		

从表 4-6 中可以看出，太阳能半导体空调器系统初投资为 10032 元，初投资费用较高。其中，价格较贵的主要是太阳能光伏电池和蓄电池，分别占了初投资的 52.3%和 32.9%。

太阳能光伏电池的使用寿命一般在 20 年以上，这主要取决于光伏电池的性能和实际应用的情况。可取系统的使用寿命为 20 年进行计算，查相关资料，可知铅酸蓄电池使用期限约为 5 年，风扇的使用期限约为 10 年，其他设备及元件按 20 年计算，计算结果如表 4-7 所示。

⊡ 表 4-7 设备及元件年平均费用

名称	成本/元	使用年限/年	更新费用/元	年平均费用/(元/年)
太阳能光伏电池	5250	20	0	262.5
蓄电池	3300	5	9900	660
SMG35 控制器	320	20	0	16
半导体制冷器	528	20	0	26.4
翅片散热器	110	20	0	5.5
风扇	254	10	254	25.4
其他材料和加工费	270	20	0	13.5
合计	10032	—	10154	1009.3

从表 4-7 中可以看出，太阳能半导体空调器的年平均费用为 1009.3 元，所需制冷量越大，成本将会越高。同压缩式制冷空调相比，制冷量达到千瓦级及以上时，半导体空调成本远远大于压缩式制冷空调；制冷量在百瓦级时，半导体空调与压缩式制冷空调的成本基本相同；制冷量在十瓦级时，半导体空调器的成本要低于压缩式制冷空调。半导体空调以其系统结构紧凑、无磨损、安全性高、可靠性强、环保节能等特点，在某些特殊场合下，具有传统空调系统无法比拟的优势。

随着工业技术和材料科学的不断发展、新材料的不断产生，太阳能半导体空调相关组件成本将会越来越低，太阳能半导体空调器的运用范围将会越来越广泛，有着巨大的应用潜力和市场前景。

4.3.2 系统减排效益分析

太阳能光伏发电系统每发电 1kW·h，相当于节约了 0.321kg 标准煤，也即减少了煤燃烧时产生的 CO_2、SO_2、NO_x 和粉尘污染物。煤燃烧时的减排系数和单位减排效益如表 4-8 所示。

⊡ 表 4-8 煤燃烧时的减排系数和单位减排效益

参数	CO_2	SO_2	NO_x	粉尘
减排系数	0.726	0.022	0.01	0.017
单位减排效益/(元/t)	208.5	1260	2000	550

太阳能半导体空调器系统通过光伏发电每年可产生电量约 1200kW·h，按使用寿命为 20 年计算，累计产电量为 2.4×10^4kW·h，相等于削减了 7.704t 标准煤的燃烧。根据表 4-8 中数据，可计算得到该系统在使用寿命年限内的减少排放量和减排效益，计算结果如表 4-9 所示。

⊡表 4-9　太阳能半导体空调系统在使用寿命年限内减少污染物排放量和减排效益

参数	CO_2	SO_2	NO_x	粉尘	合计
减少排放量/t	5.593	0.169	0.077	0.131	5.970
减排效益/元	1606.3	9707.0	15408.0	4237.2	30958.5

从表 4-9 中可以看出：太阳能半导体空调系统在使用寿命年限内，可以累计减少污染物排放量 5.970t，总的减排效益高达 30958.5 元。随着太阳能光伏发电技术的不断发展，发电效率的不断提高，其应用将更加普遍；通过与半导体制冷技术的有机结合，太阳能半导体空调系统将展现出更加特殊的优势和不断延伸的发展前景。

4.4 本章小结

本章以光伏发电技术和半导体制冷技术为出发点，通过对光伏发电和半导体制冷的工作原理、研究现状和存在问题的理论分析，提出了将二者相结合，利用光伏发电技术将太阳能转换成半导体制冷所需的直流电，从而实现可利用太阳能驱动的空调系统。同时，通过理论分析得出系统各部分的匹配情况，搭建了实验平台，利用实验测试的方法，对系统进行了深入研究，并且在实验结果的基础上进一步设计制作了内嵌墙体式太阳能半导体空调器，分析了其制冷制热效果和经济社会效益以及未来的发展前景。主要的研究结果如下：

① 太阳能光伏电池的倾斜角度直接影响其输出功率，最佳倾角的选择应该根据不同的地理位置和所在地全年太阳辐射强度来确定。本章根据武汉市的地理位置以及其负荷特性，简单地计算倾角范围应该为武汉市的纬度 29°58′～31°22′减去 5°～10°，即 20°～26°。在理论分析的基础上，根据实验测试不同倾角的情况，太阳能光伏电池的开路电压、短路电流以及负载的输出电压、输出电流，计算得出太阳能光伏电池的输出功率，通过与理论值相比较，确定最佳倾角是 25°。

② 太阳能光伏电池的输出电压和输出电流随着负载的变化而变化。当负载电阻增大时，输出电压增大，而输出电流减小；但是太阳能光伏电池的输出功率却是先增大后减小，在某一负载下存在一个最大值，此时也即对应着太阳能光伏电池的最佳工作电压和最佳工作电流。

③ 太阳辐射强度的大小是影响光伏电池输出功率的一个重要因素。光伏电池的开路电压随着辐射强度的增大而增大，并呈对数变化趋势；输出电流随着辐射强度的增大而增大，并呈线性变化趋势。同时，温度的不同也会导致开路电压和短路电流的不同，在相同的辐射强度下，温度越高，开路电压越小，短路电流越大。因此，太阳能光伏电池可受到辐射强度、表面散热情况的影响：辐射强度越大，表面散热越好；温度越低，光伏电池的工作效率也就越高。

④ 制冷空间的制冷效果受到工作电流、环境温度及有无蓄电池和风扇功率等因素的影响。随着工作电流的不断增大，制冷空间的温度先减小后增大，制冷空间的温度达到最低时对应的工作电流即为该工况下的最佳工作电流；通过实验确定了半导体制冷器的最佳工作电流为 2.2A 左右。制冷空间稳定后的温度随着环境温度的增大而增大，同时制冷空间与环境之间的温差也随着环境温度的增大而增大，即环境温度越高，制冷空间稳定后与环境温度差值越大，降温效果越明显。蓄电池在系统中扮演着储能的角色，可以有效地储存丰富的太阳能转换后的电能，同时蓄电池的运用可以使制冷空间的制冷效果更加稳定，系统工作状态具

有连续性。风扇在系统中的作用是增大翅片散热器表面的空气对流，风扇的功率越大，越有利于热端热量的排出，半导体制冷器的制冷性能也就越好。但是，风扇自身也是耗能的元件之一，功率越大，耗能越多，因此，需要根据实际情况合理选择风扇的功率。

⑤ 半导体制冷器的制热比制冷更易实现。制冷器热端产生的珀尔帖热值与工作电流成正比，焦耳热值与工作电流的二次方成正比。热端与冷端之间的导热与工作电流的大小无关，因此制冷器的热端产热量随电流的不断增大而增大。通过改变电流的大小，可测得制热空间的温度变化。当工作电流在 2～3A 时，制热空间的温度与环境温度之间的温差已经达到 6.6～9.3℃，制热效果较好。

⑥ 分析了本章中设计制作的太阳能半导体空调器的成本，得出了太阳能光伏电池和蓄电池的价格较高，分别占初投资的 52.3％和 32.9％。通过计算得出了该空调器在 20 年使用寿命年限内的年平均费用约为 1009.3 元；功率不同，投资成本就会不同。虽然成本在大功率需求情况下与普通的压缩式制冷系统相比显得较高，但是太阳能半导体空调器凭借自身诸多优点仍然具有独特的优势和运用场合。

⑦ 分析了本章中设计制作的太阳能半导体空调器的减排效益，通过计算得出了在 20 年的使用寿命年限内，该空调器可以累计减少污染物排放量约为 5.970t，总的减排效益高达 30958.5 元。

第5章

基于太阳能利用的风冷热泵三联供技术

除了前几章所述的太阳能光电利用技术，太阳能在建筑领域还有应用更为广泛的光热利用技术。太阳能光热利用技术是将太阳辐射能转化为热能进行利用，主要利用方式有太阳能热水器、太阳能热泵、太阳能吸收式制冷、太阳能吸附式制冷、太阳能喷射制冷等。这些都是太阳能光热利用技术中的重要组成部分。

目前人们所使用的常规家用空气源热泵空调系统，一般仅能实现夏季制冷和冬季制热两种功能，在春秋两季则处于闲置状态；系统在夏季制冷运行时浪费了大量宝贵的冷凝热量，同时室内一年四季的生活热水需要单独的热水器来供应。为满足室内的冷暖需求，同时又降低热泵空调系统春秋两季的闲置率，除去购置单独热水器设备的成本，可将传统的家用空调与热水器有机地结合在一起，把由此形成的一体式系统作为不错的解决方案。在需要使用空调的夏季、冬季，可实现制冷、制热；在不需要使用空调的春季、秋季，相当于空气源热水器，为用户制取生活热水。如此，系统可在一年四季运行，提高了设备的使用率。

基于上述分析，本章提出一种基于太阳能利用的风冷热泵三联供系统，该系统能实现向建筑物提供夏季制冷、冬季制热和全年供应生活热水的功能。

5.1 太阳能热泵及冷热、热水三联供系统

5.1.1 太阳能热泵

太阳能热泵是指在常规热泵基础上结合太阳能光热利用技术组成的热泵系统，一般是将太阳能集热器吸收的热量作为热泵的低温热源，供热泵的制冷剂蒸发吸热用。这样不仅能够缓解热泵的低温适应性问题，还可以提高太阳能系统的集热效率。根据太阳能集热器在系统中提供热源的方式不同，太阳能热泵可分为直膨式和非直膨式两大类。

直膨式太阳能热泵是指将太阳能集热器直接作为热泵的蒸发器使用，制冷剂在太阳能集热管路中吸收太阳能的热量蒸发，其系统循环如图 5-1 所示。直膨式太阳能热泵具有简单易行、节省空间、成本低等优点，但是由于制冷剂直接在太阳能集热器内蒸发，对于集热管路的承压要求高，系统运行不稳定。

在非直膨式太阳能热泵中，太阳能集热器不作为热泵的组成部分，而是通过介质在热交

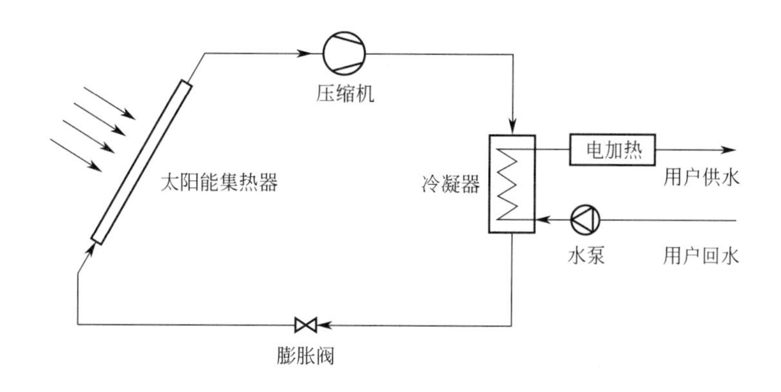

图 5-1 直膨式太阳能热泵的系统循环

换器中与之换热。根据其连接方式不同，可分为并联式、串联式和双源式，如图 5-2 所示。在并联式系统中，太阳能作为热源直接向用户供热，串联式系统和双源式系统则是太阳能为热泵的热源侧供热，这是三者的本质区别。双源式系统与串联式系统相比，前者多了一个热源，系统根据气象条件可灵活切换热源，使系统保持持续和高效运转。

这三个系统性能各有优劣，根据现有研究成果可知，并联式太阳能热泵是季节性能最好、应用也最为广泛的一种系统。在并联式系统中，热泵本身的运转不依赖太阳能，太阳能仅是对热泵系统的补充，对环境的适应性好。目前已有研究不再单单是停留在这三种基本系统上，还包括由这三种系统耦合而成的复杂系统；而这类耦合系统对于自动控制的依赖较大，在满足目标需求的条件下，根据室外气象条件灵活地进行模式选择和转换显得尤为重要，这也是太阳能热泵系统的发展方向之一。

5.1.2 三联供系统及分析

太阳能热泵解决的是系统热源侧的供给问题，而“三联供”系统则是解决系统负荷侧的多目标产出问题。实现制冷、供暖、供生活热水“三联供”的方法是在系统中设置两个换热器，一个为普通的风冷换热器，用于常规制冷、制热；另一个加入一个水冷换热器，在需要热水的场合使制冷剂经水冷换热器冷凝以制得热水。

（1）现有系统结构分析

根据水冷换热器在系统中的连接方式，可分为前置串联式、后置串联式、并联式以及复合式，其中复合式是前三种基础连接方式间的组合。

① 前置串联式　即热水换热器串接在压缩机排气口之后，风冷式换热器之前，它可以通过回收压缩机排出的过热蒸汽的显热和部分凝结潜热来加热水，如图 5-3 所示。

前置串联式形式系统全年可以制取生活热水，是空气源热泵“三联供”技术领域研究起步最早、取得研究成果最多的一种系统结构形式。但它存在以下两个不足之处：

a. 制冷剂量的平衡问题。制冷剂平衡是制冷系统安全稳定运行的基本条件。如果系统的制冷剂量不足，会造成蒸发器内缺氟，蒸发压力下降，制冷量会严重下降。如果系统的制冷剂量过多，多余的制冷剂液体会囤积于冷凝器内或直接冲入压缩机中，导致冷凝压力上升，压缩机负荷加大或导致压缩机损毁。对于“三联供”系统，其结构比普通的制冷空调系统复杂，因为它的主要存储制冷剂的部件，除室外风冷换热器和空调换热器外，还有一个新

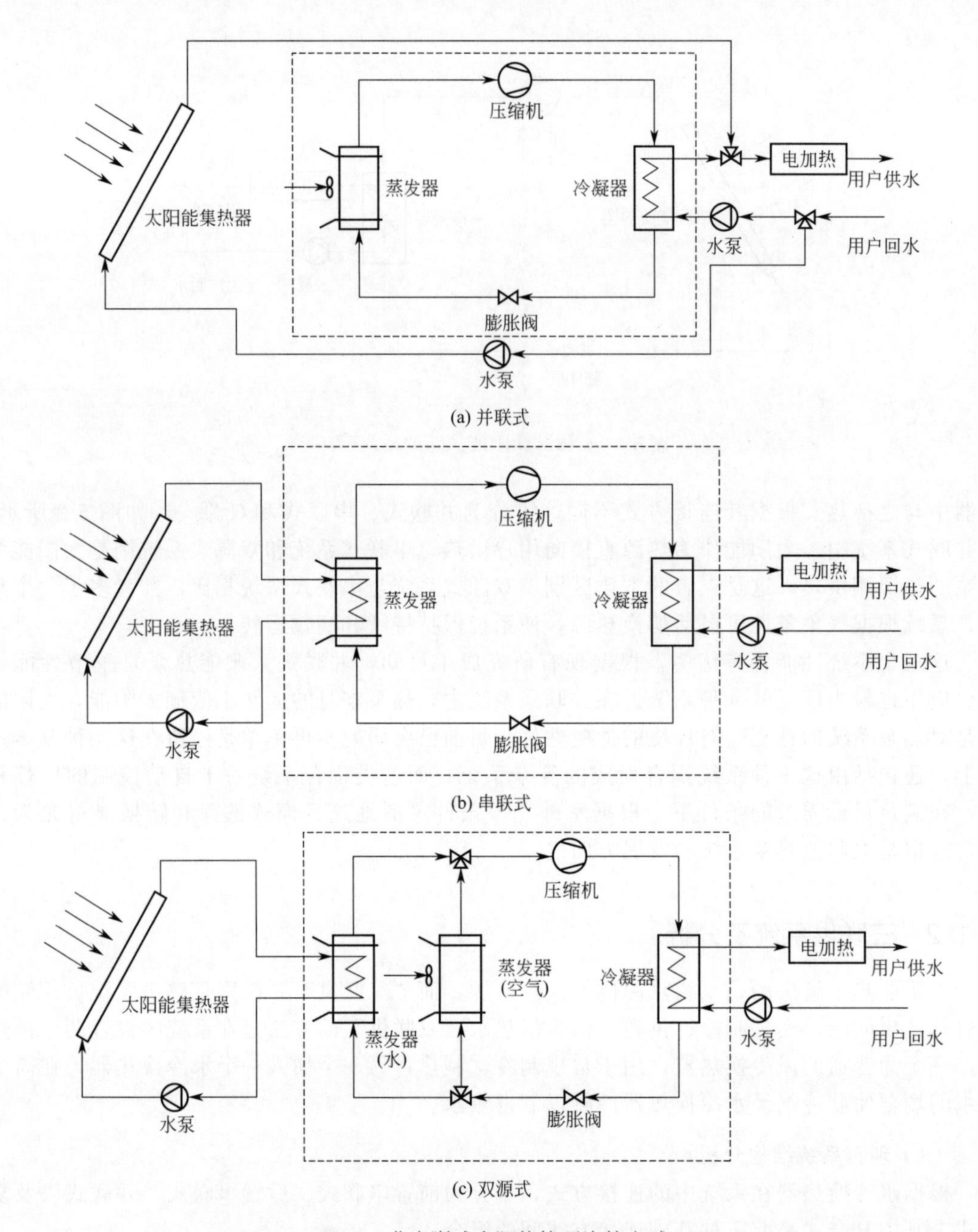

图 5-2　非直膨式太阳能热泵连接方式

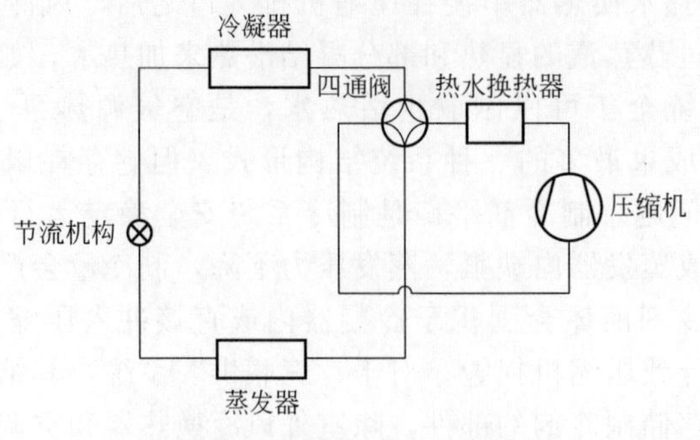

图 5-3　前置串联式示意图

增加的热水换热器。一般三种换热器的容积均不相同，在各种运行模式中，三种换热器分别组合成冷凝器和蒸发器，各种运行模式下所需要的制冷剂充注量和需求量相差较大，系统在单独制冷和单独制热模式下运行正常，运行模式切换后系统工作很不稳定，难以获得理想的效果。尤其在单独制热模式下，制冷剂通过热水换热器被冷凝后，体积大为减少，无法向后连续定量流动。在通过风冷换热器时，会存在储液现象，水温越低，制冷剂冷凝后密度越大，储液现象越明显，系统制冷剂量越显得不足。这样也会严重影响到机组制冷或制热效果，从而使整个空调装置不能正常运行。

b. 除霜效果问题。由于机组冬季除霜运行时，压缩机排气仍需要先经过热水换热器，才能进入风冷换热器进行除霜，当热水温度较低时，排气经过热水换热器已经被冷却，进入室外换热器的冷媒温度不够高，导致除霜时间延长，除霜效果不理想；而且，大量制冷剂储存在热水换热器和风冷换热器内，系统严重缺氟，冷媒循环不畅，长期运行，会导致压缩机缺油烧毁。

② 后置串联式　后置串联式结构是将热水换热器串接在风冷换热器之后，这种方式可回收部分凝结潜热和制冷剂液体过冷的热量，如图 5-4 所示。该方式主要是利用制冷剂过冷部分的显热热量来加热热水，这一部分热量占总冷凝热量的 10%～15%。在这种结构系统下，制冷剂在流经热水换热器时已为液体，没有发生相变放热。该方式可以避免出现制冷剂量的平衡问题，且过冷部分有利于提高系统的制冷量、性能系数和运行的稳定性。但是，缺点是回收热量少，要想回收更多的热量，就必须采取增加热水换热器的面积等措施，这样不仅增加了设备的造价，还导致设备体积增加。

这种结构方式与前面提到的前置串联式结构方式相比，在制冷剂平衡和化霜效果两个问题上得到一定的改善，但不能从根本上解决这两个问题。对于制冷剂平衡问题，由于热水换热器放置于风冷换热器和空调换热器之间，所以不管是正向循环还是逆向循环，在高压冷凝侧，热水换热器都是处于空气侧换热器的后面。又由于水冷换热时传热系数比风冷换热时传热系数要大近 30 倍，在同样换热量情况下，水冷冷凝器制冷剂流道容积要比风冷冷凝器流道容积小很多。所以，冷凝后液体通过水冷冷凝器比通过风冷冷凝器储液现象更轻微些，对制冷剂平衡影响更小些；而且在制热水工况下，过热制冷剂蒸汽先经过风冷换热器再在热水换热器内被冷凝，水温波动，不会导致在空调侧换热器内产生储液现象。

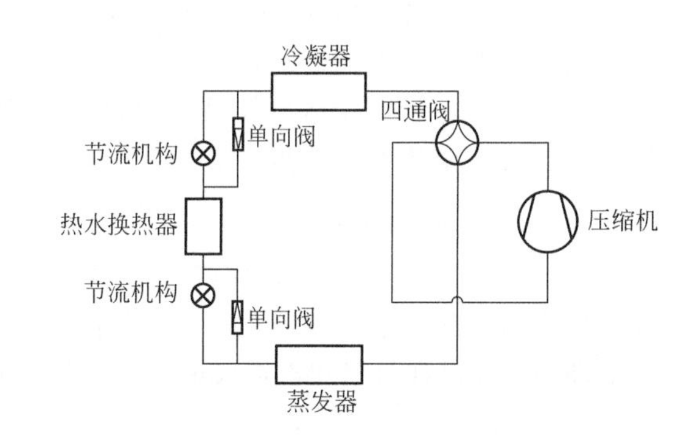

图 5-4　后置串联式示意图

③ 热水换热器与风冷换热器和空调换热器并联连接方式　并联连接方式即热水换热器与风冷冷凝器和空调换热器并联，利用阀门实现在任何运行模式下，制冷剂只流经热水换热器、冷凝器和蒸发器三个换热器中的两个换热器，即可完成一个完整的工作循环，这种方式可回收全部的冷凝热量，包括显热、潜热和过冷热量。如图 5-5 所示，通过一个四通换向阀和一个三通阀的切换，三个换热器中任意两个换热器均可实现制冷制热，并且制冷剂不经过不工作的换热器，且不工作的换热器管路一直与压缩机进气口相通，即一直处于低压气体状态，其中储存的制冷剂量很少。该方式很好地解决了以上两种方式存在的因系统中加入一个水冷式换热器所导致的制冷剂量不平衡问题，且可实现夏季制冷兼制生活热水，而在冬季则相当于空气源热水器。

但是，由于制冷剂在水冷式换热器的后半段被冷凝成过冷液体后形成储液现象，而且系

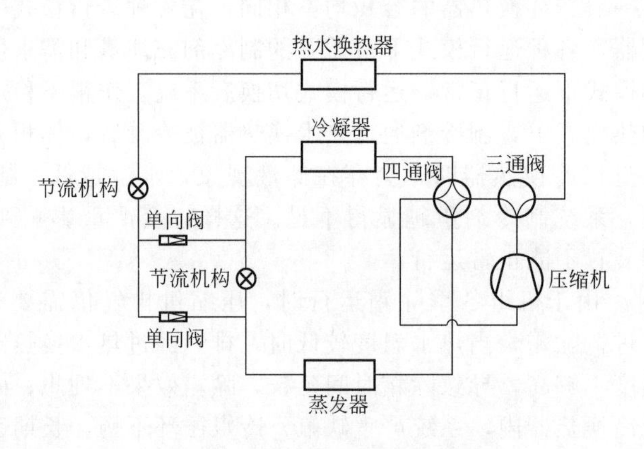

图 5-5　并联式示意图

统没有配置储液器等制冷剂平衡装置，制冷剂量略有不足，系统能效水平没有得到充分发挥。该系统只有在三个换热器容积相差不多时，系统才不存在不同运行模式下制冷剂量的平衡问题，可使系统处在较佳运行状态；否则，需要设置一个储液器，用来储存不同运行模式切换时多余的制冷剂，并在工况变动时调节和稳定制冷剂的循环量。另外，该系统较好地利用了单向阀和电磁阀来控制制冷剂的流动，不存在制冷剂的迁移问题，较好地解决了长期停机启动时压缩机的液击问题。

根据以上对各种形式系统结构的分析发现，目前很多研究多侧重于系统多功能化的实现，而很少考虑在不同运行模式下，系统所需制冷剂充注量和需求量变化很大的问题以及系统自动调节能力较差、运行效果不理想等现象。所以，本节将对现有的结构形式进行分析，然后找到各自结构的优缺点。

（2）热水加热方式分析

对于“三联供”系统结构而言，形式多种多样，按热水制热方式划分，可分为即热式、循环加热式和静态加热式。即热式，即冷水经过一次加热，直接达到用户所需的水温；循环加热式，即冷水通过在机组和蓄热水箱间多次循环加热，逐渐达到用户所需的水温；静态加热式则可分为蓄热水箱内绕盘管式和外绕盘管式，两种形式机组的制冷剂侧均是通过强制对流进行换热，水侧通过自然对流进行换热，将冷水逐渐加热至用户所需的水温。

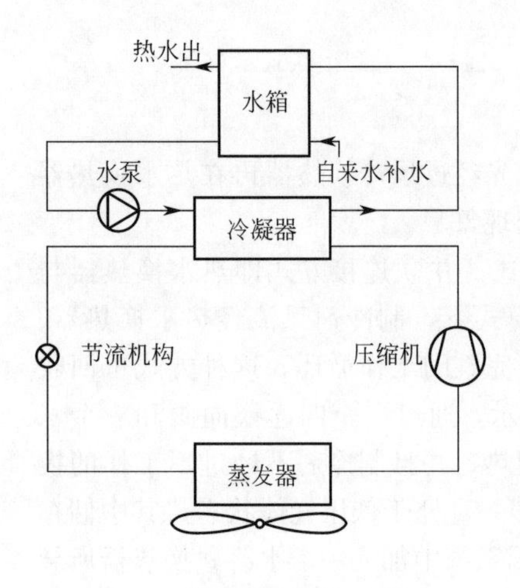

图 5-6　循环加热系统示意图

热水加热方式对于“三联供”机组的性能和可靠性具有重要影响，而各种制热水方式具有各自的特点。根据水冷式换热器水侧水循环方式的不同，常用的有循环加热系统、静态加热式系统和即热式(即一次加热）系统。

① 循环加热系统　循环加热系统是利用循环水泵提供动力，使循环水一直在水冷式换热器和蓄热水箱之间循环流动，水不断吸收制冷剂冷凝释放出来的热量，直至蓄热水箱的出水温度达到设定温度，如图 5-6 所示。常用的水冷式换热器为套管式换热器和板式换热器。

该方式采用水泵强制循环，水流速度快，换热效果好，但是每循环一次水温只能升高 4～5℃，否则水的流速过小，换热效果迅速恶化；而且该方式下，蓄热水箱中的水将经历一个由低温到高温的循环加热过程，直至达到所要求的出水温度，即水冷式换热器水侧水温一直处于动态变化之中，则其制冷剂侧的冷凝压力和冷凝温度也将时刻变化，从而导致系统运行工况时刻变化，这可能会直接影响系统的制冷（热）量。另外，刚开始加热时，水箱水温较低，冷却效果好，制冷剂在经过水冷式换热器时被充分冷凝，此时流向蒸发器的制冷剂减少，造成蒸发压力偏低，制冷量、吸热量减少；而加热一段时间后，水箱水温升高到接近设定温度时，冷却效果急剧恶化，冷凝压力过高，系统效率降低，且系统负荷忽高忽低的状况会使压缩机运行工况恶化，缩短压缩机的使用寿命。

② 静态加热式系统　静态加热式系统根据加热盘管在蓄热水箱的位置不同，可分为内置盘管静态加热式系统和外置盘管静态加热式系统，如图 5-7、图 5-8 所示。

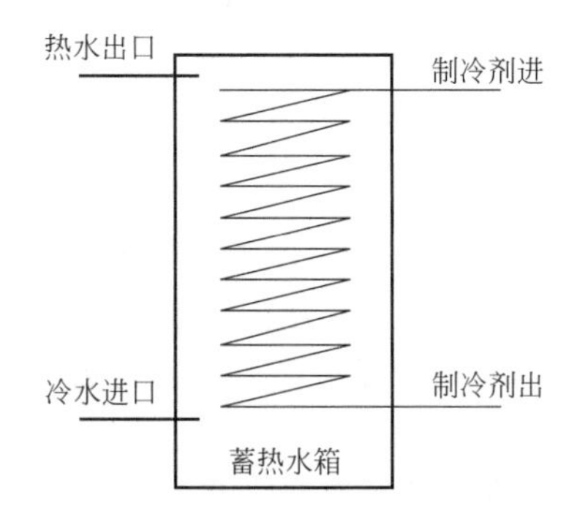

图 5-7　内置盘管静态加热式系统示意图

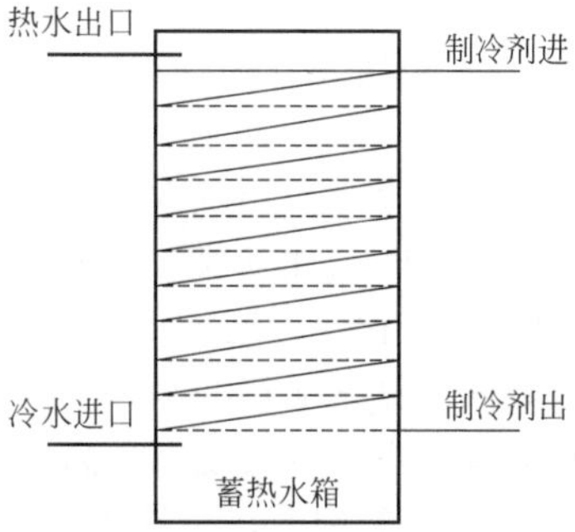

图 5-8　外置盘管静态加热式系统示意图

内置盘管静态加热式是将换热盘管直接浸没在蓄热水箱中。将水冷式换热器与蓄热水箱合二为一，制冷剂在盘管内流动和冷凝，利用管壁加热的水产生自然对流进行换热。其优点是结构简单，水垢直接结在换热管表面，易于清除，而且不需要配置热水水泵，减少机组运转噪声和故障点；其缺点是换热效果差，换热盘管易腐蚀或结垢。在制取热水过程中，主要靠水的自然对流进行换热，水流动性较差，换热效果减弱，换热盘管的制冷剂侧对流换热系数、换热管的热导率都较高；而水侧的自然对流换热系数较低，导致换热盘管壁面温度较高，特别是对于制冷剂进口的过热段。对于铜换热盘管，如果水质呈酸性则极易发生腐蚀现象，为此采用耐腐蚀的不锈钢盘管代替铜盘管，或者在换热盘管表面进行搪瓷处理，这是目前应对腐蚀问题的主要方法。但是，对于换热盘管表面的结垢问题，目前还没有很好的解决措施。外置盘管静态加热式是将换热盘管缠绕在水箱内胆外壁上，制冷剂的热量依次通过换热管和水箱内胆传递到水中。这种加热方式的优点是避免了换热盘管腐蚀和结垢的问题。但是，由于换热管只有部分面积和内胆接触，且换热管和内胆间存在接触热阻，因此这种加热方式的换热效率要低于内置盘管静态加热式。

③ 即热式（即一次加热）系统　即冷水一次性流过换热器即被加热到所要求的温度。常用的有套管式换热器、板式换热器、壳管式换热器。与前两种加热方式相比，即热式系统具有热水出水速度快、即开即出热水的优点，且其利用自来水的水压进水，不需要循环水泵，减少了电能消耗；同时，水经一次性加热，无冷热水的混合，冷凝压力相对稳定，压缩机运行工况稳定，机组可靠性高，系统原理如图 5-9 所示。从原理上来讲，即热式加热系统不需水箱，降低了初投资，节省空间。但夏季制冷回收冷凝热制取热水的时间与用户用热水时间不一致，如果要达到实际需求，就需要给即热式系统配备一个保温效果良好的蓄热水箱，将热水储存在水箱中，等需要用热水的时候，再从水箱中取得。

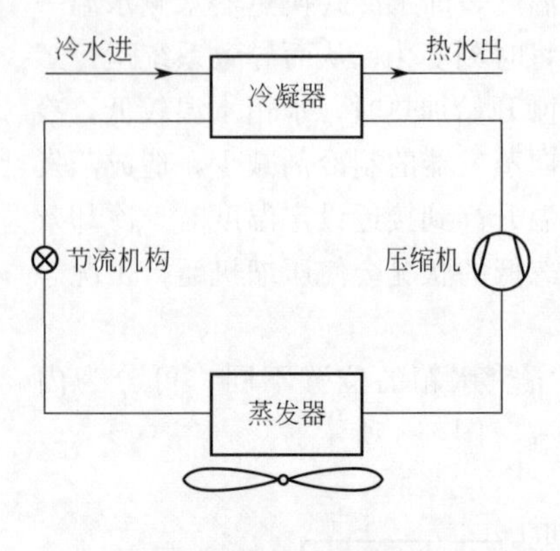

图 5-9　即热式系统原理

总的来说，即热式和循环加热式的共同点在于都是利用水泵驱动冷水流经热回收换热器进行强制对流换热，因此相对于内置或外置盘管静态加热式，换热系数高，且热水换热器壁面温度低，不易发生腐蚀和结垢现象。不同点是即热式将冷水通过一次加热直接达到目标水温，因此需根据进水温度的不同，进行变水流量控制；或者将冷水和热水按一定比例混合再经过热回收换热器，以维持恒定的出水温度；而循环加热式是将冷水经过多次循环加热，逐渐达到目标温度。所以，即热式控制复杂、成本相对较高，但用户可在机组制热水过程中使用热水；而循环加热式则要等水箱中的冷水逐渐加热到较高水温后，用户才可使用，但控制简单，成本相对较低。

（3）水冷换热器选用分析

水冷换热器的设计主要有两种形式：一种是桶浸泡盘管式，另一种是逆流式。

① 桶浸泡盘管式　这种方式是把圆柱螺旋形的盘管置于储热水箱内，制冷剂在管内流动和凝结，依靠管壁加热的水产生自然对流换热，但在水温接近于冷凝温度时传热性能迅速降低，并会迫使主机冷凝压力升高。

② 逆流式　原则上，壳管式、板式和套管式的换热器都可作为逆流式换热器用。一般来说，逆流式换热器的传热性能优于桶浸泡盘管式水冷换热器，制热水时冷凝压力相对较低，热泵效率也相对提高。

（4）蓄热水箱的选择分析

"三联供"机组在夏季制冷与热回收运行时，存在空调运行时间与热水使用时间不一致的矛盾；而在冬季，则可能出现同时需要制热和制热水的情况。因此，为了解决上述问题就必须为"三联供"机组配置合适的蓄热水箱。

① 冷凝热与热用户间的日不平衡性　冷凝热是随着冷负荷的变化而变化的，而冷负荷又是随着室外气象参数、人员流动、地理位置以及时间等参数变化。因此，冷凝热的变化规律受多因素影响，如旅馆类建筑中，存在很多用热场所；但各用热场所均为动态运行，其运行规律受工作制度、人员生活习惯、年龄结构以及天气情况等因素制约。

② 冷凝热与热用户的季节性不平衡性　空调冷凝热是夏季的产物，在过渡季节、冬季，冷凝热将逐渐减少直至没有。因此，一年当中，冷凝热也是随季节变化的，而无论哪个季节，人们都会有热量的需求，并且需求量不随季节变化，这就会引起冷凝热与热用户在季节上的不平衡。蓄热水箱的设计要综合考虑用户的需求和技术上的可能性：一方面要考虑用户热泵空调的时间及习惯等因素；另一方面要能从技术上保证在机组正常的运行时间内，能够以合适的方式将热水加热到设计要求的温度（50℃），以及实现连续出水。

有学者专门通过理论计算，对比分析了长方形、圆柱形以及球形 3 种蓄热水箱的漏热损失。通过研究发现，在其他条件相同的情况下，长方形水箱的漏热损失最大，圆柱形次之，球形最小。因此，结合现场安装的便利性，蓄热水箱应优先选择设计成圆柱形。对于蓄热水箱的容积选择，需要考虑空调器的出力及运行方式、换热器的换热效率、入口温度、水流速度、系统管路设计及热水的使用方式和使用量等因素，还需要通过了解不同用户的用水方式，模拟和预测动态用水过程，并通过进行全年的能耗及经济性分析等来确保水箱容积设计的合理性。但是，这些研究都只限于定性分析，没有给出具体的计算方法。

5.2 基于太阳能利用的风冷热泵三联供系统

5.2.1 系统设计

（1）系统原理

基于上述对于太阳能热泵和“三联供”系统的分析，本章提出一种基于太阳能利用的风冷热泵三联供系统，系统原理如图 5-10 所示，其中实线部分表示制冷剂循环，虚线部分表示水路循环。

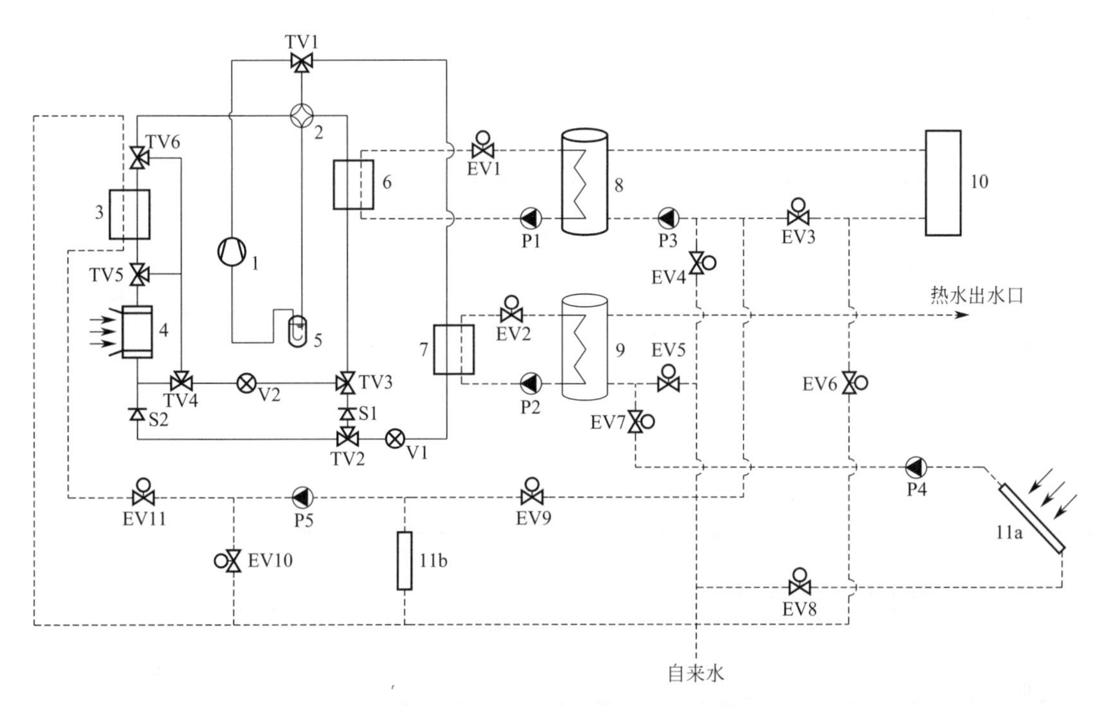

图 5-10 基于太阳能利用的风冷热泵三联供系统原理

1—压缩机；2—四通换向阀；3—板式换热器一；4—室外风冷换热器；5—气液分离器；6—板式换热器二；7—板式换热器三；8—空调水箱；9—生活热水箱；10—冷暖末端；11a、11b—太阳能集热器；TV1～TV6—可控三通阀；EV1～EV11—截止阀；S1、S2—单向阀；P1～P5—循环水泵

系统具有如下特点：

① 一台机器满足多种需求　此系统能够满足用户不同季节的制冷、制热、制热水的需求，全年得到利用，避免设备的闲置，并且节省空间，方便控制和管理。

② 太阳能系统和空气源热泵系统能够实现优势互补　在日照充足时，太阳能系统利用的是清洁的可再生能源，系统运行能耗极低；而在阳光照射不足时（如阴雨天气、夜间等情况），空气源热泵运行能够对此进行弥补。同时，在冬季温度较低时，太阳能集热单元又能为热泵提供热量，两者有机结合，充分利用太阳能和空气能，节约能源，节省成本。

③ 符合节能减排的要求　由于系统所消耗的能源为电能，比起燃气、煤气等，不会释放污染气体；太阳能也属于可再生能源，不存在能源浪费。

④ 系统的初投资较高　本系统将空调和太阳能热水器的功能整合到一台机器上，初投

资会比单一热源高，并且由于系统匹配问题，对压缩机及膨胀阀的要求较高，太阳能集热器与设备的一体化也比较难，投入比较大。

此外，此系统还具有不需要专人看管、安全可靠、使用寿命长等优势。

（2）系统运行模式

当环境变化或者用户需求变化的时候，机组的运行模式也要随之改变。此时，通过合理的自控系统，改变各阀门的启闭状态以及各个部件的运行状态，可使制冷剂和水在机组内按照预先设定的路线流动，改变相态（制冷剂）或者与换热部件换热（制冷剂、水），实现预定的功能。

系统共有 9 种运行模式：空气源热泵制冷模式(M1)、空气源热泵制热模式(M2)、空气源热泵制热水模式(M3)、太阳能单独制热水模式(M4)、太阳能单独供暖模式(M5)、空气源热泵制冷兼制热水模式(M6)、太阳能辅助空气源热泵制热模式(M7)、太阳能辅助空气源热泵制热水模式(M8)、太阳能辅助空气源热泵制热兼制热水模式(M9)。各运行模式下的阀门启闭和水泵启停状态见表 5-1。各运行模式下的换热流体流向见表 5-2。

⊡ 表 5-1　各运行模式下的阀门启闭和水泵启停状态

运行模式	截止阀 EV1～EV11		水泵 P1～P5	
	开	关	启	停
M1	1,3	2,4～11	1,3	2,4、5
M2	1,3	2,4～11	1,3	2,4、5
M3	2,5	1,3、4,6～11	2	1,3～5
M4	5,7,8	1～4,6,9～11	4	1～3,5
M5	6,9	1～5,7,8,10、11	3	1～4,5
M6	1～3	4～11	1～3	4,5
M7	1,3,11	2,4～10	1,3,5	2,4
M8	2,5,11	1,3,4,6～10	2,5	1,3、4
M9	1,3,5,7,11	2,4,6,8～10	1,3～5	2

⊡ 表 5-2　各运行模式下的换热流体流向

运行模式	换热流体流向	
	制冷剂	水
M1	1→TV1→2→TV6→TV5→4→TV4→V2→TV3→6→2→5→1	8→P1→6→EV1→8； 8→10→EV3→P3→8
M2	1→TV1→2→6→TV3→V2→TV4→4→TV5→TV6→2→5→1	8→P1→6→EV1→8； 8→10→EV3→P3→8
M3	1→TV1→7→V1→TV2→S2→TV4→4→TV5→TV6→2→5→1	9→P2→7→EV2→9
M4	—	11a→P4→EV7→9
M5	—	11b→EV9→P3→8→10→EV6→11b
M6	1→TV1→7→V1→S1→TV3→6→2→5→1	8→P1→6→EV1→8； 8→10→EV3→P3→8； 9→P2→7→EV2→9
M7	1→TV1→2→6→TV3→V2→TV4→TV5→3→TV6→2→5→1	8→P1→6→EV1→8； 8→10→EV3→P3→8； 11b→P5→EV11→3→11b
M8	1→TV1→7→V1→TV2→S2→TV4→TV5→3→TV6→2→5→1	9→P2→7→EV2→9； 11b→P5→EV11→3→11b
M9	1→TV1→2→6→TV3→V2→TV4→TV5→3→TV6→2→5→1	8→P1→6→EV1→8； 8→10→EV3→P3→8； 11b→P5→EV11→3→11b； 11a→P4→EV7→9

（3）系统控制策略

控制系统是整套系统的中枢，可控制各个子部件的开启顺序以保证系统正常运行；同时，用户可以根据控制面板切换不同的运行模式，以此来满足用户不同时间段的需求。机组控制策略如下：

① 太阳能热水单元　在太阳能热水子系统中，通过水位传感器来感知水箱内水位的高低，水位传感器连接控制面板以此控制集热水箱进口处电动二通阀的启闭。由于水箱容积过剩，仅控制水位在2/3处，当水位低于控制水位时，电动二通阀开启，保证水箱内水量充足；同时，在水箱中安装压力传感装置，避免压力过大导致系统的损坏。集热水箱中安装电加热模块，当水箱温度达不到需求时，控制电加热开启以升高水温。

② 三联供系统　三联供系统是本套系统的核心部分，组成部件较多，功能复杂，各个子部件的正常运行尤为重要，因此可请相关厂家设计简便的控制面板来控制系统的运行。整个系统由一块控制面板控制，控制面板配一小型LED屏，信息即时反映在屏幕上，生活热水箱和地暖空调水箱内分别安装温度传感器，控制水箱温度，通过控制面板的操作可以切换系统运行模式，满足用户的不同需求。当系统结霜时也可以开启自除霜模式。

③ 过热保护控制　过热保护主要分为集热系统的过热保护和电加热系统的过热保护。集热系统的过热保护主要是通过传感器自动控制的，而电加热系统的过热保护是根据控制面板进行手动控制的。

总之，合理的控制系统能够保证系统按照设计的流程运行，保证用户使用时系统能够安全稳定运行，对于系统的安全性和高效性有非常重要的意义。

5.2.2　系统节能潜力分析

系统在常规模式，即空气源热泵制冷、制热模式下（M1和M2），其制冷剂循环和水路循环与常规系统无异，适合夏热冬冷地区绝大多数气象状况，能满足用户在夏季和冬季的主要需求。系统在制备生活热水时，主要依赖太阳能，即M4是一年四季中制备生活热水时常用的运行模式。空气源热泵制热水模式(M3）仅作为辅助或备用。当太阳辐射强度不足，或夜间热水消耗较多时，生活热水箱9（图5-10中的部件编号，下同）中的温度未达到设定值，系统便会切换至M3，利用空气源热泵制备生活热水。相比利用生活热水箱中的电热丝辅热，空气源热泵更为节能。这也是热泵热水器的一大优势。

太阳能单独供暖模式(M5）适合于冬季太阳辐射强度大、室内热负荷较小的状况，常用于冬季午间时分。这也是太阳能单独供暖模式的弊端，即太阳能热量供应与建筑热需求时间不匹配。冬季清晨和夜间是一天之中建筑热负荷最大的时候，而此时太阳能辐射强度最小，根本不能满足建筑热需求。而冬季午间，太阳能辐射强度达到最大，建筑热负荷也降至最低，此时仅用太阳能供暖便能满足用户需求。利用太阳能这种可再生能源作为建筑的能量来源正是系统节能的体现。

空气源热泵制冷兼制热水模式(M6）适用范围较窄，适用于冷负荷需求较小而生活热水需求较大的时候，如夏季清晨和傍晚时分。在此模式下，以制冷为主要需求，相当于制冷时回收系统的冷凝热；常规空气源热泵循环工质的冷凝温度不高，无法满足正常的热水需求，应辅以其他加热方式，如电辅热，共同满足生活热水需求。

太阳能辅助空气源热泵制热、制热水模式(M7和M8)，适合在冬季运行，除了能应对普通的气候条件，也能应对部分极端天气。对比M2和M3，在这两种运行模式下，经过膨胀阀节流后的制冷剂蒸汽会经过板式换热器一与由太阳能集热器11b产生的低温热水换热，然后通过四通换向阀回到压缩机。在此模式下，系统的低温热源由室外风冷换热器4变为板式换热器一。M2和M7之间可自由切换，设计工况下，当系统蒸发温度高于5℃时，系统运行模式为M2，仅利用室外风冷换热器，系统便能在较高制热性能下运行。当系统蒸发温度低于5℃时，系统运行模式为M7，利用太阳能热水提供的热量，提高系统的蒸发温度，有利于系统的制热循环，使其在高制热系数范围内稳定工作。但考虑到太阳能低温热水供应的持续性问题，系统还提供了另外一种运行模式，即由室外风冷换热器4和板式换热器一共同作为系统制热的蒸发器，两个换热器之间串联运行。在此模式下，经膨胀阀节流后的制冷剂先经过室外风冷换热器4，再经过板式换热器一，即系统热源侧有两个低温热源。其中风冷换热器为主要蒸发器，板式换热器一为次要蒸发器，利用低温太阳能热水换热，增加制冷剂蒸汽的过热度，提升平均蒸发温度，进而提供系统制热系数。在此模式下，系统对太阳能热水温度需求比M7模式低，适用于太阳辐射强度不高的气象条件。与此同时，该模式还存在一个问题，即制冷剂经过室外风冷换热器后，再经过板式换热器一，制冷剂压力会进一步降低，使得压缩机的吸气压力降低，进一步造成压缩机的容积效率降低和实际输气量减少，这对于制冷剂循环是不利的。在实际循环中，系统从热源侧吸热，其制热量增加，但同时吸气压力降低会使得压缩机压缩比增加，排气温度上升，这会造成润滑质量降低、润滑油碳化、零部件寿命缩短等一系列问题。因此，在设计时应充分考虑压缩机的最低吸气压力，平衡好风冷换热器换热量和板式换热器换热量之间的关系，防止因压缩机吸气压力过低造成的一系列问题。

太阳能辅助空气源热泵制热兼制热水模式(M9)下，两个集热器单元均参与循环，一个为热泵热源侧供热，一个用于生成生活热水，适用于冬季太阳辐射强度高的地区。从理论分析来看，系统在各运行模式下都能有效利用空气能、太阳能这些可再生能源，而最大程度地避免直接使用电能，这正是该系统的优势，也是系统节能性的体现。

5.2.3 部件匹配设计

由图5-10可知，系统的主要部件有太阳能集热器、压缩机、电子膨胀阀、水泵、水箱及管道和阀门。各部件的大小依据系统的容量进行设计，而系统的容量设计由其需求决定。本章提出的系统是以单体住宅建筑为标准，参考市场上已有的空气源热泵空调机组产品，拟定以5hp（1hp=735.499W，以下全书同）的容量进行热泵基础部件匹配设计。

(1) 太阳能集热器

生活热水的使用应满足要求，即《建筑给水排水设计规范》(GB 50015—2003)的规定，55℃的生活热水最高日用水定额为77～120L/人，日均用水定额为最高用水定额的50%～60%。以普通三口之家为例，最高日用水定额取80L/人，日均用水定额取最高日的50%，则热水日用水量Q计算如下：

$$Q=80\times 50\%\times 3=120(\text{L})$$

现在市场上普遍存在的太阳能集热器分为平板型和真空管型。真空管型太阳能集热器要比平板型集热器具有更好的热性能。武汉市为典型的夏热冬冷地区，故本实验选用的是带有电加热功能的真空管太阳能热水器，其带有一个较大的蓄水箱。全玻璃真空管太阳能集热管的结构如图5-11所示，集热器由内外两层的玻璃管构成，并且被具有高吸收率和低发射率的选择吸收层覆盖，中间层被抽成真空，外形上看就像一个巨大的暖水瓶胆，冷水在里边被加热。全玻璃真空管太阳能集热器具有吸收率高、对流热损失小等优点，且造价低廉，应用广泛。

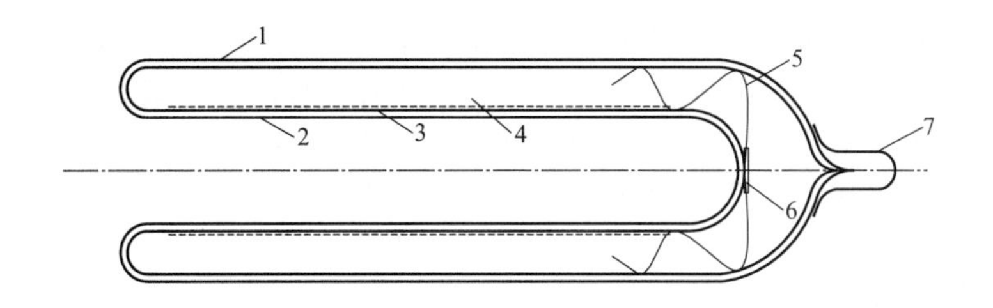

图 5-11 全玻璃真空管太阳能集热管的结构

1—外玻璃管；2—内玻璃管；3—选择性涂层；4—真空；5—弹簧支架；6—消气剂；7—保护帽

太阳能热水系统负荷计算公式：

$$Q=cM\Delta T \tag{5-1}$$

式中 Q——系统的热负荷，MJ；

c——水的比热容，取 4.186kJ/(kg·K)；

M——系统的容水量，kg；

ΔT——系统要求水温与基础水温之差，℃。

以 1t 水为例，每吨水所需的热负荷见表 5-3。

表 5-3 每吨水所需的热负荷

季节	要求水温	基础水温	温升	所需负荷
夏季	55℃	20℃	35℃	125.4MJ
春季、秋季	55℃	20℃	35℃	146.3MJ
冬季	55℃	10℃	45℃	167.2MJ

现以夏季为例，计算 120L 水所需负荷：

$$Q=cM\Delta T=4.186\times120\times35=17.58(\mathrm{MJ})$$

太阳能热水系统中最为重要的参数就是太阳能集热器的面积，而集热面积可分为总面积和采光面积。其中，采光面积是评判太阳能集热器是否合乎标准的参数，并且采光面积的选择也决定了集热系统的效率最大化。

集热器采光面积计算公式：

$$A=\frac{Qf}{J_t\eta_s(1-\eta_l)} \tag{5-2}$$

式中 A——太阳能热水系统集热面积，m^2；

f——太阳能保证率，%；

Q——太阳能热水系统的热负荷，MJ；

J_t——平均日太阳辐射量，MJ/m^2；

η_s——集热器的平均集热效率，%；

η_l——水箱和管路的热损失，%。

以夏季 120L 水所需负荷且保证 100%太阳能照射为前提，可得到采光面积为 $2.38m^2$。

集热器安装倾角指的是太阳能集热器与水平面的夹角。集热器安装倾角是影响集热系统集热效率的主要因素。从理论上来讲，集热器最佳安装倾角应该是不断变化的，这样才能最大限度地接受太阳辐照。但是，这需要安装自动追踪装置以实现倾角的智能化，对于现在的技术而言，实现智能化比较复杂，并且从经济方面来说，造价很高。现阶段民用建筑太阳能集热系统——太阳能集热器的安装倾角一般是固定的。太阳能热水器要固定安装在外平台上，对于倾角的确定，应以使用周期内收集到的太阳能最多为原则，根据《民用建筑太阳能热水系统应用技术标准》（GB 50364—2018），一般有以下原则：

① 对于全年，取 $\beta=\varphi$；

② 对于夏半年（春分到秋分），取 $\beta=\varphi-(10°\sim15°)$；

③ 对于冬半年（秋分到第二年春分），取 $\beta=\varphi+(10°\sim15°)$；

④ 如无特殊情况，方位角应取 $\gamma=0°$（北半球）。

但是这样选择误差较大，没有具体提到对于什么情况应该加多少和减多少，因此直接以此为依据选择倾角稍显欠缺。对于安装倾角的选择，应当综合考虑地理纬度、当地太阳辐射强度、日照长短等诸多因素。本节以武汉市各月设计气象参数（表 5-4）为基础，通过太阳能辐射相关公式，以集热器倾角从 20°到 60°的变化，计算出不同倾角的太阳辐照度，如表 5-5 所示。一般可以结合实际情况，以集热器全年接受最大太阳辐射量为原则选择最合适倾角。

表 5-4 武汉市各月设计气象参数

月份	气象参数				
	T_a	H_t	H_d	H_b	S_a
1	3.7	6.52	4.07	2.45	110
2	5.8	7.81	5.01	2.81	105.8
3	10.1	8.83	5.72	3.11	119.2
4	16.8	12.41	7.65	4.79	156
5	21.9	14.10	8.31	6.22	187.3
6	25.6	14.76	8.54	9.14	185
7	28.7	17.03	8.17	8.55	239.6
8	28.2	16.96	8.39	8.57	248.7
9	23.4	13.29	7.02	6.28	182.4
10	17.7	10.25	5.35	4.90	166.3
11	11.4	8.33	4.38	3.96	148.9
12	6.0	7.02	3.76	3.26	140.7

注：T_a 为月平均室外温度，℃；H_t 为水平面太阳总辐射日平均辐照量，MJ/(m^2·d)；H_d 为水平面太阳散辐射日平均辐照量，MJ/(m^2·d)；H_b 为水平面太阳直辐射日平均辐照量，MJ/(m^2·d)；S_a 为月日照小时数。

表 5-5 武汉市各倾角集热器倾斜面上太阳总辐照量

月份	月平均日辐照量/[kW·h/(m^2·d)]								
	20°	25°	30°	35°	40°	45°	50°	55°	60°
1	2.05	2.12	2.15	3.16	2.17	2.17	2.15	2.13	2.12
2	2.37	2.43	2.45	2.42	2.42	2.42	2.39	2.33	2.28
3	2.55	2.56	2.43	2.50	2.46	2.41	2.35	2.29	2.22
4	3.45	3.43	3.41	2.31	3.22	3.14	3.02	2.90	2.77
5	3.81	3.73	3.65	3.55	3.43	3.30	3.15	3.01	2.81

续表

月份	月平均日辐照量/[kW·h/(m²·d)]								
	20°	25°	30°	35°	40°	45°	50°	55°	60°
6	3.85	3.78	3.63	3.51	3.34	3.18	3.01	2.80	2.58
7	4.55	4.43	4.30	4.17	4.02	3.87	3.66	2.47	3.27
8	4.67	4.62	4.53	4.42	4.31	4.15	3.98	3.78	3.62
9	3.85	3.81	3.81	3.77	3.07	3.64	3.53	3.42	3.25
10	3.16	3.19	3.22	3.23	3.21	3.18	3.14	3.09	3.08
11	2.75	2.83	2.85	2.92	2.93	2.96	2.96	2.94	2.93
12	2.37	2.44	2.53	2.55	2.57	2.67	2.63	2.33	2.55

根据表5-5计算结果，可计算得出各倾角平面的全年总辐射量，其变化趋势如图5-12所示。集热器接收的太阳辐射总量先随着角度的增大而增加，变化比较平缓；到达30°左右时，全年总辐射量达到最大值，后随着倾角的继续增加辐照量开始减少，并且变化比较急促。因此，本系统选择最优角度30°为集热器安装倾角，面朝正南方安装在实验平台上，见图5-13。

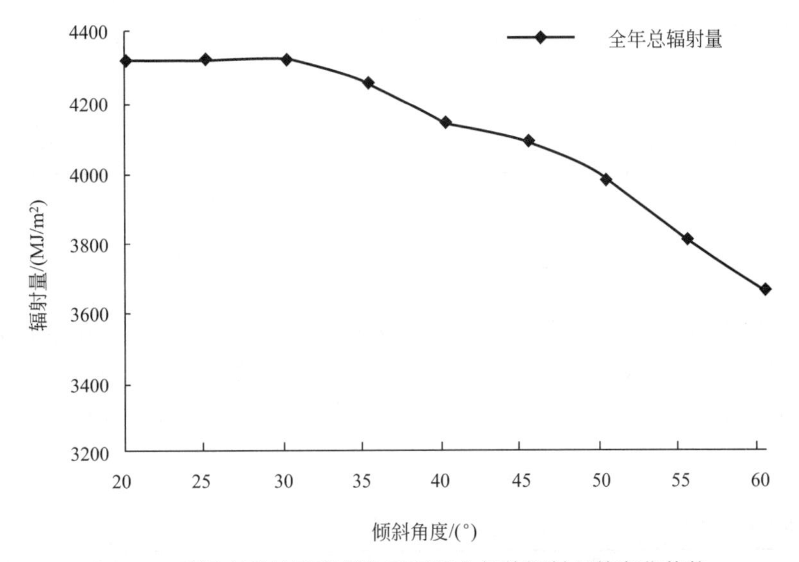

图5-12　武汉市集热器各倾角平面的全年总辐射量的变化趋势

图5-13　真空管太阳能热水器

太阳能热水器主要参数如表 5-6 所示。

⊡ 表 5-6　太阳能热水器主要参数

项目	参数	项目	参数
规格型号	Q-B-J-1-170/2.84/0.05	工作压力	0.05MPa
额定容量	170L	得热温度	65℃
内胆直径	ϕ375	额定功率	1500W
内胆材料	不锈钢，厚度 δ=0.45mm	额定电压	220V
真空管口径×长度	58mm×2100mm	防水等级	IPX4
水箱尺寸	475mm×1975mm	额定频率	50Hz
安装面积	1.28m×1.80m		

（2）压缩机

市场上空气源热泵机组类型众多，通过对现有热泵机组的考察，发现市场上已存在部分公司生产的制冷、供热和制热水为一体的机器。通过分析对比及与厂家的沟通协调，本实验选用速热奇公司生产的 5hp（1hp=0.735kW）空气源热泵机组，要求厂家对其内部及控制系统进行改造，满足设计的基本需求，实现本实验所需的多种运行模式，所选空气源热泵机组基本参数如表 5-7 所示。

⊡ 表 5-7　空气源热泵机组基本参数

系列号	电源	名义制热量	额定输入功率	额定最大输入电流	最大输入功率	空调制冷量	空调制热量
空气源热泵	220V/50Hz	18000W	4400W	21.0A	5400W	15000W	19500W

压缩机是热泵系统的核心部件，为整个制冷循环提供动力。市场上存在的压缩机种类繁多，包括全封闭式、半封闭式、活塞式、涡旋式等。涡旋式压缩机结构简单，运行稳定，故经常用于家用空调系统中，此机组自带的压缩机能够满足设计需要，故将此保留，压缩机主要参数如表 5-8 所示。

⊡ 表 5-8　压缩机主要参数

型号	电压/V	频率/Hz	排量/(m^3/h)	额定功率/hp	制冷量/W	输入功率/W	质量/kg
ZP61KCE-PFZ	220～210	50	10.11	5	15000	4400	10

此机组自带的套管式换热器、气液分离器满足前期的设计计算，也将其保留，系统要替换膨胀阀、水泵等部件，生活热水箱和地暖空调水箱是以普通三口家庭为依据进行设计的，故也要对其进行更换；同时，针对此系统另行设计控制系统，使系统具备自动控制模块，可以满足设计的基本需求，并配备液晶屏以方便人员控制。

（3）电子膨胀阀

空气源热泵普遍所使用的节流装置是热力膨胀阀，其作用是将从冷凝器流出的饱和或过冷的高压制冷剂节流降压，送入蒸发器，通过传感器感受蒸发器出口制冷剂蒸气过热度大小，不断调节来维持恒定的过热度。虽然其普遍得到使用，但是缺点也较为明显：对热度延迟度较大、调节精度不高、范围有限等。本系统采用电子膨胀阀，可在 15%～100%的范围内调节，反应迅速无延迟，并且可以通过自带的驱动使制冷剂双向流动，弥补了热力膨胀阀单向流动的缺点。表 5-9 所示为热力膨胀阀和电子膨胀阀的对比。

⊡ 表 5-9 热力膨胀阀和电子膨胀阀的对比

项目		热力膨胀阀	电子膨胀阀
控制方法		利用热传感元件检测过度热控制阀针的移动，从而控制通过的流量	通过检测元件获得参数，经过演算发出指令控制阀针的移动，从而控制通过的流量
特点分析	控制精度	过度热控制精度较低，一般在±(2～3)K	精度高，反应迅速，控制稳定，一般控制在±(0.5～1)K；对于大开度电子膨胀阀，可达±(0.1～0.3)K
	流量调节	流量变化较小，不利于系统的流量调节	可以实现任意开度，全开、全闭
	功能	无附加功能	可以通过调整以满足不同负荷要求的系统，也有除霜控制、温度信号输出等

本热泵系统兼具制冷、供热、供热水等多种运行工况，并且由于系统的不断切换，制冷剂的流动路径也会不断发生变化。因此，选用的电子膨胀阀要在不同运行条件下保持稳定、高效，才能满足整个系统的需求。通过计算比对和查阅大量的电子膨胀阀样本，进行分析比较，本系统选用丹佛斯的 DPF 系列电子膨胀阀，其主要参数如表 5-10 所示。

⊡ 表 5-10 DPF 系列电子膨胀阀主要参数

型号	制冷剂	通径/mm	流量（K_v）/（m^3/h）	名义容量/kW	最大工作压力/MPa	最大工作压差/MPa	逆向开阀压差/MPa
DPF(TSI)3.0C	R22	3.0	0.39	21	4.2	3.43	≥2.1

（4）水箱

两个水箱分别为 120L 的地暖空调水箱和 60L 的生活热水箱，具体参数分别见表 5-11、表 5-12。

⊡ 表 5-11 地暖空调水箱参数

型号	容量/L	尺寸直径×长/mm	质量/kg	内胆材料	保温层/mm	额定水压/MPa
HDFQ4818-120	120	ϕ410×960	169	金刚搪瓷内胆	45	0.6

⊡ 表 5-12 生活热水箱参数

型号	容量/L	尺寸直径×长/mm	质量/kg	内胆材料	保温层/mm	额定水压/MPa
HDFQ3818-60	60	ϕ240×480	109	金刚搪瓷内胆	45	0.6

（5）水泵

通过水泵提供动力可将套管式换热器和水箱的水循环进行热交换，加热水箱里的水，通过水力计算，得出水泵所需扬程及流量。本实验选用 GREENPROS 系列水泵，基本参数如表 5-13 所示。

⊡ 表 5-13 水泵基本参数

型号	功率/W	扬程/m	流量/（L/min）	质量/kg	电源
RS25/8	75/115/165	5/7/8	55/38/22	2.4	220V/50Hz
RS15/7	67/93/135	4.5/6.5/7.0	45/36/22	2.2	220V/50Hz

控制系统机组能够满足制冷、制热、制热水、制冷兼制热水、制热兼制热水五种模式，显示在控制面板上，并且通过布置在水箱中的温度传感器反馈的数据，控制面板可以实时地显示生活水箱和空调水箱的温度，进行实时监测。用户通过控制面板可以根据日常的需要任意切换所需模

式；而系统也会通过自身的控制板块自动控制，即制热水兼制热模式开启后一段时间，水箱内水温已达到用户设定温度，而地暖空调水箱未达到，则系统通过自控模块自动切换至单独制热模式，更加灵活。整个机组系统内部结构及控制面板如图 5-14、图 5-15 所示。

图 5-14 机组系统内部结构

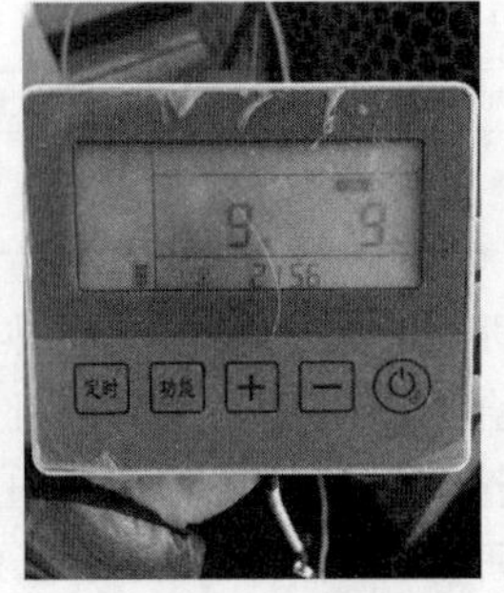

图 5-15 机组系统控制面板

（6）管道与阀门

本实验平台搭建使用 PP-R 管作为水流的通道。PP-R 管是由丙烯单体和乙烯单体聚合而成的共聚物，是具有明显节能环保性能的塑料管材。PP-R 管可以用于建筑物内的冷热水系统、建筑物内的采暖系统、输送或排放化学介质工业用管道等。表 5-14 列举了三种管道的承压强度、抗腐蚀能力等性能，通过比对来显示各种管道的优势。

表 5-14 PP-R 稳态管、PP-R 普通管和铜管管道性能对比

管道类型性能	PP-R 稳态管	PP-R 普通管	铜管
承压强度	较高	一般	高
耐温性能	≤85℃	＜70℃	＜100℃
防渗透性	隔氧、隔光	不隔氧、透光	隔氧、隔光
受热变形	较理想	易变形	理想
卫生性能	卫生	卫生	不卫生
连接方式	热熔连接	热熔连接	螺纹连接、焊接
连接可靠性	高	高	一般
热导率	0.24W/(m·K)	0.24W/(m·K)	383W/(m·K)
管壁粗糙度	≤0.01μm	≤0.01μm	0.1μm
抗腐蚀能力	强	强	较差
造价	中等	低	高

由表 5-14 可知，PP-R 稳态管比 PP-R 普通管的价格略贵，但是它无论是在承压能力上，还是在抗腐蚀性能等方面都比 PP-R 普通管和铜管要好。综合考虑，本系统管道均采用 PP-R 稳态管，其参数如表 5-15 所示；管道之间连接采用热熔连接，即利用专业的热熔工具将管件表面加热熔化，承插冷却后成为一整体。图 5-16 为 PP-R 稳态管热熔连接结构示意。

表 5-15 PP-R 稳态管参数

公称外径	平均外径		管系列
De/mm	De_{min}/mm	De_{max}/mm	S3.2
			公称壁厚 DN/mm
25	25.0	25.3	3.5

截止阀具有制造简单、价格便宜、调节性能好等特点，在使用中通常都是使介质“低进高出”，此种情况下的压力损失较大，但有助于阀门的开启。本系统涉及模式较多，不同季节天气换用不同的模式，电磁阀能够实现自动控制。但是，要另外配备控制系统，无论是造价还是施工都存在一定难度；而截止阀手动控制，进行模式的切换时简单便捷，利于系统的控制，故本系统外部阀门均采用截止阀，如图 5-17 所示。

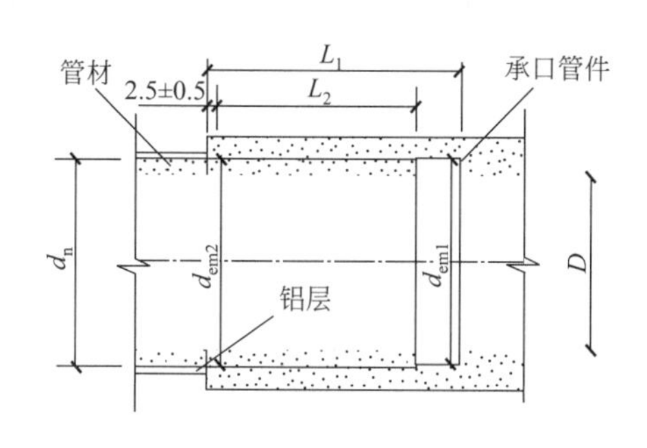

图 5-16　PP-R 稳态管热熔连接结构示意

图 5-17　截止阀

5.3 三联供系统的实验研究

5.3.1 实验准备

（1）实验对象及负荷计算

实验测试房间为一间搭建的普通测试小室，如图 5-18 所示。测试房间的几何尺寸为 3.0m×3.0 m×3.0m（长×宽×高），以轻钢为骨架，内外两侧为 5mm 彩钢，中间夹层为 50mm 聚苯乙烯，房间布置一扇门和一扇窗。表 5-16 为围护结构的热物理性质。

图 5-18　测试小室

⊡ 表 5-16　围护结构的热物理性质

材料名称	密度 ρ /(kg/m³)	温度 t /℃	导热系数 λ /[J/(m·s·K)]	比热容 c /[kJ/(kg·K)]	热扩散系数 $a\times10^7$ /(m²/s)
彩钢	7833	20	54	0.465	148.26
聚苯乙烯	50	20	0.035～0.02	2.1	1.90～3.33
玻璃	2500	20	0.76	0.84	3.62

在本实验中，供热、供冷末端采用风机盘管，制冷、采暖所用冷水、热水由机组提供，因此还需要计算出实验室的负荷。

外墙和屋面瞬变传热引起的冷负荷计算如下：

$$Q_1=FK\Delta t_{\tau-\varepsilon} \tag{5-3}$$

式中　Q_1——外墙和屋面瞬变传热引起的逐时冷负荷，W；

F——外墙和屋面的面积，m²；

K——外墙和屋面的传热系数，W/(m²·℃)；

$\Delta t_{\tau-\varepsilon}$——外墙和屋面冷负荷计算温度的逐时值，℃。

外玻璃窗瞬变引起的冷负荷计算如下：

$$Q_2=FK\Delta t_{\varepsilon} \tag{5-4}$$

式中　Q_2——玻璃瞬变传热引起的逐时冷负荷，W；

F——外玻璃窗的面积，m²；

K——玻璃的传热系数，W/(m²·℃)；

Δt_{ε}——计算时刻的负荷温差，℃；

通过计算，可得到房间所需负荷为 1500W。选择一台 FP-34 的风机盘管，额定冷量 1800W，额定热量为 2700W，吊装在房间内，其末端设备如图 5-19 所示。

（2）测试仪器

实验进行测试所用到的仪器包括：Raytek 红外线测温仪、泰仕 TES-1333 太阳能功率辐照仪、TSI 特赛 TSI8345 风速风量温度仪、高温快速电子测温仪等。

Raytek 红外线测温仪是一种非接触式测温仪，如图 5-20 所示。红外线测温仪可以在离被测物体较远的距离测到温度，同时温度仪不会对被测物体产生损伤。单点激光瞄准，1s 就可测出被测物体的表面温度，温度显示持续时间为 7s。背光显示屏非常清晰，在昏暗的地方也能清晰看到读数，只需要 2 节 7 号电池供电，可使用较长时间。除此之外，没有其他能耗，节能环保，省钱省力。

图 5-19　风机盘管末端设备

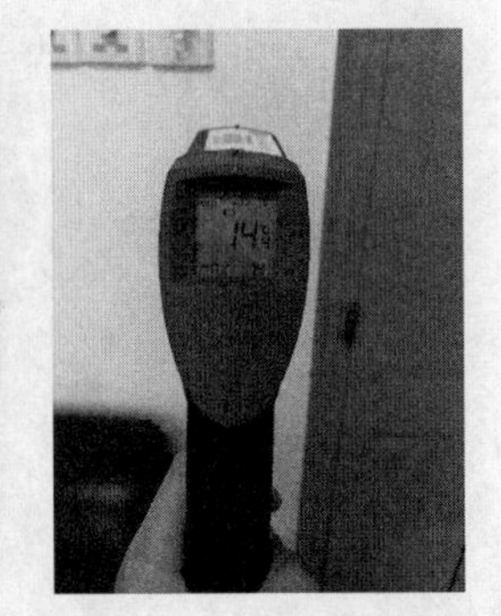

图 5-20　Raytek 红外线测温仪

Raytek 红外线测温仪主要参数如表 5-17 所示。

表 5-17 Raytek 红外线测温仪主要参数

检测参数/型号	ST20 红外测温仪	检测参数/型号	ST20 红外测温仪
温度范围	−32～535℃	工作温度	0～50℃
物距比	12∶1	相对湿度	10%～90%RH
精度	±1%(两者中较大的为准)	激光类型	单束激光
反应时间	500ms	温度显示保持时间	7s
测量误差	±1.5℃	显示温度	℃
响应波长	8～140μm	显示精度	0.2℃
发射率	预设为 0.95		

泰仕 TES-1333 太阳能功率辐照仪是一款专门用于现场测量太阳能辐射功率的仪表，如图 5-21 所示。它可以测量不同方位、不同角度的太阳能功率以及太阳辐射强度、隔热材料的太阳能穿透率等。安装太阳能热水器时，可以使用本仪器测量安装位置，比如方位、角度等，以便取得有利的太阳能照射位置，达到太阳能的高效率利用。此仪器也可以测量任意时刻的太阳能角度和强度，这些数据在太阳能利用的研究中非常重要，该仪器主要参数如表 5-18 所示。

表 5-18 泰仕 TES-1333 太阳能功率辐照仪主要参数

检测参数/型号	TES-1333 太阳能功率辐照仪	检测参数/型号	TES-1333 太阳能功率辐照仪
显示	4 位数 LCD 液晶数字	漂移	＜±2%/每年
测量范围	2000W/m^2,634Btu/(ft^2·h)	校正参数	使用者可自行再校正
分辨率	0.1W/m^2,1Btu/(ft^2·h)	超量程显示	OL
光谱响应波长	400～1100nm	采样率	约每秒 4 次
准确度	±10W/m^2 或±5%中最大值；	供电电源	4 只 AAA 电池
	温度系数：±0.38W/(m^2·℃)，偏离 25℃时	操作温、湿度	0～50℃，小于 80%RH
角度准确度	余弦校正＜5%(角度＜60°时)	储存温、湿度	−10～60℃，小于 70%RH

特赛 TSI8345 风速风量温度仪便于携带，操作起来非常简单，可以从屏幕直接读出瞬时数据，包括风速、湿度、温度等，并且误差较小，比较精确，最多能同时显示 3 个测量参数，该设备如图 5-22 所示。

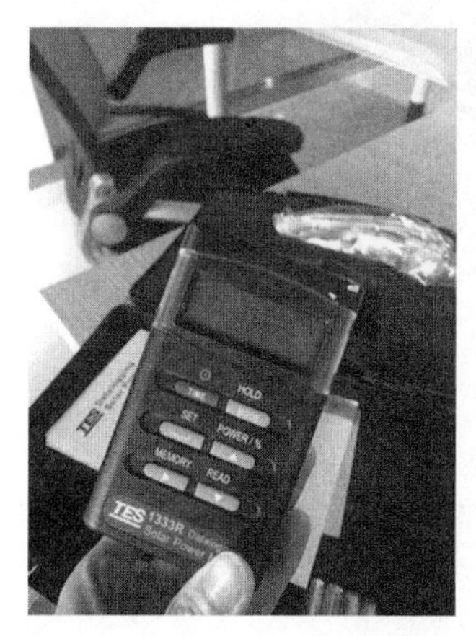

图 5-21 泰仕 TES-1333 太阳能功率辐照仪

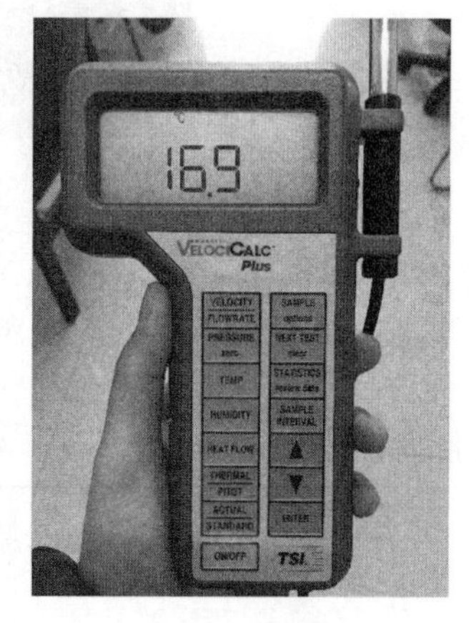

图 5-22 特赛 TSI8345 风速风量温度仪

特赛 TSI8345 风速风量温度仪主要性能参数如表 5-19 所示。

⊡ 表 5-19　特赛 TSI8345 风速风量温度仪主要性能参数

检测参数/型号		TSI8345
风速	范围	0～30m/s
	误差	读数的±3%或±0.015m/s 中较大值
温度	范围	−17～93℃
	误差	±0.3℃
	分辨率	0.1℃
风量范围		0.1～19500L/min,0.0424～702000m^3/h
相对湿度	范围	0～90%RH
	误差	±3%RH
	分辨率	±0.1%RH
湿球温度	范围	5～60℃
	分辨率	0.1℃
露点	范围	−15～49℃
	分辨率	0.1℃
反应时间	速度	200m/s
	温度	风速 5m/s 时,8s
时间常数		用户自定义(1～20s 可调)
探管长度		94cm

高温快速电子测温仪是非常简单便捷的测温仪器，如图 5-23 所示，可测量温度为 −50～1300℃，工作温度为 0～50℃，相对湿度为≤80%RH。

图 5-23　高温快速电子测温仪

高温快速电子测温仪详细参数如表 5-20 所示。

⊡ 表 5-20　高温快速电子测温仪详细参数

测量温度	测量精度	测量温度	测量精度
0～1300℃	±(0.75%+1)℃	−40～−20℃	±3℃
−20～0℃	±2℃	−50～−40℃	±4℃

5.3.2　数据处理

本节对系统的制热量和制冷量的测量计算是根据水箱内水得到的冷量和热量，以及室内空气得到的冷量和热量来代替制冷剂管路侧的温度进行测量的。对于过渡季节，系统只需要制取生活热水，此时只需要计算热水箱的热量。对于夏季和冬季，需要制冷供热的同时，还要提供生活热水，此时要考虑水箱的得热量和室内空气得到的热量和冷量。

（1）太阳能集热量 Q_s

太阳能集热单元向集热水箱提供的热量Q_s，计算公式如下：

$$Q_s = c_w m_w (T_{w,t+\tau} - T_{w,t}) \tag{5-5}$$

式中 c_w——水的比热容，取 4.186kJ/(kg·K)；

m_w——加热水箱水容量，kg；

$T_{w,t}$——加热水箱的初始温度,℃；

$T_{w,t+\tau}$——加热水箱的终止温度,℃。

（2）太阳能保证率 f

太阳能保证率为太阳能单元集热量占系统总集热量的百分率 f。计算公式如下：

$$f = \frac{Q_s}{Q} = \frac{Q_s}{Q_s + Q_d} \tag{5-6}$$

或

$$f = \frac{Q_s}{Q} = \frac{Q_s}{Q_s + Q_h} \tag{5-7}$$

式中 Q——系统总集热量，MJ；

Q_s——太阳能单元集热量，MJ；

Q_d——电加热单元集热量，MJ；

Q_h——热泵单元集热量，MJ。

$$Q_d = c_w m_w (T_{w,t+\tau} - T_1) \tag{5-8}$$

式中，T_1 为电加热开启时集热水箱内的水温,℃。

$$Q_h = c_w m_w (T_{w,t+\tau} - T_2) \tag{5-9}$$

式中，T_2 为热泵开启时集热水箱内的水温,℃。

（3）热泵运行时输送给室内的热量 Q_0

$$Q_0 = c_w G (T_i - T_0) \tag{5-10}$$

式中 c_w——水的比热容，取 4.186kJ/（kg·K）；

G——平均水流量，m^3/h；

T_i——进水温度,℃；

T_0——出水温度,℃。

（4）单位热水能耗 G

单位热水能耗 G 可由下式计算得出：

$$G = \frac{W}{M} \tag{5-11}$$

式中 W——系统总耗电量，kW·h；

M——用户热水用量，t。

热泵运行性能用 COP（coefficient of performance）值来表示，可以简单地理解为系统运行所得到的热量和冷量与所消耗能量的比值，计算公式如下：

$$\mathrm{COP} = \frac{Q_0}{P} \tag{5-12}$$

在单独制冷工况下，其值为制冷 COP 值；Q_0 为空调水箱得到的冷量和房间得到的冷量之和，P 为系统运行所消耗的功率。

在单独制热水工况下，其值为制热水 COP 值；Q_0 为生活热水箱得到的热量，P 为系统运行所消耗的功率。

在制冷兼制热水工况下，其值为综合 COP 值；Q_0 为生活热水箱得到的热量、空调水箱得到的冷量以及房间得到冷量的总和，P 为系统运行所消耗的功率。

在制热兼制热水工况下，其值为综合 COP 值；Q_0 为生活热水箱得到的热量、空调水箱得到的热量以及房间得到热量的总和，P 为系统运行所消耗的功率。

5.3.3 系统全年运行性能测试结果分析

（1）春季测试结果及分析

春季属于过渡季节，系统仅需要提供生活热水即可。武汉市春季阴雨天气较多，故选择阴雨天气作为春季典型天气进行实验。通过截止阀合理的启闭和系统开启，春季可以有三种制热水模式，分别是太阳能单独制热水（M4）、空气源热泵制热水（M3）和太阳能辅助空气源热泵制热水（M8）。对这三种模式分别进行实验，比较这三种模式的性能情况，实验选择的天气及室外温、湿度等参数非常相近，环境参数如表 5-21 所示。

表 5-21 春季制热水三种模式环境参数

模式	日期	室外温度/℃	室外湿度/%	进水温度/℃	风速风量/(m/s)
M4	3 月 1 日	18.3	88.3	18.6	0.28
M3	3 月 15 日	18.1	83.5	17.9	0.23
M8	4 月 10 日	18.5	85.1	19.1	0.22

在 M4 模式下，上午 9：00 开始依靠太阳能加热热水，到下午 2：00 开启电加热单元加热热水，集热水箱水温达到 55℃时停止运行。在 M3 模式下，下午 2：00 开启设备，设定温度 55℃，达到设定温度系统停止运行。在 M8 模式下，先让太阳能集热器单独运行，下午 2：00 开启热泵，设定温度为 55℃，达到设定温度，设备停止运行。

① 太阳能单独制热水（M4）

a. 太阳能日总集热量，由式（5-5），得：

$$Q_s=c_w m_w(T_{w,t+\tau}-T_{w,t})=4.186\times120\times(22.3-18.6)=1858.58(\text{kJ})\approx1.85(\text{MJ})$$

b. 电加热器开启后的集热量，由式（5-8），得：

$$Q_d=c_w m_w(T_{w,t+\tau}-T_1)=4.186\times120\times(55.6-22.3)=16727.26(\text{kJ})\approx16.7(\text{MJ})$$

c. 太阳能保证率 f，由公式（5-6），得：

$$f=\frac{Q_s}{Q}=\frac{Q_s}{Q_s+Q_d}=\frac{1.85}{1.85+16.7}\approx0.099=9.9\%$$

d. 单位热水能耗，由式（5-11），得：

$$G=\frac{W}{M}=\frac{3.2}{0.12}=26.66(\text{kW}\cdot\text{h/t})$$

② 空气源热泵制热水（M3）

a. 热泵性能 COP 值，由式（5-12），得：

$$\text{COP}_{hp}=\frac{Q_0}{P}=\frac{4.186\times120\times(55-17.9)}{3600\times1.32}=3.92$$

b. 单位热水能耗，由式（5-11），得：

$$G=\frac{W}{M}=\frac{1.32}{0.12}=11(\mathrm{kW\cdot h/t})$$

③ 太阳能辅助空气源热泵制热水（M8）

a. 太阳能日总集热量，由式（5-5），得：

$$Q_s=c_w m_w(T_{w,t+\tau}-T_{w,t})=4.186\times120\times(22.6-19.1)=1758.12(\mathrm{kJ})\approx1.76(\mathrm{MJ})$$

b. 辅助热泵集热量，由式（5-9），得：

$$Q_h=c_w m_w(T_{w,t+\tau}-T_2)=4.186\times120\times(55-22.6)=16275.16(\mathrm{kJ})\approx16.28(\mathrm{MJ})$$

c. 热泵系统 COP 值，由式（5-12），得：

$$\mathrm{COP_{hp}}=\frac{Q_0}{P}=\frac{4.186\times120\times(55-22.6)}{3600\times1.11}=4.07$$

d. 太阳能保证率，由式（5-7），得：

$$f=\frac{Q_s}{Q}=\frac{Q_s}{Q_s+Q_h}=\frac{1.75}{1.76+16.28}=9.7\%$$

e. 单位热水能耗，由式（5-11），得：

$$G=\frac{W}{M}=\frac{1.11}{0.12}=9.25(\mathrm{kW\cdot h/t})$$

在过渡季节仅需生活热水就可以满足人们日常生活需要，而反映系统的实用性和效率最直接的方法就是测试水箱内的水温，能否在人们需要的时候随时使用也是非常重要的。图 5-24 是太阳辐照度、太阳能集热器瞬时集热量随时间的变化。由图 5-24 可以看出，春季阴雨天气太阳能瞬时集热量高峰是在 9：30～11：30 和 12：00～13：00。此时，太阳辐照度也是最高的，随着时间的递进，太阳辐照度下降，集热量也呈现下降趋势。

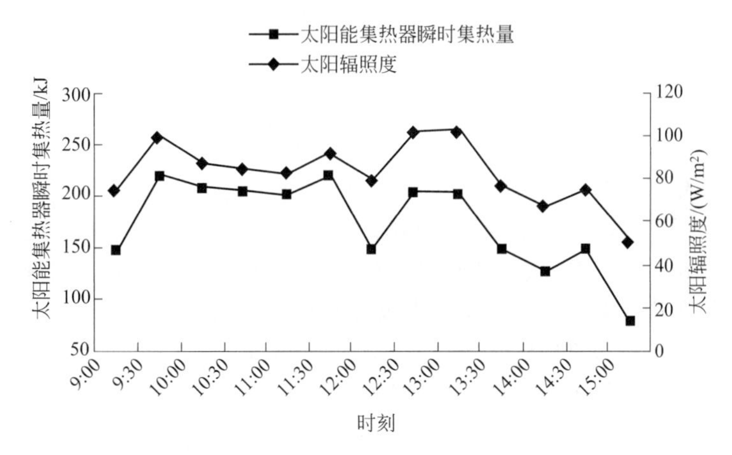

图 5-24 太阳辐照度、太阳能集热器瞬时集热量随时间的变化

图 5-25 是三种制热水模式下水箱内水温随时间的变化。由图 5-25 可以看出，春季阴雨天气太阳辐照度低，从 9：00 开始利用太阳能集热，到 14：00 水箱内水温仍然比较低，期间温升不明显；在 14：00 开启三联供系统和电加热，电加热加热水较慢，需要花费大约 2h，三联供系统制热水较快，仅需大约 30min 就能制备出 55℃的热水，并且水箱具有很好的保温效果，随时可供日常生活取用。

表 5-22 列出了春季各测试日三联供系统单独制热水时的环境参数和系统 COP 值，可以看出系统 COP 值与环境相对湿度、环境温度、进水温度有关；室外风速风量的变化对 COP

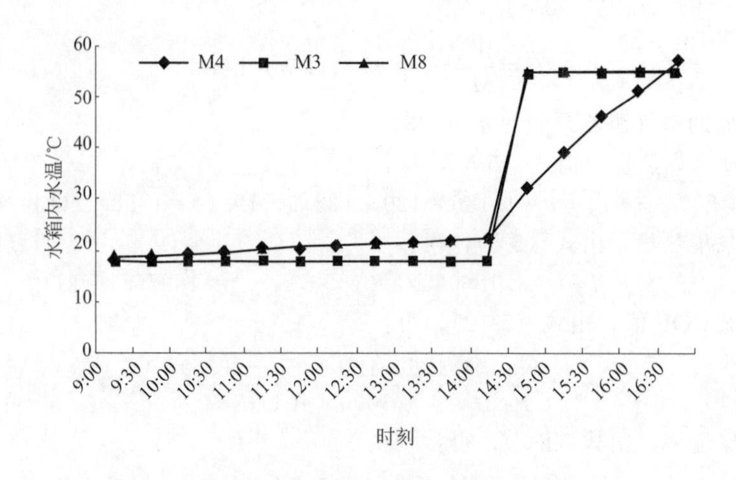

图 5-25　三种制热水模式下水箱内水温随时间的变化

值影响很小，在相对湿度和进水温度差别不大的情况下，环境温度越高，系统 COP 值越高；系统稳定运行时 COP 值为 3.9 左右，并且可以维持在稳定水平。

⊡ 表 5-22　春季各测试日三联供系统单独制热水时的环境参数和系统 COP 值

日期	环境温度/℃	相对湿度/%	进水温度/℃	风速/（m/s）	COP 值
3 月 7 日	19	90.1	19.1	0.36	4.07
3 月 15 日	18.1	83.5	17.9	0.23	3.92
3 月 22 日	15.6	88.5	18.0	0.33	3.76
3 月 29 日	17.7	85.1	17.1	0.54	3.89
4 月 1 日	19.3	75.3	18.3	0.46	3.98
4 月 12 日	17.9	71	16.9	0.22	3.87
4 月 13 日	18.6	81.1	18.1	0.65	3.96

（2）夏季测试结果及分析

三联供系统在夏季可以实现单独制冷和制冷兼制热水模式。根据用户的实际需要，可以自主选择这两种模式。系统在安装初期根据流程设计控制系统的时候，系统可以自动平衡室内冷量的供应和生活热水的需求。当室内温度达到设定值且不需要持续供冷，但热水需求尚未满足时，系统自动切换为单独供热水模式。当热水需求满足要求而冷量不够时，系统自动切换制冷模式。此系统避免了普通热泵系统最小负荷的约束，也解决了热水和冷量其一满足要求系统就停止运行的问题。

武汉市夏季天气晴朗，大部分时候都是阳光普照，仅有少部分阴雨天气，太阳辐射强度高，太阳能集热器内水温可以始终保持在 55℃以上且余量充足。当不需要室内供冷时，仅仅依靠太阳能就可以满足人们对热水的需要，此时利用的是清洁的可再生能源，能源消耗几乎不存在。下面对夏季典型天气系统制冷兼制热水模式进行实验研究，选择日期为 2017 年 9 月 14 日，室外平均温度为 31.2℃，天气晴朗。图 5-26 显示了武汉市一天中太阳辐照度的变化及水箱的温升情况。

上午 9：00 太阳能热水器开始工作，此时水箱内水温较低。由于太阳能集热器集热原因，温度上升较快，在中午 12：00 左右，太阳能辐照度最大，此时太阳能集热器瞬时集热量最高，水箱内温升也处于较高水平。在大约 14：00 时，水箱内温度达到 55℃，之后随着

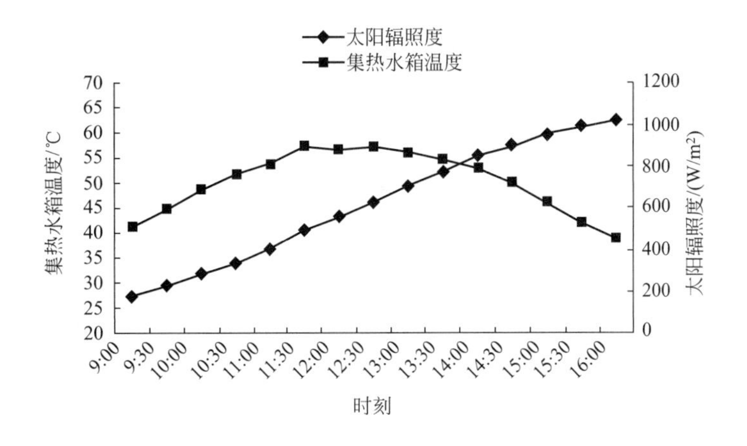

图 5-26　武汉市一天中太阳辐照度的变化及水箱的温升情况

太阳辐照度下降，温升放缓。在下午 16：00 时，集热水箱内水温能够达到 60℃以上。

夏季制冷时，室内温度是最直观反映热泵运行性能的指标，系统运行后能否在短时间内使室内温度降低到人体舒适的温度是非常重要的。在测量房间温度时，为了避免一次测量导致的数据错误，可分别在不同位置进行不少于 4 次的温度测量，最后取平均值，这样得到的数据才更加真实准确。图 5-27 显示了室内外温度随时间的变化，系统开始运行时，室内温度较高，随着系统逐渐制冷，室内温度逐渐降低；在系统运行 30min 后，室内温度能够维持在 23℃。

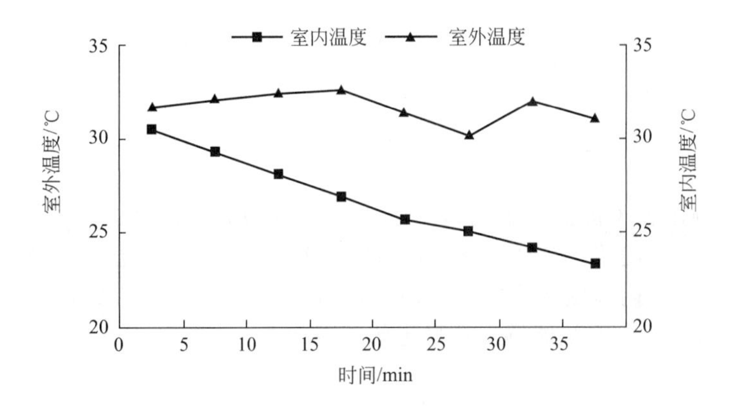

图 5-27　室内外温度随时间的变化

图 5-28 为生活水箱和空调水箱内水温随时间的变化。系统制冷兼制热水时，可以利用冷凝器排出的冷凝热来制取热水，提高了能量的利用效率；随着系统运行，冷凝器排出的冷凝热使生活水箱温度逐渐升高，最终达到 55℃。与此同时，空调水箱温度降低，最终达到设定温度 12℃。

图 5-29 为室内吊装风机盘管进出水温度随时间的变化。可以看出，空调水箱内冷冻水进入风机盘管时热量几乎没有损失，进水温度和空调水箱温度基本相同，都是不断下降，最终进水温度能够保持在设定温度 12℃左右；风机盘管将冷量送给室内，出水温度能够稳定在 13.5℃左右。

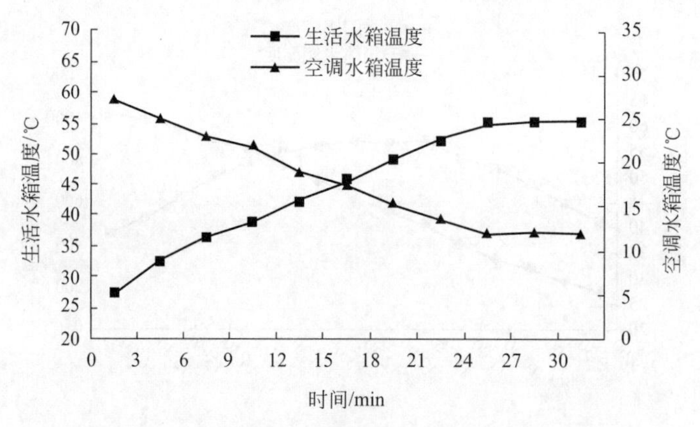

图 5-28　生活水箱和空调水箱内水温随时间的变化

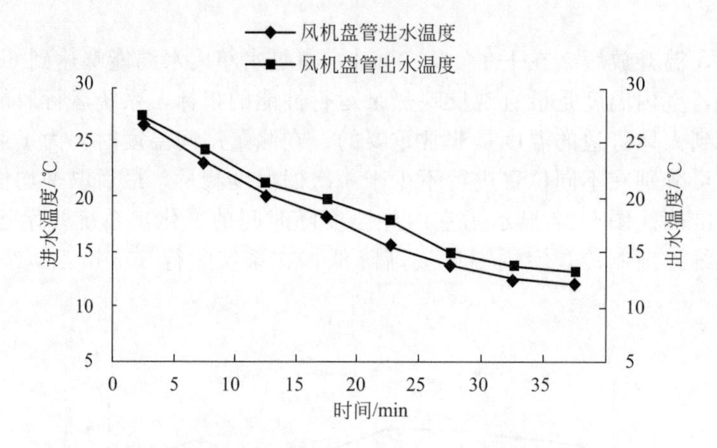

图 5-29　室内吊装风机盘管进出水温度随时间的变化

图 5-30 为室内吊装风机盘管进出口空气干球温度随时间的变化曲线。系统刚开机时，进出口温度基本相同，随着系统持续制冷，室内温度降低，进出口温度也逐渐下降且差值能够基本保持稳定，在室内温度达到设定值时，风机盘管入口空气温度维持在 23.2℃，出口空气温度维持在 20.2℃，系统能够保持稳定的运行状态。

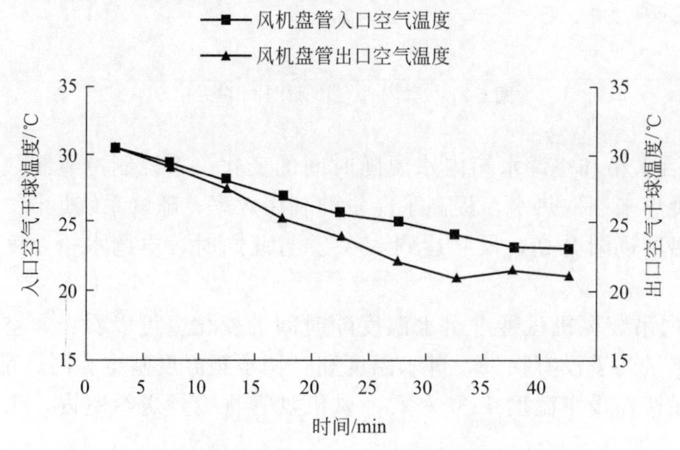

图 5-30　室内吊装风机盘管进出口空气干球温度随时间的变化曲线

系统在夏季进行制冷兼制热水时可以稳定运行，系统运行使生活水箱内水温达到55℃，同时使室内温度降低，以满足人们的正常生活需要。通过系统运行所得到的热量和冷量与所消耗能量的比值，我们经过计算可以得到系统稳定运行的COP值。

热泵制冷COP值，由式（5-12），得：

$$\mathrm{COP_{hp}}=\frac{c_{\mathrm{w}}m_{\mathrm{w}}(T_{\mathrm{w},t+\tau}-T_{\mathrm{w},t})}{\int_{t}^{t+\tau}w_{\mathrm{hp}}(\tau)\mathrm{d}\tau}=2.61$$

热泵制热水COP值，由公式（5-12），得：

$$\mathrm{COP_{hp}}=\frac{c_{\mathrm{w}}m_{\mathrm{w}}(T_{\mathrm{w},t+\tau}-T_{\mathrm{w},t})}{\int_{t}^{t+\tau}w_{\mathrm{hp}}(\tau)\mathrm{d}\tau}=3.53$$

上述系统将27.3℃的冷冻水冷却至12℃，为室内供冷；同时，将生活热水由27.3℃加热至55℃，系统制冷平均COP值约为2.61，制热水平均COP值为3.53，系统的综合COP值达到6.0以上。经过分析，在整个实验运行过程中，刚开机时，系统COP值较低，随着时间增加，系统的COP值升高，最终能够稳定在6.0左右。

从制冷兼制热水模式的实验研究可以看出，上述系统既能够利用冷凝器排出的冷凝热制热水，又可以利用制冷剂在蒸发器中的相变，带走室内热量，实现更高的能效比；并且套管式换热器和风冷换热器相串联形成的两级冷凝系统，可通过自动控制单元在适当的情况下开启，有效地解决了当热水箱温度较高时，冷凝器释放热量不足而导致的制冷量不足及制冷效果下降的问题。由以上分析可知，在系统开启制冷兼制热水模式初期，系统的冷凝主要依靠套管式换热器，生活热水箱能够得到大量的冷凝热，水箱温升较快；当水箱温度上升到一定值后，风冷换热器开启，使风冷冷凝器的效果优先于套管式换热器，依靠风冷换热器来保证制冷剂的过冷度。此时，热水的制备速度下降，但是系统制冷量依然保持在稳定水平。

（3）秋季测试结果及分析

秋季同春季类似，仅需要为人们提供生活热水即可。武汉市秋季气候温和，阴雨天气较少，普遍以晴天为主，故选择晴天作为秋季典型天气进行实验。通过截止阀的启闭和系统开启，秋季可以有三种制热水模式，分别是M4、M3和M8。对这三种模式分别进行实验，比较这三种模式的性能情况，实验选择的天气及室外温、湿度等参数非常相近，见表5-23。

表5-23 秋季制热水三种模式环境参数

模式	日期	室外温度/℃	室外湿度/%	进水温度/℃	风速风量/(m/s)
M4	10月7日	28.5	56.6	26.7	0.42
M3	10月8日	28.3	55.3	28.1	0.47
M8	10月18日	28.6	57.0	27.5	0.55

由于选择日期阳光照射充足，太阳能集热器通过收集太阳辐射已能满足制取55℃生活热水的需要，故带有电加热的太阳能热水系统和太阳能辅助热源三联供系统不需要开启辅助加热设备。在下午2：00开启空气源热泵单独制生活热水，设定温度为55℃，达到设定温度，设备停止运行。

① 太阳能单独制热水模式（M4）

a. 太阳能日总集热量，由公式（5-5），得：

$$Q_{\mathrm{s}}=c_{\mathrm{w}}m_{\mathrm{w}}(T_{\mathrm{w},t+\tau}-T_{\mathrm{w},t})=4.186\times120\times(57.3-26.7)=15370.99(\mathrm{kJ})\approx15.37(\mathrm{MJ})$$

b. 单位热水能耗。太阳辐照强度能够满足太阳能热水器制取55℃生活热水的需要，不需要开启电加热器，增压水泵仅仅在室内供热水时使用，故此时耗电量几乎为0。

② 空气源热泵制热水模式（M3）

a. 热泵性能 COP 值：

$$\mathrm{COP_{hp}}=\frac{c_{\mathrm{w}}m_{\mathrm{w}}(T_{\mathrm{w},t+\tau}-T_{\mathrm{w},t})}{\int_{t}^{t+\tau}w_{\mathrm{hp}}(\tau)\mathrm{d}\tau}=\frac{4.186\times120\times(55-28.1)}{3600\times0.9}=4.17$$

b. 单位热水能耗：

$$G=\frac{W}{M}=\frac{0.95}{0.12}=7.92(\mathrm{kW\cdot h/t})$$

③ 太阳能辅助空气源热泵制热水模式（M8）

a. 太阳能日总集热量，由式（5-5），得：

$$Q_{\mathrm{s}}=c_{\mathrm{w}}m_{\mathrm{w}}(T_{\mathrm{w},t+\tau}-T_{\mathrm{w},t})=4.186\times120\times(55-27.5)=13813.8(\mathrm{kJ})\approx13.81(\mathrm{MJ})$$

b. 单位热水能耗。太阳辐照强度能够满足太阳能热水器制取 55℃生活热水的需要，不需要开启三联供设备，增压水泵仅仅可在室内供热水时使用，故此时耗电量几乎为 0。

图 5-31 是太阳辐照度、集热器瞬时集热量随时间的变化。从图 5-31 中可以看出，秋季晴天瞬时集热量高峰期是在 12：00～13：30，此时太阳辐照度也是最高的，太阳能辐照度和集热器集热量的变化趋势基本一致。

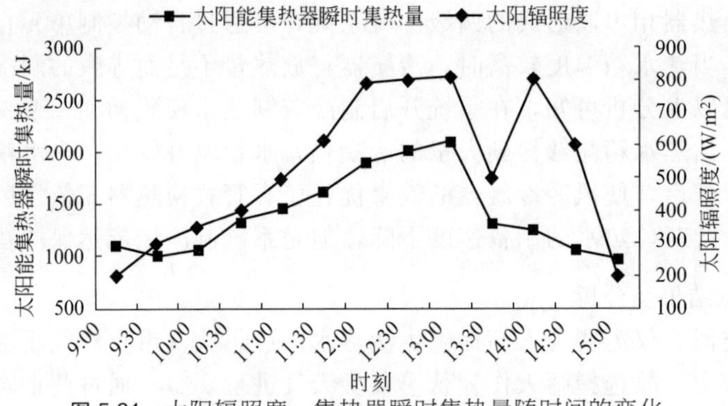

图 5-31 太阳辐照度、集热器瞬时集热量随时间的变化

图 5-32 是三种制热水模式下水箱内水温随时间的变化。从图 5-32 中可以看出，秋季晴天太阳辐照度较高，从 9：00 开始利用太阳能集热，水箱内温度逐渐升高，到 15：30 热水温度可以达到 55℃；多联多供系统制热水较快，仅需大约 30min 就能制备出 55℃的热水且水箱具有很好的保温效果，随时可供日常生活的取用。

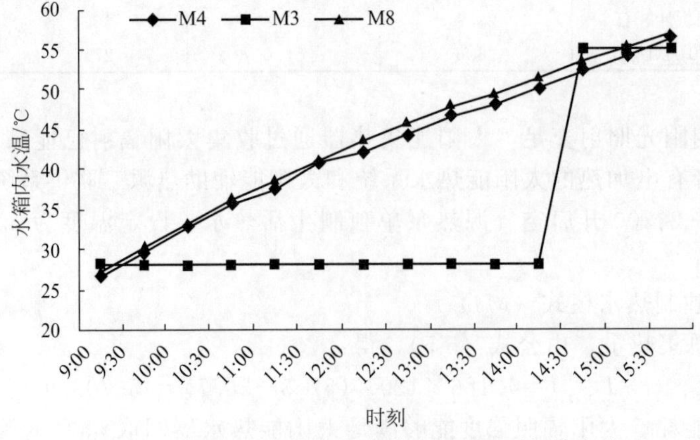

图 5-32 三种制热水模式下水箱内水温随时间的变化

表 5-24 列出了秋季各测试日三联供系统单独制热水时环境参数和系统 COP 值，可以看出，系统 COP 值与环境相对湿度、环境温度、进水温度有关；室外风速风量的变化对 COP 值影响很小。通过对比 10 月 8 日和 10 月 21 日的数据发现，在环境温度和进水温度几乎相同的情况下，相对湿度会影响系统运行的 COP 值，即相对湿度越大，系统 COP 值越高。这是因为相对湿度的增加会导致系统蒸发器表面冷凝水变多，有效湿润面积增加，空气侧和制冷剂侧换热系数增加，影响了蒸发器潜热换热量，使系统性能系数增加。在相对湿度和进水温度差别不大的情况下，环境温度越高，系统 COP 值越高，系统 COP 值为 4.1 左右时可以维持在稳定水平。

⊡ 表 5-24 秋季各测试日三联供系统单独制热水时环境参数和系统 COP 值

日期	环境温度/℃	相对湿度/%	进水温度/℃	风速/(m/s)	COP 值
10 月 2 日	30.2	60.1	27.3	0.36	4.23
10 月 6 日	24.3	57.5	23.9	0.33	4.04
10 月 8 日	28.3	55.3	28.1	0.47	4.13
10 月 15 日	29.7	61.1	27.1	0.54	4.16
10 月 21 日	28.4	63.3	27.9	0.46	4.19
10 月 30 日	25.9	53.9	24.9	0.22	4.08
11 月 3 日	23.6	55.1	23.1	0.65	4.02

（4）冬季测试结果及分析

多联多供系统冬季切换至制热兼制热水模式，通过截止阀的启闭可以利用太阳能集热器所制热水作为系统的低温热源来补充系统运行所需要的部分热量，以此来提高系统的性能，实现冬季尽可能最大限度利用再生能源作为热源来供热的目的。本次实验选取冬季典型晴天天气和极端雨雪天气进行研究，并且对这两种天气系统的运行工况进行了详细分析。

选择日期为 2017 年 12 月 2 日，天气晴朗，室外温度为 14.7～17.3℃。图 5-33 显示了武汉市一天中太阳辐照度的变化及水箱的温升情况，上午 9：00 太阳能集热器开始集热，此时水箱内水温较低，温度上升较快；在中午 12：00 左右，太阳能辐照度最大，此时太阳能集热器瞬时集热量最高，水箱内温升也处于较高水平。随着时间推移，太阳辐照度处于较低水平，温升也变慢；在 14：00 时，水箱内温度为 37.5℃。

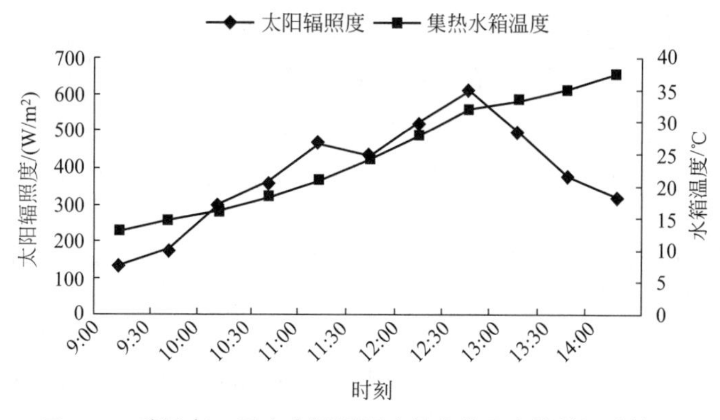

图 5-33 武汉市一天中太阳辐照度的变化及水箱的温升情况

14：00 开启热泵系统，可通过太阳能集热器所得集热量作为室内供热的辅助热源。此时，太阳能集热器所得热量储存在水中且余量充足。由图 5-34 可知，室外温度波动不大，一直处于稳定水平，系统几乎不需要预热就开始运行，室内温度在系统运行后逐渐升高。当系统稳定运行大约 35min 后，室内平均温度维持在 20℃以上，可满足人体舒适度的要求，也达到了冬季室内供暖的温度要求。

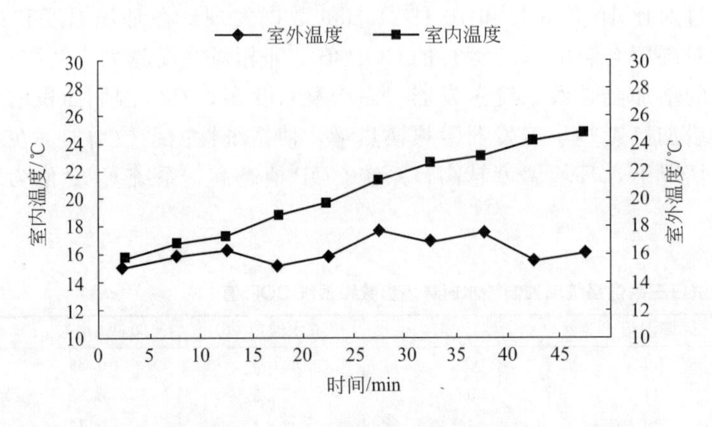

图 5-34 室内外温度随时间的变化

图 5-35 为生活水箱和空调水箱内水温随时间的变化，生活水箱内水温上升较快，很快就达到 35℃，然后平稳上升。在 39min 时，温度到达 55℃。空调水箱由于早上太阳能集热器集热使水温升高，起始温度为 37.5℃，开始时温度上升较慢。这是由于系统开始运行时，生活水箱进水温度低，系统负荷较大，大部分热负荷供给生活水箱升温，后来随着生活水箱温度逐渐升高，系统只需要承担部分热水负荷，其他提供给室内供热，最终空调水箱内水温也能达到设定值 48℃。

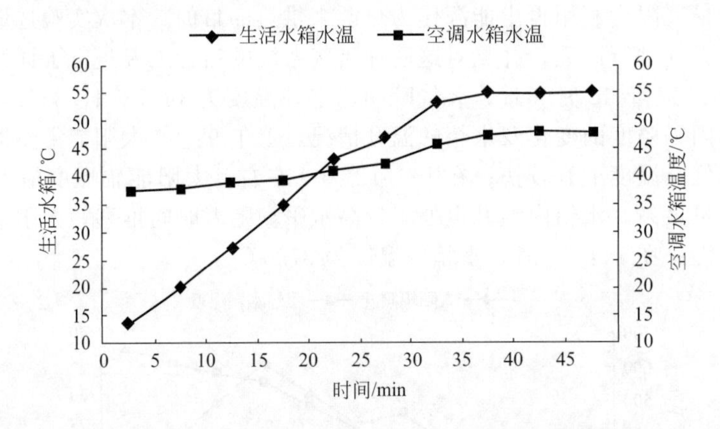

图 5-35 生活水箱和空调水箱内水温随时间的变化

图 5-36 为室内吊装风机盘管进出水温度随时间的变化。从图中可以看出，空调水箱内热水进入风机盘管时热量几乎没有损失，进水温度和空调水箱温度基本相同，都是不断升高，最终进水温度能够保持在设定温度 48℃左右。风机盘管将热量送给室内，出水温度能够稳定在 42.5℃左右。图 5-37 为室内吊装风机盘管进出口干球温度随时间变化曲线，系统刚开机时，进出口温度基本相同，随着系统持续供热，室内温度升高，进出口温度也逐渐升高，进风口温度有波动，可能是由于送出的风与室内温度混合不均匀造成的，但是，总体呈上升趋势且差值能够基本保持稳定。在室内温度达到设定值时，风机盘管入口空气温度维持在 24.3℃，出口空气温度维持在 27℃，系统能够保持稳定的运行状态。

a. 太阳能总集热量，由式（5-5），得：

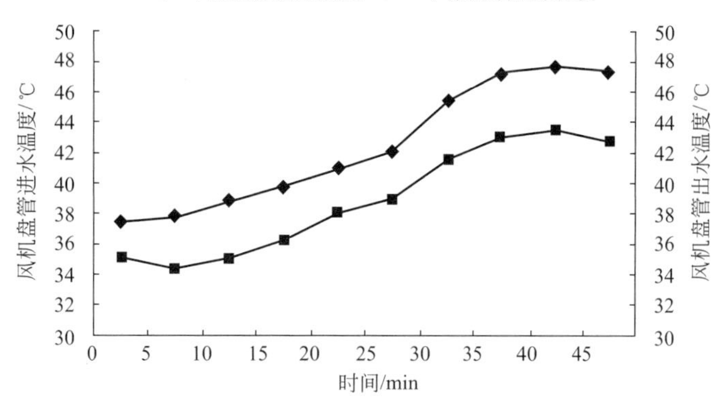

图 5-36　室内吊装风机盘管进出水温度随时间的变化

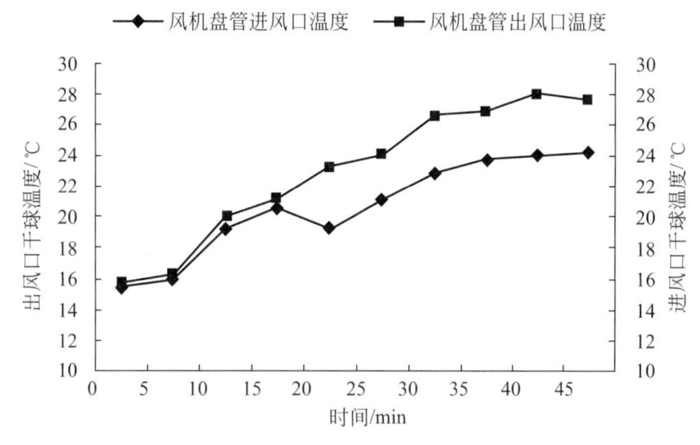

图 5-37　室内吊装风机盘管进出口干球温度随时间变化曲线

$$Q_s = c_w m_w (T_{w,t+\tau} - T_{w,t}) = 4.186 \times 120 \times (37.5 - 13.1) = 12256.61(\mathrm{kJ}) \approx 12.26(\mathrm{MJ})$$

b. 热泵制热水集热量，由式（5-9），得：

$$Q_h = c_w m_w (T_{w,t+\tau} - T_2) = 4.186 \times 120 \times (55 - 13.5) = 20846.28(\mathrm{kJ}) \approx 20.846(\mathrm{MJ})$$

系统在冬季进行制热兼制热水时可以稳定运行，系统运行使生活水箱内水温达到55℃，且可使室内温度升高以满足人们的正常生活需要。通过系统运行所得到的热量和冷量与所消耗能量的比值，由公式（5-12）可以得到系统稳定运行的COP值：

$$\mathrm{COP_{hp}} = \frac{c_w m_w (T_{w,t+\tau} - T_{w,t})}{\int_t^{t+\tau} w_{hp}(\tau)\,\mathrm{d}\tau} = 3.53$$

冬季极端雨雪天气选择日期为2018年1月24日，大雪，室外温度−3～2℃，开启系统为室内供热，同时提供生活热水。图5-38显示了武汉市一天中太阳辐照度的变化及水箱的温升情况。由于下雪，太阳辐照度非常低，太阳能集热器所接收的热量很少，水箱内初始水温为4.5℃，在14：00，水箱内水温只能达到8.9℃。

图5-39为室内外温度随时间的变化。室外温度较低，达到0℃，系统开启后，有5min的时间不运行，此时视为机器响应时间。响应完毕后，系统开始运行，为室内供热，前20min室内温度上升缓慢并且仍处于较低温度；之后温度逐渐上升，系统稳定运行后，大约59min时室内温度能够维持在20℃以上。

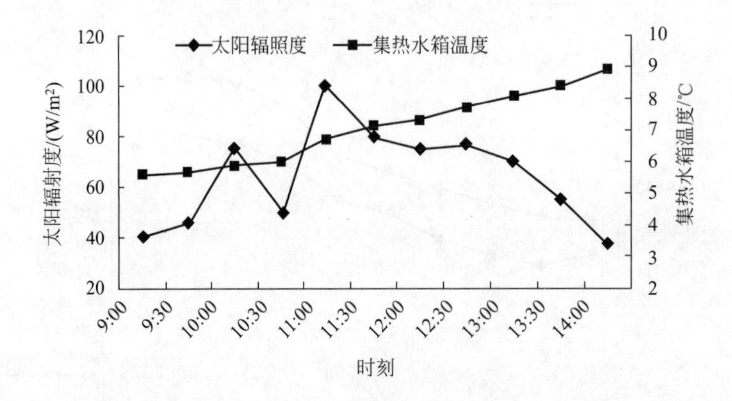

图 5-38　武汉市一天中太阳辐照度的变化及水箱的温升情况

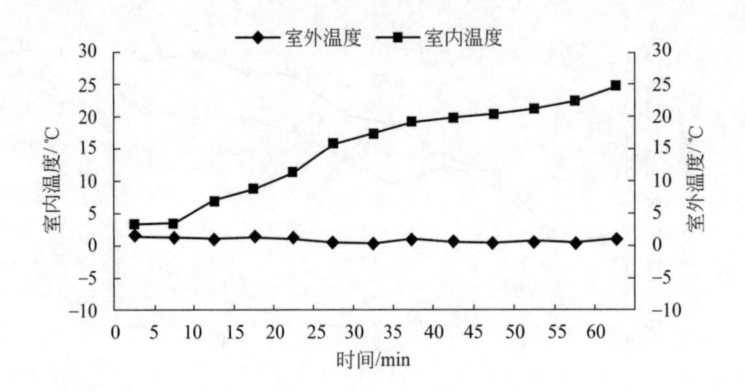

图 5-39　室内外温度随时间的变化

图 5-40 为生活水箱和空调水箱内水温随时间的变化。冬季天气寒冷，水箱进水温度仅为 5.6℃，系统开机后承担热水负荷较大，水箱温度上升较快，45min 后生活水箱温度达到 55℃。但是，空调水箱开始时系统供给热量少，温度上升较慢并且要为室内供热，59min 才能达到设定温度，系统能够稳定运行。

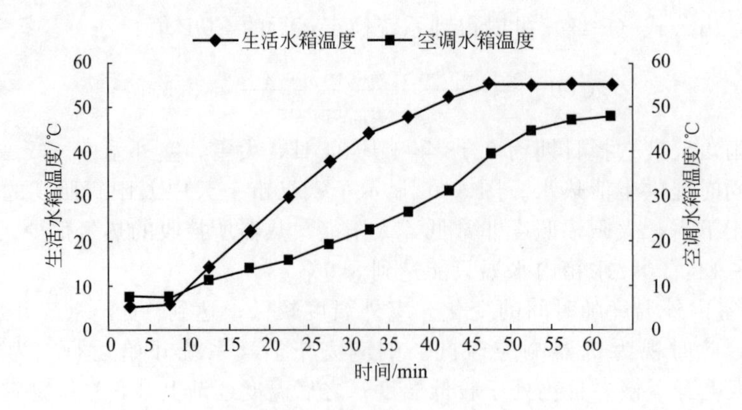

图 5-40　生活水箱和空调水箱内水温随时间的变化

系统在冬季极端天气下进行制热兼制热水时，系统承担负荷较大，使生活水箱内水温达到55℃，且使室内温度满足人们正常生活需要所需时间较长，而且会消耗更多的电能。但是，武汉市极端天气存在天数较短，通过系统运行所得到的热量和冷量与所消耗能量的比值，我们通过计算可以得到系统稳定运行的COP值如下：

$$\mathrm{COP_{hp}}=\frac{c_{\mathrm{w}}m_{\mathrm{w}}(T_{\mathrm{w},t+\tau}-T_{\mathrm{w},t})}{\int_t^{t+\tau}w_{\mathrm{hp}}(\tau)\mathrm{d}\tau}=2.95$$

5.3.4 系统的效益分析

目前国内市场上可为人们提供制冷、制热和制热水的设备有很多种。夏季制冷普遍以空气源热泵为主，冬季制热有燃油锅炉、燃气锅炉、电锅炉、蒸汽锅炉等，制热水有电加热、太阳能热水器、燃气热水器等。本节综合分析基于太阳能利用的风冷热泵三联供系统的节能效益、经济效益和环保效益，为将来在武汉市的居住建筑制冷、供暖、制热水一体化提供一定的技术支持。

（1）节能效益分析

该系统是将空调和热水器功能合二为一，同时利用清洁的再生能源太阳能，实现制热、制冷和制热水的功能，不但减少了设备初期的投资，而且可以回收空调的冷凝热来制取生活热水。在太阳能充足时，不需要消耗电能就可以为用户提供生活热水。通过第4章的实验研究，系统能够稳定运行且COP值能够稳定在3.5左右，有效地提高了能源的利用率，节省了电能。

由《中国建筑热环境分析专用气象数据集》可得出武汉市典型气象年逐时参数，图5-41即为武汉市水平面上的月总辐射量。

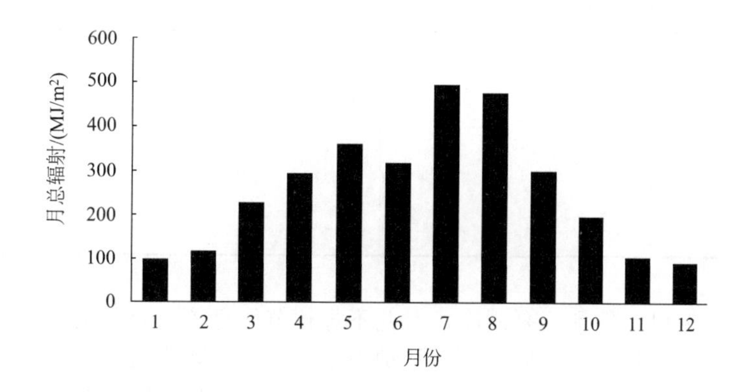

图5-41　武汉市水平面上的月总辐射量

由于每月不同日期太阳辐射量不同，为使数据更加符合实际，由图5-41通过计算可以得到各月日平均辐射量。通过查阅湖北省气象局的相关气象数据以及相关的气象资料，可整理出武汉市一年时间内各月非晴天（即阴雨天气）和晴天天气的日数。根据每月每日的太阳辐射量，再区分阴雨天气和晴天天气，分别计算出每月每日的太阳能单元集热量，再将该月所有天数太阳能集热量加和，得到该月的总太阳能单元集热量，汇总如表5-25所示。

⊡ 表 5-25　武汉市水平面上各月日平均辐射量

月份	各月日平均辐射/[MJ/(m^2·d)]	阴雨天数	晴天数	总太阳能单元集热量/MJ
1	3.03	18	13	237.79
2	4.61	21	7	148.96
3	7.53	17	14	251.67
4	9.44	14	16	277.58
5	11.26	8	23	376.59
6	10.89	9	21	346.98
7	16.11	5	26	418.23
8	15.13	6	25	404.35
9	10.32	11	19	319.22
10	6.73	13	18	291.46
11	3.77	14	16	277.58
12	2.98	20	11	210.03

一年中夏季需热量较低，冬季较高，太阳能单元集热量在夏季高于冬季。在过渡季节，太阳能优先运行制取生活热水，晴天天气几乎不消耗电能，更加节能环保。由于 1MJ≈0.28kW·h，通过太阳能集热量与电能换算，一年此系统能够节电 996.9kW·h，1kW·h 电，相当于标准煤的质量为 123.03g，故系统一年能够节省约 122650g 的标准煤。

表 5-26 为一年 365 天所需开启热泵天数。结合表 5-25 和表 5-26 可以看出，武汉市一年四季晴天数较多，日照比较丰富，在 5～10 月期间不需要为室内提供热量和冷量，由太阳能热水器就能提供充足热水供用户使用，这期间开启系统时间较少，耗能较少。1～4 月和 11 月、12 月几乎需要全月开启热泵，此时耗能较多。全年范围内考虑能耗，主要集中在冬、夏两季。

⊡ 表 5-26　一年 365 天所需开启热泵天数

月份	天数	月份	天数
1	31	7	5
2	28	8	6
3	17	9	11
4	14	10	13
5	8	11	30
6	9	12	31

武汉市夏季普遍以空气源热泵制冷，对此不进行节能比较；而冬季供暖是能源消耗的高峰，武汉市没有集中供暖，通常以燃气壁挂炉为主，具有显著代表性。以武汉市某住宅用户为例，选取用户建筑面积为 140m^2，将一个采暖期选为 90 天，利用 DeST 负荷软件对该用户一个采暖期的热负荷进行模拟，经过计算得到整个采暖期需要提供的热量约为 1.5×10^4MJ。燃气壁挂炉消耗的是天然气，而热泵系统以电能为能源，为了方便比较两种不同采暖方式的运行能耗，可将各能量转化为等价标煤。

目前由许多燃气壁挂炉厂家给出的产品资料显示，其产品效率可达到 80%甚至 90%；而在实际使用的过程中却明显感觉到供暖效率偏低，考虑到实际运行过程中难免出现偏离理想的状态以及设备在部分条件下运行效率偏低等情况，燃气壁挂炉热效率取 0.8；而通过第 4 章实验得知此热泵系统的 COP 值保持在 3.0 以上，考虑到热泵系统随室外温度的降低导致制热性能衰减等因素，热泵的热效率取为 2.6。根据一个采暖期所需要的热量计算出燃气壁挂炉和热泵系统的年运行能耗并进行比较，如表 5-27 所示。

⊡ 表 5-27　两种方案的运行能耗比较

采暖方式	能源种类	一个采暖期总运行能耗	一个采暖期单位面积能耗	当量标煤/tce	等价标煤/tce[①]
燃气壁挂炉＋地板采暖	天然气	1313.8m^3	9.4m^3/m^2	1.64	1.64
三联供系统＋风机盘管	电能	4006.4kW·h	28.6kW·h/m^2	0.49	1.44

① 按照《综合能耗计算通则》(GB/T 2589—2008)规定，对于煤当量可采用"吨标准煤"，用符号 tce 表示。

由表 5-27 可以看出，无论换算成等价标煤，还是当量标煤，三联供系统在一个采暖期内的运行能耗要比燃气壁挂炉少。换算成等价标煤时，系统运行要节省 0.2tce，并且随着技术的发展以及空气源热泵利用的高效性，其节能效果会越来越明显。

（2）经济效益分析

① 经济效益评价方法　再生能源多联多供系统可产生冷热水来满足用户制热、制冷和热水的需求，评价经济效益的方法有许多种，如综合热价法、静态回收投资期、动态投资回收期、动态费用年值法等。

综合热价法是指在有限的使用期限内初投资和使用费用的总和值与在此期间内所提供能量总和的比值。对于此类系统，在使用期限内的资金投入主要分为两部分：a. 初投资，设备安装所需要的费用；b. 运行和管理费用，设备运行消耗电能和后期人工管理费用。

静态投资回收期是指不考虑资金的时间价值时收回资金所需要的时间，一般是系统运行年节省费用和初投资的比值。静态投资回收期对于更新较快的项目来说，也可以在一定程度看出项目的资金回收能力，且计算起来比较简单。但是，其缺点也显而易见，不能对投资回收期以后的收益进行分析，对于整个项目的总寿命周期和获利能力也无法确定。

动态投资回收期是把投资项目各年的净现金流量按照基准收益率折成现值之后，再来推算投资回收期，是考虑资金的时间价值时收回初始投资所需的时间，这是它与静态回收期的根本区别。

动态费用年值法是指将系统初投资按资金的时间价值折算为年值后，与年运行费用相加得到的费用年值。此方案的优点是充分考虑了初投资和运行费用两大因素，计算结果也更加客观和科学。因此，对于经济效益的分析采用动态费用年值法。

动态费用年值的计算公式如下：

$$Z_d=\frac{i(1+i)^n}{(1+i)^n-1}K+C \tag{5-13}$$

式中　Z_d——按动态法计算的年计算费用，元/a；

i——贷款利率或采用部门的标准内部收益率，取 8%；

K——设备总投资额，元；

C——年运行费用，元；

n——设备使用寿命年限，年。

分析系统经济性时，考虑的第一个因素就是设备的初期投资。当设备安装运行之后，还要考虑设备的运行及维护费用，然后根据以上公式计算出年费用，最后以年费用作为基准进行分析、比较。系统的初期投资包括设备的购买费用、设备安装费用、人工费以及其他费用。系统的运行及维护费用主要包括系统的能源价格、维护费用和设备折旧费等，能源价格为本地区的商用能源价格，维护费用按设备初投资的 2%计算，折旧费计算公式为：折旧费＝固定资产×(1－预计净残值率) /设备寿命，预计净残值率取 4%。

② 系统经济效益分析

a. 初投资的费用计算。在本节所采用的再生能源多联多供系统中，初始投资费用包括：

热泵机组费用、太阳能集热器费用、土建材料费用、室内风机盘管费用、设备安装费用、管道和阀门费用、人工费。

热泵机组费用：本次实验选用的是进行改装的热泵机组，压缩机和蒸发器等为原装部件，花费 1.6 万元，水箱和水泵等属于改良选择，地暖空调水箱 HDFQ3818-60 和生活热水箱 HDFQ4818-120 售价分别为 1400 元和 2000 元。机组内部循环水泵选用 GREENPROS 系列，水泵共花费 460 元，外加厂商改装费用以及面板的改良费用，热泵机组共花费 2.2 万元。

太阳能集热器费用：太阳能集热器选用全玻璃真空管集热器，附带电加热，型号为 Q-B-J-1-170/2.84/0.05，带自动控制上水功能，花费 1400 元。

土建材料费用：实验测试房间为学校一间普通搭建的测试小室，几何尺寸为 3.0m×3.0m×3.0m（长×宽×高），以轻钢为骨架，内外两侧为 5mm 彩钢，中间夹层为 50mm 聚苯乙烯，房间布置一扇门和一扇窗。此测试小室属于原本存在的，故不计入成本。

室内风机盘管费用：风机盘管选用普通型号 FP-34，单价为 460 元。

设备安装费用：所购买的设备由厂家统一发货，免费运送安装。如果通过一般渠道安装，则要花费 500 元左右。

管道和阀门费用：由于要利用 PPR 管作为流体运送的通道，管道要按照设计布置，故要自行采购 S32 系列 PPR 稳态管，规格为 2m/根。每根稳态管 27.5 元，采购 25 根，花费 687.5 元。阀门选用普通的截止阀，单价为 15 元/个，采购 15 个，花费 225 元。

人工费：管道之间可采用热熔连接，购买热熔器花费 80 元，连接简单，故可自行安装和布置，除去一些必备工具的购买，几乎无花费。

总费用约为 2.6 万元。

b. 年运行费用计算。年运行费用包括电费和维修费。

系统一年四季均有不同的作用：夏季制冷，过渡季节制热水，冬季供暖。但是，系统每天运行大约为 8h，且在假期及休息日均不运行，设备采用统一电表测量其耗电量，经过分析和计算，系统一年耗电量为 5920kW·h，根据武汉市居民用电标准计费［平均 8：00～22：00，0.5853 元/(kW·h)；谷段 22：00～8：00，0.4153 元/(kW·h)］，以 0.5853 元/(kW·h) 进行计算，因此系统运行电费为 3465.97 元。

本系统维修费率取 1.5%，维修费=初始投资总费用（26000 元）×维修费率（1.5%）=390 元。

c. 费用年值计算。本系统采用太阳能和空气源热泵相结合的形式为室内制冷、制热、制热水，利用了可再生能源，其中空气源热泵机组使用年限约为 25 年，而真空管太阳能集热器由于真空管和内胆保温层的问题，寿命一般为 5～8 年；综合考虑，本系统设计的使用寿命取 15 年。

表 5-28 中列出几种常见设备的运行参数，通过对以上数据分析整理，结合年值费用公式（5-15）计算出各个方案的年值费用，通过对比、分析，电加热锅炉的动态年值费用最高为 0.3673 万元，而三联供系统的动态年值费用为 0.2553 万元，所以相比较而言，三联供系统经济性最好。

⊡ 表 5-28 几种常见设备的运行参数

供热方式	能源种类	初始投资/万元	能源单价	使用寿命/年	年运行费用/万元
燃油锅炉	轻柴油	1.25	5.65 元/kg	10	0.2215

续表

供热方式	能源种类	初始投资/万元	能源单价	使用寿命/年	年运行费用/万元
燃气锅炉	天然气	1.2	2.8 元/m^2	10	0.1952
	液化气	1.2	5.67 元/kg		
电加热锅炉	电能	1.2	0.945 元/(kW·h)	10	0.2845
电辅式太阳能热水器	电能	1.5	0.945 元/(kW·h)	15	0.2836
空气源热泵	电能	1.8	0.945 元/(kW·h)	15	0.2187
基于太阳能利用的风冷热泵三联供系统	电能	2.6	0.945 元/(kW·h)	15	0.3469

（3）环保效益分析

① 环境污染　中国近几年环境问题日益突出，环境保护不是一个独立的问题，它是政治、经济、社会的综合性问题，这个问题可能要比其他问题的解决还要麻烦。解决这个问题，对于社会发展程度的要求较高。但是，只要坚持探索，不断探究节能环保的途径，一定会把污染降下来。

② CO_2 减排量　通过分析中国气象局信息中心 1965～2015 年的气象数据，武汉市平均气温明显呈上升趋势，如图 5-42 所示，每 10 年气温增长率为 0.35℃，并且 20 世纪 90 年代之后温度升高尤为明显。

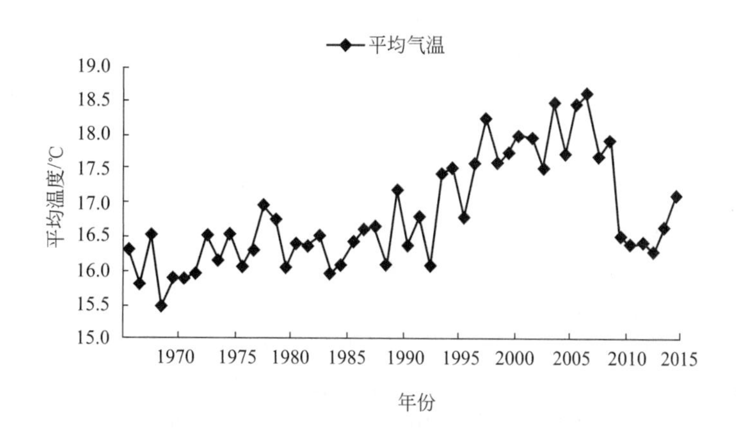

图 5-42　1965～2015 年武汉市平均气温年际变化曲线

温室效应（greenhouse effect）是指由于环境污染引起的地球表面变热现象。煤炭、天然气和石油等是当今社会的主要能源，现代化工业社会发展需要燃烧大量此类燃料，这些燃料放出大量 CO_2 进入大气造成温室效应。评价某个系统的环保效益主要是看其 CO_2 减排量的多少。本系统 CO_2 的减排量为因节省常规能源而减少的 CO_2 排放量。CO_2 减排量公式如下所示：

$$Q_{CO_2}=\frac{Q_{SAVE}\times n}{W\times Eff}\times F_{CO_2}\times\frac{44}{12} \tag{5-14}$$

式中　Q_{CO_2}——系统寿命周期内 CO_2 的减排量，kg；

Q_{SAVE}——系统年节能量，MJ；

W——标准煤热值，29.308 MJ/kg；

Eff——各能源热水加热装置的效率；

n——系统寿命；

F_{CO_2}——碳排放因子，如表 5-29 所示。

⊡ 表 5-29 碳排放因子

能源	煤	石油	天然气	电
碳排放因子/（kg 碳/kg 标准煤）	0.726	0.543	0.404	0.866

基于太阳能利用的风冷热泵三联供技术的年节能量为 3560.44MJ，系统寿命 n 取 15 年，电能的碳排放因子F_{CO_2} 取 0.866。通过上式计算得到 CO_2 减排量为 5.35t，这仅是每户所减排的量，若所有用户环保意识都得到大幅度提高，CO_2 减排量将是一个庞大的数值，在全球变暖的大环境下，将具有很好的环保效益。

5.4 本章小结

本章提出了一种基于太阳能利用的风冷热泵三联供系统。该系统包括夏季制冷制热水、过渡季节单独制热水、冬季单独制热、冬季制热兼制热水等多种运行模式。对其原理及结构进行了阐释和分析，针对武汉市典型夏热冬冷的气候特点构建其设备，搭建实验平台，同时针对此系统设计了一套控制系统，能够较方便地控制，并且对一年中的春、夏、秋、冬四季进行了运行研究，测试了机器运行性能，主要研究工作及结论如下：

① 武汉市太阳能资源丰富，全年平均日照数约为 1939.9h，春季、夏季、秋季、冬季平均日照时数平均值分别为 456.1h、657.3h、480.1h、346.4h，且处于下降趋势。在考虑了全年使用太阳能的情况下，集热器最佳倾角为 20°。如果实际情况限制最佳倾角的安装，集热器安装倾角不宜超过 30°。

② 在武汉市，5～8 月晴天天气占大部分，此时系统仅仅运行太阳能单元就可以满足用户热水的需要，其他时间则需要开启热泵系统才能满足用户的需求。在夏季制冷、制热水模式运行时，系统回收利用冷凝热，制冷平均 COP 值约为 2.61，制热水平均 COP 值为 3.53，系统的综合 COP 值达到 6.0 以上。春、秋季节单独制热水模式平均 COP 值为 4.0，冬季制热制热水模式平均 COP 值为 3.51；极端雨雪天气，室外温度在 0℃以下，系统响应时间长，平均 COP 值在 3.0 左右，需要 59min 才能满足用户需求。

③ 针对系统的节能效益、经济效益和环保效益对系统的可行性进行了分析。在节能性方面，系统利用太阳能制取热水和作为热泵的低温热源，一年能够节电 996.9kW·h，相当于系统一年能够节省约 122650g 的标准煤，且相比于武汉市，燃气壁挂炉要更加节能。在经济性方面，通过动态费用年值法计算，本系统的动态年值费用为 0.2553 万元，所以相比较而言，本系统经济性最好。在环保性方面，武汉市各个季节气温逐渐上升，春、夏、秋、冬四季气温增长率分别为 0.47℃/10a、0.35℃/10a、0.39℃/10a、0.18℃/10a；通过计算，CO_2 减排量为 5.35t，若所有用户环保意识都得到大幅度提高，CO_2 减排量将是一个庞大的数值，在全球变暖的大环境下，将具有很好的环保效益。

第6章

辐射供暖技术

6.1 辐射冷热墙系统

6.1.1 辐射冷热墙系统及设计

（1）辐射冷热墙方案的提出

在冬季，当采用辐射供暖时，相对温度较高的表面向其他表面辐射热量，即便是辐射面的表面温度往往也要低于室内人员的表面温度，依然是人体表面向房间内围护结构的各个表面辐射热量。相对于不供暖的房间，低温辐射供暖房间内表面温度较高，人体辐射散热量会大大减小，也就能维持人体热舒适要求的正常热平衡。在夏季，使用辐射供冷时，其辐射换热的机理和使用辐射供暖时的特点相同，只是辐射波传播方向相反。对于处于室内的人员，室内围护结构内表面温度的降低更加有利于人体向四周围护结构辐射出更多热量，从而加大人体辐射散热量，减少蒸发散热量，提高室内人体的舒适程度。辐射供暖应用广泛，得益于以下几个优点：

① 节能。以地板辐射为例，相对于传统采暖的形式，辐射供暖系统水介质所需的供水温度低，使得无论是获得热水还是输送热水的耗能都较少。由于主要依靠的是辐射传热形式，室内作用温度要略高于使用散热等其他采暖形式时的温度，可以节省一部分耗能。同时，由于水介质所需的供水温度较低，使用热泵、太阳能、地热及其他低品位热能也能节省一部分耗能。

② 舒适性强。辐射传热的形式使得室内平均辐射温度升高，人体辐射散热量比以往大大减少，从而增强了人体舒适感；而且，辐射传热使得室温高于使用散热器等形式的采暖，使室内空气不会变得很干燥。

③ 易于实现“分户计量、分室调节”。节省了室内空间，安装、敷设方便灵活。

辐射供冷的优点如下：

① 节能。相对于传统用电驱动的空调系统，辐射供冷的形式能够节能28%～40%。

② 舒适性强。辐射供冷使得夏季建筑的围护结构表面温度较低，加大了人体辐射散热量，从而提高了舒适性。

③ 转移峰值耗电，提高电网效率。根据美国学者的研究表明，辐射供冷的峰值耗电量约为全空气系统的27%，一定程度上能缓解高峰时段空调用电的集中情况，特别是对于存

在峰谷电价的地区，顶板或地板辐射供冷系统有比较强的蓄冷作用，能节省运行费用。

④ 提高节能性，减少环境污染。辐射供冷能利用众多自然冷源。

⑤ 有利于系统形式和布置方式的优化。

另外，辐射供暖供冷具有一种“自调节”功能。以夏季为例，夏季日照辐射量较大时，室内辐射负荷增加，地板或者室内墙壁内表面温度升高，尤其当房间没有设置外遮阳的窗户或者使用玻璃幕墙时，房间墙壁内表面升温更大，从而可大幅提高冷顶板或冷地面与房间围护结构其余面的辐射换热量。

辐射供冷也有明显缺点，如当辐射面的表面温度低于空气的露点温度时，会产生结露现象，对室内卫生有很大影响。在潮湿地区，只能尽量关闭门窗以防止室外空气进入，产生结露，但这样却影响自然通风效果，降低室内空气品质。再者，辐射供冷的形式导致室内空气流速很低，容易使人感觉到闷热，降低室内舒适性。

为了克服辐射供冷的主要缺点，可将辐射供冷结合其他送风形式使用。例如以辐射供冷＋置换通风的形式，将室外新风除湿后送入室内，既降低室内空气湿度，还能满足室内对于新风的需求，能有效避免结露现象。

由于地板辐射供暖技术发展已经较为成熟，且应用也十分广泛；而对于在墙壁内或壁面铺设管路构成竖直辐射面的辐射供暖方式很少应用，参照地板辐射供暖系统以及顶板供暖/供冷系统较为成熟的技术，本章提出设计一种在墙体内表面敷设盘管和模块化导热材料形成的辐射冷热墙系统，并对这种竖向辐射面的供暖特性展开实验研究。

（2）室内外设计参数

① 平均辐射温度与作用温度　一般的空调采暖系统室内设计温度采用的是空气干球温度，因为这种空调采暖方式的传热形式为对流传热；而对于辐射供暖/供冷系统来说，使用室内空气干球温度来评价室内舒适性不够准确。因此，引入平均辐射温度与作用温度概念。

平均辐射温度定义为：假设在一个绝热黑体表面构成的封闭空间里，人体与周围辐射换热量与在一个实际房间里的辐射换热量一样，则这一黑体封闭空间的表面平均温度称为实际房间的平均辐射温度。通过辐射强度的计算可以直接得到平均辐射温度，但这种计算比较烦琐，在实际工程应用中，一般近似认为平均辐射温度就等于围护结构内表面平均温度。围护结构内表面平均温度采用面积加权平均温度，其计算公式为：

$$\bar{t}_r=\frac{\sum A_i t_i}{\sum A_i} \tag{6-1}$$

式中　$\bar{t}_r$——平均辐射温度，℃；

A_i——i 的表面积，m^2；

t_i——i 表面温度，℃。

若室内作用温度已经确定，平均辐射温度也可以按以下公式计算：

$$\bar{t}_r=t_a+\frac{h(t_o-t_a)}{h_r} \tag{6-2}$$

式中　t_a——室内空气温度，℃；

t_o——作用温度，℃；

h——空气与围护结构内表面间的总表面传热系数，W/（m^2・℃）；

h_r——辐射传热系数，W/（m^2・℃）。

h_r 可按下面公式计算：

$$h_r = 4\sigma f_{eff}\left(\frac{\bar{t}_r + t_a}{2} + 273\right)^3 \tag{6-3}$$

式中　σ——斯蒂芬-玻尔兹曼常数，σ 取 5.67×10^{-8} W/（$m^2\cdot K^4$）；

f_{eff}——辐射传热时的人体表面积有效系数，一般取值为 0.71。

作用温度定义为：假设在一个由表面温度相同的绝热黑体表面构成的封闭空间里，人体与周围的辐射对流换热量之和与在一个实际房间里的换热量一样，则这个黑体封闭空间的表面温度称为实际房间的作用温度。作用温度是考虑平均辐射温度与室内空气综合作用而引入的参数，其计算公式为：

$$t_o = \frac{h_r\bar{t}_r + h_c t_a}{h_r + h_c} \tag{6-4}$$

式中，h_c 为表面传热系数，W/（$m^2\cdot$℃）。

表面传热系数h_c 可由经验公式计算：

$$h_c = 8.5v^{0.5} \tag{6-5}$$

式中，v 为空气流速，m/s。

当室内空气流速小于 0.2m/s 时，平均辐射温度和空气室内温度的差异将小于 4K，作用温度可认为等于平均辐射温度和室内空气温度的平均值，即作用温度可表示为：

$$t_o = \frac{1}{2}(t_a + \bar{t}_r) \tag{6-6}$$

由上述公式可知，室内空气温度和平均辐射温度对于室内热舒适的影响是同等重要的。

② 室内设计参数　参照《民用建筑供暖通风与空气调节设计规范》（GB 50736—2012）标准中规定的冬季供暖室内设计参数，如表 6-1 所示，在确定室内设计温度时，可选取室内设计温度比常规供暖系统温度低 1～2℃；或者选取整个辐射供暖系统的供热量为常规供暖系统供热量的 90%～95%。表 6-2 给出了辐射供暖、供冷时室内参数推荐值。

表 6-1　冬季供暖室内设计参数

使用类别	设计温度/℃	使用类别	设计温度/℃
民用建筑主要房间	16～20	办公用室	16～18
浴室	25	食堂	14
更衣室	23	盥洗室、厕所	12
托儿所、幼儿园、医务室	20		

表 6-2　辐射供暖、供冷时室内参数推荐值

采暖、供冷方式	空气温度/℃	作用温度/℃	相对湿度/%
地板、顶板供暖	16～18	16	—
地板、顶板供冷	26～28	26	50

参照表 6-2，结合实际情况，选取设计系统冬季工况室内作用温度为 16℃，夏季工况室内作用温度 26℃，相对湿度 50%。

③ 室外设计参数　辐射供暖系统室外设计参数的选取按我国暖通空调规范的规定，冬季采暖室外计算温度采用历年平均、每年不保证 5 天的日平均温度；夏季空调室外计算干球温度采用历年平均、每年不保证 50h 的干球温度；夏季空调室外计算湿球温度采用历年平均、每年不保证 50h 的湿球温度；夏季空调室外计算日平均温度采用历年平均、不保证 5 天的日平均温度。武汉市冬、夏季空调室外设计参数如表 6-3 所示。

⊡ 表 6-3　武汉市冬、夏季空调室外设计参数

城市	冬季采暖室外计算温度/℃	夏季空调日平均温度/℃	夏季空调干球温度/℃	夏季空调湿球温度/℃	计算日较差/℃
武汉	−2	31.9	35.2	28.2	6.3

（3）负荷计算

运用模拟软件对实验房间进行全年动态负荷模拟，模拟结果如表 6-4 所示。

⊡ 表 6-4　全年动态负荷模拟结果

房间面积/m²	设计日热负荷/(W/m²)	采暖季累计/(kW·h/m²)	采暖季平均负荷/(W/m²)	设计日冷负荷/(W/m²)	空调季累计/(kW·h/m²)	空调季平均负荷/(W/m²)
28.08	45.15	43.40	14.94	73.36	51.97	23.79

实验房间设计日热负荷指标为 $45.15W/m^2$，设计日冷负荷指标为 $73.36W/m^2$，设计使用一套共用管路系统，通过改变水介质供水温度及流量调节，能够实现辐射冷热墙系统冬、夏季不同工况的运行。

（4）管路系统的设计

① 管路铺设形式　常规的水媒（或水介质）地板供暖系统包括热源、分水器、集水器、供暖管路系统、水泵、定压装置等，其中供暖管路系统应用最为普遍的发热体是水管。供暖管路系统的布管方式主要有以下几种形式，如图 6-1 所示。

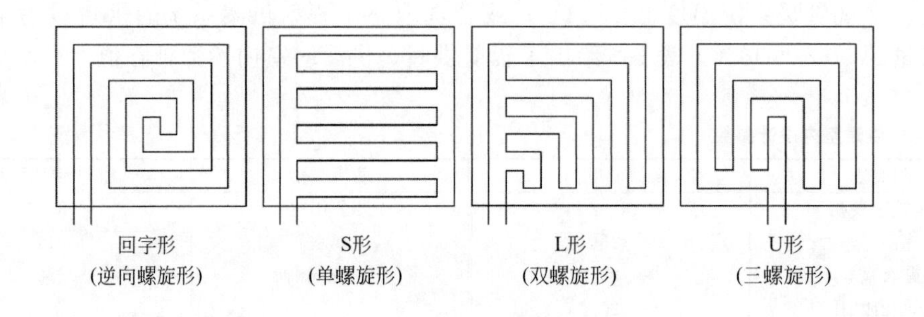

图 6-1　供暖管路系统的布管方式

由于实验房间为非节能建筑，其围护结构并没有很好的保温措施，房间结构简单，为长方形结构，选择在一面外墙上铺设水媒盘管及模块化导热材料。考虑冷热墙为竖直辐射面，管路系统采用简单的 S 形（单螺旋形）布管方式，水流方向采取下供上回的方式。管路下方水温高于上方管路，会使冷热墙下半部分辐射温度高于上半部分，被加热的空气也会向上运动，从而使房间内空气温度更加均匀，热舒适性更好。

② 管路系统构造　常规地板辐射采暖系统的管路系统主要由发热体、保温层（防潮层）、填料层等部分构成。图 6-2 是典型的地板辐射采暖结构示意，在底部铺设保温层以确保水管内热量向上传导，从而减小热损失。保温绝热材料应具有轻质、高热阻、低吸湿率、防腐、阻燃等特性。

当保温材料中存在水分时，保温材料内毛细孔中的水分加强了传热，从而降低了保温效果。因此，需要在保温层的高温侧做一层防潮层，大大减少了保温层内的水汽向低温侧传播

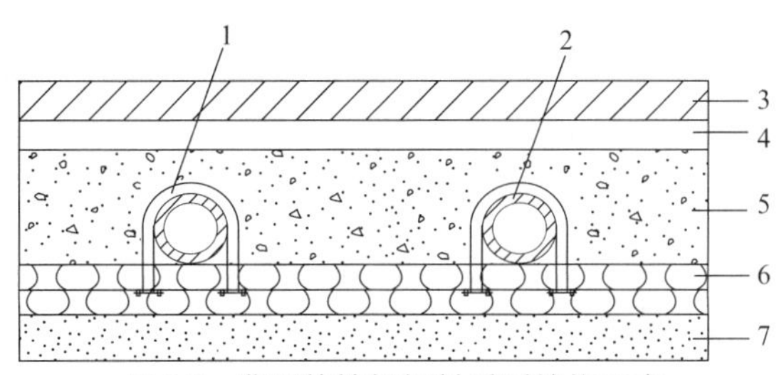

图6-2 典型的地板辐射采暖结构示意

1—塑料卡钉；2—盘管；3—地面层；4—找平层 ；5—混凝土层；6—保温层；7—结构层

带走的热量，进一步减小热损失。填料层在起保护水管作用的同时，还能兼顾热传导和蓄热功效，使水管内的热量均匀地传导至辐射面的表面。填料层应尽量选择蓄热能力强且有一定抗压强度的材料。为了防止填料层断裂，一般在填料层中间加入一层钢丝网，钢丝网直径取3～4mm时就能起到良好的效果。

实验设计的辐射冷热墙结构如图6-3所示。其构造与常规地板辐射采暖系统的构造近似，可在所选内墙的内表面直接铺上一环保模块导热结构。这种模块结构包含保温层和导热层，导热层中预留的铺管间距为200mm。保温层为30mm厚的聚苯乙烯泡沫挤塑板，其保温层能最大限度地减少向墙壁侧传热的热量损失；而导热层为3mm厚的纳米热超导材料，导热层使管壁传递的热量单向传递，进一步减少向低温侧传热的热量损失，其导热速率很大，使得导热层表面温度上升快且更加均匀；纳米热超导材料的主要成分是碳晶硅（即碳化硅），同时加入了75%的活性炭，使其具有环保特性。最后，在铺设的模块结构外粉刷水泥砂浆以及乳胶漆腻子，形成最终辐射冷热墙的辐射面。

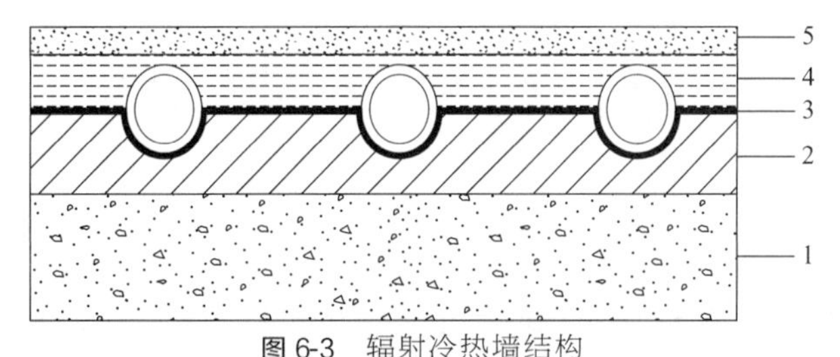

图6-3 辐射冷热墙结构

1—原有墙体；2—铺设的保温层；3—纳米热超导材料；4—水泥砂浆；5—乳胶漆腻子

③ 管路管材的选取 辐射供暖/供冷系统中常见的管材有交联聚乙烯（PE-X）管、交联铝塑复合（XPAP）管、聚丁烯（PB）管、无规共聚聚丙烯（PP-R）管以及耐高温非交联聚乙烯（PE-RT）管。

PE-X管低温柔韧性好，抗应力开裂性、抗蠕变性强，耐热性好，作为地暖加热管应用较为普遍。其缺点是管材废料不能回收，用铜管件连接，长期使用时容易漏水。

XPAP管不透氧，抗外压强度高，但其5层结构导致在施工中弯曲时容易使焊缝脱开，受外界干扰瞬间高温出现时，容易脱层。

PB管性能稳定，具有耐寒、耐热、耐压、耐老化等优点，但其热导率较低，且价格相对较高。

PP-R管耐高温性能较好，原料可回收，可焊性好。其缺点为冷脆性、抗蠕变能力差，管壁较厚，施工中弯曲困难。

PE-RT管不需要交联，管材可以回收利用，具有良好的韧性，耐应力开裂性能，耐低温冲击以及出色的长期耐水压性能和耐热蠕变性能。其可以热熔连接，施工时弯曲不必预热。

综上所述，PE-RT 管优良的综合性能，相对较低的价格以及可回收利用等特性，是辐射冷热墙系统中水媒盘管管材最合适的选择。辐射冷热墙系统设计可选用 *DN*20 的 PE-TR 管，其内径为 16mm。

（5）辐射冷热墙系统工况估算

① 冬季供暖工况估算　辐射冷热墙管路的铺设形式类似于地板辐射供暖形式，其冬季供暖工况供热量先按地板辐射采暖系统供热量表格进行估算。

常规地板辐射供暖系统热量会分别向上和向下传导，在保温层的作用下，使绝大多数热量向上传导，即向地表面传导的部分为有效供热量。表 6-5 给出了不同表面热阻、管间距条件下地板采暖系统向上和向下的供热量。表 6-6 给出了管底不同保温层厚度时向上、向下的散热量占总发热量的百分比。表 6-7 为保温材料热阻按聚苯乙烯泡沫塑料热阻值计算时地板向房间的有效散热量。

表 6-5　不同表面热阻、管间距条件下地板采暖系统向上和向下的供热量　　单位：W/m^2

地板表面热阻 /($m^2\cdot K/W$)			0.00	0.01	0.02	0.03	0.04	0.05	0.08	0.10	0.13	0.15
排管间距/cm	40	总量	4.20	4.06	3.94	3.82	3.71	3.61	3.34	3.19	2.99	2.88
		向上	3.78	3.63	3.49	3.36	3.24	3.13	2.83	2.67	2.45	2.32
		向下	0.42	0.43	0.45	0.46	0.47	0.48	0.51	0.52	0.54	0.56
	30	总量	5.08	4.88	4.69	4.53	4.38	4.24	3.88	3.68	3.42	3.27
		向上	4.57	4.36	4.16	3.99	3.83	3.68	3.29	3.08	2.80	2.64
		向下	0.51	0.52	0.53	0.54	0.55	0.56	0.59	0.60	0.62	0.63
	20	总量	6.20	5.91	5.65	5.40	5.20	5.00	4.49	4.26	3.90	3.71
		向上	5.58	5.28	5.01	4.75	4.54	4.33	3.81	3.56	3.19	2.99
		向下	0.62	0.63	0.64	0.65	0.66	0.67	0.68	0.70	0.71	0.72
	10	总量	7.72	7.21	6.82	6.48	6.27	5.91	5.23	4.86	4.45	4.18
		向上	6.95	6.44	6.05	5.70	5.48	5.12	4.44	4.06	3.64	3.37
		向下	0.77	0.77	0.77	0.78	0.79	0.79	0.79	0.80	0.81	0.81
向上热量占总热量百分比/%			90.0	89.3	89.0	88.0	87.4	86.6	84.9	83.6	81.8	80.7
向下热量占总热量百分比/%			10.0	10.7	11.0	12.0	12.6	13.4	15.1	16.4	18.2	19.3

注：1. 水管管径(内×外)＝16mm×18mm。

2. 保温层厚度为 35mm。

表 6-6　管底不同保温层厚度时向上、向下的散热量占总发热量的百分比　　单位：%

地板表面热阻 /($m^2\cdot K/W$)			0.00	0.01	0.02	0.03	0.04	0.05	0.08	0.10	0.13	0.15
绝热层厚度/mm	40	向上	91.2	90.6	90.4	89.5	89.0	88.3	86.8	85.6	84.1	83.1
		向下	8.8	9.4	9.6	10.5	11.0	11.7	13.2	14.4	15.9	16.9
	35	向上	90.0	89.3	89.0	88.0	87.4	86.6	84.9	83.6	81.8	80.7
		向下	10.0	10.7	11.0	12.0	12.6	13.4	15.1	16.4	18.2	19.3
	30	向上	88.3	87.5	87.1	86.0	85.3	84.3	82.3	80.8	78.7	77.4
		向下	11.7	12.5	12.9	14.0	14.7	15.7	17.7	19.2	21.3	22.6
	25	向上	86.0	85.0	84.6	83.2	82.4	81.2	78.8	77.0	74.5	73.0
		向下	14.0	15.0	15.4	16.8	17.6	18.8	21.2	23.0	25.5	27.0
	20	向上	82.5	81.3	80.7	79.0	77.9	76.5	73.6	71.3	68.1	66.2
		向下	17.5	18.7	19.3	21.0	22.1	23.5	26.4	28.7	31.9	33.8

□ 表 6-7 保温材料热阻按聚苯乙烯泡沫塑料热阻值计算时地板向房间的有效散热量

平均水温/℃	室温/℃	下列供热管间距条件下的地板散热量/(W/m²)							
		300mm	250mm	225mm	200mm	178mm	150mm	125mm	100mm
35	15	83	92	97	102	107	112	117	121
	18	70	78	82	86	90	94	98	102
	20	62	68	72	75	79	83	86	90
	22	53	59	62	65	66	71	74	77
	24	45	49	52	54	57	60	62	65
40	15	105	116	122	128	135	141	147	153
	18	92	102	107	112	118	123	129	134
	20	83	92	97	102	107	112	117	121
	22	75	82	87	91	95	100	104	109
	24	66	73	76	80	84	88	92	95
45	15	127	140	148	155	163	171	178	186
	18	114	124	134	139	146	153	160	166
	20	105	116	122	128	135	141	147	153
	22	96	106	112	117	123	129	135	140
	24	87	96	101	107	111	117	122	128
50	15	149	165	173	182	191	200	209	218
	18	136	150	158	166	174	182	191	199
	20	127	140	148	155	163	171	178	186
	22	118	130	137	144	151	159	166	173
	24	109	121	126	133	140	147	153	160
55	15	171	189	199	209	220	230	241	251
	18	158	174	184	193	203	212	222	231
	20	149	165	173	182	191	200	209	218
	22	140	155	163	171	180	188	197	205
	24	131	145	152	160	168	176	184	192

根据表 6-5～表 6-7 对辐射冷热墙系统散热量进行估算，辐射冷热墙系统设计盘管间距为 200mm，保温层厚度为 30mm。若墙面热阻按 0.01 $(m^2 \cdot K)/W$ 计算，盘管向墙内表面以及室外墙面传热量分别约为 87.5%和 12.5%。当采用 45℃进水温度、30℃回水温度、房间作用温度设定在 16℃时，墙面向房间有效散热量可达 $80W/m^2$，大于实验房间全年动态负荷模拟的冬季最大热负荷 $45.15W/m^2$，散热量存在富余，能够满足冬季供暖的需求。

辐射面的综合传热量 q (W/m^2) 为单位辐射传热量q_r 和单位对流传热量q_c 之和，即

$$q=q_r+q_c \tag{6-7}$$

当围护结构表面发射系数近似相等，且接受辐射的表面几乎没有加热或冷却时，非供冷表面温度成为室内非加热面（冷却）表面的加权平均温度（AUST）。实际上，由于非金属或刷涂料金属的非反射表面发射率大约为 0.9，辐射系数约为 0.87，则单位辐射传热量可按公式（6-8）进行计算：

$$q_r=5\times10^{-8}[(t_p+273)^4-(AUST+273)^4] \tag{6-8}$$

式中 t_p——有效辐射面的表面温度，℃；

AUST——除辐射面外室内其余表面的加权平均温度（area-weighted average temperature of uncontrolled surfaces in room），℃。

辐射面为墙壁面时，单位对流传热量可按公式（6-9）进行计算：

$$q_c=2.42\times\frac{|t_p-t_a|^{0.32}(t_p-t_a)}{H^{0.05}} \tag{6-9}$$

式中　t_p——辐射面的有效温度,℃;

t_a——空气的温度,℃;

H——墙面辐射面的高度，m。

若辐射冷热墙系统的墙面辐射面有效温度取t_p 为 24℃，取 AUST 近似等于t_a 为 16℃，则通过式（6-8)、式（6-9）可分别计算得q_r 为 40.25W/m^2，q_c 为 35.84W/m^2；则辐射面综合传热量 q 为 76.09W/m^2，与先前按照地板辐射采暖系统散热量估算表估算的结果 80W/m^2 相近。

② 夏季供冷工况估算　地板供冷的研究起步相对较晚，它具有一些和辐射供暖相同的优点，如舒适性强，温度分布均匀，系统较为节能。人们往往对地板供冷有一种误解，认为地面作为冷辐射面，和人们长期以来形成的“头凉脚暖”的健康原则有出入。其实，“脚暖”主要是针对寒冷的冬季；而在夏季，地板供冷的辐射面温度一般在 18℃以上，对人的舒适性不会有影响。同时，相对于顶板供冷，地板供冷结构简单，更加经济实用。内嵌管式冷热墙管路系统形式类似于辐射地板供冷形式，其夏季供冷工况的计算仍可参考地板供冷系统进行。

美国学者 Olesen 根据欧洲地板供暖标准（European Standard for Floor Heating, CEN1994)，结合实验给出了地板供冷的有关影响因素，得出了不同系统参数时的地板供冷量。其经验公式为：

$$q=B\alpha_B\alpha_T^{m_T}\alpha_D^{m_D}\alpha_u^{m_u}\Delta t_H \tag{6-10}$$

$$m_T=1-T/75$$

$$m_D=0.25(D-20)$$

$$m_u=0.1(45-S_u)$$

式中　q——地板供冷量，W/m^2；

B——系统常数，当热交换系数为 7.0W/(m^2·K) 时，$B=5.12$ W/（m^2·K)；

α_B——地板面层影响因数，$\alpha_B=f$（$R_{\lambda\beta}$，λ_E)；λ_E 为混凝土的热导率，W/(m·K)；$R_{\lambda\beta}$ 为地板面层热阻，(m^2·K)/W；

$\alpha_T^{m_T}$——管间距影响因数，$\alpha_T=f(R_{\lambda\beta})$；

$\alpha_D^{m_D}$——管径影响因数，$\alpha_D=f(T，R_{\lambda\beta})$；

$\alpha_u^{m_u}$——水管上部填充层厚度影响因数，$\alpha_u=f(T，R_{\lambda\beta})$；

D——管外径，mm；

T——管间距，mm；

S_u——填充层厚度，mm；

Δt_H——房间与冷媒参数间的平均对数温差，即地板供冷时的房间特性。

Δt_H 计算如式（6-11）所示：

$$\Delta t_H=(t_r-t_i)/\ln\left[\frac{t_o-t_i}{t_o-t_r}\right] \tag{6-11}$$

式中　t_r——回水温度,℃;

t_i——进水温度,℃;

t_o——房间作用温度,℃。

表 6-8～表 6-11 分别给出管径为 17mm，实验条件为进水温度 14℃、回水温度 19℃、房间温度 26℃情况下，不同管间距、不同地面层热阻时公式（6-10）的各因数取值。

⊡ 表 6-8 管间距影响因数 $\alpha_T^{m_T}$

间距 T/mm	$\alpha_T^{m_T}$				
	地面层热阻 $R_{\lambda\beta}$/（$m^2 \cdot K/W$）				
	0	0.01	0.05	0.1	0.15
75	1	1	1	1	1
150	0.81	0.81	0.84	0.87	0.88
300	0.54	0.55	0.6	0.65	0.69

⊡ 表 6-9 填充层厚度影响因数 $\alpha_u^{m_u}$

间距 T/mm	$\alpha_u^{m_u}$					
	填充层厚度 S_u/mm	地面层热阻 $R_{\lambda\beta}$/（$m^2 \cdot K/W$）				
		0	0.01	0.05	0.1	0.15
150	35	1.06	1.06	1.05	1.04	1.03
	45	1	1	1	1	1
	65	0.9	0.9	0.91	0.93	0.34
300	35	1.04	1.04	1.03	1.02	1.02
	45	1	1	1	1	1
	65	0.92	0.92	0.94	0.95	0.96

⊡ 表 6-10 地面层影响因数 α_B

地面层影响因数	地面层热阻 $R_{\lambda\beta}$/（$m^2 \cdot K/W$）				
	0	0.01	0.05	0.1	0.15
α_B	1.04	0.98	0.81	0.67	0.57

⊡ 表 6-11 管径影响因数 $\alpha_D^{m_D}$

间距 T/mm	$\alpha_D^{m_D}$					
	管直径 D/mm	地面层热阻 $R_{\lambda\beta}$/（$m^2 \cdot K/W$）				
		0	0.01	0.05	0.1	0.15
150	10	0.91	0.91	0.92	0.93	0.94
	17	0.97	0.97	0.98	0.98	0.98
	25	1.05	1.05	1.04	1.04	1.03
300	10	0.88	0.88	0.89	0.9	0.91
	17	0.96	0.96	0.96	0.97	0.97
	25	1.07	1.07	1.06	1.06	1.05

内嵌管式冷热墙系统设计管间距为 200mm，保温层厚度为 30mm，管内径为 16mm，墙面热阻按 0.01$m^2 \cdot K/W$ 计算，参照表 6-8～表 6-11，管间距影响因数$\alpha_T^{m_T}$，取值 0.76；填充层厚度影响因数$\alpha_u^{m_u}$，取值 1.1；地面层影响因数α_B，取值 0.98；管径影响因数$\alpha_D^{m_D}$，取值 0.97；系统常数 B，取值 5.12W/（$m^2 \cdot K$）。当房间作用温度为 26℃时，采用 14℃进水温度、19℃回水温度进行辐射供冷，则冷热墙供冷量 q 为 37.745W/m^2。

对比实验房间全年动态负荷模拟结果，夏季最大冷负荷为 73.36W/m^2，冷热墙系统夏季设计工况提供的冷量约为 37.745/73.36＝51.45％，即制冷负担最大冷负荷的 50％左右。

6.1.2 辐射冷热墙系统供暖工况实验测试

（1）搭建辐射冷热墙系统

实验房间尺寸为 7200mm×3900mm×2800mm，其中东面、南面、北面均为外墙，外窗位于南面外墙，外门位于北面外墙，西面为分隔墙。实验室为非节能建筑，外墙并没有保温措施，外窗为铝合金塑钢推拉窗。

搭建的辐射冷热墙系统主要包括水媒盘管系统、水泵、热源装置、热水箱等部分，实验测试的系统原理如图 6-4 所示。

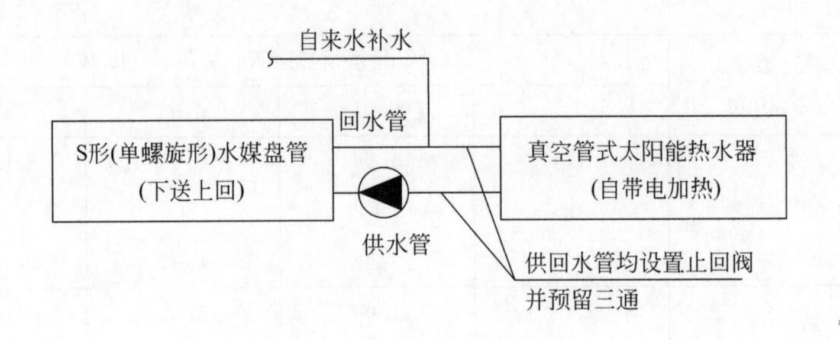

图 6-4 测试系统原理

① 水媒管路的铺设　水媒盘管沿东面外墙内侧按 S 形（单螺旋形）铺设，供回水管均设置止回阀，水泵设置在系统供水管上，自来水补水管连系统回水管上，管道铺设平面示意如图 6-5 所示。

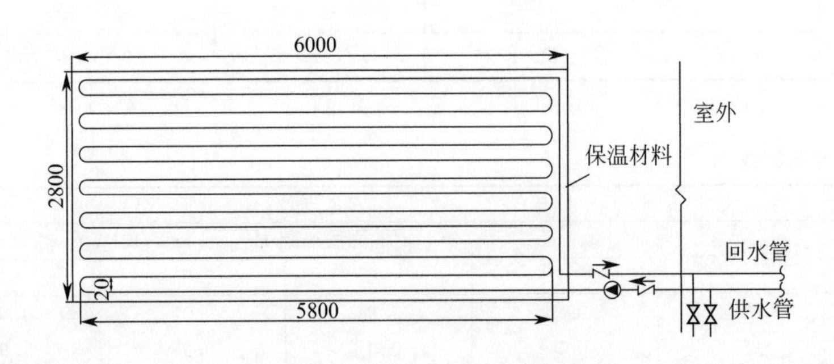

图 6-5 管道铺设平面示意

水媒管路采用 DN20 的 PE-RT 管，管内径为 16mm，保温材料为 30mm 厚聚苯乙烯挤塑板，热导率为 0.03W/（m·K），保温材料上敷设一层 3mm 厚的纳米热超导材料的导热层。其主要成分为碳晶硅，其热导率为 1500W/（m·K），图 6-6、图 6-7 分别为沿墙正在铺设的水媒管路、保温层与墙面。

为方便实验测试分析，选择将右半边墙壁粉刷。图 6-8 为冷热墙表面上粉刷 10mm 厚水泥砂浆（未完全干燥）。图 6-9 为水泥砂浆干燥后铺上玻璃纤维网粉刷 10mm 厚乳胶漆腻子（未完全干燥）。

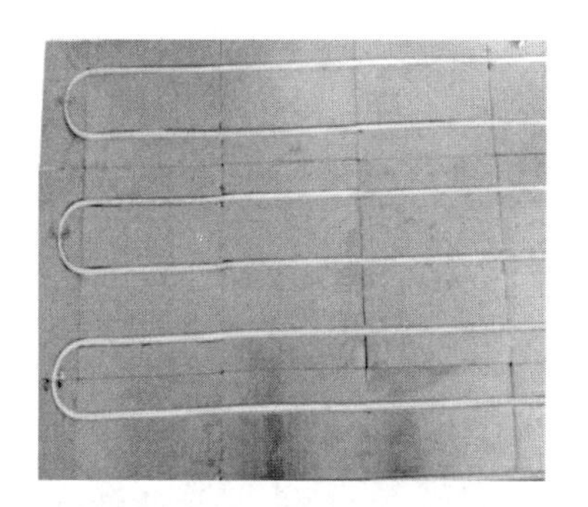

图 6-6 铺设中的水媒管路

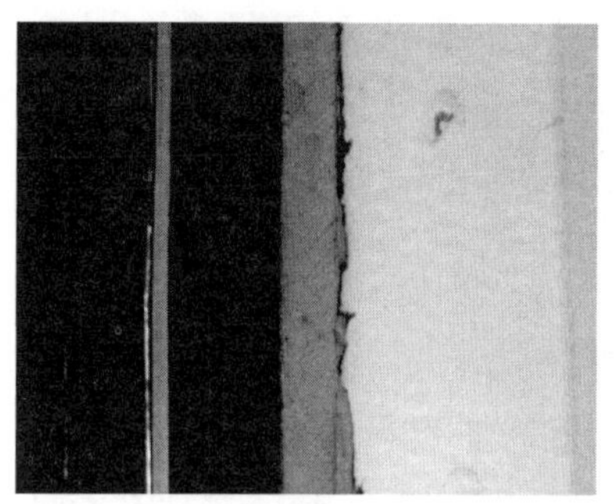

图 6-7 保温层与墙面

图 6-8 冷热墙表面粉刷水泥砂浆

图 6-9 水泥砂浆表面粉刷厚乳胶漆腻子

② 系统主要设备　为了分析对于太阳能的利用情况，辐射冷热墙系统测试实验的热源装置为一台带有电加热功能的真空管太阳能热水器，带有较大的蓄热水箱，安装在室外。

真空管太阳能热水器设置在实验房间外南面的草坪上，其方位角为正南方向，如图 6-10 所示。图 6-11 为室内太阳能热水器液晶控制面板，真空管太阳能热水器的主要参数见第 5 章表 5-6。

图 6-10 真空管太阳能热水器

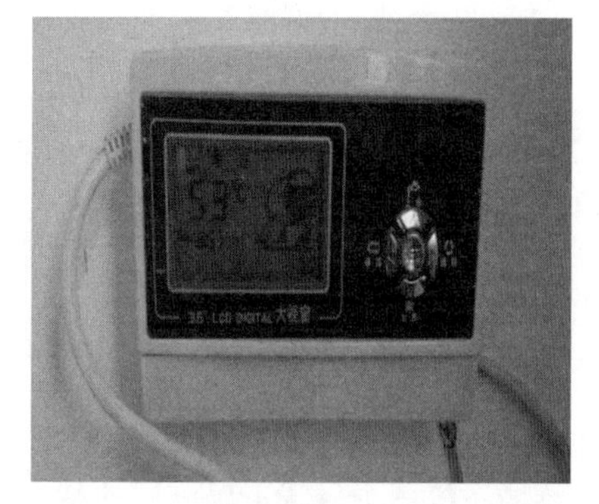

图 6-11 室内太阳能热水器液晶控制面板

由于太阳能热水器水箱容量富裕，测试时可保持水箱内水量为额定容量的 80%。图 6-12 为循环用管道泵。图 6-13 为供回水及补水管示意。系统补水管位于水媒盘管的回水管上，供回水管路上均设置有止回阀，且在室外预留三通，便于后期用于冷热墙夏季供冷工况的实验使用。室外管路部分均做保温处理，如图 6-14 所示，把手为球阀，止回阀包于保温材料中。

图 6-12　循环用管道泵

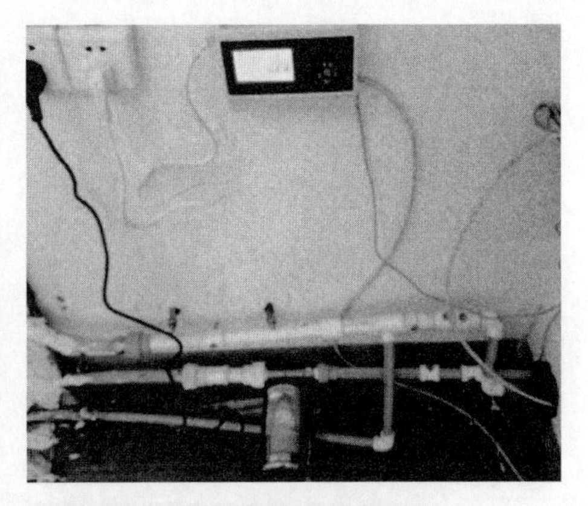
图 6-13　供回水及补水管示意

图 6-14　预留三通、球阀、止回阀以及管路保温措施

所选循环泵详细参数如表 6-12 所示。供回水管路设置球阀用来控制管内流量，从而实现管内流速的调节。实际测试时，只调节供水管上的球阀开度，而回水管上球阀保持全开。

⊡ 表 6-12　循环泵详细参数

参数	数值	参数	数值
功率	120W	额定扬程	15m
级数	2	额定流量	25L/min
电压	220V	额定电流	0.72A
电容	4μF	额定频率	50Hz
转速	2800r/min		

（2）供暖工况测试

辐射冷热墙系统冬季供暖工况测试的基本原理，主要是利用带有电加热供暖的真空管式太阳能热水器提供一定温度的热水，通过管道循环泵使其在水媒盘管中按一定速率循环流动；热水通过与管道壁面热量交换，被加热的管道又通过紧贴壁面的纳米热超导材料向室内传递热量，冷热墙面向室内其他物体传热，从而实现供暖的效果。

系统测试主要参数包括：室外空气参数，如温度、湿度、天气状况；室内参数，如室内湿度、室内多个测点的温度；热水供水温度、回水温度、粉刷侧墙面及未粉刷侧墙面多个测点的温度。水媒管路管壁温度及墙面测点分布如图 6-15 所示，其中①、④、⑦等为水平管段编号，大写字母 A、B、C、D 等为未粉刷侧管壁及粉刷侧管壁对应位置测点编号，小写字母 a、b、c、d 等为管壁测点相邻位置壁面温度测点。其中，未粉刷侧测点位于纳米热超导材料表面，粉刷侧测点为对应位置冷热墙壁面。图 6-16 为现场测试管壁测点位置标示分布情况。

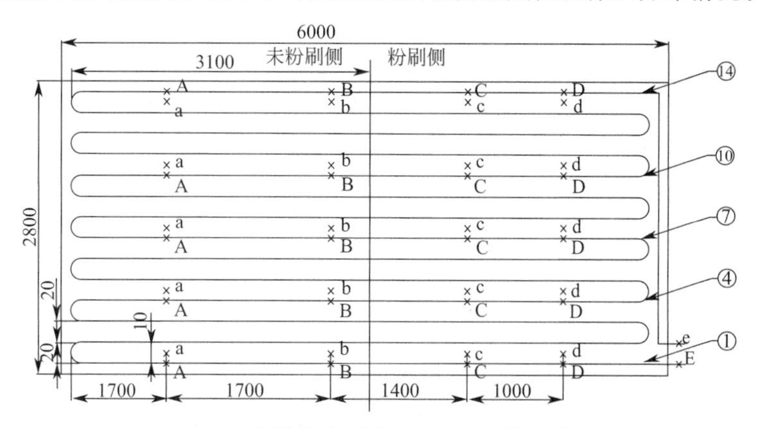

图 6-15 水媒管路管壁温度及墙面测点分布

图 6-16 现场测试管壁测点位置标示分布

在测试中，由于水媒管路需要承压，均采用热熔连接，所以不便于直接测量内部流体温度，只能测量管壁温度，并认为此处管道壁面温度近似等于管路中流体的温度。同时，为了保持粉刷侧墙面的整体性，并未在粉刷侧预留测量管壁温度的孔洞或探头，而是直接测量粉刷后管壁对应位置的墙面温度。

测量室内温度是为了得到系统运行后室内空气温度变化及其分布情况，从而得出辐射冷热墙辐射供暖时室内的温度分布与温度梯度，室内测点位置如图 6-17 所示，所测温度均在室内离地面 1.5m 高处测得，并以室内中心点处温度 t_0 作为室内空气平均温度。

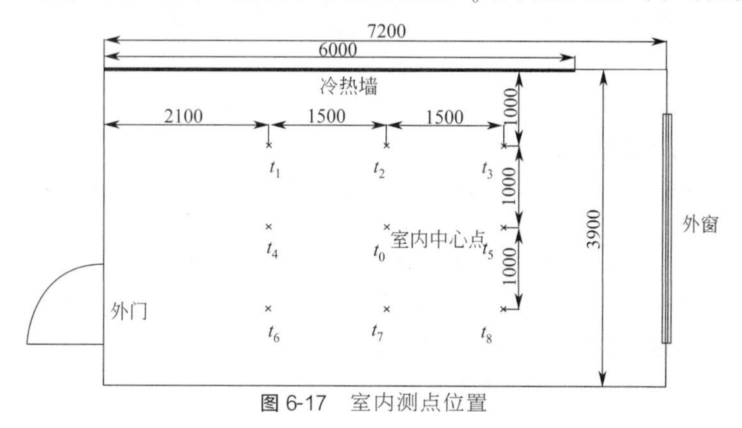

图 6-17 室内测点位置

室外空气参数的测量是在距离实验房间 2m 处的过道上测试的，测试仪器探头离地面高度约为 1.5m。

（3）实验数据分析

① 冷热墙壁面温度分布　由通过实验测得的壁面、管壁外侧温度及绘制的曲线可知，冷热墙壁面下半部分的平均温度明显高于上半部分。这是由于盘管内水流方向造成的，温度较高的热水从盘管下半部分流入，通过管壁及冷热墙内的纳米热超导层向室内传导辐射热量。

实验中只粉刷了右侧半面墙壁，左侧半面墙壁的盘管和导热层直接和室内空气接触进行传热。左半侧墙壁（未粉刷侧）既向室内辐射热量，又与室内空气直接发生自然对流换热，其换热强度较强；而右半侧（粉刷侧）在盘管和保温材料外粉刷了约 20mm 厚的水泥砂浆和乳胶漆腻子，盘管和导热层只向粉刷层进行导热传热，粉刷层自身存在蓄热作用，其外壁温度上升速率明显低于未粉刷侧墙壁面的温度。通过各测点温度曲线图可以清楚地看到，即使是沿着水流方向同一水平管段上，在系统启动初期，A、a、B、b 测点温度也均高于 C、c、D、d 点温度。表 6-13 为系统运行 1h 后，冷热墙左右两侧各水平管段管壁及导热层（对应处）的平均温度；其中 2 月 22 日测试时刻水箱温度为 51℃，2 月 26 日测试时刻水箱温度为 45℃。

根据表 6-13，将平均温度绘制成示意图。图 6-18 为 2 月 22 日系统运行 1h 后冷热墙壁面温度分布示意。图 6-19 为 2 月 26 日系统运行 1h 后冷热墙壁面温度分布示意，图中温度标示表示相同水平高度上相邻区域的平均温度。

□ 表 6-13　系统运行 1h 后各水平管段管壁及导热层（对应处）的平均温度

测试数据日期	未粉刷侧						粉刷侧					
	水平管段编号 1		水平管段编号 7		水平管段编号 14		水平管段编号 1		水平管段编号 7		水平管段编号 14	
	管壁处平均温度/℃	墙壁导热层平均温度/℃	管壁处平均温度/℃	墙壁导热层平均温度/℃	管壁处平均温度/℃	墙壁导热层平均温度/℃	管壁对应面平均温度/℃	导热层对应面平均温度/℃	管壁对应面平均温度/℃	导热层对应面平均温度/℃	管壁对应面平均温度/℃	导热层对应面平均温度/℃
2 月 22 日	42.9	24.2	42.7	25.6	36.2	22.7	37.9	27.7	37.2	27.5	35.5	26.5
温差/℃	18.7		17.1		13.5		10.2		9.7		9	

测试数据日期	未粉刷侧						粉刷侧					
	水平管段编号 1		水平管段编号 7		水平管段编号 14		水平管段编号 1		水平管段编号 7		水平管段编号 14	
	管壁处平均温度/℃	墙壁导热层平均温度/℃	管壁处平均温度/℃	墙壁导热层平均温度/℃	管壁处平均温度/℃	墙壁导热层平均温度/℃	管壁对应面平均温度/℃	导热层对应面平均温度/℃	管壁对应面平均温度/℃	导热层对应面平均温度/℃	管壁对应面平均温度/℃	导热层对应面平均温度/℃
2 月 26 日	37.5	24.4	36.2	24.5	30.5	22.3	35.5	29.2	33.7	27.5	30.8	27.1
温差/℃	13.1		11.7		8.2		6.3		6.2		3.7	

根据表 6-13，两次测试系统运行 1h 后房间仍处于升温状态时，未粉刷侧管壁平均温度与导热层平均温度相差 10～18℃。下部区域平均温度为 33.6℃和 31.0℃，上部区域平均温度为 29.4℃ 和 26.4℃，则此时刻未粉刷侧冷热墙壁面垂直方向上温度梯度分别为 －1.5℃/m 和－1.64℃/m，方向沿水流方向自下而上；粉刷侧墙壁管壁对应面与导热层对应面平均温度相差 5～10℃，下部区域平均温度为 32.8℃ 和 32.4℃，上部区域平均温度为 31.0℃和 29.0℃，则此刻粉刷侧冷热墙壁面垂直方向上温度梯度分别为－0.64℃/m 和 －0.71℃/m，方向沿水流方向自下而上。

当系统连续运行 24h 以上时，室内趋于一个热平衡的稳定状态。由于此时水箱中水温已下降到 35～40℃，粉刷侧冷热墙壁面存在一个蓄热层，使得粉刷侧冷热墙壁面温度整体要高于未粉刷侧墙壁面温度，且粉刷侧壁面温度无论是在水平方向还是在竖直方向，温度差异

图 6-18　2 月 22 日系统运行 1h 后冷热墙壁面温度分布示意

图 6-19　2 月 26 日系统运行 1h 后冷热墙壁面温度分布示意

都较小，明显小于未粉刷侧墙壁面温度的差异。表 6-14 为系统运行 24h 以上时，冷热墙左右两侧各水平管段管壁及导热层（对应处）的平均温度。

⊡ 表 6-14　系统连续运行 24h 以上各水平管段管壁及导热层（对应处）的平均温度

测试数据日期	未粉刷侧						粉刷侧					
	水平管段编号 1		水平管段编号 7		水平管段编号 14		水平管段编号 1		水平管段编号 7		水平管段编号 14	
	管壁处平均温度/℃	墙壁导热层平均温度/℃	管壁处平均温度/℃	墙壁导热层平均温度/℃	管壁处平均温度/℃	墙壁导热层平均温度/℃	管壁对应面平均温度/℃	导热层对应面平均温度/℃	管壁对应面平均温度/℃	导热层对应面平均温度/℃	管壁对应面平均温度/℃	导热层对应面平均温度/℃
2 月 25 日	33.9	23.7	33.0	24.8	29.0	23.1	32.0	27.9	31.3	27.1	29.6	27.6
温差/℃	10.2		8.2		5.9		4.1		4.2		2.0	

测试数据日期	未粉刷侧						粉刷侧					
	水平管段编号 1		水平管段编号 7		水平管段编号 14		水平管段编号 1		水平管段编号 7		水平管段编号 14	
	管壁处平均温度/℃	墙壁导热层平均温度/℃	管壁处平均温度/℃	墙壁导热层平均温度/℃	管壁处平均温度/℃	墙壁导热层平均温度/℃	管壁对应面平均温度/℃	导热层对应面平均温度/℃	管壁对应面平均温度/℃	导热层对应面平均温度/℃	管壁对应面平均温度/℃	导热层对应面平均温度/℃
2 月 27 日	30.5	21.4	30.2	24.6	27.5	20.9	30.4	25.8	29.8	25.9	28.9	25.4
温差/℃	9.1		5.6		6.6		4.6		3.9		3.5	

根据表6-14，将平均温度绘制成示意图。图6-20为2月25日系统运行36h后冷热墙壁面温度分布示意。图6-21为2月27日系统运行24h后冷热墙壁面温度分布示意，图中温度标示表示相同水平高度上相邻区域的平均温度。

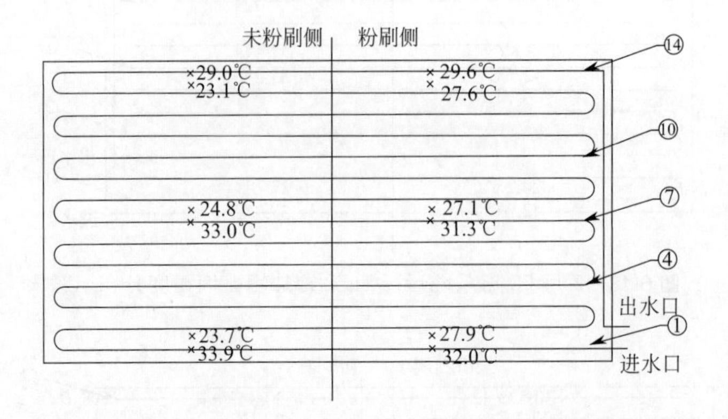

图6-20　2月25日系统运行36h后冷热墙壁面温度分布示意

图6-21　2月27日系统运行24h后冷热墙壁面温度分布示意

根据表6-15，两次测试系统运行24h以上时，房间近似处于热平衡的稳定状态。未粉刷侧管壁平均温度与导热层平均温度相差6～10℃，下部区域平均温度为28.8℃和26.0℃，上部区域平均温度26.1℃和24.2℃，则此刻未粉刷侧冷热墙壁面垂直方向上温度梯度分别为－0.96℃/m和－0.64℃/m，方向沿水流方向自下而上；粉刷侧墙壁管壁对应面与导热层对应面平均温度相差2～5℃。下部区域平均温度为30.0℃和28.1℃，上部区域平均温度为28.6℃和27.2℃，则此刻粉刷侧冷热墙壁面垂直方向上的温度梯度分别为－0.5℃/m和－0.32℃/m，方向沿水流方向自下而上。

对比表6-13与表6-14，同一水平管段上管壁处平均温度和导热层对应面平均温度，系统开启1h时，房间升温过程中最大温差4.8℃，最小温差1.9℃，平均温差3.6℃；系统运行达到稳定状态后最大温差4.5℃，最小温差1.3℃，平均温差3.5℃。由此可知，冷热墙导热层外粉刷的找平层蓄热效果约为3℃，而且垂直方向上温度梯度很小，使得冷热墙的热辐射面更加均匀。

② 冷热墙平均辐射温度与作用温度　实验中为了方便了解盘管与导热层的散热情况，只在墙壁右半侧粉刷了水泥砂浆和乳胶漆腻子，即只有粉刷侧半边墙壁才是实际应用的

情形。由于未粉刷侧墙壁和管壁直接向室内空气自然对流换热和辐射传热，热量损失较快；而粉刷侧墙面由于导热层外形成了一层蓄热层，导热层传热系数大，管壁的热量更多地先通过导热层传递，使整个导热层温度上升较快且均匀，然后导热层的热量传递给墙面粉刷层，被加热的粉刷层不仅向室内辐射热量，而且形成了自然对流换热。整体上，粉刷侧墙壁面平均作用温度要高于未粉刷侧墙壁面且温度分布均匀得多，无论是水平方向还是垂直方向，温度梯度都较小。因此，粉刷侧墙壁面平均温度才是冷热墙实际的平均温度。表 6-15 为阴天天气下流速 1m/s、水箱内起始温度 56℃、室内初始温度 13.6℃、太阳能热水器电加热功率为 1500W 时，系统运行期间粉刷侧墙壁平均温度以及室内温升和水箱温降情况。

表 6-15 系统运行期间粉刷侧墙壁平均温度及室内温升和水箱温降情况

运行时长	0min	10min	20min	30min	40min	50min	1h	1h30min
粉刷侧平均温度/℃	0	31.5	31.6	31.1	31.0	30.8	30.2	29.1
室内温升/℃	0	1.4	2.1	2.3	2.4	2.6	2.7	2.8
水箱温降/℃	0	7	10	11	13	14	14	16
运行时长	2h	2h30min	3h	4h	5h	6h	7h	24h
粉刷侧平均温度/℃	29.7	29.2	28.7	28.3	28.7	28.8	27.9	27.8
室内温升/℃	3.0	3.1	3.1	3.2	3.5	3.6	3.7	4.2
水箱温降/℃	17	17	17	18	18	19	19	19

由表 6-15 可知，当系统运行一段时间进入稳定状态后，加热功率为 1500W，水箱水温维持在 37℃左右，冷热墙壁面实际平均温度约为 27.8℃，室内平均温度稳定在 17℃以上。将实验测得的各壁面温度代入式(6-1)和式(6-6)中，求得不同时刻房间平均辐射温度与作用温度，结果如表 6-16 所示。

表 6-16 不同时刻房间平均辐射温度与作用温度

系统运行时长	冷热墙平均温度/℃	南外墙内平均温度/℃	北外墙内平均温度/℃	内墙表面平均温度/℃	天花板平均温度/℃	地面平均温度/℃	平均辐射温度/℃	室内空气温度/℃	作用温度/℃
0min	14.8	15.0	14.6	16.6	15.2	15.0	15.3	13.6	14.4
30min	31.1	15.8	15.0	18.0	16.0	16.2	18.7	15.9	17.3
1h	30.2	16.4	16.0	19.0	16.8	16.6	19.1	16.3	17.7
2h	29.7	16.8	16.8	19.4	17.2	17.0	19.4	16.6	18.0
24h	27.8	18.8	19.2	20.8	19.2	20.0	21.0	17.8	19.4

由于室内外初温并不是很低，约为 13.6℃，系统运行 1h 温度就上升了 2.7℃，使得室内空气平均温度高于设定的作用温度 16℃；而房间实际作用温度在系统运行 30min 便高于设定的作用温度 16℃，在实验条件下供暖效果明显。

在实际应用中，由于室内外初温会更低，系统达到设定作用温度的时间会比实验所用时间长。在保证水箱内水温恒定或者能提供足够的热量使得水箱水温下降缓慢时，系统能保证 1h 内室内空气平均温度至少有 3℃左右的温升，理论上即使房间初温为 8～10℃，系统运行 2h 后，房间内的作用温度也能达到设定的 16℃。

③ 冷热墙实际供热量　将表 6-15、表 6-16 测得的数据代入式(6-8)、式(6-9)，计算得

到不同时刻辐射冷热墙传热量，如表 6-17 所示，其中有效辐射面的表面温度 t_p 为冷热墙表面温度。

表 6-17　不同时刻辐射冷热墙传热量

系统运行时长	水箱水温/℃	冷热墙平均温度 t_p/℃	AUST/℃	单位辐射传热量 q_r/(W/m²)	室内空气温度 t_a/℃	墙面辐射面的高度 H/m	单位对流传热量 q_c/(W/m²)	综合传热量 q/(W/m²)
30min	45	31.1	16.4	76.9	15.9	2.8	83.5	160.4
1h	42	30.2	17.1	68.3	16.3	2.8	74.2	142.5
2h	39	29.7	17.6	63.4	16.6	2.8	68.6	132.0
24h	37	27.8	19.8	42.0	17.8	2.8	48.0	90.0

由表 6-17 可以看出，当系统刚开启时，水箱内水温较高，盘管中热水提供的热量充足。由于纳米热超导材料传热速率快，导热性能好，使得冷热墙壁面的平均温度提升很快，辐射冷热墙的综合传热量较大。当系统运行 24h 到达稳定状态后，水箱内水温为 37℃，冷热墙壁面温度稳定在 27.8℃，此时计算得到综合传热量为 90W/m²，与理论计算估算结果 76.09～80W/m² 相近，误差不超过 15%。

计算结果表明，辐射冷热墙系统在供水温度为 37℃、循环流速约为 1m/s 的条件下，冷热墙的综合传热量达到 90W/m²，能够满足冬季供暖需求。初期，当水箱水温较高时，其综合传热量高于 100W/m²，房间作用温度能得到迅速提升。

④ 室内温度分布　系统运行 24h 后，将室内离地 1.5m 高处的温度分布情况绘制成示意图，墙面温度用红外线测温仪测量，离地面 1.5m 高处温度用风速风量温度仪测量。图 6-22 为 2 月 25 日系统运行 36h 后室内温度分布示意，图 6-23 为 2 月 27 日系统运行 24h 后室内温度分布示意。

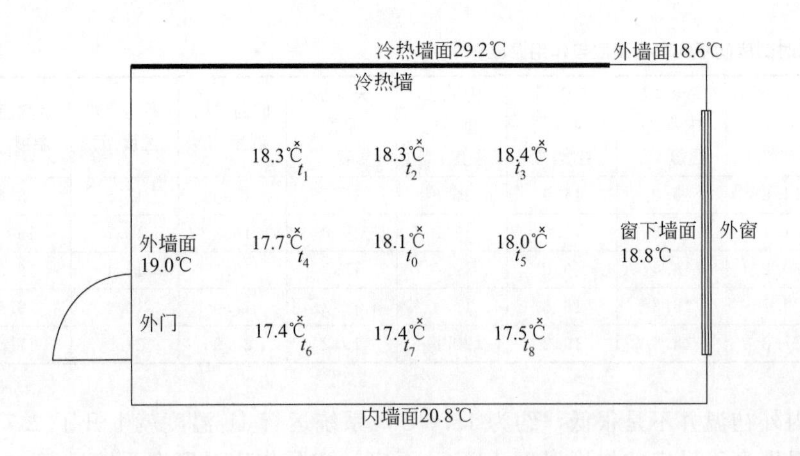

图 6-22　2 月 25 日系统运行 36h 后室内温度分布示意

由图 6-22、图 6-23 可知，系统在连续运行 24h 以上后，房间达到一个近似稳定的状态下，在垂直于冷热墙方向上，距离墙面越近，温度梯度越大；距离墙面越远，温度梯度越小。实验房间内从距离冷热墙 1m 到 3m 区域内，为实际人体活动区域，温度梯度约为 -0.5℃/m，温度梯度沿远离并垂直于墙面方向，测得各点温度均高于设定的 16℃。在平行于冷热墙壁面方向上的温度梯度并不明显，要想小于 0.1℃/m，仅仅在靠近墙壁盘管入

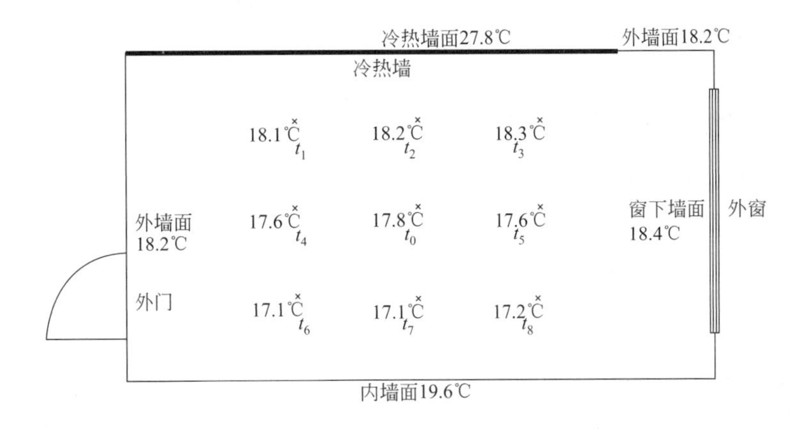

图 6-23　2 月 27 日系统运行 24h 后室内温度分布示意

口处可以达到要求。由于水流温度最高，使得周围空气被加热程度高于其他区域，温度略高于同一方向上的其他位置。

6.2　低谷电地板辐射采暖系统

6.2.1　电力资源使用现状

我国是一个用电大国，特别是随着我国现代化建设的不断推进和工业化进程的不断加快，用电、用能矛盾越来越突出。以长江流域的华中地区为例，该地区虽然资源丰富，但是资源分布不均衡，区域发展不均衡，能源结构不均衡，产生了大量的用能问题。华中地区的总用电量中有 40％来自水力发电，其中湖北省 60％的用电量来自水电，这些都说明了其能源结构的单一。当遇到用能低谷期时，水电资源很大程度上只能被浪费，长距离转移，又增加了发电成本；当遇到枯水期和用能高峰期时，整个地区则会发生用电矛盾。

长江流域的用能矛盾主要集中在以下四个方面：

① 水电比重大。由于长江流域水力资源丰富，如三峡电站、葛洲坝电站的建设都得益于此。相对而言，风电、太阳能发电、核电等所占比重较小。

② 煤炭资源不足。我国的能源消耗以煤炭为主，尤其是在枯水期或用能高峰期，火电是保障用电安全的重要部分。但是，华中地区的煤炭资源匮乏，这一原因也导致了用能的相对紧张。

③ 大容量电源结构单一，主要以大型水电和火电为主，这样的电力结构容易出现季节性电荒，不利于用能安全。

④ 区外受电能力不足。由于长江流域是用电和发电大户，一旦出现电荒，区外受电的电量很难弥补用电缺口。

整体上来说，长江流域的用电矛盾比较突出，国家也在通过增大电站的蓄能能力、改善电力结构、降低电力运输成本、开发核电和其他新型能源等来缓解用电紧张的局面，这也需要相关从业人员共同努力。

国家制定了一些电力政策，也正在探讨和确定新的用电定额等相关政策。其中，已经推出的，就以分时电价为主。分时电价可以很好地缓解电厂发电的均衡性和用户用电的间歇性之间的矛盾，本章也是基于此政策进行讨论。

6.2.2 低谷电地板辐射采暖系统

（1）地板辐射采暖系统简介

地板辐射采暖系统是现阶段比较流行的采暖方式，由于其良好的舒适性、节能性和经济性，因而得到大力推广和使用。地板采暖系统按照采暖介质可以分为低温热水地板辐射采暖系统和电热地板辐射采暖系统，按照蓄热形式可以分为蓄热水箱地暖系统和蓄热材料地暖系统。

低温热水地板辐射采暖系统的热源形式包括：地源热泵、空气源热泵、壁挂炉、燃气（煤）锅炉、太阳能热水集热器、电加热器等。低温热水若是集中供暖或者余热供暖，也可以采用工业生产的低温废水或者废热进行加热，现在一般家庭常用的是壁挂炉和小型燃气锅炉。

电热地板辐射采暖系统常见的是电加热，利用发热电缆进行取暖，如地暖系统常用的TXLP/2R系列双导发热电缆，见图6-24。其线缆结构为：外护套，蓝色聚氯乙烯（PVC）；接地线，镀锡铜丝；屏蔽层，铝箔＋铜丝；内导体，合金电阻丝＋铜丝；内绝缘，交联聚乙烯（XLPE）；接头类型，隐式接头；最大表面工作温度，65℃；最小弯曲系数，$5D$。

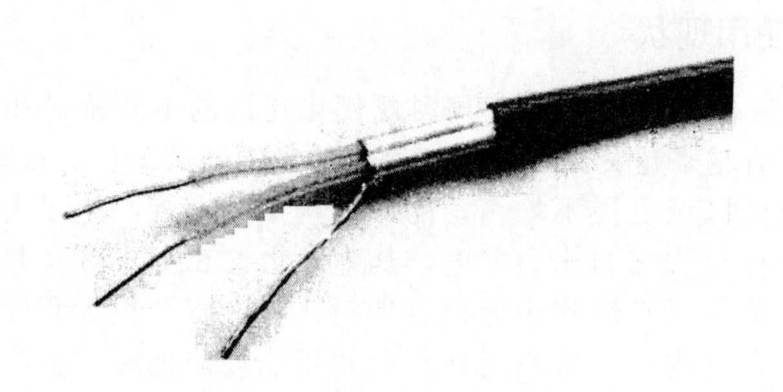

图6-24 TXLP/2R系列双导发热电缆

电暖系统相对来说比较新颖。这种采暖方式相对来说耗损的一次能源较多，因为电能是二次能源，在生产的过程中会有能量转化率的问题。但是，随着分时电价政策的提出，类似于蓄冰空调的电采暖地暖系统也得到较大推广和应用。

目前我国的发电装机容量规模宏大，但是依然无法满足高速发展的经济需求，特别是在用电高峰的时候，电力缺口一般较大。虽然通过增加装机容量已经明显地改善了这一问题，但是，我国“上大压小”的电力政策使得发电机组启动和停机都需要消耗较大的能量，因此我国存在巨大的峰谷电量等待消费，这给供电企业和社会电力消费带来了巨大压力。为了缓解这一矛盾，并利用分时电价的利好政策，我们可以利用峰谷电价来采暖，实现电力消费和运行费用的节省。

随着国家电网建设的加快，全国的用电格局会比较均衡，但仅能解决地区耗电不均衡之间的矛盾，无法解决用电时段差这一基本矛盾。为此，大力发展低谷电地板辐射利用技术对于电力的有效利用和能耗费用的节约具有重要意义。

（2）低谷电地板辐射采暖系统

低谷电地板辐射采暖系统按照铺设的形式，也可以分为水暖系统和电暖系统。图 6-25 和图 6-26 分别表示电加热低温热水地板辐射采暖系统和直接式电加热地暖系统。

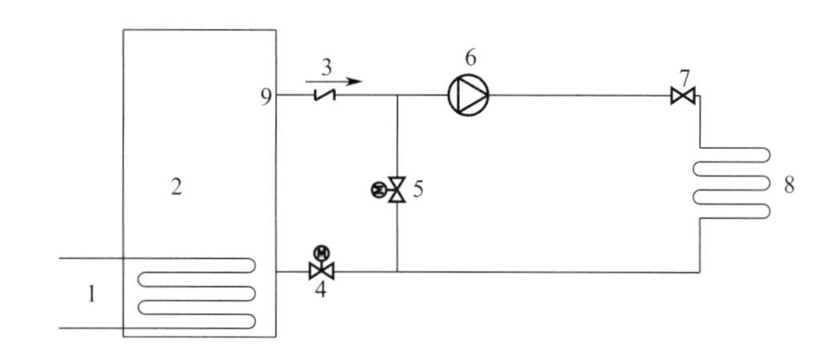

图 6-25 电加热低温热水地板辐射采暖系统

1—电加热器；2—蓄热水箱；3—止回阀；4，5—电磁阀；6—采暖循环泵；7—调节阀；8—地热盘管；9—温度感应器

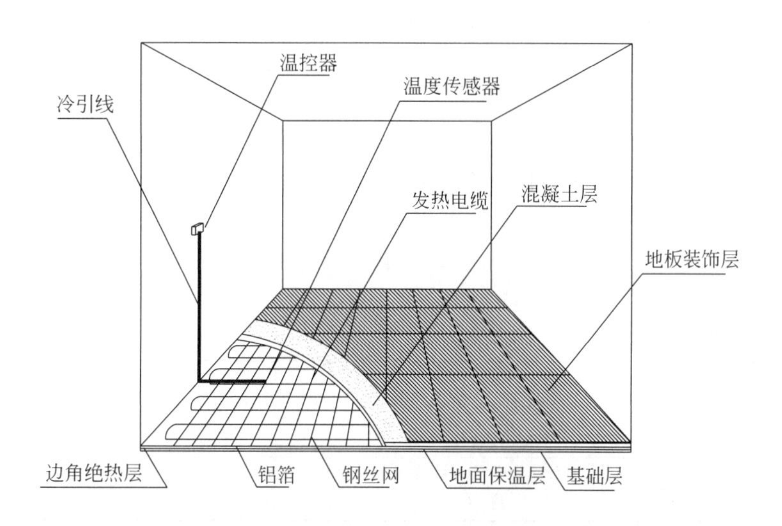

图 6-26 直接式电加热地暖系统

对于电加热低温热水地板辐射采暖系统的设计，应主要考虑电价政策。常规的直接电加热系统由于蓄热能力差，无法错时采暖，导致耗电量相对较高。以上系统可以利用低谷电进行蓄热，高峰时段使用蓄热进行采暖。

电缆直接加热的地板辐射采暖系统通过铺设于地板上的地温探头或温控器内的室温探头，由房间温控器控制温度。当室内温度达到设定值时，温控器开始动作，断开发热电缆的电源，发热电缆停止加热；当室内温度低于温控器设定值时，温控器又开始启动，接通发热电缆的电源，发热电缆开始加热；如此往复运行，直到满足设定要求。

该采暖方式的主要优点在于系统运行安全，无噪声，即开即用，其效果比水采暖地暖系统效果好；缺点在于运行费用较高，无法运用电价政策分时段蓄能。随着材料工艺的改进，电采暖必将代替水采暖地暖系统工艺，实现更加环保和舒适的采暖方式。

6.2.3 地板辐射采暖蓄热特性和蓄热材料分析

（1）蓄热原理

① 显热蓄热　显热是指通过物体的温度变化来储存能量。在常规的地暖系统中，地面可以储蓄部分热量。因此，在供热系统关闭的条件下，也可以维持一段时间的室内采暖温度。显热蓄热量计算公式如下：

$$Q=\int_{T_1}^{T_2} mc\,\mathrm{d}T = mc\Delta T \tag{6-12}$$

式中　Q——显热蓄热量，kJ/(kg·℃)；

m——蓄热体质量，kg；

c——蓄热体比热容，kJ/(kg·℃)；

T_1、T_2——蓄热体蓄热前、后温度，℃。

任何材料都有一定的显热蓄热能力，蓄热能力的强弱取决于材料的比热容，常见材料的比热容见表 6-18。

⊡ 表 6-18　常见材料的比热容

材料名称	水	乙醇	橡胶	砂石	干泥土	玻璃	铝	钢铁	铜
比热容/[kJ/(kg·℃)]	4.2	2.1	1.7	0.92	0.84	0.67	0.88	0.46	0.39

② 潜热蓄热　潜热蓄热又称为相变蓄热，是指利用物质相变时吸收或者释放热量进行热量储存的蓄热形式。相变蓄热材料主要包括无机盐水合物、有机化合物和饱和盐水溶液等，针对不同系统可挑选对应的化合物作为相变蓄热材料。常见材料的相变蓄热特性见表 6-19，可以看出，这些化合物具有不同的熔点和熔化潜热。

⊡ 表 6-19　常见材料的相变蓄热特性

相变材料	分子式	熔点/℃	熔化潜热/(kJ/kg)
六水氯化钙	$CaCl_2 \cdot 6H_2O$	29.4	170
烷烃	C_nH_{2n+2}	36.7	247
聚乙烯乙二醇	$HO-CH_2-(CH_2-O-CH_2)_n-CH_2-OH$	20～25	146
硬脂酸	$C_{18}H_{36}O_2$	69.4	199

③化学能蓄热　化学能蓄热是指利用可逆的吸热或放热的化学反应进行热量储存，把热能以化学能的形式进行储存。一般来说，化学能的蓄热方式要比常规显热或潜热的蓄热方式蓄热量更大。目前在进行低温化学蓄能研究方面开发的部分可逆吸热化学反应见表 6-20。

⊡ 表 6-20　部分可逆吸热化学反应

反应类型	反应方式	反应方程式	平衡温度/℃
催化反应	气/气	$2NH_3(g) \longrightarrow N_2(g)+3H_2(g)$	193
		$CH_3-OH(g) \longrightarrow CO(g)+2H_2(g)$	142
	固/气	$MgCl_2 \cdot xNH_3(s) \longrightarrow MgCl_2 \cdot yNH_3(s)+(x-y)NH_3(g)$	142～277
		$CaCl_2 \cdot xNH_3(s) \longrightarrow CaCl_2 \cdot yNH_3(s)+(x-y)NH_3(g)$	37～187
产物分离反应	液/气	H_2SO_4(稀)$\longrightarrow H_2SO_4$(浓)$+H_2O$	<227
		NaOH(稀)$\longrightarrow$NaOH(浓)$+H_2O$	<227
		$NH_4Cl \cdot 3NH_3(l) \longrightarrow NH_4Cl(s)+3NH_3(g)$	<47

还有其他多种蓄能方式可以考虑用于地暖系统，比如塑晶储热，但是在实际选择和使用时，除了考虑蓄能以外，还有安装、施工、造价等一系列问题。如果地暖的蓄热问题得以较好解决，地暖系统必将可以得到更广泛的推广。

（2）敷设层材料的蓄热性能

地暖系统一般有如下几个材料层：首先是绝热层或者保温层，主要是防止地热盘管热量向下传递，造成不必要的热量损耗；其次是反辐射层，一般为锡箔纸或者镀锌铁皮，主要是防止热量通过辐射传递到地下，还有一个附带的功能就是传递热量，可以使地面温度更加均匀；再上面一层就是热水管道层或者发热电缆层，这一层主要是供热层，其上还有豆石混凝土层、砂浆找平层以及地板层，其结构见图 6-27。

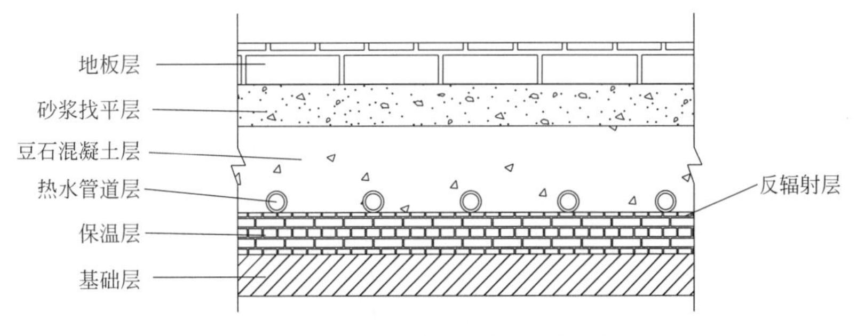

图 6-27　地板辐射采暖地埋层结构

对于常规的地暖系统，除了盘管层外，还有上面的豆石混凝土层和找平层以及地板层。这些地埋层材料热工参数见表 6-21。由此可以看出，豆石混凝土层的热容量是相当大的，这就说明在进行供热采暖时，室内的温度场具有稳定性，热量先传给地埋层，再通过地埋层传给地板，在室内进行辐射传热。

表 6-21　常见的地暖房间地埋层材料热工参数

材料名称	密度/(kg/m^3)	热导率/[W/(m·K)]	蓄热系数 S (24h)/[W/(m^2·K)]	比热容 c/[J/(kg·K)]
聚氨酯硬泡	50	0.037	0.43	1386
豆石混凝土	2300	1.51	15.36	920
水泥砂浆	1800	0.93	11.26	1050
大理石	2800	2.91	23.27	924

（3）采暖房间传热过程

采暖房间的传热过程是一个由非稳态传热过渡到稳态传热的过程。对传热过程的两个不同阶段进行研究有利于解决能量消耗问题，只有解决能源利用过程中的效率问题，才能最终高效利用好能源。因此，研究地暖传热过程可以提高现有能源利用率。为了研究地板辐射采暖的传热问题，建立了传热模型并进行以下模型假设：

① 研究地板传热，先假设地板温度均匀，在水平方向无温度梯度，只在垂直方向有温差存在；

② 忽略房间内设备和人员产生的热扰动；

③ 空气为不可压缩流体；

④ 室内除了地板发热以外，无其他发热体。

由于地板辐射采暖的放热主要以辐射的形式进行，辅以对流换热，因此，所研究的传热过程是二维、非稳态、不可压缩流体的自然对流换热耦合辐射换热问题。

对于研究的地板辐射采暖而言，其理论研究可用下述数学描述进行表述。

① 连续性方程

$$\frac{\partial \rho}{\partial t}+\frac{\partial(\rho u)}{\partial x}+\frac{\partial(\rho v)}{\partial y}=0 \tag{6-13}$$

式中 ρ——空气密度，kg/m^3；

u——x 方向对应的速度，m/s；

v——y 方向对应的速度，m/s；

t——时间，s。

而对于不可压缩流体，$\frac{\partial \rho}{\partial t}=0$，则上式可以简化为 div（$\rho U$）＝0。

② 动量方程

a. u 动量方程：

$$\frac{\partial(\rho u)}{\partial t}+\frac{\partial(\rho u^2)}{\partial x}+\frac{\partial(\rho uv)}{\partial y}=-\frac{\partial p}{\partial x}+\frac{\partial}{\partial x}\left(\eta_{\text{eff}}\frac{\partial u}{\partial x}\right)+\frac{\partial}{\partial y}\left(\eta_{\text{eff}}\frac{\partial u}{\partial y}\right) \tag{6-14}$$

b. v 动量方程：

$$\frac{\partial(\rho v)}{\partial t}+\frac{\partial(\rho uv)}{\partial x}+\frac{\partial(\rho v^2)}{\partial y}=-\frac{\partial p}{\partial y}+\frac{\partial}{\partial x}\left(\eta_{\text{eff}}\frac{\partial u}{\partial x}\right)+\frac{\partial}{\partial y}\left(\eta_{\text{eff}}\frac{\partial u}{\partial y}\right)+\rho g\beta(T-T_\theta) \tag{6-15}$$

$$\eta_{\text{eff}}=\eta+\eta_t$$

式中 T_θ——冷墙壁面的温度，℃；

η_{eff}——有效扩散系数，kg/(m·s)；

η——动力黏滞系数，kg/(m·s)；

η_t——附加扩散系数，kg/(m·s)。

η_t 是由于考虑流场中湍流脉动作用而形成的附加的黏度扩散系数，该项应包括湍流扩散系数以及分子扩散系数。

$$\eta_t=C_\mu|f_\mu|\rho\frac{k^2}{\varepsilon} \tag{6-16}$$

其中

$$f_\mu=\exp\left(\frac{-25}{1+\frac{Re_f}{50}}\right) \tag{6-17}$$

式中 C_μ——经验系数；

Re_f——湍流雷诺数；

k——湍流脉动动能；

ε——单位质量流体脉动动能耗散率。

③ 能量方程

$$\frac{\partial(\rho T)}{\partial t}+\frac{\partial(\rho uT)}{\partial x}+\frac{\partial(\rho vT)}{\partial y}=\frac{\partial}{\partial x}\left(\eta_e\frac{\partial T}{\partial x}\right)+\frac{\partial}{\partial y}\left(\eta_e\frac{\partial T}{\partial y}\right)+S_T \tag{6-18}$$

$$\eta_e=\frac{\lambda}{c_P}+\frac{\eta_t}{\sigma_T}$$

式中 T——空气温度，℃；

λ——热导率，W/(m·K)；

c_P——空气的比定压热容，kJ/(kg·K)；

σ_T——经验系数。

源项中的 S_T 包括内热源 S_n 和由于黏性作用的机械能转换为热能的耗散函数。

$$S_T = S_n + \eta_t \left(2\left[\left(\frac{\partial u}{\partial x} \right)^2 + \left(\frac{\partial v}{\partial y} \right)^2 \right] + \left(\frac{\partial u}{\partial x} + \frac{\partial v}{\partial y} \right)^2 \right) + \lambda \, \mathrm{div}(U) \tag{6-19}$$

通过以上的连续性方程、动量守恒以及能量守恒方程，可以结合 k-ε 模型，列出对应的方程，即可求出方程的解。这里采用计算机模型方法，理论基础同上。

（4）蓄热材料的实验研究

对于地暖盘管水系统而言，可以通过蓄热水箱进行蓄热，但对于利用分时电价进行采暖的电采暖系统而言，必须处理好供热和蓄热的关系，以及采暖保障房间中采暖的合理性和经济性。为了解决这一难题，本课题研究了相关的蓄热材料，并进行了相关蓄热材料的热物性性能测试。该蓄热材料不仅仅针对电采暖地暖，也可结合水采暖地暖进行地暖设计。

① 蓄热材料的性能要求　本蓄热材料的研究应结合地暖施工特点，如前所述的显热蓄热、潜热蓄热以及化学能蓄热等方式都可以考虑。

传统地暖系统的地埋层已经有一定的蓄热能力，这主要是依靠地埋层地埋材料的显热蓄热。这一部分可以维持房间在短时间内的温度场的均衡性和舒适性，若在系统上将其作为蓄热体进行设计和计算，还不能满足要求。因此，需要研究一种可以进行系统蓄热调节和蓄存热量计算的材料进行蓄热。地暖蓄热材料应该满足以下特性才有利于推广和应用。

a. 蓄热量必须满足要求。对于常规的地暖系统，地埋层的显热蓄热只是作为保障系统的舒适性运行的一个功能在使用，在设计时不作考虑。但作为蓄热体的蓄热材料在真正投入使用时一定是蓄热量能够满足相应要求后，才能得到推广。

b. 蓄热体的蓄热相态必须适当。常规的地埋层蓄热为固态物的显热蓄热，蓄热水箱的蓄热原理是液态物的显热蓄热。地埋蓄热材料的相态也要有一定的要求，以符合力学受力和材料相变时的体积变化为准。

c. 蓄热体在相变过程中，必须可逆循环蓄热。在蓄热的过程中，吸热和放热过程必须是可逆的，且不影响过程中的地暖传热。

② 蓄热材料的选择　地暖地埋蓄热材料必须满足以上三项要求。显热蓄热量相对较小，水的比热容较大，为 $4.2 \times 10^3 \mathrm{J/(kg \cdot K)}$，但为液态，不利于施工和操作；化学能蓄热一般是一个多种相态物质的可逆反应，蓄热量相对较大，可以利用单独的化学能蓄热罐进行蓄热。相对来说，相变蓄热可以考虑作为地埋层的蓄热材料。常用的相变蓄热材料特性见表 6-22。

表 6-22　常用的相变蓄热材料特性

相变材料	分子式	熔点/℃	熔化潜热/(kJ/kg)	固态密度/(kg/m³)	比热容/[kJ/(kg·℃)]	
					固态	液态
六水氯化钙	$CaCl_2 \cdot 6H_2O$	29.4	170	1630	1340	2310
十二水磷酸氢二钠	$Na_2HPO_4 \cdot 12H_2O$	36	280	1520	1690	1940
烷烃	C_nH_{2n+2}	36.7	247	856	2210	2010
聚乙烯乙二醇	$HO—CH_2 —\!\!\!\!(CH_2—O—CH_2)_n\!\!\!—CH_2—OH$	20～25	146	1100	2260	—
十水硫酸钠	$Na_2SO_4 \cdot 10H_2O$	32.4	253	1460	1920	3260
五水硫代硫酸钠	$Na_2S_2O_3 \cdot 5H_2O$	49	200	1690	1450	2389
硬脂酸	$C_{18}H_{36}O_2$	69.4	199	847	1670	2300

由于地板辐射采暖的温度限制，如果直接将以上材料用于蓄热材料的制作，蓄热温度无法满足要求。五水硫代硫酸钠在熔点上可满足要求，但是由于它具有强烈的还原性，在33℃以上的干燥空气中易风化，在潮湿空气中有潮解性，不适合用于地板下蓄热板材的制作。通过对多种相变材料进行性能参数的比较，本实验选用石蜡作为蓄热材料，辅以SBS（苯乙烯-丁二烯-苯乙烯嵌段共聚物）等原材料加强其力学特性，实现了蓄热和承重双重功能。石蜡的示差扫描量热法（DSC）的测试曲线如图6-28所示。

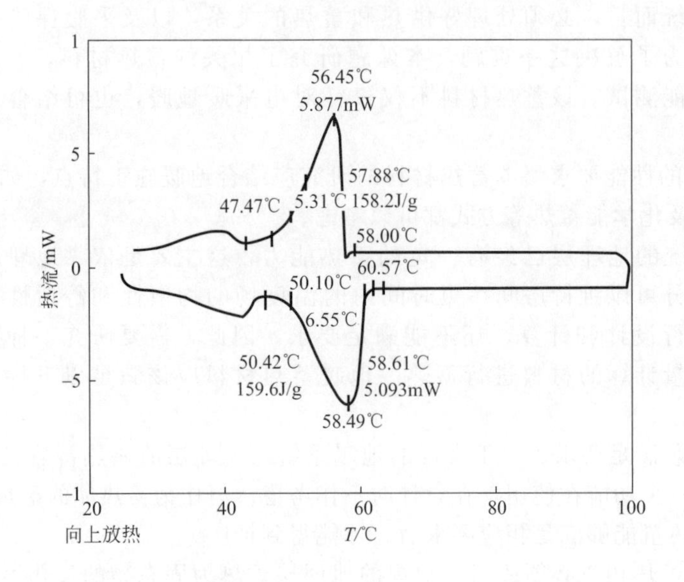

图6-28　石蜡的示差扫描量热法（DSC）的测试曲线

由图6-28可以看出，石蜡的熔点在地板辐射采暖的地暖盘管放热温度范围内，可以作为敷地蓄热材料使用。

③ 蓄热板的实验室制法　本蓄热材料的原材料包括碳酸钙、硬脂酸钠溶液、石蜡、SBS（苯乙烯-丁二烯-苯乙烯嵌段共聚物）、聚乙烯复合膜等，通过溶液配置和超声分散处理、烘干、研磨、高速粉碎机、螺杆挤压器、平板压机等步骤，最终形成蓄热板材（图6-29～图6-34）。

图6-29　蓄热材料原材料

图6-30　实验中所用的物料粉碎机

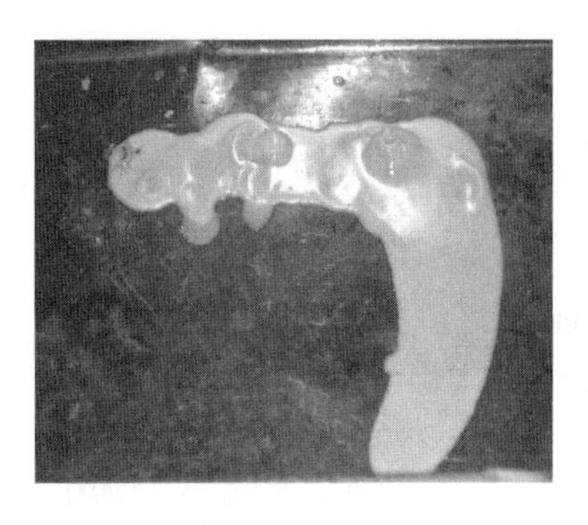

图 6-31　螺杆挤压器挤压出料示意

图 6-32　螺杆挤压器挤压料示意

图 6-33　蓄热板材模板

图 6-34　相变蓄热板

对实验室加工合成的四种不同原料组分比例的蓄热板进行 DSC 测试，所得板材的 DSC 结果见图 6-35～图 6-38。

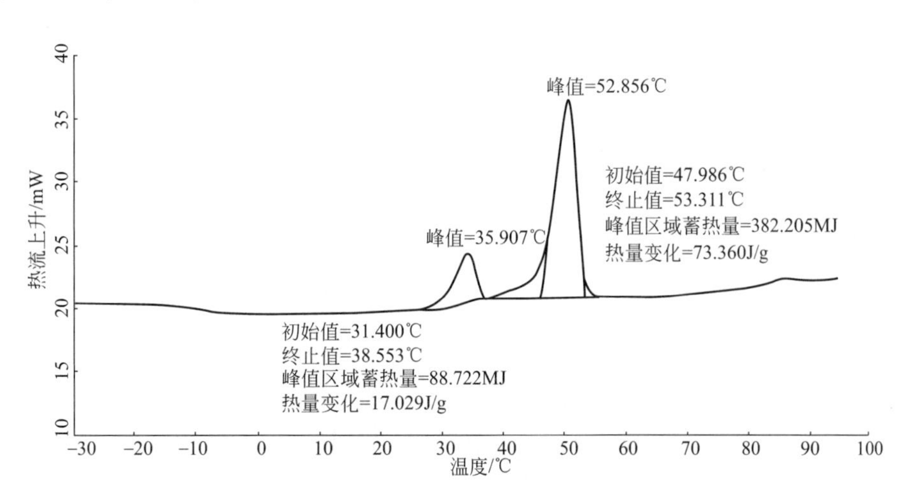

图 6-35　蓄热板材 1 测试结果

由图 6-35～图 6-38 测试曲线可以看出，四种板材在制作时，由于配方和材料上的差异，导致了热物性参数的不同。拟采用蓄热板材 4 作为蓄热实验台的蓄热材料，其熔融峰值温度为 53.439℃，相变蓄热量为 87.447J/g。板材经过实际压力测试，未发生变形，其力学性能符合要求，可以作为地暖系统蓄热板材使用。

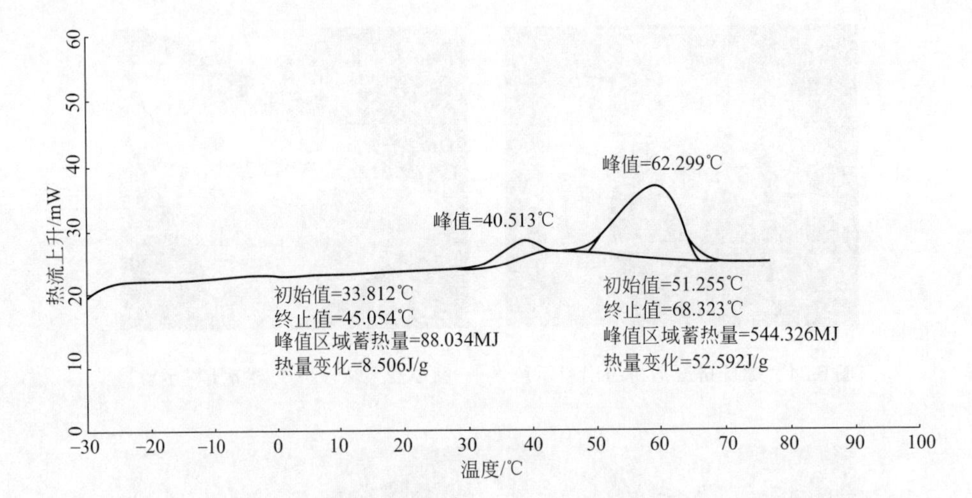

图 6-36 蓄热板材 2 测试结果

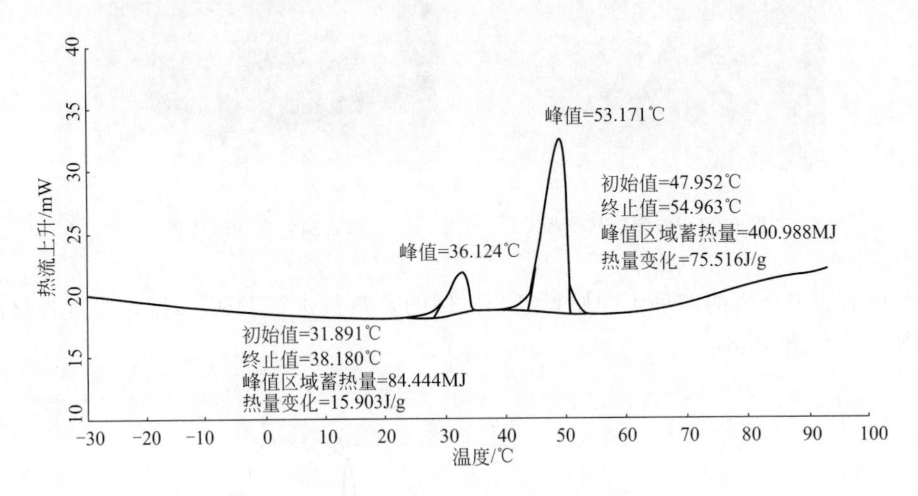

图 6-37 蓄热板材 3 测试结果

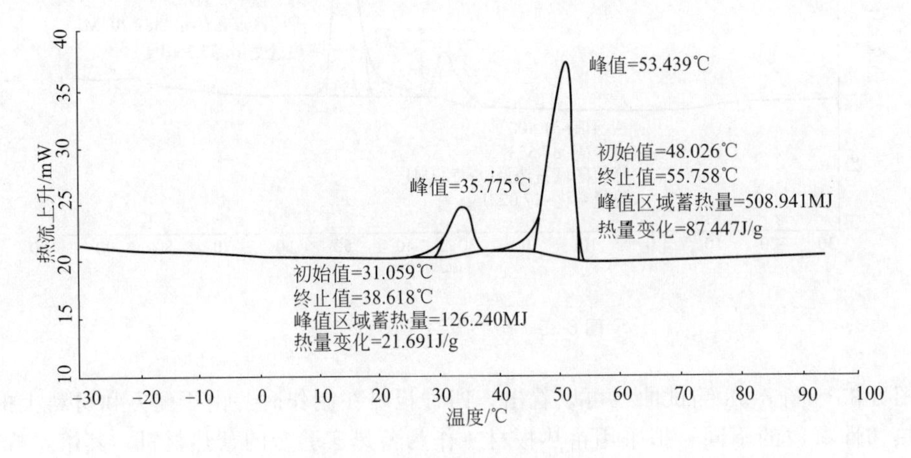

图 6-38 蓄热板材 4 测试结果

6.2.4 低谷电地暖辐射采暖的实验研究

（1）实验平台搭建及负荷计算

DeST是一种建筑环境及HVAC系统模拟的软件。DeST计算不同于实验形式，通过计算机模拟，可以在短时间内获得大量数据，建立建筑模型；设置相应的内外扰动和热物性参数。通过相应的理论推导和模型计算，可以得出建筑实际的负荷状况和系统数据。对于整个研究过程而言，是相当便利的，通过模拟，可以以较小的成本获得近似的数据结果，对于整体研究的推进具有重要作用。

本实验拟通过DeST软件建造$12m^2$的实验平台来模拟冬季地板辐射采暖，针对的用户暂定为上班族，晚上在家休息，白天上班。此类用户的采暖需求是在下班后、上班前的一段时间内，需要对其进行供暖；而在白天则可以较少供暖，只保证房间的基本温度，使留守人员没有寒冷的感觉即可，相关模型见图6-39和图6-40。

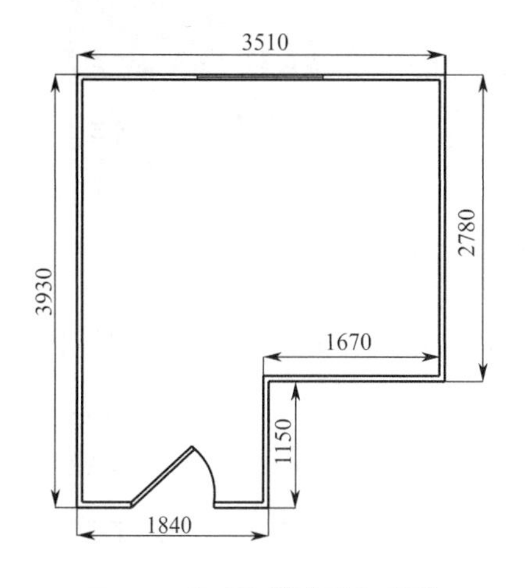

图6-39 DeST模型平台平面

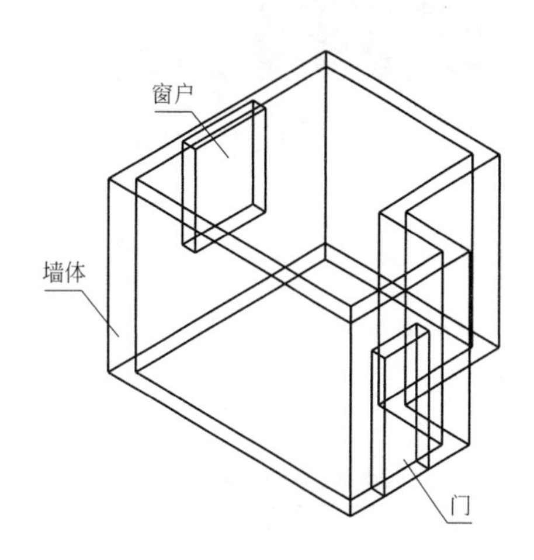

图6-40 DeST模型平台立面

实验室为$12m^2$，房间样式见图6-39、图6-40；朝向为坐北朝南，北窗南门，门的尺寸为800mm×2000mm，窗户的尺寸为1.5m×1.2m（高×宽），层高为2.8m。北向有窗的窗墙比为0.193。

依据《夏热冬冷地区居住建筑节能设计标准》（JGJ 134—2010），在DeST模拟设定中，实验室的外形结构如图6-39、图6-40所示，相关热工参数见表6-23。

表6-23 DeST模型平台构件热工参数

名称	材料	导热热阻/($m^2 \cdot k/W$)	传热系数/[$W/(m^2 \cdot K)$]
外墙构件	钢筋混凝土200mm 膨胀聚苯板32mm	0.832	1.01
屋顶构件	炉渣混凝土80mm 膨胀聚苯板40mm 钢筋混凝土100mm	1.07	0.814
外门	双层实体木制外门(厚度25.3mm)		
外窗	标准外窗	0.213	4.7

实验室人员为2人，人均发热量为53W；灯光热扰为30W，电热转化率为90%；设备热扰为12.7W。由于本实验针对的是家居人群，采暖温度设计方案见表6-24。

⊡ 表 6-24　采暖温度设计方案

时间	时段（24 小时制）	室温/℃
星期一～星期五	0～8 时	18
	8～18 时	13
	18～0 时	18
周末	全天候	18

经过 DeST 模拟计算，模型平台全年的热负荷如图 6-41 所示。

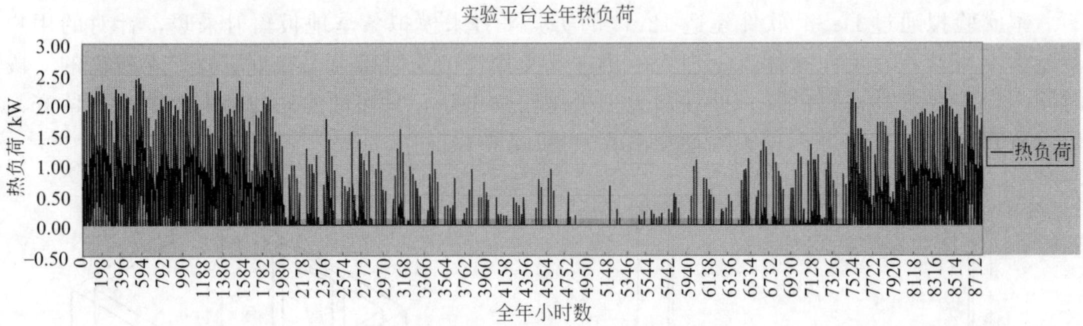

图 6-41　模型平台全年的热负荷

为了进一步说明逐时的热负荷变化情况，随意选取全年热负荷，进行曲线图转化，如表 6-25 所示。

⊡ 表 6-25　模型部分小时数的热负荷

全年小时数	0	1	2	3	4	5	6	7	8	9	10	11
热负荷/kW	0.65	0.62	0.61	0.61	0.63	0.64	0.66	0.77	0.00	0.00	0.00	0.00
全年小时数	12	13	14	15	16	17	18	19	20	21	22	23
热负荷/kW	0.00	0.00	0.00	0.00	0.04	0.11	1.88	1.31	1.04	0.91	0.81	0.75
全年小时数	24	25	26	27	28	29	30	31	32	33	34	35
热负荷/kW	0.76	0.79	0.81	0.84	0.86	0.88	0.90	1.02	0.00	0.00	0.09	0.16
全年小时数	36	37	38	39	40	41	42	43	44	45	46	47
热负荷/kW	0.13	0.12	0.09	0.07	0.09	0.14	1.90	1.32	1.06	0.92	0.81	0.72
全年小时数	48	49	50	51	52	53	54	55	56	57	58	59
热负荷/kW	0.72	0.72	0.72	0.73	0.73	0.73	0.73	0.83	0.00	0.00	0.00	0.12
全年小时数	60	61	62	63	64	65	66	67	68	69	70	71
热负荷/kW	0.18	0.22	0.24	0.28	0.36	0.43	2.19	1.61	1.34	1.22	1.13	1.04
全年小时数	72	73	74	75	76	77	78	79	80	81	82	83
热负荷/kW	1.03	1.02	1.01	1.01	1.01	1.01	1.01	1.11	0.00	0.00	0.24	0.35
全年小时数	84	85	86	87	88	89	90	91	92	93	94	95
热负荷/kW	0.40	0.41	0.41	0.40	0.40	0.42	2.16	1.58	1.31	1.18	1.06	0.96
全年小时数	96	97	98	99	100	101	102	103	104	105	106	107
热负荷/kW	0.95	0.94	0.95	0.97	1.00	1.03	1.06	1.18	0.00	0.02	0.25	0.33
全年小时数	108	109	110	111	112	113	114	115	116	117	118	119
热负荷/kW	0.35	0.32	0.30	0.30	0.32	0.36	2.11	1.55	1.29	1.17	1.07	0.99
全年小时数	120	121	122	123	124	125	126	127	128	129	130	131
热负荷/kW	0.98	0.99	0.99	1.00	1.01	1.02	1.02	1.03	0.00	0.00	0.06	0.32
全年小时数	132	133	134	135	136	137	138	139	140	141	142	143
热负荷/kW	0.44	0.50	0.45	0.42	0.46	0.47	2.22	1.67	1.44	1.35	1.31	1.25

续表

全年小时数	144	145	146	147	148	149	150	151	152	153	154	155
热负荷/kW	1.20	1.20	1.20	1.20	1.21	1.22	1.22	1.23	0.00	0.00	0.22	0.37
全年小时数	156	157	158	159	160	161	162	163	164	165	166	167
热负荷/kW	0.42	0.45	0.38	0.33	0.40	0.45	2.21	1.66	1.42	1.32	1.28	1.21

为了进一步说明单天对应小时数的热负荷变化情况，可对表 6-25 中的各个自然日进行曲线模拟，对应的热负荷曲线如图 6-42 所示。

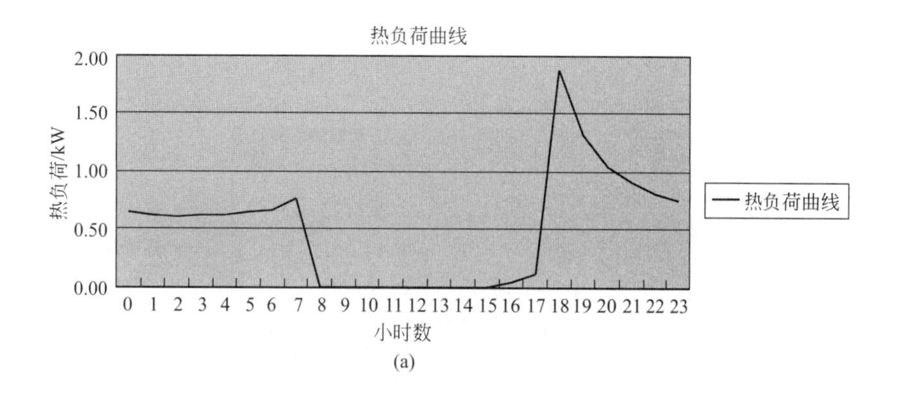

(a)

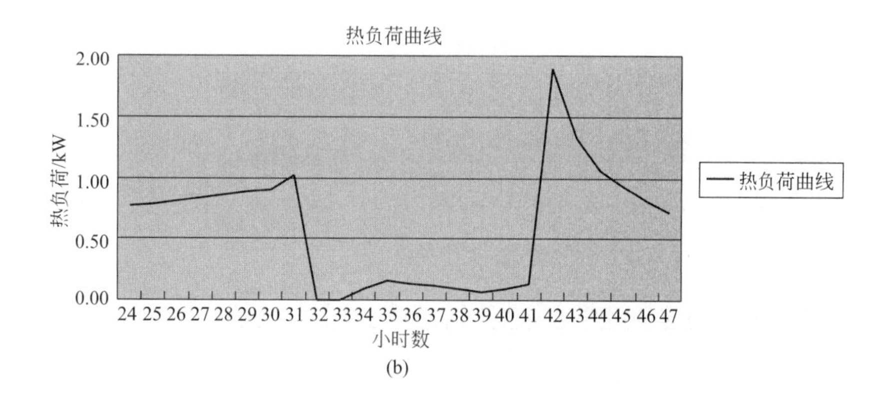

(b)

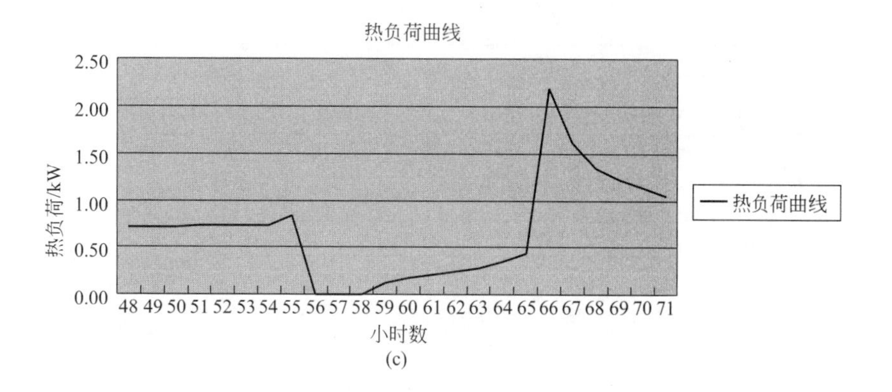

(c)

图 6-42

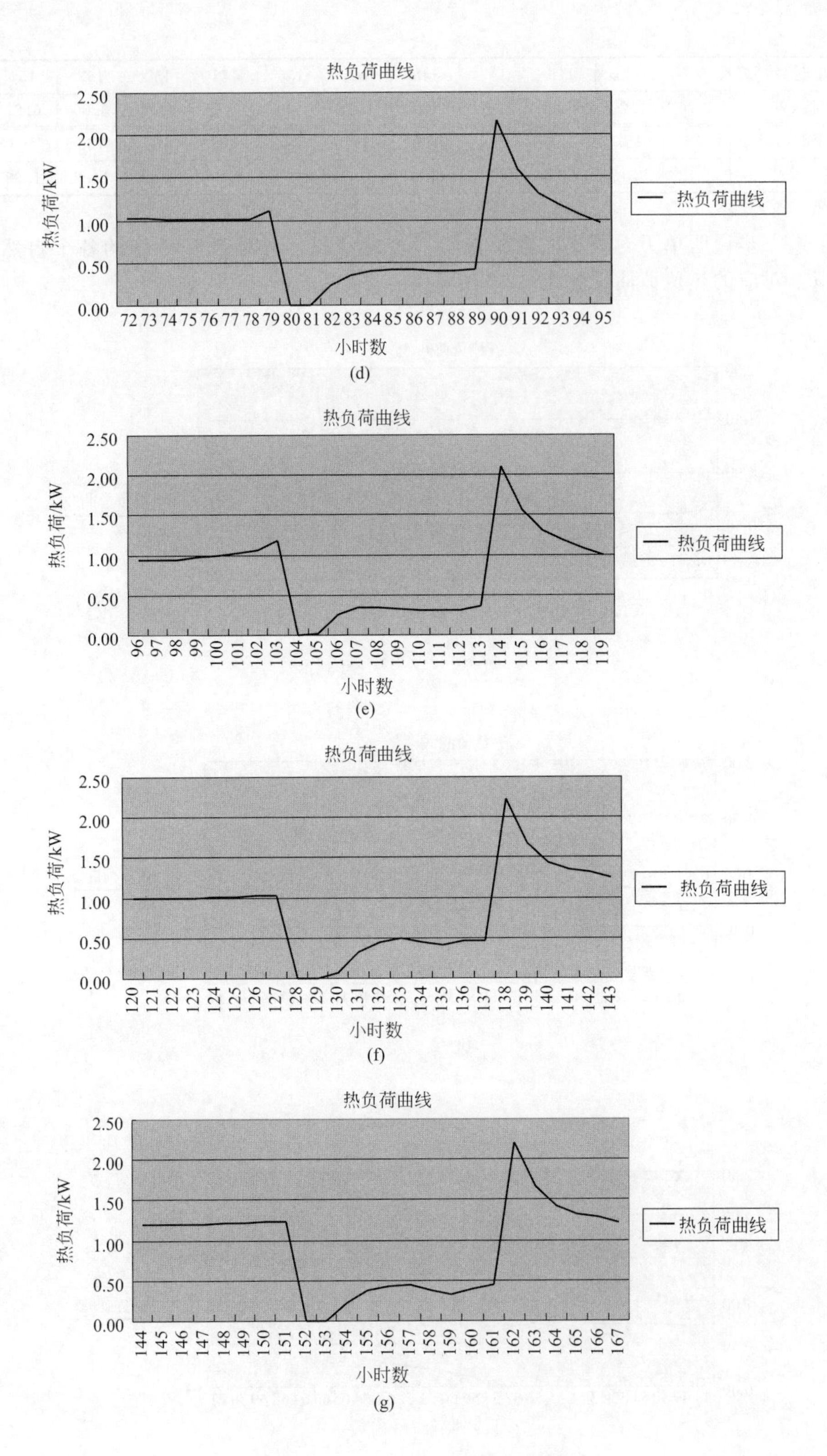

图 6-42 模型平台自然日热负荷曲线

由图 6-42 中的 7 个热负荷曲线图可以看出，室内热负荷不仅与室内人员活动、灯光设备、作息时间等这些可掌握的规律因素有关，还与室外气温这一不规律因素有关。由以上一周的热负荷曲线可以看出，一天内的热负荷曲线大体是相似的，必须找出最大热负荷的一天，以便于对系统进行设计和计算。

通过对全年 8760 个小时的热负荷数据进行统计和分析，得出全年最大的热负荷出现的小时数为 1314，其值为 2.437kW。

通过对全年 8760 个小时的热负荷分析，可以计算出热负荷最大的采暖日，其日热负荷为 25.42kW·h，其热负荷表如表 6-26 所示。

表 6-26　模型单日最大热负荷的小时数热负荷

全年小时数	528	529	530	531	532	533	534	535	536	537	538	539
热负荷/kW	1.26	1.26	1.27	1.27	1.28	1.29	1.29	1.40	0.00	0.21	0.47	0.56
全年小时数	540	541	542	543	544	545	546	547	548	549	550	551
热负荷/kW	0.60	0.61	0.64	0.65	0.65	0.67	2.43	1.86	1.60	1.48	1.38	1.29

表 6-26 所对应的热负荷曲线如图 6-43 所示。

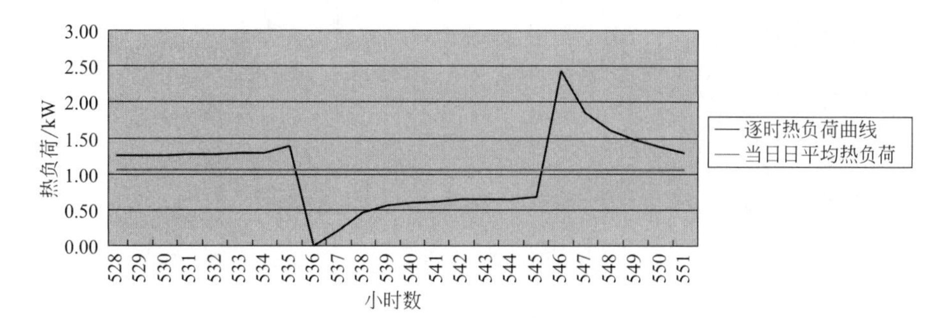

图 6-43　模型平台自然日最大热负荷曲线图

（2）低谷电地暖系统方案案例

低谷电地暖系统就是利用分时电价政策，采取移峰填谷的分时蓄能采暖手段，实现电辐射采暖。以武汉市的电价政策为例，武汉市分时电价和时段划分见表 6-27。

表 6-27　武汉市分时电价和时段划分

时段	时间	电价/[元/(kW·h)]
峰时段	7:00～11:00,19:00～22:00	1.16
平时段	11:00～19:00,22:00～0:00	0.83
谷时段	0:00～次日 7:00	0.332

该分时电价参照文献、时效性和是否为居民用电价格还有待论证，但其相对性具有重要的参考价值，因此决定予以采用。利用对应的分时电价政策，可以分为三种来讨论利用分时电价政策采暖应采用何种运行方案。

采用与作息时间相结合的一种分时温度控制方案，即如表 6-28 所示的分时温度控制方案，这既不同于全天候设计温度不变的系统，也不同于间歇式运行的系统，而是与房间内人员作息相结合的一种运行模式。

⊡ 表 6-28　分时温度控制方案

时间	时段（24 小时制）	室温/℃
星期一～星期五	0～8 时	18
	8～18 时	13
	18～0 时	18
周末	全天候	18

设定系统有两种负荷模式：一种是常规供暖模式，室内温度是 18℃；另外一种是节能模式，室内温度为 13℃。不考虑负荷波动和室外气候参数变化，电采暖地暖系统运行方案如下。

① 方案一　根据武汉市的分时电价表 6-27，如果仅采用电缆加热，不选用蓄热材料进行地板辐射采暖，其运行方案见图 6-44，具体供热形式见表 6-29。

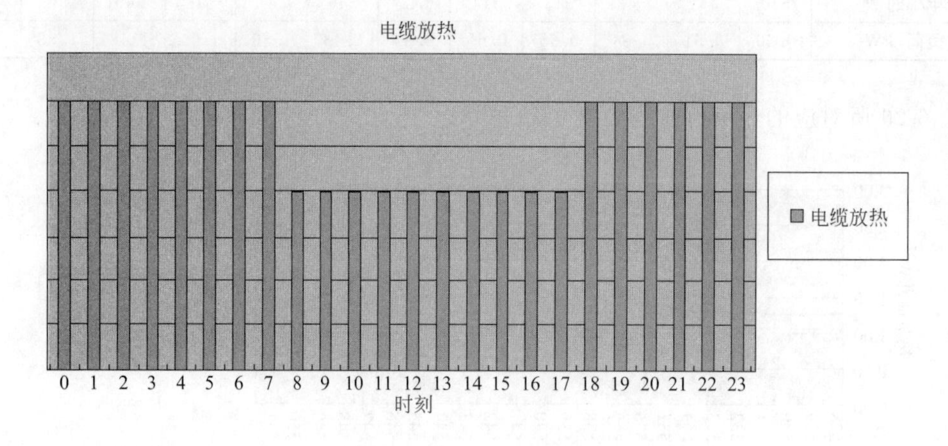

图 6-44　地暖运行方案 1

⊡ 表 6-29　具体供热形式 1

时段（24 小时制）	室温/℃	供热情况	备注
0～7 时	18	发热电缆供热	低价电
7～8 时	18	发热电缆供热	高价电
8～11 时	13	发热电缆供热	高价电
11～18 时	13	发热电缆供热	中价电
18～19 时	18	发热电缆供热	平价电
19～22 时	18	发热电缆供热	高价电
22～0 时	18	发热电缆供热	中价电

按前面介绍的常规采暖热负荷计算，地暖实验台建筑室内采暖温度 18℃时，系统热负荷为 $Q_1=1341$W；地暖实验台建筑室内采暖温度 13℃时，系统热负荷为 $Q_2=862$W。按照表 6-29 的运行方案，结合武汉市的分时电价政策，可以计算出该地暖系统一天的采暖耗电量对应的费用为 20.69 元。这个只是一个相对值，我们还没有结合逐时热负荷进行分析，此采暖价格只在三个运行方案内进行对比。

② 方案二　根据武汉市的供电政策拟采取低谷电蓄能措施，在 0～7 时内，加热电缆除了供暖外，还要利用敷地蓄热板进行蓄热；在 7～8 时内，室内维持 18℃室温的热量由蓄热板放热和电缆发热共同提供；而在 0～8 时以及 18～0 时，室内温度维持在 18℃，需要加热

电缆辅助供热。方案二的主要设计思路是利用蓄热材料的蓄热能力实现电价的峰谷互补，蓄热材料放热不参与到平价电时段的采暖，其运行方案见图 6-45，具体供热形式见表 6-30。

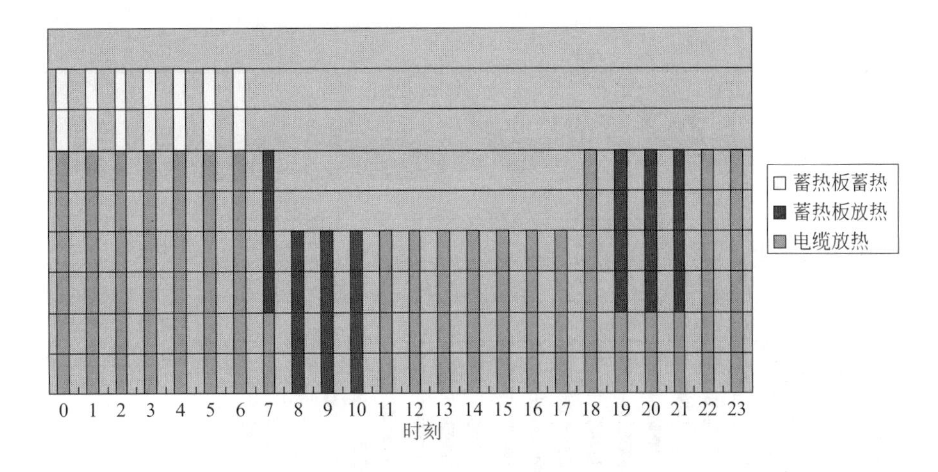

图 6-45　具体供热形式 2

表 6-30　具体供热形式 2

时段（24 小时制）	室温/℃	供热情况	备注
0～7 时	18	发热电缆供热，蓄热板蓄热	低价电
7～8 时	18	发热电缆供热，蓄热板放热	高价电
8～11 时	13	仅蓄热板放热	高价电
11～18 时	13	发热电缆供热	中价电
18～19 时	18	发热电缆供热	中价电
19～22 时	18	发热电缆供热，蓄热板放热	高价电
22～0 时	18	发热电缆供热	中价电

按前面介绍的常规采暖热负荷计算，地暖实验台建筑室内采暖温度为 18℃时，系统热负荷为 $Q_1=1341W$；地暖实验台建筑室内采暖温度 13℃时，系统热负荷为 $Q_2=862W$。按照表 6-30 的运行方案，结合武汉市的分时电价政策，可以计算出该地暖系统一天的采暖耗电量对应的费用为 16.13 元。这个只是一个相对值，我们还没有结合逐时热负荷进行分析，此采暖价格只在三个运行方案内进行对比。

③ 方案三　图 6-46 是根据武汉市的供电政策拟采取的低谷电蓄能措施，在 0～7 时内，加热电缆除了供暖外，还要利用蓄热体（综合其他系统，可以是蓄热材料也可以是蓄热水箱）进行蓄热；在 7～8 时内，室内维持室温的热量由蓄热体放热和电缆发热共同提供；而在 7～8 时以及 19～22 时，维持室内温度需要加热电缆辅助供热。方案三的设计思路是利用蓄热材料的蓄热能力和加热电缆的加热能力以实现蓄热量的最大化、电缆成本的最小化，具体供热形式见表 6-31。

表 6-31　具体供热形式 3

时段（24 小时制）	室温/℃	供热情况	备注
0～7 时	18	发热电缆供热，蓄热板蓄热	低价电
7～8 时	18	发热电缆供热，蓄热板放热	高价电
8～11 时	13	仅蓄热板放热	高价电
11～18 时	13	发热电缆供热	中价电

续表

时段(24小时制)	室温/℃	供热情况	备注
18～19时	18	发热电缆供热	中价电
19～22时	18	发热电缆供热,蓄热板放热	高价电
22～0时	18	发热电缆供热	中价电

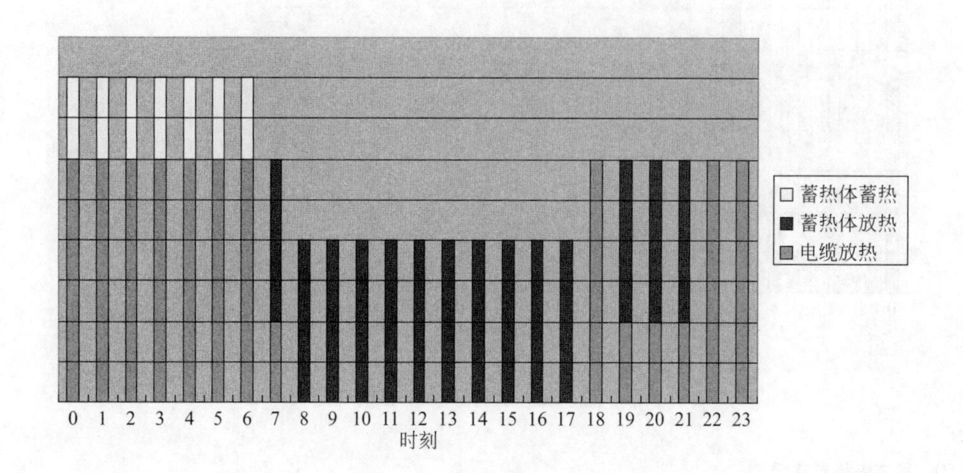

图6-46　地暖运行方案3

按前面介绍的常规采暖热负荷计算，地暖实验台建筑室内采暖温度18℃时，系统热负荷为$Q_1=1341W$；地暖实验台建筑室内采暖温度为13℃时，系统热负荷为$Q_2=862W$。按照表6-32的运行方案，结合武汉市的分时电价政策，可以计算出该地暖系统一天的采暖耗电量对应的费用为13.12元。这个只是一个相对值，我们还没有结合逐时热负荷进行分析，此采暖价格只在三个运行方案内进行对比。

④ 方案对比　对于同样的分时温度控制方案，我们可以根据运行方案和最后的单日运行费用将三个方案进行对比，显然方案三相对而言比较划算。在成本增加不多的前提下，可以降低运行费用，具有较好的前景。方案一为常规的电地暖系统，没有使用蓄热板进行蓄热，为即开即用采暖系统，其运行费用较高。方案三的运行费用为方案一的63.4%。换言之，方案三可以为用户节约运行费用达36.6%，具有较好的应用前景。

可选定方案三作为设计方案。但是，实际的运行热负荷是随着时间而变化的。因此，实际的逐时热负荷也是变化的，单日最大小时热负荷和日总热负荷都和系统热源设计和蓄热材料的设计有重要关联。因此，针对具体项目，需要进一步对建筑热负荷进行分析和研究。

(3) 低谷电地暖系统设计

① 蓄热方案　按照上述电采暖地暖系统的案例分析，确定系统的控制方案为方案三，详见表6-31。

a. 蓄热时间的确定。由表6-31可以看出：蓄热材料的蓄热时段为0～7时，对应的时段总热负荷为$Q_1=8.91kW \cdot h$；蓄热材料的放热时段为8～11时、19～22时，对应的时段总热负荷为$Q_2=7.02kW \cdot h$。

b. 系统负荷计算。对应的总小时热负荷为：$Q_{avg}=\frac{Q_1+Q_2}{7}=2.2757kW=2275.7W$；由前面的计算可知，全年的最大热负荷为$Q_{max}=2.437kW$。

由于 $Q_{avg}<Q_{max}$，地暖系统的发热电缆盘管不仅要满足系统的日最大热负荷，而且要满足全年的最大小时热负荷。因此，地热系统的发热电缆功率为：$Q=Q_{max}=2.437kW$。

② 蓄热材料用量的确定　相关蓄热材料的实验研究详见本书 6.2.3 节。经检测，蓄热材料的密度为 863.18kg/m^3，蓄热材料的计算见表 6-32。根据计算，为了保证地暖的蓄热效果，蓄热板厚度 $d=0.04m$。

表 6-32　电采暖地暖系统相变蓄热材料计算

热负荷 /kW·h	相变热 /(kJ/kg)	吸热时间 /h	放热时间 /h	质量 /kg	材料总面积 /m^2	密度 /(kg/m^3)	厚度 /m
8.91	87.5	7	7	366.58	12	863.18	0.0354

③ 与常规采暖系统性能对比　经计算，若设计成常规采暖系统，18℃时，系统热负荷为 $Q_{18℃}=1314W$；13℃时，系统热负荷为 $Q_{13℃}=1006W$。在设计初始，常规采暖系统热负荷比电采暖系统要高。除此以外，两系统之间还具有以下区别。

a. 室内温度场的区分。如前面章节所提及的，地暖系统温度场均匀，具有较好的温度梯度。

b. 常规系统可能无法满足建筑最大热负荷。由 DeST 复合模拟软件计算可知，建筑全年最大热负荷为 $Q_{max}=2.437kW$。当建筑实时热负荷大于 $Q_{18℃}$ 时，室内的采暖室温无法保证，热舒适性将降低。

c. 常规系统的控制手段较差，无法实现实时控制。地暖系统一般都装有温感装置，通过控制器对电缆进行启停控制；而常规采暖系统一般都为开环控制，即以人工手动调节，不利于系统的节能。

（4）低谷电地暖系统的测试结果与分析

系统通过设计和施工后，运行良好，通过感温探头和电表可以测得系统的运行数据，综合实验测得的数据，可汇总如表 6-33 所示。

表 6-33　低谷电地暖系统运行监控统计

日期	时间段	总电量 /kW·h	分时电价耗电量/kW·h			室内平均气温/℃	室外平均气温/℃
			峰谷电	平价电	低谷电		
2010 年 3 月 1 日	14:00～17:00	0.4	0	0.4	0	19.25	4.65
2010 年 3 月 2 日	11:00～23:30	7.7	1.8	5.9	0	19.21	5.00
2010 年 3 月 3 日	0:00～23:30	9.5	0	4.8	4.7	18.63	4.00
2010 年 3 月 4 日	9:00～17:00	1.2	0	1.2	0	18.65	6.00
2010 年 3 月 5 日	9:00～17:00	6.7	2.7	4	0	19.00	4.00

综合几天的情况，气温变化如图 6-47 所示。

全天能耗，以 2010 年 3 月 3 日为例：$4.8\times0.83+4.7\times0.332=5.54$(元)。

2010 年 3 月 3 日的运行时间为全天候能耗，据计算，设定室外为 4℃，室内设计温度为 18.63℃。实际上也是按照这样的发热电缆进行布置的。

由表 6-34 的采暖系统运行监控数据可以看出，最大小时耗电量出现在 16：00～17：00，$Q_2=Q_{max}=2.4kW$。

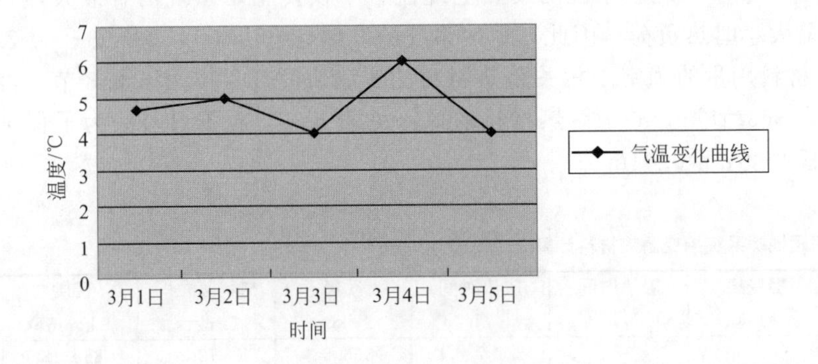

图 6-47　测试日室外气温变化

⊡ 表 6-34　2010 年 3 月 3 日采暖系统运行监控数据表

时刻	9:00	10:00	11:00	12:00	13:00	14:00	15:00	16:00	17:00	19:30	20:00
电表度数/kW·h	37.9	37.9	37.9	37.9	38.6	39.3	39.8	40.2	42.6	44.3	44.3
时刻	20:30	21:00	21:30	22:00	22:30	23:00	23:30	0:00	0:30	1:00	1:30
电表度数/kW·h	44.3	44.3	44.3	44.3	44.3	44.3	44.3	44.3	45.1	45.4	45.8
时刻	2:00	2:30	3:00	3:30	4:00	4:30	5:00	5:30	6:00	6:30	7:00
电表度数/kW·h	46.5	46.5	47.1	47.1	47.1	47.7	47.7	48.1	48.3	48.4	49

结论如下：

① $Q_1>Q_2$，说明在进行地暖系统设计时，不能按照常规的采暖形式进行系统设计，地暖的系统负荷较常规采暖系统形式负荷要小。

② 由监控数据可以看出，9：00～12：00 以及 19：30～0：00 和 3：00～4：00 这几段时间，耗电量没有增加，但室温维持正常，说明设计中所采用的蓄热材料有预期的蓄热效果。

③ 室外为 4℃，室内设计温度为 18.63℃时，地暖费用为 0.46 元/(m^2·d)，系统的低谷电的全天利用率只在 50%左右，属于偏低水平，可以通过改善系统的蓄热和放热来进一步减少成本。

6.3 本章小结

本章主要介绍了两种主要的辐射供暖技术，包括以太阳能为热源的辐射冷热墙系统和低谷电地板辐射采暖系统。通过实验和 DeST 软件模拟的方式，对武汉市的一特定研究对象进行了研究；设计的辐射冷热墙系统在夏热冬冷地区冬季供暖效果良好，而夏季仅能承担约一半的冷负荷。设计的蓄热型低谷电地板辐射采暖系统，采用特定的运行方案时，在冬季运行中有良好的供暖效果，节能效果显著，对夏热冬冷地区的辐射采暖技术的节能设计和运行有一定的参考价值与推广意义。

第7章

太阳能溶液除湿及吸附式制冷技术

7.1 太阳能溶液除湿系统

7.1.1 溶液除湿系统

（1）溶液除湿原理及特点

某些卤盐溶液（如氯化锂、溴化锂等）的表面水蒸气压力是由溶液的温度和浓度决定的，溶液的温度越低，浓度越大，其表面的水蒸气压力越小。当溶液与湿空气接触时，通过改变溶液温度和浓度就能控制水蒸气在二者之间的传质方向。当溶液的温度低、浓度高时，表面水蒸气压力低于空气的水蒸气分压，水蒸气就会在压差的作用下从空气运动到溶液表面并溶解在溶液中，从而使空气干燥。当溶液的温度高、浓度低时，表面水蒸气压力高于空气的水蒸气分压，水蒸气则由溶液运动到空气中，从而使溶液被浓缩。基于此原理，可用盐溶液循环对空气进行干燥处理。

溶液除湿系统由除湿器、加热设备、再生器和冷却器等部件组成，基本流程如图7-1所示。

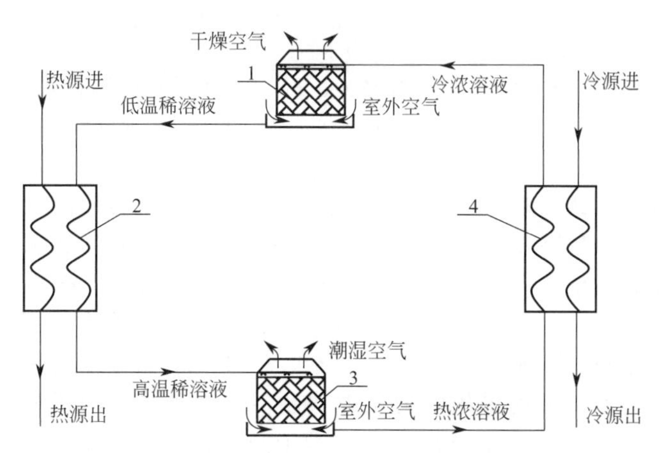

图7-1 溶液除湿系统基本流程

1—除湿器；2—加热设备；3—再生器；4—冷却器

除湿溶液均匀地喷洒在除湿器内，与被处理的热湿空气大面积接触，吸收空气中的水蒸气。在此过程中，一方面溶液由于吸收了水蒸气浓度会下降，另一方面溶液的温度也会升高。这是因为水蒸气相变会产生大量热量，这些热量被热质交换两种物质中温度低的一方吸收；受到溶液自身热物性的限制，目前常用的除湿溶液一般都在低于30℃条件下工作；而热湿空气的温度较高（35℃左右）并且空气的比热容小，吸收热量温度很容易升高，因此反应过程中释放的热量通常都被溶液吸收，溶液的温度升高。溶液浓度的下降和温度的升高，都使溶液表面的水蒸气压力升高，使溶液的吸湿能力降低直至消失。吸湿后的溶液需要蒸发掉部分水分以提高其浓度，即发生溶液再生。溶液再生有两种方式：一种是加热溶液使其表面的水蒸气分压大于环境空气（再生空气）的水蒸气分压，然后喷入再生器与再生空气进行热质交换，蒸发掉水分；另一种是加热溶液使其沸腾，蒸发浓缩。这两种方式溶液再生后都还有较高的温度，需要冷却才能达到继续除湿的要求。与传统空调系统中的冷凝除湿或固体吸收剂除湿相比，溶液除湿具有以下优点：

① 再生温度低（60～80℃），可利用多种能源驱动，如废热、太阳能、燃气或燃油、电能等，尤其为低品位能源的利用提供了途径；

② 溶液在除湿过程中可被冷却，从而可实现等温的除湿过程，使得不可逆损失减小，所以，采用液体吸收除湿的方法可以达到较高的热力学完善性，同时也为利用各种免费冷源提供了途径；

③ 由于在溶液除湿系统中，能量以化学能而不是热能的方式存储，蓄能能力强，超过冰蓄冷，而且在一般的存储条件下不会发生耗散，蓄能稳定；

④ 通过溶液的喷洒可以除去空气中的尘埃、细菌、霉菌及其他有害物，同时由于没有凝结水的产生，避免潮湿表面滋生细菌，提高处理空气的品质；

⑤ 与传统的蒸汽压缩冷冻除湿相比，使用的工质（除湿剂）不会对环境造成破坏，更环保；

⑥ 利用溶液的吸湿、放湿性能，可以方便、高效地实现空调系统排风的全热回收，降低空调系统能耗。

但溶液除湿也存在一些缺点，例如一些溶液除湿剂具有腐蚀性；除湿剂可能会泄漏到空气中，影响人体健康。但总的来说，在空调系统中使用溶液除湿，无论是从保护环境、节约能源方面来看，还是从人体舒适性方面来看，都具有很大优势，溶液除湿因此逐渐受到国内外众多研究人员的关注。

（2）溶液除湿空调系统

溶液除湿空调系统对空气热湿处理策略为：利用溶液对新风进行除湿，使其能够承担空调房间的湿负荷；利用高温冷源（18～20℃）承担空调房间的显热负荷。本节分以下三部分进行研讨：

① 不带热回收的多级模块串联除湿新风机组　图7-2为四级除湿模块处理新风流程。补浓溶液从出风侧进入，稀溶液从新风进风单元排出。左侧两个单元采用冷冻水（18～21℃）冷却，以获得更好的除湿效果，并实现较低的送风温度。冷冻水可以有多种方式低成本获得。我国黄河以北地区地下水（30～50m以下）温度在夏季基本不超过15℃，通过换热器即可获得18℃冷水。在某些干燥地区和过渡季节可以通过直接蒸发或间接蒸发的方法获取18℃冷水。即使采用电力压缩式制冷，由于要求的压缩机压缩比很小，使用专门的离心式制冷机时COP值可高达10，具有巨大的节能效果。右侧两个单元采用免费的冷却水（26～30℃）冷却，以带走除湿产生的潜热。冷却水可由冷却塔获得或者来自地下水、地表水。

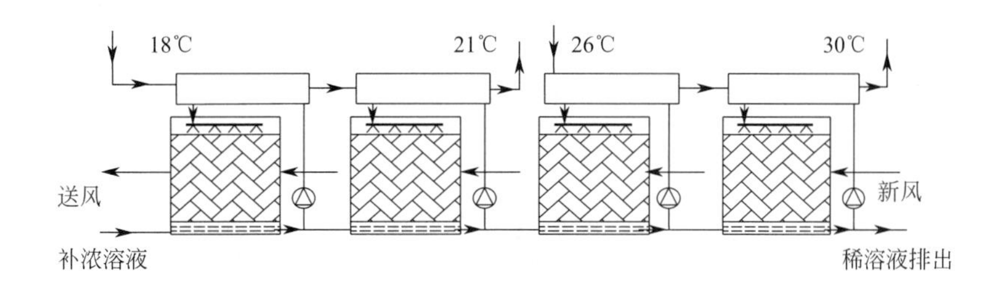

图 7-2 四级除湿模块处理新风流程

当室外湿度逐渐下降时，冷却水温度也会逐渐下降，此时只需右侧两个单元运行，左侧单元可停掉。室外湿度下降到低于要求的送风湿度以下时，降低溶液浓度，停用冷却水，利用右侧两级通过喷洒稀溶液对空气加湿降温，直到直接喷水。冬季运行时，冷却水改为热水，通过喷洒稀溶液或水对空气加热加湿。这样，通过调整溶液浓度和板式换热器另一侧的水温，可实现不同季节、不同工况下的连续转换。

② 溶液循环实现全热回收新风除湿机组　在新风处理过程中，采用热回收技术是降低新风处理能耗的一个重要手段。热回收装置可分为显热回收与全热回收。显热回收装置只能回收室内排风的显热部分，效率较低；全热回收装置既能回收显热又能回收潜热。由于在空调排风中可供回收的能量潜热占较大比例（在气候潮湿的地区更为显著），因此全热回收装置具有较高的热回收效率。空调系统采用全热回收装置，相对于显热回收装置而言，具有更大的节能潜力。目前采用的全热回收装置主要有转轮式全热回收器和翅板式全热回收器。但这两种全热回收装置都不能避免新风和排风的交叉污染。所以在上述两种全热回收器中，流过的气体必须是无害的。有资料提出了一种利用具有吸湿性能的盐溶液（如氯化锂、溴化锂等）作为媒介的单级全热回收装置，如图 7-3 所示。其工作过程是：开始运行时，溶液泵从下层单元喷淋模块底部的溶液槽中把溶液输送至上层单元模块的顶部，溶液自顶部的布液装置喷淋而下润湿填料，并与室内排风在填料中接触，溶液被降温浓缩，排风被加热、加湿后排到室外。降温浓缩后的溶液从上层的单元模块底部溢流进入下层单元喷淋模块顶部，经布液装置均匀地分布到下层填料中。室外新风在下层填料与溶液接触，由于溶液的温度和表面蒸气压均小于空气的温度和水蒸气分压，溶液被加热稀释，空气被降温除湿；溶液重新回到底部溶液槽中，完成循环。在此全热回收装置中，利用溶液的循环流动，新风被降温除湿，排风被加热加湿，从而实现能量从室内排风到室内新风的传递过程。冬季情况与夏季类似，仅是传质传热的方向不同，新风被加热，排风被降温除湿。在实际应用中，一般将图 7-3 所示的模块多级串联进行热回收，从而达到较高的全热回收效率。

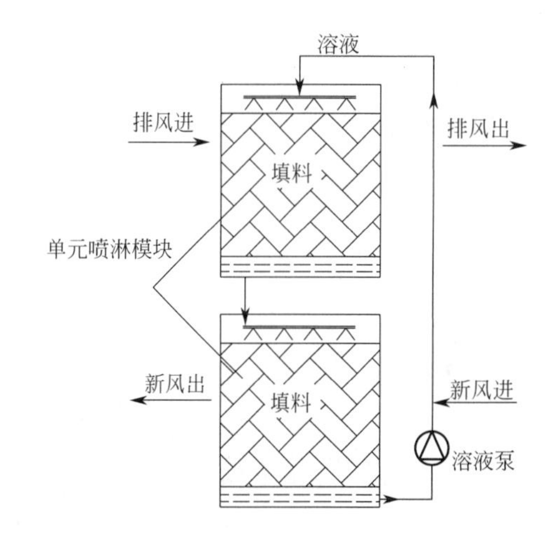

图 7-3 单级全热回收装置

图 7-4 所示的是一种带溶液热回收的新风除湿机组。新风机组带有三级全热回收装置，其全热回收效率达到 70%以上。为使送风进一步冷却和除湿，最后一级使用再生器提供的浓溶液和 18～21℃冷水对空气进行进一步减湿降温，实现要求的送风参数。当室外湿度低

于要求的送风湿度时，停止排风侧的喷淋，送风侧改为喷水降温，停止最后一级的降温除湿。冬季仍利用上、下两部分间的溶液循环实现排风的全热回收，而最后一级改为喷水加湿，换热器内也改为通热水来满足送风的温湿度要求。

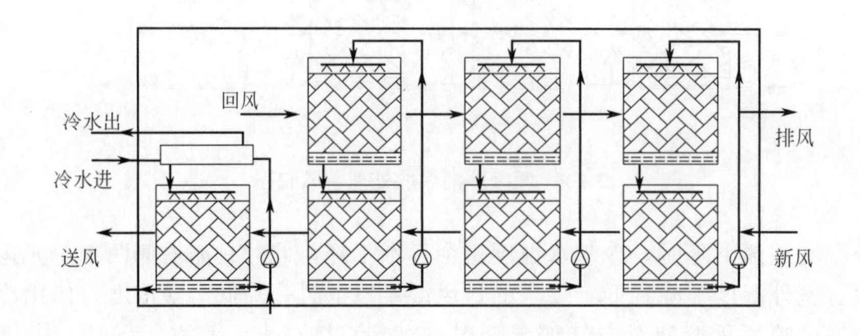

图 7-4　带溶液热回收的新风除湿机组

③ 回风蒸发冷却实现全热回收的新风除湿机组　图 7-5 为回风蒸发冷却实现全热回收的新风除湿机组。上部 3 个单元喷循环水，使排风的冷量通过循环水冷却新风除湿单元；下部 3 个单元逐级对新风减湿，浓溶液从左侧进入，稀释后从右侧排出。由于依靠排风不能对送风充分冷却，因此空气送入室内之前还可利用 18～21℃的冷水进行进一步冷却。同样，当过渡季节室外湿度低于要求的送风湿度时，停止对排风的热回收，并且降低溶液浓度，直至改为直接喷水降温加湿。冬季，上部排风侧改为溶液循环，对排风进行除湿，使其潜热转换为显热来加热送风。稀释后的溶液进入下部与干燥的室外空气接触，进行再生；同时，对空气进行加热加湿，然后在末端的空气换热器再利用热水进一步升温，以满足室内送风温度的要求。

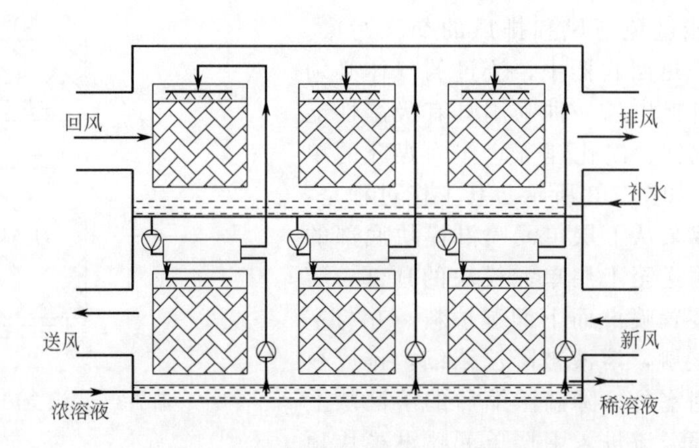

图 7-5　回风蒸发冷却实现全热回收的新风除湿机组

④ 溶液再生与热源　以上介绍的新风机组中浓溶液由再生机组统一提供。空气式再生机组原理如图 7-6 所示。再生机组由 3 组再生模块组成，但系统只设置一个空气热回收器和一个溶液热回收器。溶液分三级逐级再生，温度高的热源再生浓度较高的溶液，温度低的溶液再生浓度较低的溶液，充分地利用热水的能量。溶液的再生热源是 80～90℃的热水，可以通过以下几种方式获得。

a. 城市热网供热。对于以热电联产为热源的城市集中供热热网，由于夏季无热负荷，往往处于停机状态，造成夏季缺电时热电厂却不能发电。大面积采用上述空调方式，将此热

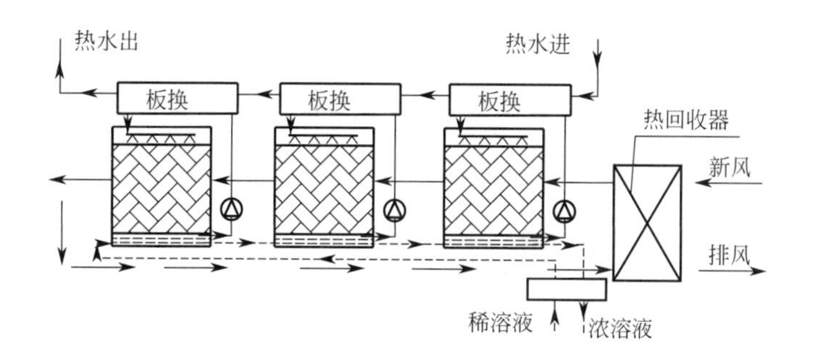

图 7-6　空气式再生机组原理

量用于溶液再生，就可使热电厂夏季运行起来，既可多发电，又可替代常规空调。热电厂运行时，希望末端是稳定的热负荷，在一天内不太会发生变化，可使再生器连续工作，制备出的浓溶液存于溶液罐中随时供空气处理机使用。1L 浓溶液可提供约 1MJ 冷量的除湿能力，大约是同体积冰的 3 倍；并且由于是常温储存，不存在漏热造成的冷量损失。这样再生器可以按照热电厂供热的要求运行，而新风机则按照建筑的使用情况正常运行，二者完全不需要同步。

b. 热泵方式供热。在没有城市热网时，还可以通过高温热泵，一侧提供 15～18℃冷水作为除湿冷却和末端冷却；另一侧提供 55～65℃热水供溶液再生。使用螺杆式或活塞式压缩机可以实现这种工况。这时热泵热端排出的热量远大于再生器需要的热量，为此要使热泵在两种工况下交替运行。需要再生时，热端温度为 55～65℃，全部排热用于溶液再生。再生出的浓溶液存于溶液罐中，溶液罐充满后，热泵则在冷侧 18℃、热侧 35℃的单制冷工况下工作。

c. 燃气热电联产方式供热。采用小型天然气热电联产装置与溶液系统配合，全面解决建筑物的电、热和空调所需能源，可能是天然气作为建筑物一次能源供应的最佳解决方案，图 7-7 为这种方式的一种搭配方式。使用天然气内燃机作为动力机带动发电机发电，气缸套冷却水为 80～90℃，这恰好可作为溶液再生器的热源。发动机排出的 300℃左右的烟气则可直接驱动吸收机制取 18～21℃的冷水。吸收机排出的低温烟气则可进一步用于加热生活热水；这样整个系统的能量利用率可达 95%以上，并分四级实现能量的梯级利用。由于浓溶液可以高密度储存，生活热水也可以储存，吸收机也可在制备热水的工况下工作，系统可以进行多种转换，调节和储存以适应电、热、冷的负荷变化，解决系统负荷匹配的问题。

d. 太阳能方式供热。太阳能是一种取之不尽、用之不竭的绿色无污染能源，而且夏季的太阳辐射强度恰好与空调负荷变化相匹配，因此采用太阳能最能发挥自然资源的优势。利用太阳能再生有两种方式：直接加热方式和间接加热方式。直接加热方式就是稀溶液直接吸收太阳辐射能加热，而间接加热方式则是水吸收太阳能升温后再去加热溶液。但受天气情况的影响，无论何种方式的可靠性都较差。太阳能热泵则可解决这样的问题。太阳能热泵是指利用太阳能作为蒸发器热源的热泵系统，它把热泵技术和太阳能热利用技术有机地结合起来，可同时提高太阳能集热器效率和热泵系统性能。集热器吸收的热量作为热泵的低温热源，在阴雨天，直膨式太阳能热泵可转变为空气源热泵，非直膨式太阳能热泵可作为加热系统的辅助热源。因此，它可以全天候工作，提供热水或热量。夏季用太阳能热泵可提高热量，进行溶液再生。当太阳能集热器提供的热量满足再生需要时，则不必启动热泵，实现免费制冷；如在晚上或阴雨天，集热器无法提供足够热量时则启用热泵。

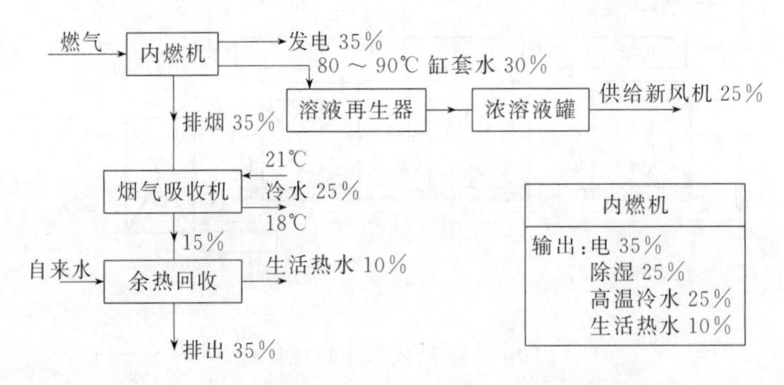

图 7-7 燃气热电联产方式供热系统的能量梯级利用

e. 其他方式供热。如工业废热等。

（3）溶液除湿空调系统评价方法

溶液除湿空调系统可采用多种能源驱动，如低温热能、天然气、石油、电能等，不能与电驱动蒸气压缩式空调系统的技术经济性能直接定量比较。目前主要有以下几种方式对溶液除湿空调系统的技术性和经济性进行评价。

① 系统的技术性能参数　热能和电能在热力学上是“品位”不同的能源，所以为比较使用热能和使用电能驱动的空调系统性能，就应该将热能和电能转化为标准相同的能源形式。基础能源消耗量指标可用于比较热能驱动空调系统和电能驱动空调系统的性能，它表示要得到空调系统所消耗的热能和电能能量的总和时所需要的初级燃料量。根据转换效率的不同，燃料可以是标准煤，也可以是石油或天然气。基础能源消耗量 PE 定义为：

$$PE=\frac{Q_{t,f}}{\eta_{t,f}}-\frac{Q_{t,s}}{\eta_{t,f}}+\frac{E_e}{\eta_{e,f}} \tag{7-1}$$

式中　$Q_{t,f}$——空调系统所需输入的全部热量（购买热量与非购买热量之和）；

$Q_{t,s}$——空调系统所需输入的非购买热量（太阳能或废热转换成的热量）；

E_e——空调系统所需输入的电能；

$\eta_{t,f}$——从燃料转换为热能的转换效率；

$\eta_{e,f}$——从燃料转换为电能的转换效率。

空调系统如果完全使用或辅助使用太阳能或废热驱动，除了初始投资外，不必再支出使用费用，这部分供热量将抵消由燃料产生的热量，所以式(7-1)中空调系统使用的太阳能或废热量取负值，即“$-Q_{t,s}$”，表示空调系统使用“非购买能源”越多，则其消耗的基础能源就越少。

设空调系统的制冷量为 Q_c，定义太阳能、废热辅助的热能驱动空调系统的“热能性能系数”COP_t 和“电能性能系数”COP_e 为：$COP_t=Q_c/Q_t$，$COP_e=Q_c/E_e$。

则由上述定义可得太阳能/废热辅助的热能驱动空调系统的基础能源消耗量为：

$$PE_t=\frac{Q_c}{\eta_{t,f}COP_{t,f}}-\frac{Q_c}{\eta_{t,f}COP_{t,s}}+\frac{Q_c}{\eta_{e,f}COP_e} \tag{7-2}$$

而传统的蒸气压缩式空调系统仅消耗电能，该系统所需的基础能源量为：

$$PE_{vc}=\frac{Q_c}{\eta_{e,f}COP_{e,vc}} \tag{7-3}$$

若要求热能驱动空调系统消耗的基础能源量小于电能驱动蒸气压缩式空调系统，即：

$$PE_t < PE_{vc} \tag{7-4}$$

热能驱动空调系统的热能性能系数 COP_t 对系统的整体性能有较大影响；若 COP_t 过小，尽管系统的电能性能系数 COP_e 有很大提高，但该系统的整体性能仍较低；这是因为所需输入的热能在系统所需总能量中占主导地位，因而要降低热能驱动空调系统的“基础能源消耗量”，应重点提高系统的热能性能系数。此外，燃料转换为电能的转换效率与燃料转换为热能的转换效率之比 $\eta_{e,f}/\eta_{t,f}$，也对热能驱动空调系统的整体性能有显著影响。同样条件下，$\eta_{e,f}/\eta_{t,f}$ 越大，与蒸气压缩式空调系统消耗等量“基础能源”的热能驱动空调系统的性能整体系数越高。

当量电能性能系数定义为：

$$COP_{e,eq} = \frac{Q_c}{E_{e,eq}} \tag{7-5}$$

可定义“热电当量值 $R_{e,f}$”，$R_{e,f}$ 是热能驱动空调系统消耗的热能转化为电能时的折合系数。则：

$$\frac{1}{COP_{e,eq}} = \frac{1}{COP_e} + \sum_{i=p,s} R_{e,f,i} \times \frac{1}{COP_{t,i}} \tag{7-6}$$

由式(7-6)，对于热能和电能混合驱动的空调系统，在求出系统的电能性能系数 COP_e、热能性能系数 COP_t 以后，根据“电热效率比”，即可求出系统的当量电能性能系数 $COP_{e,eq}$。而对于仅以电能驱动的蒸气压缩式空调系统，系统的电能性能系数 COP_e 等于系统的当量电能性能系数 $COP_{e,eq}$。这样，通过比较热能驱动空调系统和蒸气压缩式空调系统的当量电能性能系数 $COP_{e,eq}$，就可以当量比较两种空调系统的性能，因而就可以准确比较不同形式空调系统的技术性能。

② 系统的经济性能参数　对于新型空调系统，除了提高该系统的技术性能以外，与传统的蒸气压缩式空调系统相比，经济性的优劣将直接影响该系统的实际应用。因此，研究热能驱动空调系统的经济性时，通常采用年均空调节电量、年均空调费用这两个经济性能参数，在对系统进行技术性比较的基础上，对不同形式空调系统的经济性进行比较。

对于热能驱动的空调系统，可定义系统年均空调节电量 $E_{s,y}$ 为：

$$E_{s,y} = E_{vc} - (E_s + E_{e,t,p}) = E_{vc} - (E_s + Q_{t,p} \times R_{e,t,p}) \tag{7-7}$$

式中　E_{vc}——电能驱动蒸气压缩式空调系统的平均空调耗电量，kW · h；

E_s——热能驱动空调系统的辅助耗电量（如水泵、风机等的耗电量），kW · h；

$E_{e,t,p}$——根据前文定义的 $R_{e,t,p}$ 值，购买燃料供热量可以转化的“当量电能”。

由式(7-7) 可知，传统电能驱动蒸气压缩式空调系统的耗电量与热能驱动空调系统的“当量耗电量”之差，即为热能驱动空调系统的年均空调节电量。如果该值小于零，说明热能驱动空调系统与蒸气压缩式空调系统相比，尽管实际耗电量较小，但“当量耗电量”更大。

定义空调系统的年平均空调费用 $C_{s,y}$ 为：

$$C_{s,y} = C_A + C_B + C_C + C_D \tag{7-8}$$

式中　C_A——空调系统年均“当量购买电能费用”，$C_A = M_e(E_{e,t,p} + E_e)$，$M_e$ 为电价，元/(kW · h)；

C_B——空调系统平均成本折旧费；

C_C——空调系统年均维护费用；

C_D——空调系统年均所需其他费用。

根据空调系统的“年均空调费用”，可以比较不同空调系统的经济性。“年均空调费用”不仅考虑了空调系统的初始成本和使用寿命，还考虑了系统的技术性能影响。对太阳能/废热辅助驱动空调系统，其节能性通过 C_A 反映，而其附加成本和结构性能则通过 C_B 和 C_C 反映。

7.1.2 溶液再生设备

（1）溶液再生简介

溶液再生的过程就是将稀溶液加热并除去其中的部分水分，提高溶液浓度的过程。按照再生方式的不同，可分为空气式溶液再生和沸腾式溶液再生两种方式。

空气式溶液再生是将溶液加热使其表面的蒸气压力高于空气的水蒸气分压力。当溶液与空气接触时，水蒸气就会在压差的作用下扩散到空气中。再生器是溶液与空气进行热质交换的场所，是再生设备中最重要的部件。根据驱动再生能源的形式不同，采用的再生器形式也不一样。常见的再生器还是结构简单的填料喷淋塔，它与绝热除湿器结构相似，只是处理溶液的状态不一样，水蒸气传递的方向相反而已。这种再生方式需要的热源温度低（60～80℃），是利用低品位能源的一个有效途径，因此得到较多的关注。

沸腾式溶液再生是将溶液加热沸腾，使其部分水分汽化，溶液浓缩得到浓溶液的过程。这种再生方式使用的热源温度高，在再生流程中，反复回收热量，实现多级再生，可以得到较高再生浓度和再生效率；但再生流程和再生设备比空气式溶液再生复杂。

（2）空气式溶液再生探讨

① 空气式溶液再生流程　空气式溶液再生流程如图 7-8 所示。T-ε 图如图 7-9 所示。稀溶液被高温浓溶液预热（1→2），送至加热器继续加热（2→3），然后均匀地喷洒在再生器内；与再生空气进行热质交换，溶液浓度升高，温度降低（3→4），从再生器出来的高温浓溶液再与来自除湿器的冷的稀溶液换热冷却（4→5）。

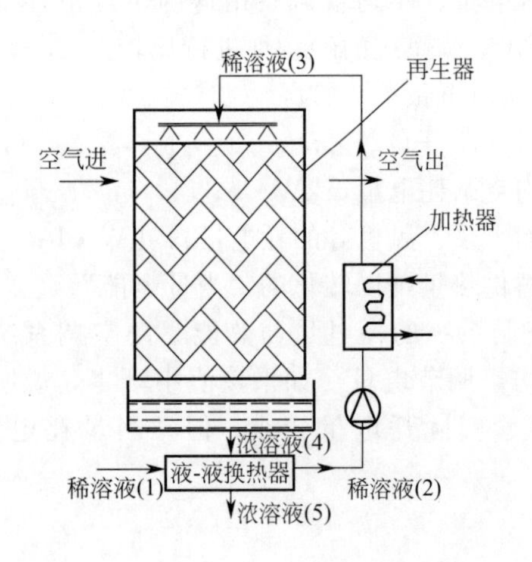

图 7-8　空气式溶液再生流程

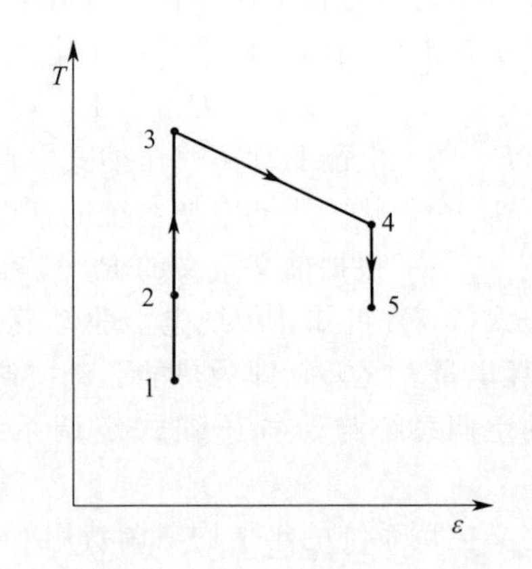

图 7-9　T-ε 图

溶液再生过程需要大量的热量，包括三个部分：加热溶液使其表面蒸气压力高于再生空气的水蒸气分压需要的热量；水分蒸发过程需要的汽化潜热；溶质解吸附的热量，这一项相比水的汽化潜热要小得多，由溶液的物理性质决定。一般用除水量 ω 和再生效

率 η_r 来评价再生设备的处理能力和性能。除水量为溶液浓缩前后含水量差。再生效率定义为：

$$\eta_r=\frac{wr}{Q} \tag{7-9}$$

式中 w——溶液浓缩前后含水量差，kg；

Q——再生消耗的能量，kW；

r——水的汽化潜热，kJ/kg。

② 再生器分析 再生器是高温稀溶液在空气中蒸发水分的场所。再生器中的传质传热过程刚好与溶液吸收水蒸气的过程相反。水分子从溶液内部扩散到溶液与空气的两相界面处，运动到气相一侧后，在压差的作用下扩散到主体空气中。随着水蒸气不断地从溶液传向空气，溶液的温度下降，浓度升高，从而溶液表面的水蒸气分压也不断降低。与此同时，空气的水蒸气分压却不断地升高。随着过程的进行，当溶液表面的水蒸气分压与空气的水蒸气分压相等时，传质便停止。

溶液状态变化过程线在 T-ε 图上表示如图 7-10 所示。溶液从状态 1 点（ε_1，$T_{L,1}$）被再生空气处理为 2 点（ε_2，$T_{L,2}$），可用下面两个参数来反映再生过程。

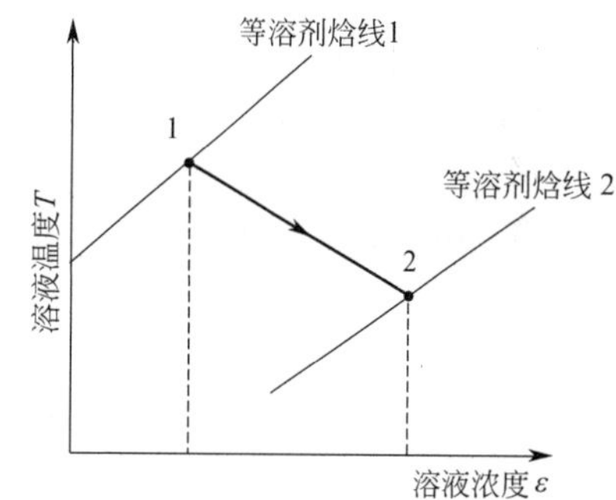

图 7-10 溶液状态变化过程线

a. 再生量。含有 1kg 溶质的溶液经过再生器后蒸发掉的水分，用 Δw_e 表示，kg/kg。表达式如下：

$$\Delta w_e=\frac{1}{\varepsilon_1}-\frac{1}{\varepsilon_2} \tag{7-10}$$

b. 能量效率。除湿过程中水分蒸发需要的潜热与溶液消耗的能量的比，用 $\eta_{r,e}$ 表示。表达式如下：

$$\eta_{r,e}=\frac{\Delta w_e\times r}{\Delta h_{L,S}} \tag{7-11}$$

式中，$\Delta h_{L,S}$ 为 1 点、2 点的溶质焓差，kJ/kg。

如果再生过程是绝热的，溶液损失的热量等于空气得到的热量，而溶液蒸发的水蒸气又全部进入空气中，所以从再生空气角度考虑，可得到：

$$\eta_{r,e}=\frac{0.001\Delta d\times r}{\Delta h} \tag{7-12}$$

式中 Δd——空气进入再生器前后的含湿量差，g/kg；

Δh——空气进入再生器前后的焓差，kJ/kg。

溶液的进口状态、再生空气参数、气液比、再生器的结构性能以及气液接触形式都是影响再生量和能量效率的重要因素。

再生空气的水蒸气分压越低，溶液再生后的浓度越高，再生量越大；空气温度越低，热损失越大，再生量越小，能量效率也越小。因此，可以使用空气热回收器，回收排出空气的热量来预热再生空气，这样可以提高再生器再生量和能量效率。

在相同的温度下，溶液的浓度越高，其表面水蒸气分压越低，这就使溶液与空气间的传质动力减小，从而减少水蒸气的蒸发量，导致空气进入再生器前后的潜热差与全热差比也就越小，也即 $\eta_{r,e}$ 越小。也就是说在相同温度下，溶液的浓度越高，再生量越小，能量效率越低。

对于结构一定的再生器处理进口状态确定的溶液，影响其再生过程最大的因素是气液比。如图 7-11 所示，气液比小，空气的水蒸气分压力和温度上升快，很容易就与溶液达到平衡状态，热质传递停止，最后水蒸气总传输量小，溶液浓度变化小，出口溶液仍具有较高的温度和

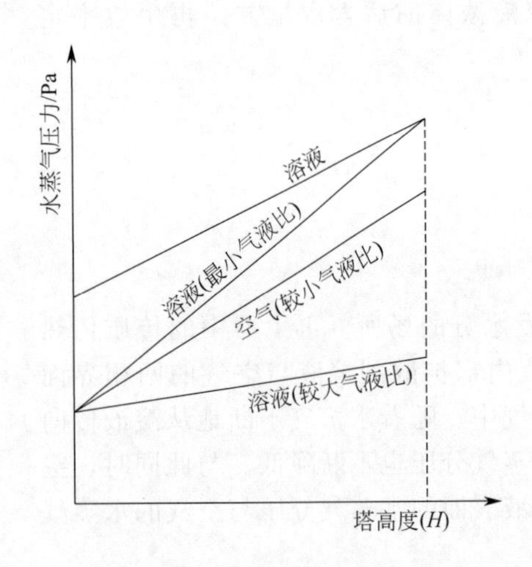

图 7-11　气液比对再生模块的影响

热量；反之，增大气液比，则可以增加水蒸气蒸发量，出口溶液温度降低，浓度升高，再生量增加。

③ 可调温再生模块模拟分析　带热回收的可调温再生模块结构示意如图 7-12 所示。在该再生装置中，被加热后的溶液均匀地喷洒在再生器中与再生空气进行热质交换，浓缩后的溶液一部分进入溶液换热器，预热稀溶液，同时自身也被冷却；另一部分溶液与预热后的稀溶液混合，混合后的溶液再通过加热器加热，再一次进入再生器浓缩。增加一个空气热回收器（热管式、板式或其他形式），可回收出口空气的热量以预热进口空气。该装置的优点在于：a. 设置空气热回收器和溶液换热器，减少溶液和空气带走的热量，提高再生效率；b. 溶液反复再生，提高再生浓度，减少再生溶液量；c. 灵活调节浓溶液和稀溶液的比，从而调节再生后溶液的浓度。

溶液经过换热、混合、加热和再生四个过程，空气也经过换热器加热和再生器加热加湿两个过程，空气和溶液的各个热质交换过程都相互影响。下面先假定空气热交换器效率、溶液热交换器效率以及再生器的再生量、能量效率，然后根据能量和质量守恒对各个过程建立数学模型，再用 Excel 的二次开发语言 VBA 对氯化锂溶液再生过程进行编程计算分析。

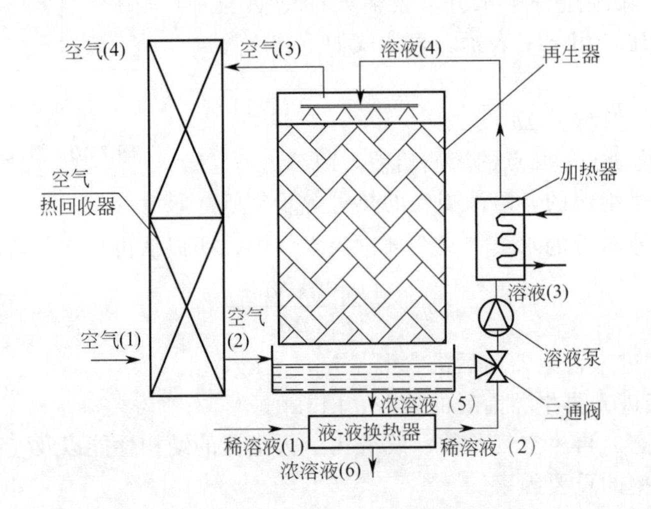

图 7-12　带热回收的可调温再生模块结构示意

再生器内热质交换过程遵守以下原则：a. 溶液温度和表面水蒸气压力始终高于空气的温度和水蒸气分压；b. 水蒸气从溶液中转移到空气中，质量守恒；c. 空气吸收溶液中的热量，能量守恒；d. 热质交换后溶液的温度下降，浓度升高，空气的含湿量增加，温度升高。

由图 7-12，已知 1 点溶液的温度 $T_{L,1}$ 和浓度 ε_1，4 点溶液的浓度 ε_4 和流量 L_4，再生器的再生量 Δw_e 和能量效率 $\eta_{r,e}$，5 点溶液表面蒸气压高于再生空气的水蒸气分压值 Δp，则溶液换热器的效率 $E_{L,h}$：

$$E_{L,h}=\frac{h_{s,L,2}-h_{s,L,1}}{h_{s,L,5}-h_{s,L,1}} \tag{7-13}$$

这里用溶液的溶质焓来定义换热器的效率，是考虑到溶液换热器的冷热流体的流量不一样，而流体中所含的溶质却一样，因此定义溶质焓效率可方便计算且不易出错。

溶液计算的内容有：各点溶液的温度、浓度、含湿量、水蒸气分压、焓和流量，加热器的加热量，再生总量 w，再生效率 η_r。

已知 1 点空气的干球温度 $T_{a,1}$、含湿量 $d_{a,1}$，则热回收器温度效率 $E_{t,a,a}$：

$$E_{t,a,a}=\frac{T_{a,2}-T_{a,1}}{T_{a,3}-T_{a,1}} \tag{7-14}$$

再生器温度效率 $E_{t,a,L}$：

$$E_{t,a,L}=\frac{T_{a,2}-T_{a,1}}{T_{a,3}-T_{a,1}} \tag{7-15}$$

需要计算的参数包括 2 点和 3 点空气的温度、含湿量和空气流量。

程序中同样设置了错误监控功能，计算结果出现如下情况都将发出警告：a. 3 点空气温度高于 4 点溶液温度；b. 3 点空气湿度大于 4 点溶液表面空气的湿度；c. 5 点溶液温度低于 2 点空气温度；d. 5 点溶液蒸气压力小于 2 点空气蒸气压。程序计算溶液的温度不能超过 100℃，浓度（质量分数，余同）不超过 0.6。

溶液再生程序界面如图 7-13 所示。

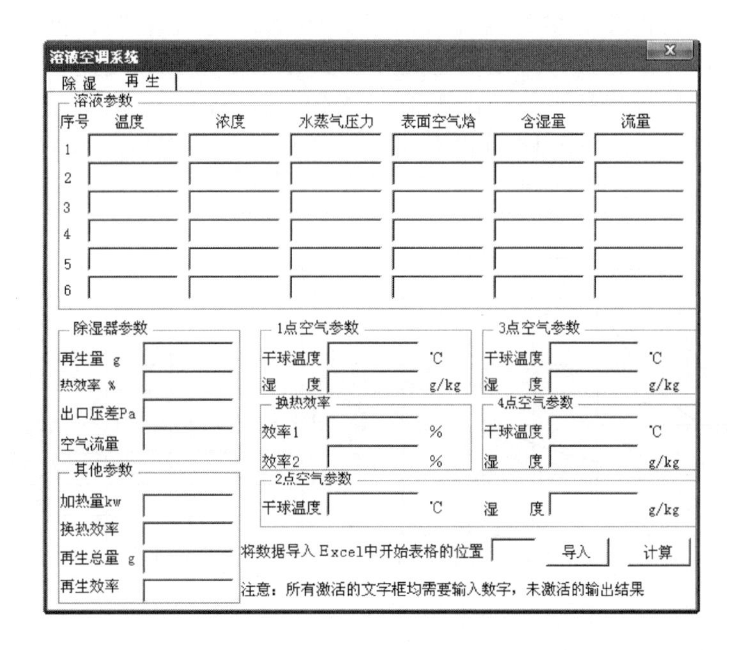

图 7-13 溶液再生程序界面

在该再生装置中，进入系统的物质有空气、稀溶液和热源，系统内部可变的是进入三通阀的两个支路的流量比，这个比决定了再生溶液的浓度。无论是进入系统物质状态的变化，还是系统内部的变化，都会影响再生的效率和再生量。通过前面的分析我们知道，进入系统的空气温度越高越好，含湿量越小越好。下面通过程序模拟计算，分析稀溶液浓度、再生溶液浓度和热源温度对该装置再生过程的影响。

下面计算的溶液换热器效率 $E_{L,h}=0.75$，空气热交换器效率 $E_{t,a,a}=0.75$，5 点溶液表面蒸气压高于再生空气的水蒸气分压值 $\Delta p=1000\text{Pa}$，出口空气（3 点）含湿量与进口溶液（4 点）表面空气含湿量差保持 20g/kg，进口空气（1 点）的干球温度为 30℃，含湿量为 20g/kg。

下面分几个方面对模拟结果进行分析。

a. 稀溶液的浓度对再生效率的影响。图 7-14 为稀溶液的浓度对再生效率的影响，图中数据是在再生溶液（4 点溶液）温度 80℃、浓度 0.45 的情况下得到的。从图 7-14 中可以看到，当再生溶液的温度和浓度一定时，补充溶液的浓度越小，再生效率越高。这是因为：补充溶液的浓度越小，补充的溶液量越少，也即进入和离开再生装置的溶液越少，从而使溶液带走的热量也越少，再生效率提高。

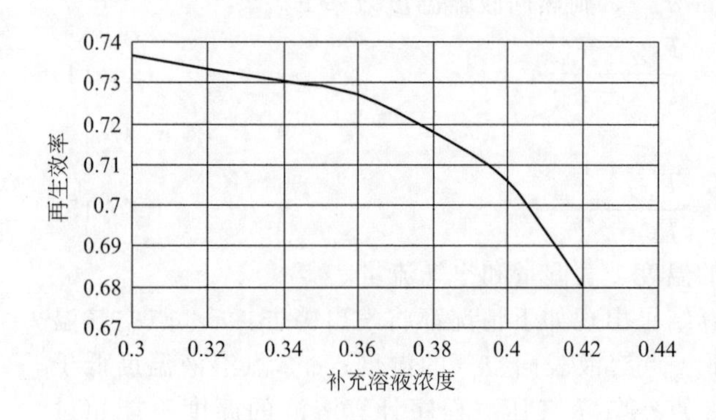

图 7-14　稀溶液的浓度对再生效率的影响

b. 再生溶液浓度对再生过程的影响。图 7-15 表明，随着再生溶液浓度的提高，需要的气液比不断增大。这是因为：溶液浓度越高，表面蒸气压力越低，为保证空气与溶液之间少量的水蒸气压差，就要使空气保持较低的水蒸气分压，从而需要更多的空气量。图 7-16 和图 7-17 表明，再生溶液的浓度越高，再生器的能量效率越低，再生量也越小。其原因是溶液浓度越高，表面蒸气压力越低，水蒸气蒸发量自然越小。又因为浓度越高，需要的再生空气越多，从而使空气带来的热损失也越大。从图 7-18 可以看出，存在一个最佳的再生浓度，使再生装置的再生效率达到最大值。

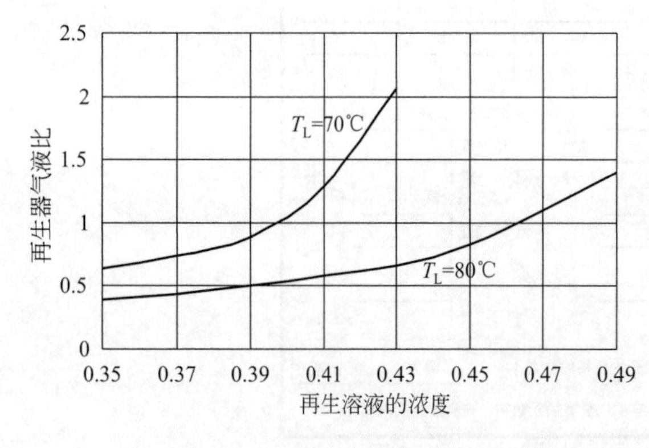

图 7-15　再生溶液浓度对气液比的影响

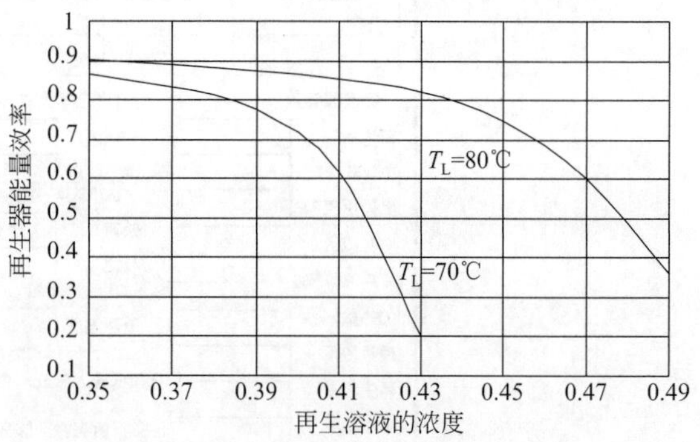

图 7-16　再生溶液浓度对再生器能量效率的影响

从原理上解释如下：再生装置消耗的热量，最终一部分损耗在再生空气中（包括水蒸气潜热和空气显热），一部分损耗在再生后的溶液里。随着再生溶液浓度的增加，一方面需要的再生空气量越来越大，再生器效率越来越低，空气损耗的能量越来越多；另一方面，补充溶液的量越来越小，再生后溶液带走的热量也越来越少。最佳再生浓度与补充溶液的温度、浓度，溶液换热器的效率，再生空气状态，空气换热器的效率，以及再生器的效率等因素有关。总之，如果溶液损耗的热量多，就需要增加再生溶液浓度；如果空气损失的能量多，就要降低溶液再生浓度。

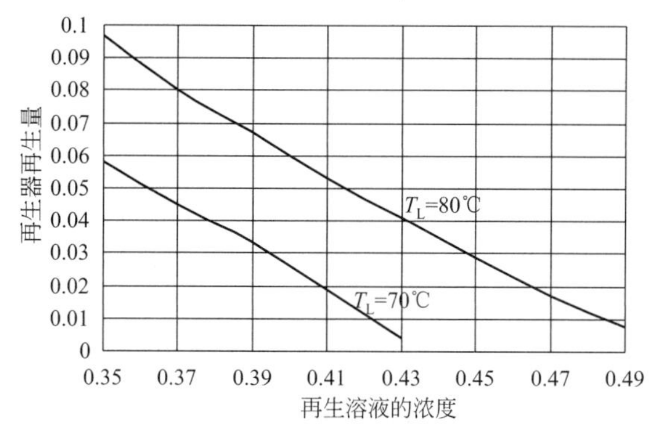

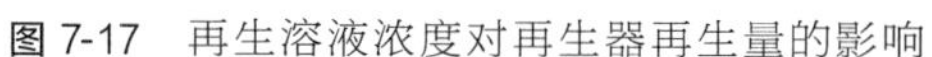
图 7-17　再生溶液浓度对再生器再生量的影响

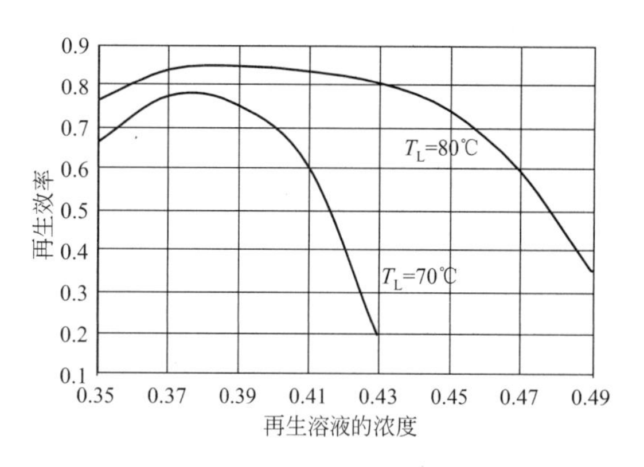

图 7-18　再生溶液浓度对再生效率的影响

图 7-19 和图 7-20 分别是不同再生溶液浓度对再生后溶液的浓度和温度的影响。可以看出：再生溶液的浓度越高，再生后溶液的浓度也越高。对于 80℃ 的再生温度，氯化锂溶液再生后的浓度很难超过 0.5；对于 70℃ 的再生温度，氯化锂溶液再生后的浓度很难超过 0.43。再生溶液的浓度越高，再生后溶液温度也越高，也即溶液的温差变化减小。

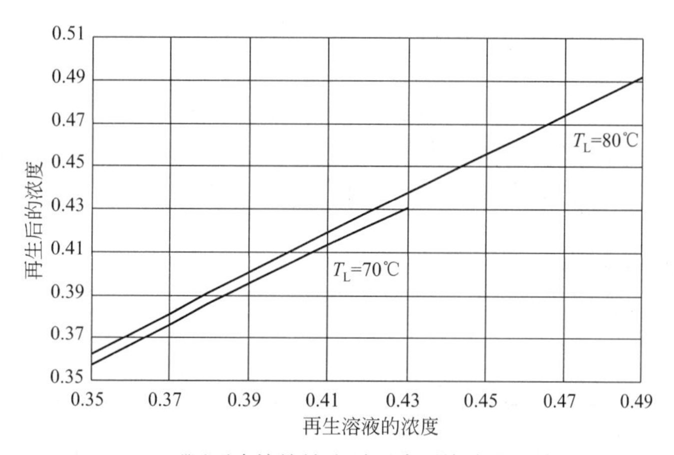

图 7-19　不同再生溶液浓度对再生后溶液浓度的影响

c. 再生温度对再生过程的影响。从图 7-15～图 7-20 可以看出，在相同的再生浓度下，溶液温度越高，需要的气液比越小，再生器的再生量越大；再生器的能量效率越高，再生效率越大，再生后溶液的温度越高，浓度越大。

（3）沸腾式溶液再生探讨

① 蒸发技术简介　沸腾式溶液再生技术可借鉴化学工艺的蒸发技术。蒸发过程的两个必要组成部分是加热溶液使水沸腾汽化和不断除去汽化的水蒸气。一般而言，前一部分在蒸发器中进行，后一部分在冷凝器中完成。蒸发器实质上是一个换热器，它由加热室和分离室两部分组成。加热室可以用饱和水蒸气加热。如果溶液的沸点很高，也可以用其他加热方法，如高温载热体加热、烟道气加热或电加热等。从蒸发器中出来的水蒸气（二次蒸汽）进入冷凝器直接冷凝，冷凝器中需要不断通入冷却介质。

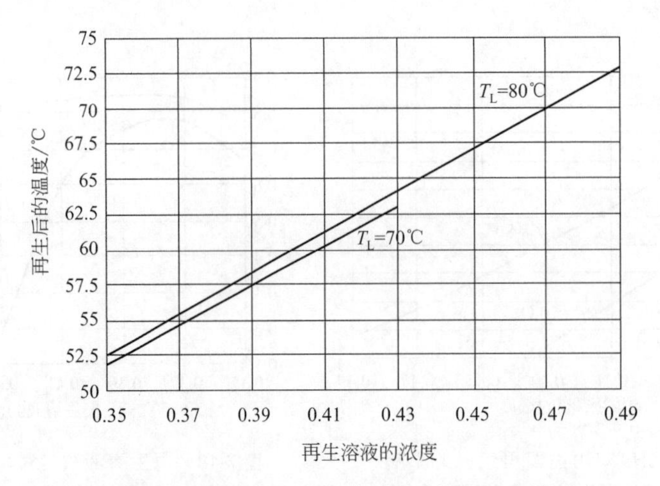

图 7-20 不同再生溶液浓度对再生后溶液温度的影响

根据操作压力不同，蒸发过程可分为常压蒸发和减压蒸发（真空蒸发）。常压蒸发是指冷凝器和蒸发器溶液侧的操作压力为大气压或略高于大气压。真空蒸发时，冷凝器和蒸发器溶液侧的操作压力低于大气压力。采用真空蒸发能够降低溶液的沸点，但蒸发后的溶液和冷凝水需要用泵或“大气腿”排出。

根据二次蒸汽是否用来作为另一蒸发器的加热蒸汽，蒸发过程可分为单效蒸发和多效蒸发。单效蒸发的二次蒸汽在冷凝器中冷凝成水直接排出，二次蒸汽所含的热能未予利用。如果用蒸汽加热，在单效蒸发中，蒸发 1kg 蒸汽至少需要 1kg 的加热蒸汽。在多效蒸发中，第一个蒸发器中蒸发出的二次蒸汽用于第二个蒸发器的加热蒸汽，第二个蒸发器蒸出的二次蒸汽用于第三个蒸发器的加热蒸汽，以此类推。多效蒸发的优点是可以节省加热量。表 7-1 列出了多效蒸发单位蒸汽消耗量的理想粗估值与实际平均值。

表 7-1　多效蒸发单位蒸汽消耗量　　单位：kg

效数	单效	双效	三效	四效	五效
理想粗估值	1	0.5	0.33	0.25	0.2
实际平均值	1.1	0.57	0.4	0.3	0.27

评价蒸发过程的一个主要指标是能耗，为了降低能耗可以采取以下方法：

a. 多效蒸发。采用多效蒸发是降低能耗的最有效方法。

b. 额外蒸汽。将蒸发器蒸出的二次蒸汽用于其他加热设备的热源。

c. 热泵加热。将蒸发器蒸出的二次蒸汽用压缩机压缩或蒸汽喷射泵混入高温高压蒸汽，提高它的压力，使其饱和温度提高至溶液的沸点以上，然后送入蒸发器的加热室作为加热蒸汽。

d. 冷凝水显热的利用。蒸发室排出的冷凝水温度较高，可以用来预热溶液。

② 蒸发技术在溶液再生中的应用　对于沸腾式溶液再生，已在文献中提出了一种燃气驱动的双效再生器，其工作流程如图 7-21 所示。

来自除湿器的稀溶液首先与去除湿器的浓溶液做热交换，进入溶液槽，溶液槽中的溶液一部分通过热交换器被蒸汽预热，然后进入填料塔与室外空气进行热质交换。由于溶液表面的水蒸气分压高于空气中的水蒸气分压，溶液中的水分蒸发到空气中，实现非

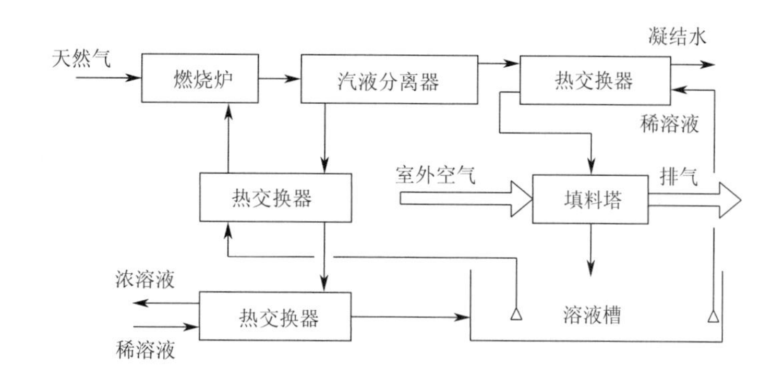

图 7-21 燃气驱动的双效再生器工作流程

沸腾蒸发再生。另一部分溶液进入天然气燃烧炉，进行沸腾蒸发再生，获得的溶液浓度由蒸发温度控制。这样，可实现沸腾和非沸腾双效再生。具体的过程为：燃烧炉由一个天然气燃烧器和螺旋式溶液换热器组成，预热后的稀溶液在换热器中流动进一步升温并沸腾蒸发，产生高温（150℃左右）的蒸汽和浓溶液经过汽液分离器分离，高温浓溶液通过热交换器预热进入燃烧炉的稀溶液和来自除湿器的稀溶液，蒸汽经过热交换器释放冷凝热，加热将要进入填料塔喷淋的稀溶液，使稀溶液的温度达到 90℃左右，再引入室外空气进入填料塔与溶液充分接触，实现非沸腾蒸发再生。这种再生方式是将沸腾式再生和空气式溶液再生相结合，非沸腾蒸发再生的能量来自沸腾蒸发产生的蒸汽，并没有外界能量输入，实现了能量在不同条件下的梯级利用，使得天然气燃烧的能源利用率达到 80%以上；高于一般天然气发电或直燃式吸收制冷机天然气的利用效率，节能效果明显，但设备较复杂。

还有文献提出一种类似图 7-21 所示的双效再生器，其工作流程如图 7-22 所示：从沸腾炉流出的高温浓溶液，两次经过换热器，一方面自身被冷却，另一方面先后预热进入沸腾炉和喷淋塔的再生溶液。从沸腾炉蒸发出来的高温水蒸气加热进入喷淋塔的稀溶液，同时水蒸气冷凝成水。被水蒸气加热的稀溶液在喷淋塔中与空气进行热质交换，浓度升高，温度下降。从塔中出来的溶液再次被高温浓溶液预热，然后进入沸腾炉再生。通过计算机的模拟计算，这种再生器的再生效率达到 1.4。

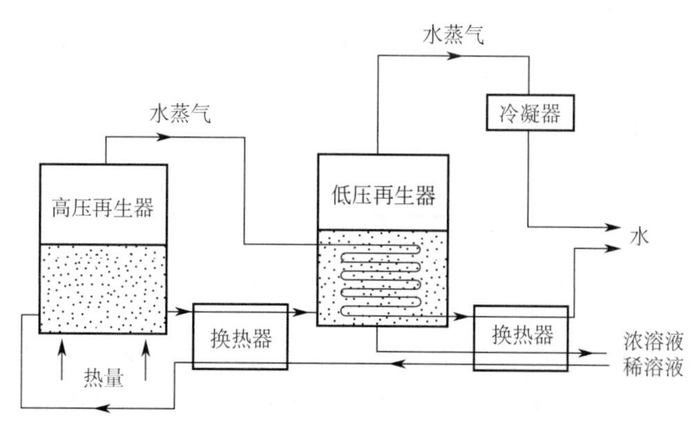

图 7-22 类似的双效再生器

沸腾式溶液再生之所以能够提高再生效率，是因为再生过程没有引入空气，避免空气浪费能量。另外，蒸发的高温水蒸气可以回收利用。但上面提到的两种双效再生器结构都很复杂，体积较大。下面提出一种利用热泵高效率回收水蒸气热量的沸腾式溶液再生器。

如图 7-23 和图 7-24 所示，冷稀溶液进入再生装置后，部分溶液进入溶液换热器，与从蒸发室出来的高温浓溶液换热，温度升高，然后进入蒸发室。在蒸发室里被高温水蒸气加热并沸腾蒸发，溶液温度和浓度都升高后再进入溶液换热器，被冷的稀溶液冷却。为避免冷却后的浓度出现结晶现象，将浓溶液与部分稀溶液在溶液槽中混合，混合后的溶液温度和浓度都适中，便于管道传输。在图 7-23 中，从蒸发室出来的二次蒸汽经过压缩机压缩，使其冷凝温度高于溶液的沸点，再送入加热管加热，凝结水排出或被其他利用。在图 7-24 中，使用蒸汽喷射泵代替蒸汽压缩泵。喷射泵将二次蒸汽和高温高压蒸汽混合，混合后的蒸汽冷凝温度高于溶液的沸点，送入加热管加热后，凝结水排出或送入锅炉生成高温高压蒸汽。由于引入了高温高压蒸汽，系统要排出部分的二次蒸汽。

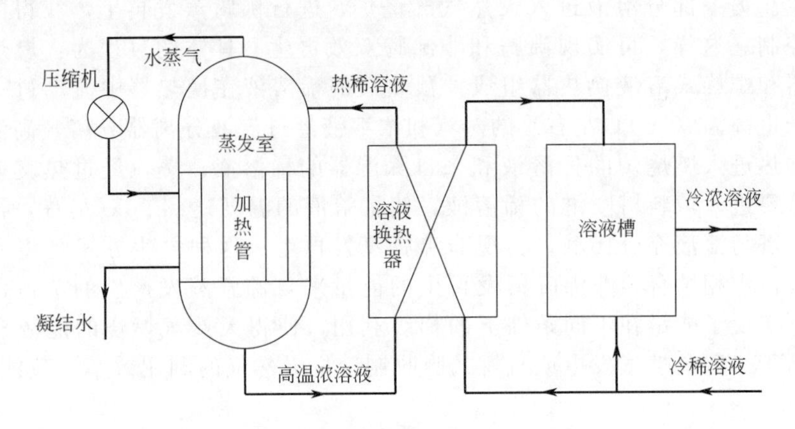

图 7-23　蒸汽压缩式热泵蒸发再生器流程

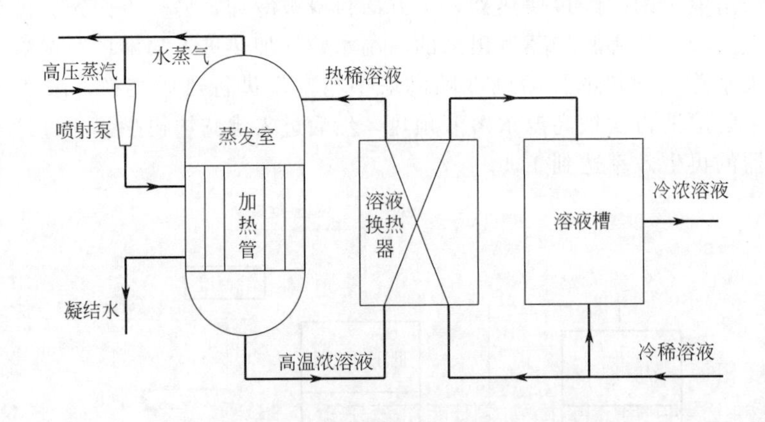

图 7-24　蒸汽喷射式热泵蒸发再生器流程

与图 7-21 和图 7-22 所示的双效再生器相比，热泵蒸发再生器的结构要略微简单。研究发现，在提炼 NaCl、NaOH 等工艺中，应用热泵蒸发技术比三效、四效蒸发器要节能 50%～70%。将热泵蒸发技术应用于除湿溶液再生，可能是大幅度提高溶液再生效率的一种途径，但尚未有文献提到在除湿剂再生中应用该技术，因此还需要进一步研究。

7.1.3 集热型溶液再生过程的实验研究

（1）太阳能溶液除湿空调系统概述

太阳能溶液除湿空调系统是一种极具潜力的空调方案，它能够直接吸收空气中的水蒸气，这样就大大节省压缩式制冷空调系统中将空气冷却到露点温度以下进行除湿所需要消耗的能量。同时，该系统采用盐溶液代替传统空调中的氟利昂作为冷媒，消除了氟氯烃（CFC）等制冷剂对环境的破坏作用；而且，这种系统利用液体除湿剂来除去空气中的水分，然后通过加热使溶液再生，系统只要求 50～65℃的再生温度，可以利用太阳能、地热及工业余热等能源作为再生热源，耗电极少，约为压缩式空调系统的 1/3。对于太阳能溶液除湿空调系统，能量在液体除湿剂中以化学能的形式存在，储能密度可达 1000～1400MJ/m^3。此外，此类系统可以单独对空气的温度和湿度进行控制处理，能够满足多种用途的需要。因此，研究这种新的空调方式有非常重要的意义。

① 太阳能溶液除湿空调系统基本原理　如图 7-25 所示，太阳能溶液除湿空调系统由两大部分组成，即溶液除湿单元和溶液再生单元。在除湿单元内，浓溶液因吸收被处理空气的水分而浓度下降变为稀溶液，同时被处理的空气湿度下降，达到除湿的目的。在再生单元内，由除湿单元出来的稀溶液将水分释放给再生空气后，浓度升高成为浓溶液，这样即完成一个除湿再生循环。

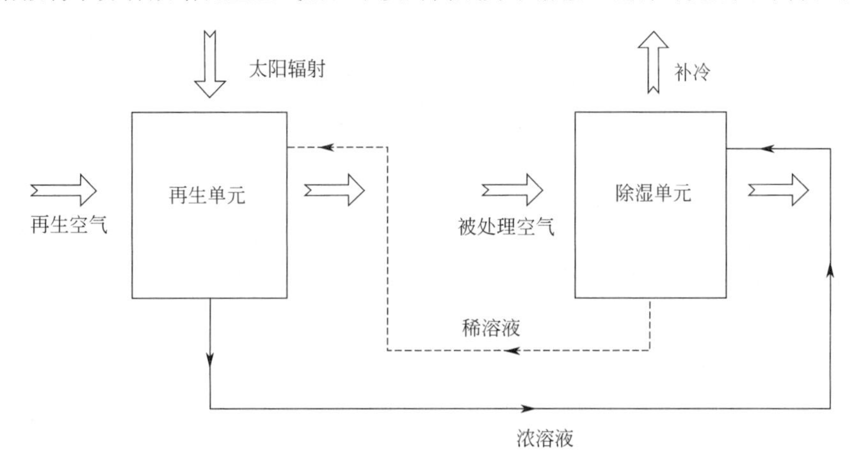

图 7-25　太阳能溶液除湿空调系统基本原理

再生过程是一个复杂的传热与传质过程，传质的推动力是空气中水蒸气分压与溶液表面所形成的饱和蒸汽压之差。根据薄膜理论，在气液交界面的两侧分别存在一层气膜和液膜，气膜中的空气是饱和的，气液之间的热质交换就是通过两层膜进行的。双膜阻力是热质交换过程的控制因素。气液交界面总处于平衡状态，并且阻力为零，所以气膜和液膜的温度都与交界面上的温度相等。

② 集热型再生器与集热再生型太阳能溶液除湿空调系统　图 7-26 是集热型再生器结构。如图 7-26 所示，集热型再生器主要由外箱及支架、保温隔热层、太阳辐射吸收层、液膜层、空气层、透明盖板等组成。较稀溶液从再生器顶部的布液管喷洒向太阳辐射吸收层，从而在吸收层上形成溶液降膜。太阳辐射透过透明覆盖物、空气层、液膜层，被太阳辐射吸收层吸收。溶液降膜接收来自太阳辐射吸收层的热量，温度升高，其水分蒸发至来自风源的较干气流，从而形成较浓溶液。来自风源的较干气流吸收溶液所蒸发的水分之后，湿度加大，流出再生器。为了减少热损失，在吸收层的背面设置有保温隔热层。

同闭式再生型系统一样，集热再生型系统也有溶液除湿新风机组、溶液再生器、溶液存储

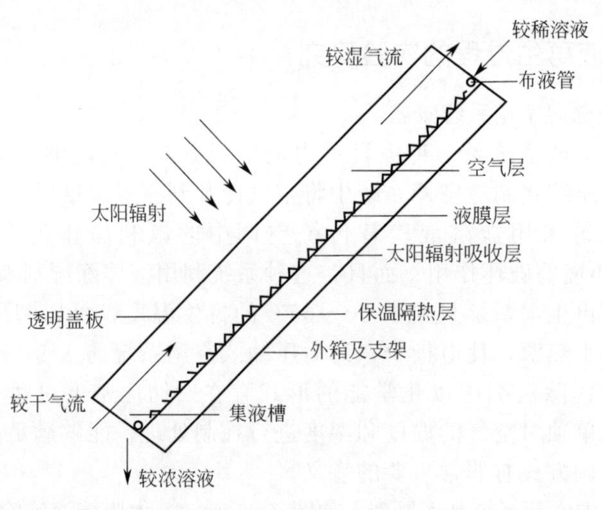

图 7-26　集热型再生器结构

设施等，其除湿流程也与闭式再生型系统的一样，与闭式再生型系统不同之处在于：闭式再生型系统是利用太阳能加热溶液，被加热的溶液再在再生器内进行浓缩；而集热再生型系统是太阳能直接加热稀溶液，并且稀溶液在集热再生器内，边加热边再生。这种系统的特点是：将集热器与再生器合二为一，不用专门设置再生器；系统的流程少，过程损失较小；在再生过程中，太阳能及时补热使得不可逆损失较小。不足之处是，溶液对金属制作的集热型再生器有一定的腐蚀性，造成系统维护有一定困难。集热再生型系统按照控制方式的不同又可以分为直流式和循环式。图 7-26 所示的典型系统正是直流式的，它通过溶液的出口浓度控制溶液的流量：如果再生速率大，溶液出口浓度超过设定值，则加大溶液的流量；反之，则减小溶液流量。直流式的优点是结构简单、循环周期很短；缺点是由于溶液温度紧随太阳辐射强度非稳态地发生变化，因此不易控制甚至不能保证传质方向。集热型再生器有如下优点：

a. 屋顶将太阳能集热器与再生器的功能合二为一，不需要专门的集热器，节省建造再生器的费用，也减小溶液除湿机的体积；同时，由于再生器对屋面的遮挡作用，也有效降低了建筑冷负荷。

b. 太阳辐射直接加热稀溶液，提高再生器效率，在较低温度下就能再生。

c. 溶液直接向环境空气蒸发，比闭式再生器有更大的传质驱动势。

d. 由于结构紧凑，除湿溶液的循环功减小。

（2）集热型太阳能溶液再生系统理论分析

溶液再生装置是用来对稀溶液加热浓缩再生成浓溶液的装置。溶液的再生过程同样存在着水蒸气的转移过程，因此需要借助媒介同溶液进行传质，该媒介一般采用环境空气。水蒸气从溶液扩散至空气必须要具备溶液表面的水蒸气压力高于空气中水蒸气分压的条件，因此溶液再生需要驱动热源，以提高溶液温度，升高溶液表面的水蒸气压力。

溶液再生装置应包括加热与传质部件。其中，加热部件可以置于传质部件内部，两者成为一个完整的再生设备；也可以置于传质部件外部，成为两个独立的设备。前者是将加热管作为填料，溶液在重力的作用下在外管壁形成降膜，空气在管间流动，两者发生传热传质。后者是先对溶液进行加热，然后将热溶液喷淋在填料表面，气液在填料间发生传热传质。一般来说，如果溶液加热采用电加热方式，加热部件应置于传质部件外，为两个独立的设备；如果采用热气、热水对溶液加热，加热与传质部件为一个整体，这样能够减少换热设备，节能，减少溶液消耗。

再生器内部的传热传质过程与除湿正好相反。在再生器内部，溶液除湿剂处于温度比较高的状态，其表面的水蒸气压力很大，大于空气中的水蒸气分压。因而空气被加湿，除湿剂溶液中的水分不断被空气带走，使得除湿剂溶液得到浓缩再生，恢复到原来的高浓度状态。

溶液再生蓄能过程如下：采用太阳能平板再生器（带电辅助），稀溶液储液罐中的溶液以一定的初温进入浓溶液储液罐；当稀溶液储液罐中溶液输出完毕后，即将浓溶液储液罐中的溶液以原有状态输入再生器。

国内外许多学者对再生器的热质交换过程进行了研究，发现再生器的一个显著特点是除湿溶液以降膜的形式与空气接触进行再生。G. Grossman 根据降膜流动的雷诺数将降膜流动划分为层流和紊流，建立了除湿过程的数学模型，较好地描述了除湿降膜的传热传质特性；并采用了两类壁面边界条件：绝热和等温。这类模型的求解较为复杂，但是由它计算得到的除湿溶液的温度场和浓度场的解与相应边界条件下的实验数据比较吻合。

溶液在集热型再生器的再生过程中接收太阳辐射热，它使除湿溶液保持较高的表面水蒸气分压。太阳能平板降膜再生过程不再是绝热或等温之间的对流传热传质，为此，本节将在 S. Alizadeh 模型的基础上，考虑实际对流边界条件，建立相应的再生过程数学模型并进行数值求解。

① 平板降膜过程的数学模型　除湿溶液液膜由吸收剂和被吸收物质组成，沿倾斜壁面流下（一般为 15～30℃）。吸收剂不具有挥发性，而被吸收物质可以被吸收或释放。液膜与低速流动的被处理空气相接触。溶液在集热板上流动时，太阳辐射首先穿透再生器的透明盖板并投射到太阳辐射吸收层上，当吸收层吸收热量后，将热量大部分以对流换热的形式传给流动的液膜层；小部分以辐射的形式，透过透明盖板，传到外界（因做了保温，这里忽略再生器背面的热损失）。由于溶液和空气之间存在温差和表面水蒸气分压力差，液膜层获得的热量，一部分以对流换热的形式传给空气，一部分弥补因水分汽化造成的能量减少。如果太阳辐射热刚好可以弥补液膜层能量的减少，那么多余部分就转化为溶液自身的内能，再生过程将是一个伴随升温的过程；反之，再生过程是一个降温过程。另外，空气与溶液间的对流换热系数主要取决于空气的流动状态和空气的物性。因此，空气和溶液换热的边界条件既不是第二类边界条件，也不是第三类边界条件，空气层获得的显热和潜热也不能完全转化为自身的内能，它还要和玻璃盖板发生对流换热，将部分能量传至外界。

空气量、溶液流量、空气进口温度、空气进口湿度、溶液进口温度、溶液进口浓度、太阳辐射强度等多个因素共同决定了溶液再生温度、再生速率以及太阳能利用系数。为了精确求解太阳能溶液再生器的再生速率，必须建立传热传质微分控制方程组。

集热型再生器结构如图 7-26 所示。溶液沿再生器吸热壁面流下，直接吸收太阳热量，由于溶液表面水蒸气分压大于空气的水蒸气分压，水分便从溶液向空气传递，溶液的质量分数升高，完成再生过程。图 7-26 建立了溶液流动的坐标系，以溶液流动的方向作为 X 轴的正方向，再生器吸收板背面包裹保温材料，与外界的热量传递很小，所以这部分热损失可以忽略不计。模型中再生器能量损失主要包括吸热板处的辐射热损失和透明盖板处的对流热损失两部分。为了简化这个复杂的降膜除湿过程，先做出下列假定：a. 除湿溶液是牛顿流体；b. 单位时间所吸收的水蒸气质量与溶液的质量流量相比很小，因此可以假定流体下降过程中其液膜厚度和平均流速是恒定的；c. 在气液界面上，被处理空气和除湿溶液能达到热力学平衡；d. 由于液膜厚度很小，忽略降膜中的温度梯度。

在再生器的单位宽度和长度 L 上，可以得出如下能量平衡方程：

$$I\rho\alpha L-\varepsilon(T_s-T_o)L-m_sC_{ps}(T_{so}-T_{si})-m_aC_{pa}(T_{ao}-T_{ai})-mh_{fg}=0 \tag{7-16}$$

当空气流过单位面积的再生器时，有如下平衡方程：

$$h_a(T_s-T_a)\mathrm{d}x=m_aC_{pa}\mathrm{d}T_a+h_s(T_a-T_o)\mathrm{d}x \tag{7-17}$$

此处

$$\frac{1}{h_s}=\frac{1}{h_g}+\frac{1}{h_w} \tag{7-18}$$

式中 I——太阳辐射强度，kW/m^2；

ρ——透明盖板的太阳辐射透过率；

α——吸收层的吸收率；

ε——热损失系数，可参照平板型太阳能热水器的热损失系数；

m_s——溶液流量，kg/s；

C_{ps}——空气定压比热容，J/(kg·K)；

T_s——溶液的平均温度，$T_s=(T_{so}+T_{si})/2$,℃，其中 T_{si} 表示溶液入口温度，T_{so} 表示溶液出口温度；

T_a——空气的平均温度，$T_a=(T_{ao}+T_{ai})/2$,℃，其中 T_{ai} 表示溶液入口温度，T_{ao} 表示溶液出口温度；

T_o——环境温度,℃；

m_a——空气流量，kg/s；

C_{pa}——空气定压比热容，J/(kg·K)；

h_a——液膜和气流之间的对流换热系数，$W/(m^2 \cdot K)$；

h_g——气流和玻璃盖板之间的对流换热系数，$W/(m^2 \cdot K)$；

h_w——自然对流外掠平板的对流换热系数，$W/(m^2 \cdot K)$；

h_s——溶液的对流换热系数，$W/(m^2 \cdot K)$；

m——再生量，kg/s；

h_{fg}——水蒸气的汽化潜热，取 2501kJ/kg。

由于透明盖板的导热热阻比它两侧的对流换热热阻小很多，为了便于分析，此处忽略了导热热阻。由传热学知识可知，对流换热系数 h 主要取决于流体的流动状态和流体的物性，因此可以认为液膜和气流之间的对流换热系数 h_a 与气流和玻璃盖板之间的对流换热系数 h_g 相等。即：

$$h_a=h_g \tag{7-19}$$

而 h_w 为自然对流外掠平板的对流换热系数，可以按照下式估算：

$$h_w=5.7+3.7V \tag{7-20}$$

式中，V 为环境空气的流速，m/s。

合并式(7-17)～式(7-20) 可得：

$$h_a(T_s-T_a)\mathrm{d}x=m_aC_{pa}\mathrm{d}T_a+h_a\frac{5.7+3.8V}{5.7+3.8V+h_a}(T_a-T_o)\mathrm{d}x \tag{7-21}$$

由于水分蒸发，空气的水蒸气分压力由 p_{ai} 增加到 p_{ao}。水分蒸发量可用下式表达：

$$m=0.622\frac{m_a}{P_b}(p_{ao}-p_{ai}) \tag{7-22}$$

式中，p_b 为标准大气压力，Pa。

当稀溶液流过再生器后，它的浓度由 ξ_{si} 增加到 ξ_{so}。对于水分蒸发量、溶液进出口浓度和溶液流速之间有如下关系：

$$\frac{1}{\xi_{so}}=\frac{1}{\xi_{si}}\left(1-\frac{m}{m_s}\right) \tag{7-23}$$

定义平均再生传质系数为 β，则传质方程为：

$$m=\beta(p_s-p_a)L \tag{7-24}$$

除湿溶液表面水蒸气分压力 p_s 取决于除湿溶液种类、压力、温度和浓度。一般除湿溶液是在大气压下进行讨论的，研究某种具体的除湿溶液时，则其表面的水蒸气分压力只是溶液温度 T_s 和 ξ_s 的函数。溶液的温度、浓度和表面蒸气压之间有如下关系：

$$\ln p_s = -\frac{h_{fg}}{R_q T_s} + B\xi_s + C_o \tag{7-25}$$

式中 R_q——水蒸气的气体常数，kJ/(kg·k)；

B，C_o——常数，取决于溶液的种类，其值见表 7-2。

表 7-2 三种除湿溶液的 B、C_o 值

种类	B	C_o
LiCl 溶液	−2.718	19.5787
$CaCl_2$ 溶液	−1.5358	19.48
LiBr 溶液	−10.825	23.5

上述方程对逆流的进口条件为：

$$x=0, m(0)=0 \tag{7-26}$$

$$x=0, m'(0)=\beta(p_{si}-p_{ao}) \tag{7-27}$$

以上各方程式和初始条件组成了太阳能层流降膜再生系统的数学模型。

求解过程如下：

a. 首先假定 T_{so}；

b. 根据空气物性参数与已知条件，可以求得 h_a，并将 T_{so} 代入式(7-21)，可以求得 T_{ao}；

c. 将 T_{so}、T_{ao} 代入式(7-16)，可以求得再生量 m；

d. 将 m 代入式(7-23)，可以求得 ξ_{so}；

e. 将 T_{so}、ξ_{so} 代入式(7-22)，可以求得 P_{ao}；

f. 将 p_{si}、p_{ao} 及 m 代入式(7-24)，可以求得再生传质系数 β；

g. 将 β 及 p_{si}、p_{so} 的值与进口条件的式(7-26)、式(7-27) 联立，可以求出新的 m'；

h. 如果 m 与 m' 的值接近，则所假设的 T_{so} 值正确，m 或 m' 就是所求的蒸发量；否则，重新假设 T_{so}，再重复步骤 b～g 直至 m 与 m' 相等为止。

在溶液除湿空调系统中，再生器是重要的热质交换部件，其传热传质的性能直接影响整个溶液除湿系统的性能。为了增大传热传质能力及减少再生器的压降损失，必须对除湿溶液性能、气液接触形式及再生器的结构形式进行研究。

a. 除湿溶液性能。溶液的表面蒸气压是其重要的物性参数，直接影响溶液的再生效果。从除湿的角度出发要求除湿剂具有较低的蒸气压；当溶液再生时，则希望其具有较高的蒸气压。

b. 再生器的结构。再生器的透明盖板和吸热板的材料将影响溶液对太阳辐射的利用程度。

c. 空气和溶液的进口条件。太阳辐射强度及溶液的流量、浓度和温度，空气的流量、温度和湿度都对再生量有重要影响。对于给定形式的再生器和太阳辐射强度，必然有一个最优的运行工况。

② 除湿溶液对再生性能的影响　在除湿过程中，除湿剂的特性对除湿系统性能有重要影响，直接关系到系统的除湿效率和再生温度。除湿剂的特性包括物理性质（溶解度、蒸气压、密度和黏度等）和热力学性质（比热容和传热传质特性等）。理想的除湿剂应具备以下性质：

a. 在相同的温度、浓度下，除湿剂表面蒸气压力较低，使得其与被处理空气中水蒸气压力之间有较大的压差，即除湿剂有较强的稀释能力，这是除湿溶液最关键的物理性质。

b. 除湿剂对于空气中的水分有较大溶解度，这样可以提高吸收率并减少溶液除湿剂的用量。

c. 除湿剂在对空气中水分有较强吸收能力的同时，对混合气体中的气体组分基本不吸收或吸收甚微，否则不能有效地实现分离。

d. 低黏度，以降低泵的输送能耗，减小传热热阻。

e. 高沸点、高冷凝热和稀释热及低凝固点。

f. 除湿剂性质稳定，有低挥发性和低腐蚀性，无毒性。

g. 价格低廉，容易获得。

在空调工程中，常用的除湿剂有 LiBr、LiCl、$CaCl_2$、乙二醇、三甘醇等溶液。最早被使用的液体除湿剂是三甘醇。由于三甘醇是有机溶剂，黏度较大，在系统中循环流动时有部分滞留，黏附于系统表面，从而影响到系统的稳定工作。所以，三甘醇在液体除湿的应用中受到限制。乙二醇性能较好，但易挥发，容易进入空调房间，对人体造成危害，应用也受到限制。现在研究较多的是 LiCl、LiBr、$CaCl_2$ 等盐溶液，它们虽然都具有一定的腐蚀性，但塑料等防腐材料的使用，可以防止盐溶液对管道等设备的腐蚀，而且成本较低；另外，盐溶液不会挥发到空气中，相反还具有除尘杀菌的功能，有利于提高室内空气品质。所以，盐溶液成为优选的溶液除湿剂。综合考虑性质和成本，在这三种盐溶液中，LiCl 溶液作为液体除湿剂最合适，也是后续实验研究中所选择的除湿剂。

（3）集热型再生系统实验研究

目前市场上的闭式再生型太阳能溶液除湿空调系统由于其再生部分初投资过高，而集热型再生系统在全国都还无成功应用案例，工程应用数据相对缺乏。因此，有必要在武汉市进行集热再生型太阳能溶液除湿空调的实验研究，为在武汉市进行太阳能溶液除湿的进一步研究以及工程应用提供参考。

① 实验方案设计　集热型再生器实验研究的主要内容是再生过程中再生量随入口空气及入口溶液参数的变化情况，进行调节的参数为：溶液入口温度、溶液入口浓度、空气入口温度、空气入口湿度、空气入口流量。

各入口工况设定的参数值为：

溶液的入口温度：40℃；

溶液的入口浓度：40%；

溶液的入口流量：150kg/h；

空气的入口温度：35℃；

空气的入口湿度：6.5g/kg；

空气的入口流量：360kg/h。

平板集热器工作时，太阳辐射穿过透明盖板后投射到吸热板上，被吸热板吸收并转化成热能，然后传递给吸热板内的溶液，使其温度升高，作为集热器的有用能量输出；与此同时，温度升高后的吸热板不可避免地要通过传导、对流和辐射等方式向四周散热，成为集热器的热量损失。

集热型再生器主要由以下部分组成：外箱及支架、保温隔热层、太阳辐射吸收涂层、液膜层、空气层、透明盖板、风门、布液管、集液槽、溶液输送管路等。图 7-27 为实验集热型再生器实物。

实验测点布置见图 7-28。本实验温度的测量采用热电偶加数据采集仪，其中 1～5 点测量吸热板的表面温度；6～8 点测量空气温度和湿度；9、10 点测量溶液的进出口温度。空气

图 7-27 实验集热型再生器实物

流量通过热线风速仪所测的空气流速来进行计算。具体布置：再生器溶液的进出口温度测点布置在进出再生器的溶液管上；空气出口温、湿度以及风速测点皆均匀布置在再生器风门的中心线上。太阳能总辐射表在测量辐照度的时候，仪器保持与待测表面的平行。

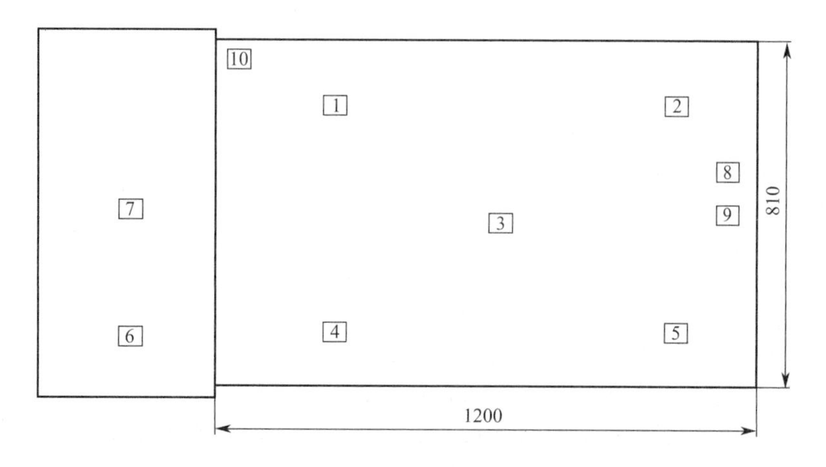

图 7-28 实验测点布置

本实验使用的仪器包括：热电偶、热线风速仪、毕托管＋微压计、干湿球温度计、电子天平和巡回检测仪等，测试仪器见表 7-3。

表 7-3 测试仪器

测量参数	测量仪器	型号	测量范围	测量精度
温度	热电偶	J	－40～600℃	0.1℃
风速	热线风速仪	QDF-3	0.05～30m/s	0.001m/s
流速	毕托管＋微压计	Z-3001	0～160L/h	0.1Pa
湿度	干湿球温度计	HM3	36～46℃	0.1℃
溶液浓度	电子天平	BP2111	0～5kg	0.0001g
数据采集	巡回检测仪	Xs1/0-961s1	0～10000	0.0001

本节进行了两个不同工况的实验，从不同角度考察集热型太阳能溶液再生系统的再生规律以及性能。

a. 变溶液流量工况。在相近的天气情况下，保持空气流量不变，改变溶液流量，把相同浓度的稀溶液浓缩成相同浓度的浓溶液。空气流量保持在 360kg/h，溶液的质量分数均从约 0.25 浓缩成 0.45。溶液流量分别调节在 35～250kg/h 等工况。实验于 2008 年 7 月下旬进行。

实验记录了瞬时数据以及累计数据（瞬时数据是指同一时刻各参数的瞬时值，用于计算瞬时相关参数；累计数据是指从开始到某一时刻参数的累计值，用于计算系统的平均值）。

b. 变空气流量工况。在相近的天气情况下，保持溶液流量不变，通过调节风量来控制再生温度。根据实验得出较佳流量，将溶液流量保持约 150kg/h，将再生温度分别控制在 40～45℃、45～50℃、50～55℃。实验于 2008 年 8 月中旬进行。

在溶液再生系统中，涉及的进口参数包括：空气流量、温度、含湿量及除湿溶液流量、温度、浓度等。在实验时，采用改变其中一个进口参数，同时保持其他进口参数不变的方法来测试除湿器的性能。实验所需的各参数稳定工况控制方法如下：

空气温、湿度控制：由人工环境房的电加热器和加湿器控制。

空气流量的控制：通过安装在风机上的调速器来控制。

溶液流量的控制：通过调节稀溶液管进口处的阀门开度来控制。

溶液温度的控制：在稀溶液槽中设有电加热器，通过温控器来控制。

溶液浓度的控制：采用向稀溶液槽中强制加入溶质或水的方法来控制。

② 再生器的评价方法　出口溶液流量可按下式计算：

$$m_{so}=m_{si}\frac{\xi_{si}}{\xi_{so}} \tag{7-28}$$

式中　m_{si}——再生器溶液入口流量；

m_{so}——再生器溶液出口流量；

ξ_{si}——入口溶液浓度；

ξ_{so}——出口溶液浓度。

水蒸气蒸发量为：

$$m=m_{si}-m_{so} \tag{7-29}$$

③ 实验结果及讨论　实验研究的主要内容是再生过程中溶液的浓度变化和溶液的出口温度随入口工况的变化情况，并和理论值进行比较。

图 7-29 各分图分别表示进口空气含湿量、空气流量、进口溶液温度、进口溶液浓度以及溶液流量对再生量的影响。

由图 7-29 可知，溶液流量对再生量变化影响较弱。空气的入口湿度对再生也能产生影响，湿度越小，再生变化量越大。随着溶液入口温度的提高，再生量变大。溶液浓度不同，实现再生的难易也不同；浓度越高，再生变化量越小。当空气流量小于 360kg/h 时，溶液的再生量随着空气流量的增加而增加，之后随着空气流量的增加而下降。根据双膜理论，在热质交换过程中，空气流量对热质交换过程的影响有两层含义：一层是当空气流量增大时，雷诺数增大，气膜变薄，膜阻减小，从而提高传递速率；另一层是，如果空气流量过大，会缩短气液接触时间，不利于热质交换过程的充分进行。因此，空气流量应该调整在适宜范围内。再生量随环境空气干球温度的升高而增大，但并不显著，其随干球温度变化的斜率很小。这是因为空气含湿量恒定时，即使改变空气温度，空气中的水蒸气分压仍保持不变。

再生器溶液出口温度能使集液箱溶液温度升高，从而增大系统的冷却量。当溶液入口温度越高、浓度越大、流量越大、空气入口温度与湿度越大时，溶液的出口温度越高。因为空

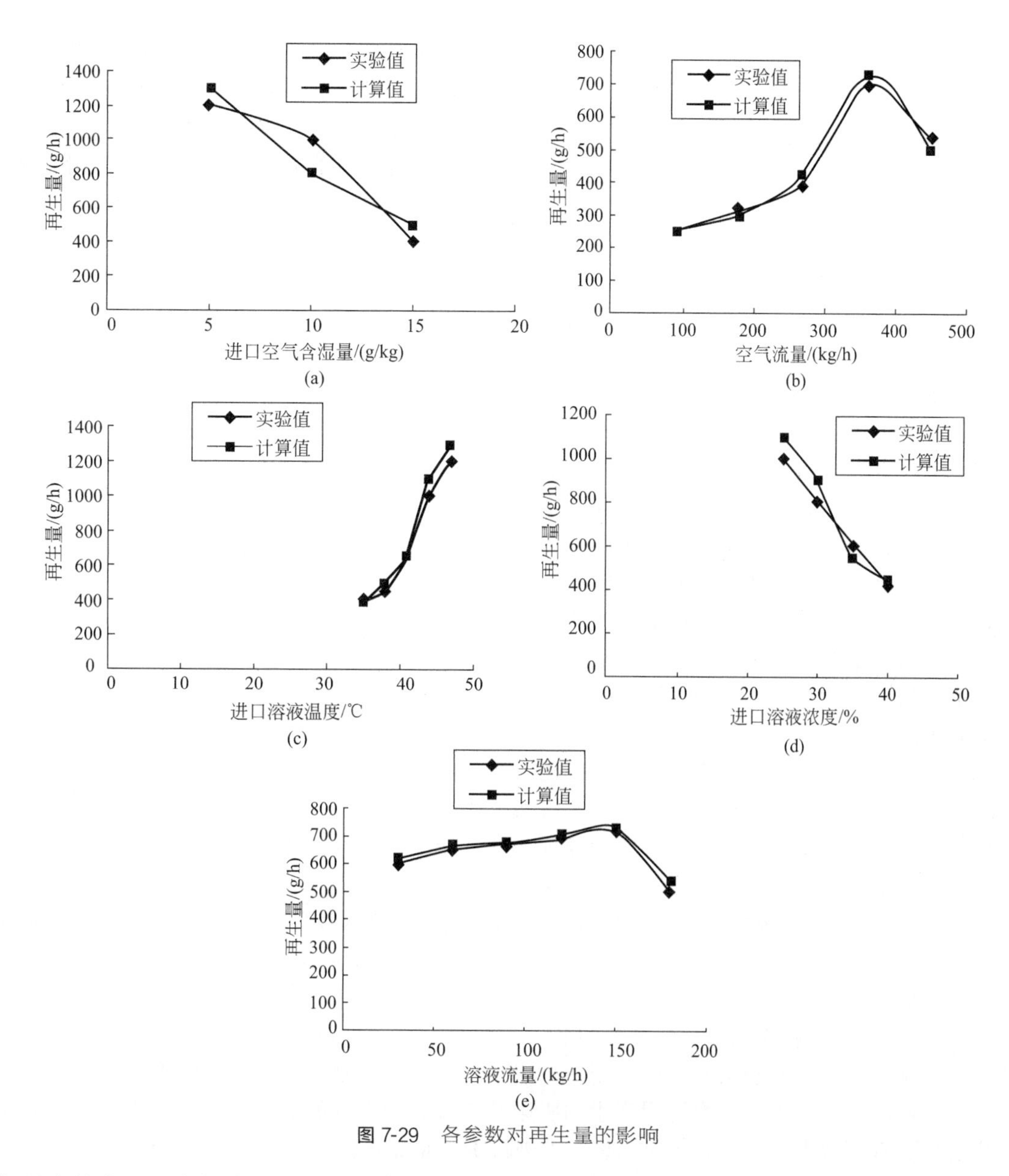

图 7-29　各参数对再生量的影响

气温度越高，湿度越大，空气的入口焓值就越高，溶液与入口空气换热而产生的温降就越小。因此，溶液出口温度越高。溶液浓度越大，溶液再生时水蒸气的汽化量减少，水汽化时吸收的热量就越少，因此，溶液出口温度升高。

7.2　太阳能吸附式制冷系统

7.2.1　太阳能吸附式制冷原理

太阳能驱动吸附式制冷基本循环原理可以如图 7-30 所示。图 7-31 对应其热力循环图。

从图 7-30 中可以看出，太阳能吸附式制冷基本循环同样包含压缩式制冷系统中的冷凝器、蒸发器以及节流装置，唯一不同的是以集热吸附床取代了压缩机。其工作原理是：在夜

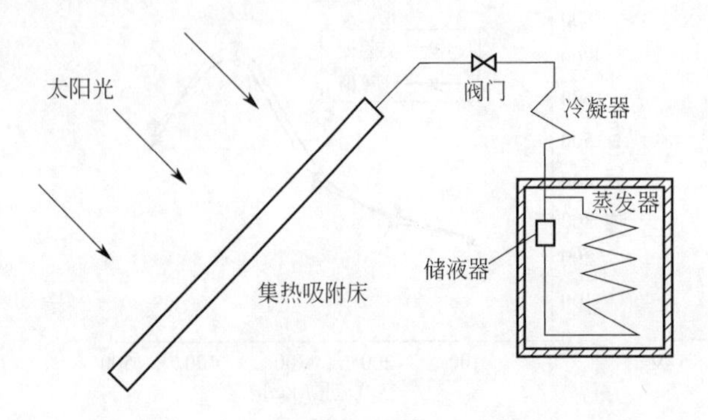

图 7-30　太阳能驱动吸附式制冷基本循环原理

晚或者温度较低的条件下，吸附床被冷却降温，在压差的驱动下制冷剂液体于蒸发器内被吸附，从而产生蒸发制冷现象，直至吸附床内填充的吸附剂达到吸附平衡；日间吸附床温度在阳光辐射下升高，当达到工质的解吸驱动温度时，制冷剂逐渐从吸附剂中解吸出来并在冷凝器中冷凝为液体完成再生，然后待夜晚温度降低时又进行吸附制冷，如此往复循环就是整个系统的工作过程。

具体热力学循环被描述为四个阶段，即两个定压过程与两个定容过程，如图 7-31 所示。

① 1→2 过程为脱附前预热（定容）过程　阀门为关闭状态，早上在太阳辐射的作用下吸附床的温度不断升高，由初始温度 T_{a2}（相当于环境温度）升至 T_{g1}（解吸开始的温度）；与此同时，吸附床的压力不断上升，由初始蒸发压力 p_e 上升为制冷剂蒸气冷凝温度下的饱和压力 p_c。整个过程中只有极少量制冷剂工质被脱附出来。

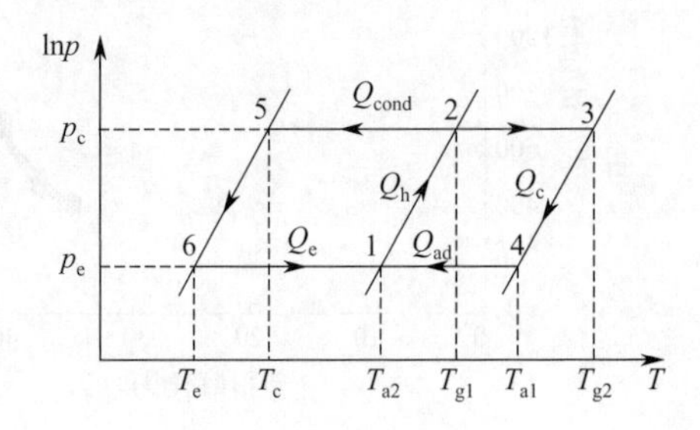

图 7-31　太阳能驱动吸附式制冷热力循环图

② 2→3 过程为高温脱附（定压）过程　阀门开启，在高温高压下，吸附床中的制冷剂蒸气被不断脱附出来，压力保持恒定，脱附出来的制冷剂蒸气在冷凝器中冷凝变为液态并进入蒸发器。床内温度继续上升至 T_{g2}（解吸完毕时的温度）。

③ 3→4 过程为吸附预冷（定容）过程　阀门关闭，进入夜间，环境温度下降，吸附床温度与压力随之降低，直到温度下降至 T_{a1}（开始吸附的温度），压力下降至制冷剂气体蒸发温度下的饱和压力 p_e。

④ 4→1 过程为低温吸附（定压）过程　阀门开启，蒸发器中的制冷剂在压力突然降低的情况下沸腾，从而剧烈蒸发，产生制冷效果，蒸发出来的制冷剂蒸气被吸附床内的吸附介质吸附。吸附过程结束，吸附过程产生的吸附热被排放到周围的低温空气中。第二天早上吸附床温度接近环境温度 T_{a2}，回到 1 状态点进行下一轮循环。

由上述原理可以看出，吸附式制冷循环是一个不连续的过程，一轮制冷结束后需要等待吸附床冷却到吸附温度后才能进行新一轮的制冷过程。吸附床在白天需要充分吸热，到了夜间却又必须迅速冷却，这种难以调和的矛盾导致固体吸附式制冷系统的整体 COP 值比较低。

7.2.2　太阳能复合管吸附式制冷系统的设计

（1）系统的构成及工作原理

太阳能复合管吸附式制冷系统运行原理如图 7-32 所示。

太阳能复合管吸附式制冷系统由两套真空管式太阳能集热吸附复合床、蓄热水箱、闭式冷却塔、膨胀水箱、冷凝器、储液器、制冷箱、轴流风机、辅助热源、水泵、阀门及管道等系统配件组成。本系统可以通过切换完成制冷及制热功能。太阳能集热吸附复合床在吸附式制冷系统中的作用相当于常规制冷循环中的压缩机；另一个作用是吸收太阳能以提升热源水

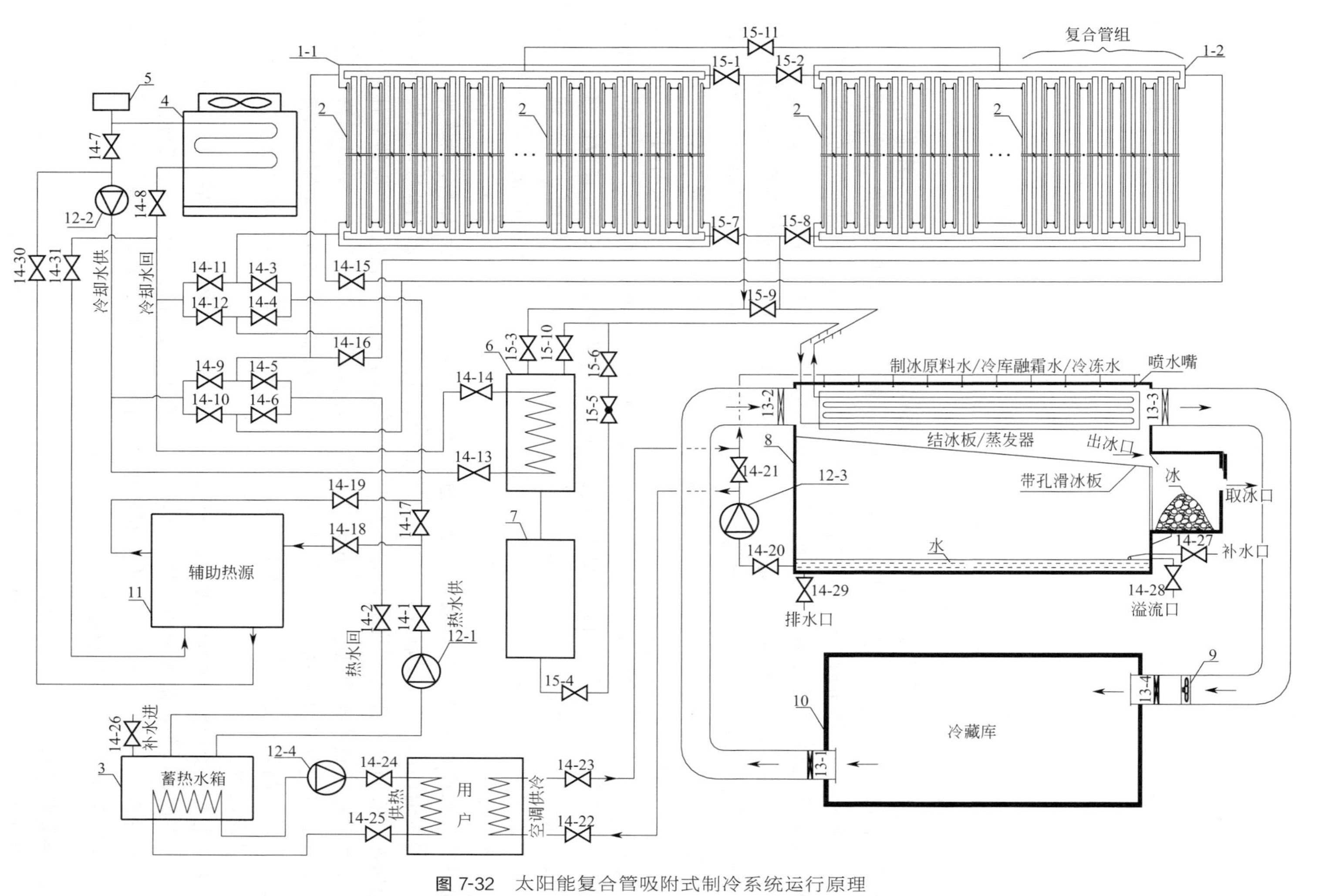

图 7-32　太阳能复合管吸附式制冷系统运行原理

1—真空管式太阳能集热吸附复合床；2—太阳能集热吸附复合管；3—蓄热水箱；4—闭式冷却塔；5—膨胀水箱；6—冷凝器；7—储液器；8—制冷箱；9—轴流风机；10—冷藏库；11—辅助热源；12—水泵；13～15—阀门

温。两套太阳能集热吸附复合床通过加热冷却的切换实现连续制冷。

① 蓄热水箱：一是构成回路，使太阳能集热器制备的热水为吸附式制冷系统脱附提供热源；二是可以储存热水，供用户使用。

② 闭式冷却塔：为吸附式制冷系统的吸附阶段及冷凝阶段提供冷却水。使用闭式冷却塔降低冷却水系统结垢的可能性，降低系统能耗与维护成本，保证系统可靠高效运行。

③ 膨胀水箱：稳定闭式水系统的压力并起到及时补水的作用，防止管路中出现气液两相流。

④ 冷凝器：冷却吸附床解吸出来的甲醇蒸气并使之液化。

⑤ 储液器：储存冷凝器中液化的甲醇液体。

⑥ 制冷箱（有三个作用，不同时使用）：一是制备冷冻水并少量短时间储存；二是为冷藏库循环空气降温并可实现蒸发器融霜的过程；三是制冰与储冰。

⑦ 轴流风机：推动冷藏库与制冷箱间空气循环。

⑧ 辅助热源：当太阳能无法使用时，替代其作为吸附式制冷系统的驱动热源。

白天有阳光时，吸附复合床 1-1 吸收太阳辐射能，蓄热水箱循环水温度上升，吸附复合床 1-1 开始脱附，多余热量通过热水储存到热水箱内，冷凝器冷却水开启，脱附出来的制冷剂甲醇蒸气冷凝成液体进入储液器，经节流后供液至蒸发器；吸附复合床 1-2 每根复合管聚光器光孔关闭，不吸收太阳辐射能，而是处于冷却吸附阶段（下述处于冷却吸附阶段的吸附复合床中每根复合管聚光器动作与此相同），开始吸附制冷剂甲醇，制冷剂甲醇蒸发产生制冷效果，用于制备冷冻水或用于冷藏库降温或制冰。进入回质阶段，吸附复合床 1-1 继续加热（关闭与冷凝器相通的阀门），吸附复合床 1-2 继续冷却。达到最佳回质时间后，两吸附复合床进行切换，吸附复合床 1-2 利用吸附复合床 1-1 释放的热量进行预热。达到最佳回热时间后，两吸附复合床进行切换，吸附复合床 1-2 利用吸附复合床 1-1 释放的热量进行预热，达到最佳回热时间后，蓄热水箱的热水给其加热，使其开始脱附，冷凝器冷却水开启，脱附出来的制冷剂甲醇蒸气冷凝成液体进入储液器，经节流后供液至蒸发器。冷却水给吸附复合床 1-1 冷却，使其开始吸附制冷剂甲醇，制冷剂甲醇蒸发产生制冷效果，用于制备冷冻水或用于冷藏库降温或制冰。进入回质阶段，吸附复合床 1-2 继续加热（关闭与冷凝器相通的阀门），吸附复合床 1-1 继续冷却。达到最佳回质时间后，两吸附复合床进行切换，吸附复合床 1-1 利用吸附复合床 1-2 释放的热量进行预热。达到最佳回热时间后，蓄热水箱的热水给其加热，使其开始脱附，冷凝器冷却水开启，脱附出来的制冷剂甲醇蒸气冷凝成液体进入储液器，经节流后供液至蒸发器。冷却水给吸附复合床 1-2 冷却，使其开始吸附制冷剂甲醇，制冷剂甲醇蒸发产生制冷效果，用于制备冷冻水或用于冷藏库降温或制冰。

无法使用太阳能而使用辅助热源时，采用连续式回质回热吸附式制冷制热水、冷藏、制冰系统的工作原理与上述基本相同，只是在热源和冷却水方面有所变化。太阳能辐照强度达不到设计所需的温度时，可开启辅助热源制取热水以替代太阳能集热器制取热水，其他功能不变，可保证系统持续工作的稳定性。

（2）系统的运行

① 利用太阳能时，连续式回质回热吸附式空调、冷藏、制冰系统的运行详见图 7-32；连续式回质回热吸附式制冷系统循环过程见表 7-4（未注明开启的设备及阀门均处于关闭状态，特别说明除外）。

⊡ 表 7-4　连续式回质回热吸附式制冷系统循环过程

<table>
<tr><th>循环过程</th><th>复合床1-1</th><th>复合床1-2</th><th colspan="2">开启的阀门</th><th>对应功能开启的设备及阀门</th></tr>
<tr><td rowspan="2">加热/冷却</td><td>加热</td><td>—</td><td>14-1～14-3、14-5、14-17</td><td rowspan="2">14-13、14-14；15-1、15-3～15-6、15-8</td><td rowspan="2">12-1、12-2、4
冷藏：9、13-1～13-4；
制冰：12-3、14-20、14-21；
空调：12-3、14-20、14-22～14-23</td></tr>
<tr><td>—</td><td>冷却</td><td>14-7、14-8、14-10、14-12</td></tr>
<tr><td>回质</td><td>加热</td><td>冷却</td><td colspan="2">开启 15-11、关闭 15-1，其他开启同上加热/冷却阀门</td><td>同上</td></tr>
<tr><td>切换/预热</td><td>冷却</td><td>预热</td><td>14-7～14-9、14-12、14-15</td><td>15-4～15-7</td><td>12-2、4
冷藏：9、13-1～13-4；
制冰：12-3、14-20、14-21；
空调：12-3、14-20、14-22～14-23</td></tr>
<tr><td rowspan="2">冷却/加热</td><td>冷却</td><td>—</td><td>14-7～14-9、14-11</td><td rowspan="2">14-13、14-14；15-2～15-7</td><td rowspan="2">12-1、12-2、4
冷藏：9、13-1～13-4；
制冰：12-3、14-20、14-21；
空调：12-3、14-20、14-22～14-23</td></tr>
<tr><td>—</td><td>加热</td><td>14-1～14-2、14-4、14-6、14-17</td></tr>
<tr><td>回质</td><td>冷却</td><td>加热</td><td colspan="2">开启 15-11、关闭 15-2，其他开启同上加热/冷却阀门</td><td>同上</td></tr>
<tr><td>切换/预热</td><td>预热</td><td>冷却</td><td>14-7、14-8、14-10、14-11、14-16</td><td>15-4～15-6、15-8</td><td>12-2、4
冷藏：9、13-1～13-4；
制冰：12-3、14-20、14-21；
空调：12-3、14-20、14-22～14-23</td></tr>
</table>

注：1. 上表中标明吸附式制冷系统各阶段阀门启闭情况，假定回质回热阶段吸附床仍可进行吸附制冷；假定回热阶段预热的吸附床压力达不到冷凝压力，与冷凝器连接的阀门不开启，但在运行过程中，吸附床与冷凝器及蒸发器相连接的阀门启闭虽接受动作指令，但同时应结合吸附式制冷原理由冷凝器及蒸发器压力实现自动控制，即满足双重条件动作指令。

2. 由于本吸附式制冷系统末端制冷箱可实现三个制冷功能，因此表“对应功能开启的设备及阀门”中“冷藏、制冰、空调”三个功能不同时运行，每次只能运行其中一项功能。

3. 重复前述过程，如此反复完成制冷循环。

② 利用太阳能时，运行连续式回质回热吸附式冷藏系统一段时间后，融霜程序开始运行。

运行连续式回质回热吸附式冷藏系统一段时间后，根据蒸发器结霜情况，设定一定的间隔时间进入融霜模式，循环运行控制过程见表 7-5、表 7-6（未注明开启的设备及阀门均处于关闭状态，特别说明除外）。

⊡ 表 7-5　1-1 复合床脱附时融霜运行程序

<table>
<tr><th>循环过程</th><th>介质</th><th>开启的阀门</th><th>对应功能开启的设备</th></tr>
<tr><td rowspan="2">蒸发器融霜</td><td>甲醇蒸气</td><td>14-1～14-3、14-5、14-17；15-1、15-9、15-10</td><td>12-1</td></tr>
<tr><td>水</td><td>14-20、14-21</td><td>12-3</td></tr>
</table>

⊡ 表 7-6　1-2 复合床脱附时融霜运行程序

<table>
<tr><th>循环过程</th><th>介质</th><th>开启的阀门</th><th>对应功能开启的设备</th></tr>
<tr><td rowspan="2">蒸发器融霜</td><td>甲醇蒸气</td><td>14-1、14-2、14-4、14-6、14-17；15-2、15-9、15-10</td><td>12-1</td></tr>
<tr><td>水</td><td>14-20、14-21</td><td>12-3</td></tr>
</table>

③ 利用太阳能时，运行连续式回质回热吸附式制冰系统一段时间后，脱冰运行过程见

图 7-32。

运行连续式回质回热吸附式制冰系统一段时间后，根据蒸发器结冰情况进入脱冰模式，循环过程见表 7-7、表 7-8（未注明开启的设备及阀门均处于关闭状态，特别说明除外）。

⊡ 表 7-7　1-1 复合床脱附时脱冰运行程序

循环过程	介质	开启的阀门	对应功能开启的设备
脱冰	甲醇蒸气	14-1～14-3、14-5、14-17；15-1、15-9、15-10	12-1

⊡ 表 7-8　1-2 复合床脱附时脱冰运行程序

循环过程	介质	开启的阀门	对应功能开启的设备
脱冰	甲醇蒸气	14-1、14-2、14-4、14-6、14-17；15-2、15-9、15-10	12-1

④ 无法使用太阳能而使用辅助热源（高温热泵等）时，连续式回质回热吸附式制冷制热水、冷藏、制冰系统运行程序如下：运行程序与上述基本相同，启用热源时，阀门 14-17 关闭，改为开启 14-18、14-19，启动热泵机组；启用冷却水时，设备 4 不开启，阀门 14-7、14-8 关闭，改为开启 14-30、14-31，其他均无变化。

⑤ 制取的冷、热水供用户使用运行程序如下：

a. 上述运行程序中制备的冷冻水已供至用户空调使用，用户末端接风机盘管即可；

b. 蓄热水箱储存热水通过二次换热，可供用户直接使用（洗浴）或间接供暖，使用时开启阀门 14-24、14-25，启动水泵 12-4 即可。

（3）吸附床的设计

作为替代传统制冷系统压缩机作用的吸附床，是整个吸附制冷系统的动力来源，是决定系统整体性能参数好坏的主要因素。

本书作者设计了一种太阳能 CPC 聚焦型集热器与真空管吸附床相结合的复合管结构（图 7-33）。第一夹层为受热真空玻璃夹层，构成真空太阳能集热器，内层玻璃靠真空层一侧涂有太阳吸热涂层，真空层起到保温、防止热损失的作用。第二夹层为玻璃和金属吸附床之间夹层，其内流动工质为水。在加热脱附阶段，水直接被太阳能集热器加热，提供解吸所需的热量，其优点是能使吸附床受热均匀且温度可控，有效避免出现辐照强度较大时甲醇在高温下的分解问题；在冷却吸附阶段，通过阀门转换控制冷却水循环，使吸附床迅速冷却到所需温度。第三夹层为金属管吸附床夹层，均匀充注活性炭与铝粉复合吸附剂块。最里层为

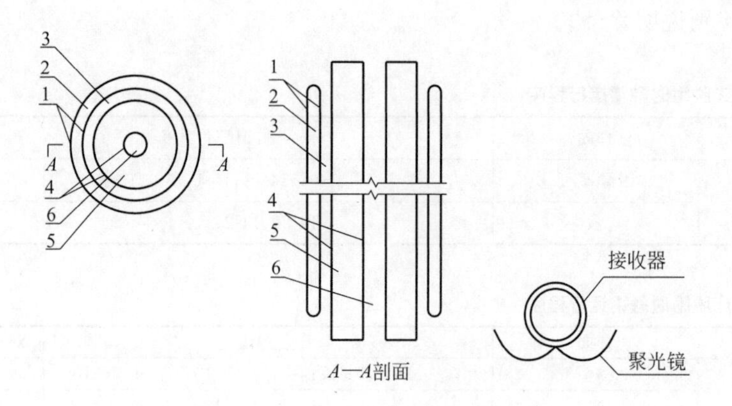

图 7-33　太阳能集热吸附复合管结构

1—玻璃；2—真空层；3—水通道；4—金属管壁；5—吸附剂；6—吸附质通道

制冷剂传质通道，与吸附剂相通的金属管壁上均匀钻有许多孔径为 2mm 的洞。在太阳能辐射不足时，也可通入由辅助热源加热的热水进行解吸。

真空管底座采用一种管式复合抛物面（CPC）聚光器结构，在太阳辐照不是很强或者照射角度不理想的情况下能有效地提高集热器结构对太阳能的吸收效率。由于它具有较大的光伏接收角，故在运行时不需连续地跟踪太阳，只需根据接收角大小和收集阳光的小时数，每年定期调整倾角若干次即可有效工作。聚光镜基板采用由不锈钢镜面板成型的壳体，厚度为 1.2mm。

太阳能集热吸附复合管设计尺寸：长度 1500mm；真空管真空度优于 10^{-3}Pa，内孔直径为 47mm、外径为 58mm；金属铜管外径为 35mm（内径为 31mm）；吸附质通道内衬带孔铜管外径为 12mm（内径为 10mm）。

上述太阳能集热吸附复合管类似于“直通式真空管太阳能集热器”，配合 CPC 聚光器使用，在相同条件下可制取相同量的热水；不同之处在于前者还兼作吸附制冷系统的吸附床（相当于制冷系统的压缩机），这是后者所不具备的。太阳能集热吸附复合管集制热、制冷功能于一身，较“直通式真空管太阳能集热器”仅在中间水通道中增加吸附剂（固化活性炭）及其通道，加工工艺较简单。

在本工程应用中，由 15 根太阳能集热吸附复合管组成太阳能集热吸附复合管组，如图 7-34 所示；再由 16 组太阳能集热吸附复合管组组成一套太阳能集热吸附复合床。每个太阳能集热吸附复合管上下端均为水联箱，中心金属管为传质管，管内输送制冷剂，外侧环形套管为水套管。

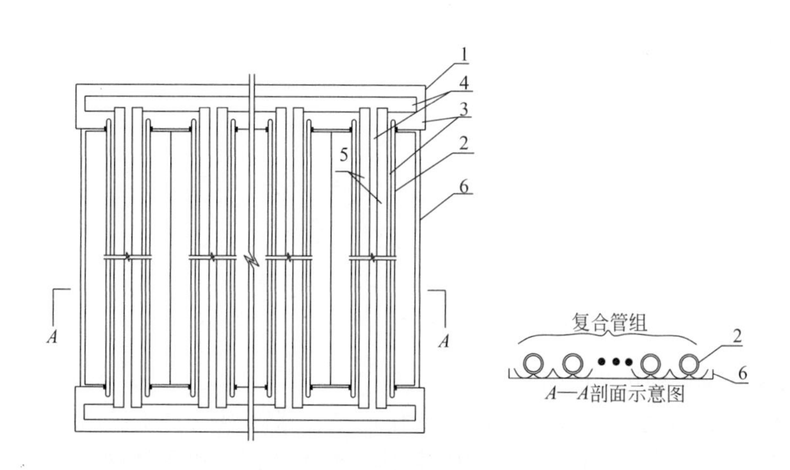

图 7-34　太阳能集热吸附复合管组结构

1—水联箱；2—真空镀膜集热结构；3—水通道；4—吸附质通道；5—吸附剂填充层；6—管组外框架

为了达到连续制冷的效果，在假设吸附床均能处于吸附饱和状态的条件下，双床连续循环操作流程可简化为表 7-9 的形式。其中，τ 为单个吸附床的解吸/吸附时间，在双床系统中叫作半循环周期。

表 7-9　双床连续循环操作流程

时间/min	吸附床 A	吸附床 B
0	开始加热	—
τ	开始冷却	开始加热
2τ	开始加热	开始冷却
3τ	开始冷却	开始加热
4τ	开始加热	开始冷却

由于两床不同时工作，在开始冷却时继续吸收阳光辐射不利于吸附床的散热，因此需设置遮阳措施。两套太阳能集热吸附复合床每组复合管组均单独通过机械装置带动遮阳电动卷帘的开关来选择性吸收太阳辐射能，达到吸附式制冷系统连续运行的目的，具体结构形式参见图7-35。其工作原理：在一定倾角的导轨上，遮阳电动卷帘两端处于导轨内，下端有一金属杆重物，遮阳电动卷帘可上下自由滑动（电机可正反转）并保持平整。当其中一套太阳能集热吸附复合床需吸热脱附时，每组复合管组电机同步驱动传动轴，转动遮阳电动卷帘使之向上滑动直到顶端限位（传动轴将卷帘收集成卷），停止电机，开始吸收太阳辐射能；当其中一套太阳能集热吸附复合床需冷却吸附时，每组复合管组电机同步驱动传动轴转动遮阳电动卷帘，使之向下滑动直到顶端完全打开限位（传动轴将收集成卷的卷帘逐步展开），停止电机，停止吸收太阳辐射能。如此循环反复运行，可达到选择性吸收太阳辐射能的目的；并且在整个系统不工作或者遇到冰雪雾雹等恶劣天气时，均可通过放下遮阳卷帘的方式对太阳能复合管结构起到一定的保护作用。

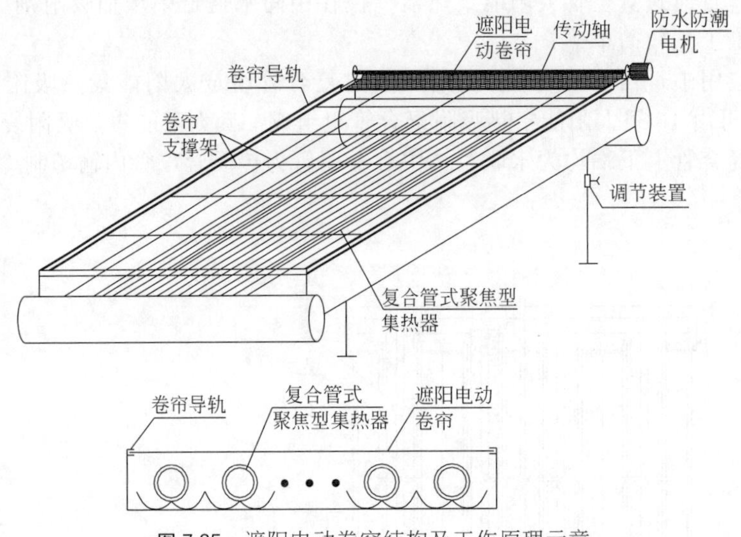

图7-35　遮阳电动卷帘结构及工作原理示意

（4）主要系统部件的选型匹配

① 冷凝器设计　本系统中冷凝器的主要作用是将从高温吸附床排出的高压过热制冷剂蒸气通过其向冷却介质放热而被冷凝成饱和液体。吸附式制冷冷凝器的设计与常规压缩式制冷系统的冷凝器方法一致，在实际工程中应主要考虑系统的冷凝负荷、冷凝压力与冷凝器的设计容量相匹配问题。另外，还要综合考虑设备的经济性及占地尺寸等。表7-10列出了常用冷凝器类型和特点。

表7-10　常用冷凝器类型和特点

形式	主要优点	主要缺点
立式壳管式	露天安装，水质要求低，清洗方便	传热系数小，传热温差小，水量大
卧式壳管式	结构紧凑，传热系数高，耗水量小	水质要求较高，清洗不便
套管式	结构简单，传热系数高，耗水量小	制作金属消耗大，流动阻力较大
焊接板式	体积小，传热效率高，加工方便	容积小，难以清理，泄漏难修复
风冷式冷凝器	无须冷却水，空间占用率低	换热效果较差，冷凝压力高
蒸发式冷凝器	耗水量少，空间占用率低	造价高，维修、清洗困难

虽然设计系统为小型系统，但由于本系统需设置冷却塔以带走吸附床在冷却吸附过程中

的吸附热，本章采用卧式壳管式冷凝器，冷却水也依靠冷却塔提供。冷凝器换热面积计算如下：本系统中冷凝器的进水温度为 32℃，出水温度为 37℃，则冷凝器进出口换热温差为 5℃；在一次制冷循环中甲醇的解吸量为 2.52kg。一个循环中冷凝器的最大换热量：

$$Q_{cond} = M_{me} L_{me} + \int_{T_c}^{T_g} C_P(T) M_{me} dT \tag{7-30}$$

式中 M_{me}——制冷剂的循环量，kg；

L_{me}——制冷剂的汽化潜热，甲醇在冷凝温度 40℃下的汽化潜热取 1190kJ/kg；

T_g, T_c——解吸温度和冷凝温度，取值为 359K、314K；

$C_P(T)$——制冷剂的比定压热容，kJ/(kg·K)，由于温度变化范围不大，可取定值 1.39kJ/(kg·K)。

则 $Q_{cond} = 2.52 \times 1190 + 1.39 \times 2.52 \times (85 - 40) = 3156.43(kJ)$

循环时间 τ_c 设置为 25min，取余量 20%，则冷凝器负荷：

$$W_{cond} = \frac{Q_{cond}}{\tau_c} = 1.2 \times \frac{3156.43}{25 \times 60} = 2.53(kW)$$

由于制冷剂蒸气冷却到饱和气体以及饱和制冷剂液体冷却到过冷液体所吸收的显热对于总热量来说很小，可以假定制冷剂的冷凝温度为一个定值，故冷凝温度与冷却介质之间的对数平均温差：

$$\Delta t = \frac{\Delta t_{max} - \Delta t_{min}}{\ln(\Delta t_{max} / \Delta t_{min})} \tag{7-31}$$

式中 Δt_{max}——两流体在进口或出口处较大的温差，℃；

Δt_{min}——两流体在进口或出口处较小的温差，℃。

则 $\Delta t = 5.1$℃。

对于卧式壳管式冷凝器，传热系数 K 值一般取 814～1045W/(m^2·℃)，冷凝器的换热面积：

$$F_{cond} = \frac{W_{cond}}{K \Delta t} \tag{7-32}$$

得 $F_{cond} = 0.55m^2$。

冷凝器所需冷却水流量：

$$q_m = \frac{Q_{cond}}{c_w \tau (t_{cool,out} - t_{cool,in})} \tag{7-33}$$

式中 c_w——水的比热容，取 4.2×10^3J/(kg·℃)；

$t_{cool,in}, t_{cool,out}$——冷却水进、出口温度，℃。

则 $q_m = 0.1$kg/s。

② 蒸发器设计　蒸发器也是一种换热设备，与冷凝器所不同的是蒸发器是吸热设备。在蒸发器中，由于低压液体制冷剂汽化，从需要冷却的物体或空间吸热，从而使被冷却的物体或空间温度降低以达到制冷的目的。因此，蒸发器是制冷装置中产生和输出冷量的设备。按照被冷却介质的不同，主要分为冷却液体制冷剂（水、盐水或乙二醇水溶液等）的蒸发器及冷却空气的蒸发器。表 7-11 列出了常用蒸发器类型及特点。

表 7-11　常用蒸发器类型及特点

蒸发器类型	主要优点	主要缺点
干式壳管式	制冷剂充注量小,造价低	蒸发效果较差,清洗不便
卧式壳管满液式	结构紧凑,传热系数高	制冷剂耗量大,存在结冰现象
立管(螺旋管)式	结构紧凑,加工制造方便	只能用于开式系统
冷却排管	结构简单,制作方便	传热系数低,融霜操作困难
空冷器	控制方便,传热效果好	加工工艺较复杂

蒸发器有三个作用（不同时使用）：一是制备冷冻水并少量短时间储存；二是与冷藏库循环空气换热降温；三是制冰与储冰。以负荷最大工况即冷藏库所需冷量进行计算：本系统的蒸发温度为−10℃，对于蒸发器的负荷即为系统设计制冷量 2kW，选择蒸发器换热系数为 600W/(m² · ℃)，蒸发器换热进口温度取 2℃，出口温度为−8℃。

蒸发器中制冷剂与被冷却介质之间的温差同样按式(7-31) 对数平均温差计算，则：

$$\Delta t=\frac{2-(-8)}{\ln\frac{12}{2}}=5.58$$

蒸发器的换热面积：

$$F_{\text{eva}}=\frac{W}{K_{\text{e}}\Delta t}=\frac{2\times10^{3}}{600\times5.58}=0.6(\text{m}^{2})$$

为保证足够的蒸发面积，取余量 20%，则蒸发面积为 0.72m²。

载冷剂盐水所需的流量为：

$$q'_{\text{m}}=\frac{W}{c'\Delta t\tau}=\frac{2000}{4.28\times5.58\times25\times60}=0.056(\text{kg/s})$$

式中，c'为盐水的比定压热容，取 4.28kJ/(kg · K)。

7.2.3 吸附式制冷系统动态仿真模型的建立

（1）太阳能吸附式制冷系统的数学模型

① 基本假设　根据前面章节所设计吸附式制冷系统的结构以及系统运行方式，采用集总参数法建立其动态仿真数学模型。为了简化系统计算，做出以下假设：

a. 真空复合管吸附床内部的温度与甲醇气体压力分布均匀；

b. 吸附剂的密度分布各向均匀；

c. 制冷剂蒸气被吸附质吸附时各向均匀，被吸附以后在吸附质内部为液态；

d. 不考虑制冷剂冷凝过程中的过冷与制冷剂蒸气汽化过程中的过热，均以饱和制冷剂液体或者饱和制冷剂蒸气处理；

e. 真空复合管上下端面满足绝热条件，忽略外界环境与其进行换热的影响。

② 吸附率方程　针对物理吸附工质的吸附方程，使用最广泛的是基于 Polanyi 吸附势能模型的 D-A 方程，它能很好地描述微孔吸附现象。D-A 方程的基本形式如式(7-34) 所示：

$$x=x_{0}\exp\left[-\left(\frac{\psi}{E}\right)^{n}\right]\tag{7-34}$$

式中　x——吸附率，即单位质量的吸附剂吸附制冷剂气体的质量，kg/kg；

x_0——饱和吸附率，kg/kg；

E——特征吸附功，由吸附体系能量的特性来决定，kJ/kg；

n——表征吸附剂颗粒微孔直径分布情况的常数；

ψ——吸附势，与被吸附气体的等温压缩功有关，其计算如式(7-35) 所示。

$$\psi=RT\ln\frac{P_{\text{s}}}{P}\tag{7-35}$$

式中　P_{s}——吸附剂温度下所对应的吸附质气体的饱和压力，Pa；

P——吸附平衡时的压力，与制冷系统冷凝器或者蒸发器中制冷剂的饱和温度相对应，Pa。

在吸附量一定的前提条件下，温度变化范围不太大时，饱和液体的压力与温度的关系符合 Clausius-Clapeyron 方程：

$$\ln P = A - \frac{C}{T_{\text{sat}}} \tag{7-36}$$

将其代入式(7-34) 可得到简略形式的 D-A 方程：

$$x = x_0 \exp\left[-K\left(\frac{T}{T_s} - 1\right)^n\right] \tag{7-37}$$

式中 T_s——吸附平衡时温度，K；

T——吸附质温度，K。

③ 能量平衡方程 由于系统工作时间较长，可以假定吸附床内部的吸附剂在给定温度下满足吸附平衡条件。忽略吸附床内部的非稳态传热过程，将整个吸附床换热单元作为一个闭式能量守恒系统，通过分析系统得热与失热得到系统的能量平衡方程。

解吸附过程：

$$\begin{aligned}&\frac{d}{d\tau}M_a c_a T + \frac{d}{d\tau}M_a x c_{\text{lc,me}} T + \frac{d}{d\tau}M_{\text{Cu}} c_{\text{Cu}} T + \frac{d}{d\tau}M_{\text{Al}} c_{\text{Al}} T \\ &= M_a \frac{dx}{d\tau} H_d + q_w c_w (T_{\text{tube,in}} - T_{\text{tube,out}})\end{aligned} \tag{7-38}$$

式中 q_w——加热/冷却流体的质量流量，kg/s。

M_a——吸附剂质量，kg；

c_a——吸附剂比热容，kJ/(kg·K)；

$c_{\text{lc,me}}$——液态与气态甲醇比热容，kJ/(kg·K)；

c_{Cu}，c_{Al}——传热管材料铜与金属导热剂铝粉的比热容，kJ/(kg·K)；

c_w——水的比热容，kJ/(kg·K)；

M_{Cu}——传热材料（主要为铜）的总质量，kg；

M_{Al}——金属导热剂铝粉的质量，与吸附剂质量有关，kg；

H_d——等压吸附/解吸热，kJ/kg；

$T_{\text{tube,in}}$，$T_{\text{tube,out}}$——复合管进、出口热水水温，K。

式(7-38) 方程左边第一、第二项分别表示吸附剂与吸附质（制冷工质）获得的显热，第三、第四项分别表示吸附床金属铜与导热添加剂铝粉在解吸过程中获得的显热，方程右边第一项为解吸热，第二项为加热管路中水带来的热量。

吸附过程：

$$\begin{aligned}&\frac{d}{d\tau}M_a c_a T + \frac{d}{d\tau}M_a x c_{\text{lc,me}} T + \frac{d}{d\tau}M_{\text{Cu}} c_{\text{Cu}} T + \frac{d}{d\tau}M_{\text{Al}} c_{\text{Al}} T \\ &= q_w c_w (T_{\text{cool,in}} - T_{\text{cool,out}})\tau - M_a \frac{dx}{d\tau} H_d + \int_0^{T-T_e} c_{\text{pc,me}} M_a \frac{dx}{d\tau} dT\end{aligned} \tag{7-39}$$

式中 $c_{\text{pc,me}}$——液态与气态甲醇比热容，kJ/(kg·K)；

$T_{\text{cool,in}}$，$T_{\text{cool,out}}$——吸附管中冷却水进、出口水温，K；

T_e——蒸发器温度，K。

式(7-39) 方程左边第一、第二项分别表示吸附剂与吸附质（制冷工质）降温被带走的显热，第三、第四项分别表示吸附床金属铜与导热添加剂铝粉在吸附过程中被带走的显热，方程右边第一项为冷却管路中水带走的热量，第二项为等压吸附热，最后一项为制冷剂蒸气从蒸发温度升高到环境温度所吸收的显热。

假定冷凝器无残留制冷剂液体，输入的热量为制冷剂携带的显热和潜热，输出的热量为与冷却水换热传递走的热量。具体热平衡方程描述如下：

$$c_{\mathrm{Cu}}M_{\mathrm{c}}\frac{\mathrm{d}T_{\mathrm{c}}}{\mathrm{d}\tau}=\beta\left[-L_{\mathrm{me}}M_{\mathrm{a}}\frac{\mathrm{d}x}{\mathrm{d}\tau}+c_{\mathrm{me}}M_{\mathrm{a}}\frac{\mathrm{d}x}{\mathrm{d}\tau}(T_{\mathrm{c}}-T)+m_{\mathrm{cool}}c_{\mathrm{w}}(T_{\mathrm{cool,in}}-T_{\mathrm{cool,out}})\right] \tag{7-40}$$

$$\ln\frac{T_{\mathrm{cool,out}}-T}{T_{\mathrm{cool,in}}-T}=\frac{q_{\mathrm{m,cool}}c_{\mathrm{lc,me}}}{\lambda_{\mathrm{cool}}} \tag{7-41}$$

式中 M_{c}——冷凝器金属的质量，kg；

T_{c}——冷凝温度，K；

L_{me}——甲醇汽化潜热，kJ/kg；

$T_{\mathrm{cool,in}}$，$T_{\mathrm{cool,out}}$——冷凝器冷却水进、出口水温，K；

$q_{\mathrm{m,cool}}$——冷凝器冷却水的体积流量，$\mathrm{m^3/h}$；

λ_{cool}——冷凝器换热性能系数，kW/K。

不考虑结构内部复杂传热过程，蒸发器整体热平衡方程描述如下：

$$c_{\mathrm{Cu}}M_{\mathrm{e}}\frac{\mathrm{d}T_{\mathrm{e}}}{\mathrm{d}\tau}+c_{\mathrm{me}}M_{\mathrm{me}}\frac{\mathrm{d}T_{\mathrm{e}}}{\mathrm{d}\tau}=\beta\left[-L_{\mathrm{me}}M_{\mathrm{a}}\frac{\mathrm{d}x}{\mathrm{d}\tau}+c_{\mathrm{me}}M_{\mathrm{a}}\frac{\mathrm{d}x}{\mathrm{d}\tau}+m_{\mathrm{chill}}c_{\mathrm{w}}(T_{\mathrm{chill,in}}-T_{\mathrm{chill,out}})\right]$$
$$+(1-\beta)\left[\beta_1c_{\mathrm{w}}(T_{\mathrm{e}}-T_{\mathrm{c}})M_{\mathrm{a}}\frac{\mathrm{d}x}{\mathrm{d}\tau}-(1-\beta_1)L_{\mathrm{me}}M_{\mathrm{a}}\frac{\mathrm{d}x}{\mathrm{d}\tau}\right] \tag{7-42}$$

$$\ln\frac{T_{\mathrm{chill,out}}-T}{T_{\mathrm{chill,in}}-T}=\frac{q_{\mathrm{m,chill}}c_{\mathrm{pc,me}}}{\lambda_{\mathrm{chill}}} \tag{7-43}$$

式中 M_{e}——蒸发器金属的质量，kg；

M_{me}——蒸发器内制冷剂甲醇的质量，kg；

$T_{\mathrm{chill,in}}$，$T_{\mathrm{chill,out}}$——蒸发器冷冻水进、出口温度，K；

$q_{\mathrm{m,chill}}$——蒸发器冷冻水质量流量，kg/h；

λ_{chill}——蒸发器换热性能系数，kW/K。

当 $T_{\mathrm{c}}\leqslant T_{\mathrm{e}}$ 时，β_1 取值1；当 $T_{\mathrm{c}}>T_{\mathrm{e}}$ 时，β_1 取值0。

质量平衡方程由式(7-44)确定。

$$\frac{\mathrm{d}M_{\mathrm{me}}}{\mathrm{d}\tau}=M_{\mathrm{me0}}-M_{\mathrm{a}}\frac{\mathrm{d}x}{\mathrm{d}\tau} \tag{7-44}$$

式中，M_{me0} 为蒸发器中甲醇初始质量。

回质过程中吸附床与外界绝热，在压差的作用下高压吸附床中的制冷剂气体会自发扩散到低压吸附管中。这个过程存在一个质量平衡，即高压发生器中制冷剂的减少量应与低压管中的制冷剂增加量相等。

$$-M_{\mathrm{a}}\frac{\mathrm{d}x_{\mathrm{des}}}{\mathrm{d}\tau}+m_{\mathrm{ev}}=M_{\mathrm{a}}\frac{\mathrm{d}x_{\mathrm{ads}}}{\mathrm{d}\tau}+m_{\mathrm{co}}=m_{\mathrm{mr}} \tag{7-45}$$

式中 m_{mr}——回质流量，kg/s；

m_{ev}，m_{co}——回质过程中低压吸附管内制冷剂气体的蒸发流量和高压吸附管内制冷剂的冷凝流量，kg/s。

高温高压的吸附床由于解吸过程对热量的消耗会使吸附床的温度适当降低，而同时低温低压吸附过程所释放的吸附热会使低温吸附床温度有所上升，则：

$$(c_{\mathrm{a}}+xc_{\mathrm{me}})\Delta t=\Delta h \tag{7-46}$$

式中，Δt 为两吸附管的温差。

最终回质平衡会达到两床压力基本相等。两吸附床之间的压力差：

$$p_{des,me}-p_{ads,me}=\frac{v_{me}m_{mr}}{2A_{mr}^2} \tag{7-47}$$

式中　v_{me}——甲醇的比体积，m^3/kg；

A_{mr}——回质通道的横截面积，m^2。

回质过程中制冷剂气体状态参数之间的关系可由式(7-48)范德瓦尔斯方程确定：

$$\left(P_{me}+\frac{a}{v_{me}}\right)(v_{me}-b)=RT_{me} \tag{7-48}$$

本系统不考虑热水联箱及复合管通道具体形状对换热性能的影响，暂不考虑系统输出热水部分的影响，仅考虑热水完全供给吸附床的情形。从能量输入输出平衡的角度考虑，系统存在以下关系：

$$Q_{seff}=c_wG_{w,bed}\frac{dT}{dt} \tag{7-49}$$

式中　T——复合管吸附床内的瞬时水温，T；

Q_{seff}——太阳能集热器实际获得的辐射能量，J；

$G_{w,bed}$——热水通道及联箱中水的质量，kg。

太阳能辐射能量方程：

$$Q_{sol}=\int_0^t I(t)A_{seff}dt \tag{7-50}$$

式中　Q_{sol}——太阳辐射能量，J；

I——当地太阳能集热器采光面上的辐照强度量，W/m^2；

A_{seff}——太阳能集热器的表面集热面积，m^2；

t——日照时间，s。

集热效率：

$$\eta=\frac{Q_{seff}}{Q_{sol}} \tag{7-51}$$

式中，η为太阳能集热器效率。

④ 系统性能评价指标　太阳能吸附式制冷系统一般用制冷性能系数（COP）和吸附性能系数SCP来表示其性能评价指标。COP表征系统制冷量与集热器对系统有效加热量的比值，SCP表征单位质量吸附剂获得的制冷量。

该太阳能吸附式制冷系统一个循环周期的制冷量为：

$$Q_r=\frac{\int_0^{\tau_c}c_{me}m_{chill}(T_{chill,in}-T_{chill,out})d\tau}{\tau_c} \tag{7-52}$$

一个循环周期所需的加热量为：

$$Q_r=\frac{\int_0^{\tau_c}c_{me}m_{me}(T_{h,in}-T_{h,out})d\tau}{\tau_c} \tag{7-53}$$

一个工作日（以工作8h计算）的平均制冷功率为：

$$\overline{Q_r}=\frac{\sum Q_r\times\tau_c}{8\times3600} \tag{7-54}$$

单个循环周期的系统性能指标系数COP：

$$COP=\frac{Q_{ref}}{Q_h} \tag{7-55}$$

连续运行一天的 COP：

$$COP=\frac{\sum Q_{ref}}{\sum Q_h} \tag{7-56}$$

$$SCP=\frac{Q_{ref}}{M_a} \tag{7-57}$$

（2）基于 Simulink 仿真平台的活性炭-甲醇吸附式制冷系统建模

① Simulink 仿真技术简介　Matlab（矩阵工作室）是美国 Mathworks 有限公司在 1984 年推出的一种科学计算软件，与 C 语言、FORTRON 等程序语言类似，是一种以矩阵运算为特点的面向用户的交互式程序语言，能够满足各个行业的科学计算、仿真模拟以及工程绘图等需求，相对于其他计算机语言更加简洁与智能化，与普通科技人员的思维方式与习惯相适应，能大幅提升编程、计算的效率，人机交互性能良好，易于上手。

Simulink 是 Matlab 软件中的一个重要模块，是一种具有线框图设计环境，可实现动态系统建模、仿真计算以及系统分析的综合可视化仿真平台，被广泛应用于各个行业非线性系统、线性系统、数字（模拟）控制及数字信号处理的建模分析和仿真计算中。Simulink 平台可以通过连续采样时间、离散采样时间或连续与离散混合的采样时间三种方式进行建模，也可支持系统中的不同部分具有不同采样速率的多速率系统模型。Simulink 平台创建动态系统模型采用一种 GUI（即图形用户接口）方式建立数学模型，系统建立过程只需用户单击和拖动鼠标操作软件中既有的数学计算模块即能完成，是以一种非常快捷且易于理解的方式，使用户可以在平台中即刻看到系统相关数据的仿真结果。

Simulink 的模块库包括 8 类，可按照功能进行划分，分别为：Continuous（连续模块）、Discrete（离散模块）、Function&Tables（函数和平台模块）、Math（数学模块）、Nonlinear（非线性模块）、Signals&Systems（信号和系统模块）、Sinks（接收器模块）、Sources（输入源模块）。模块库里面包含满足各功能计算所需的计算模块，输入、输出信号及显示器等，具体如图 7-36 所示。

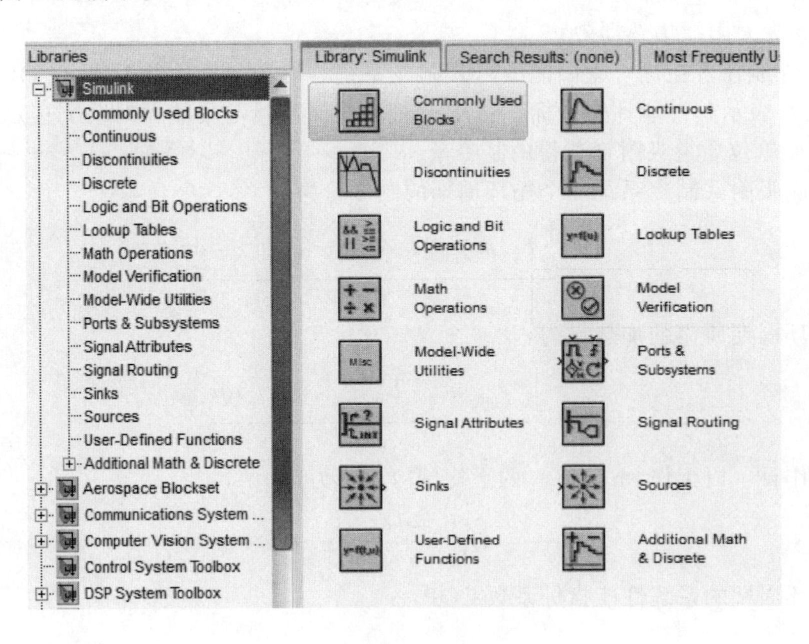

图 7-36　Simulink 模块库

② 建立系统仿真数学模型　采用 Matlab R2012a 版本中的 Simulink 模块对太阳能驱动活性炭-甲醇吸附式制冷系统建立模块化仿真模型。仿真系统各物性参数及常数取值均列于表 7-12 中。

⊡ 表 7-12　仿真系统各物性参数及常数取值

符号	名称	数值	单位
A	理想气体状态方程中的常数	1714.2	$Pa \cdot m^6/kg^2$
A_{seff}	太阳能集热器总集热面积	50	m^2
B	理想气体状态方程中的常数	1.7×10^{-3}	m^3
c_w	水的比热容	4.20	kJ/(kg·K)
c_{Cu}	铜的比热容	0.386	kJ/(kg·K)
E	特征吸附功	94.75	kJ/kg
H_d	吸附/解吸反应热	1450	kJ/kg
K	D-A 方程系数	10.21	
L	水的汽化潜热	2500	kJ/kg
M_a	单排复合管吸附剂填充量	60	kg
M_{Al}	导热添加剂铝粉质量	15	kg
M_c	冷凝器金属质量	11.3	kg
M_{Cu}	单排吸附管金属铜管质量	285.3	kg
N	D-A 方程系数	1.39	
x_0	D-A 方程系数	0.284	
H	太阳能集热器集热效率	0.55	

另外，模拟中所用到的主要热物性参数公式如表 7-13 所示。

⊡ 表 7-13　模拟中所用到的主要热物性参数公式

物性参数	公　式
活性炭 YKAC 比热容/[kJ/(kg·K)]	$c_a=0.00211T+0.805$
甲醇气态比热容/[kJ/(kg·K)]	$c_{pc,me}=0.66+0.221\times10^{-2}T+0.807\times10^{-6}T^2-0.89\times10^{-9}T^3$
甲醇液态比热容/[kJ/(kg·K)]	$c_{lc,me}=0.78+0.00586T$
甲醇汽化潜热/(kJ/kg)	$L_{me}=1252.43-1.60(T-273.15)-0.008812(T-273.15)^2$

注：表中所涉及温度 T 的单位均为 K。

通过 Simulink 建立起来的系统仿真模型如图 7-37 所示。

a. 吸附过程仿真模型。根据吸附率方程建立的吸附过程 Simulink 模块如图 7-37 所示。

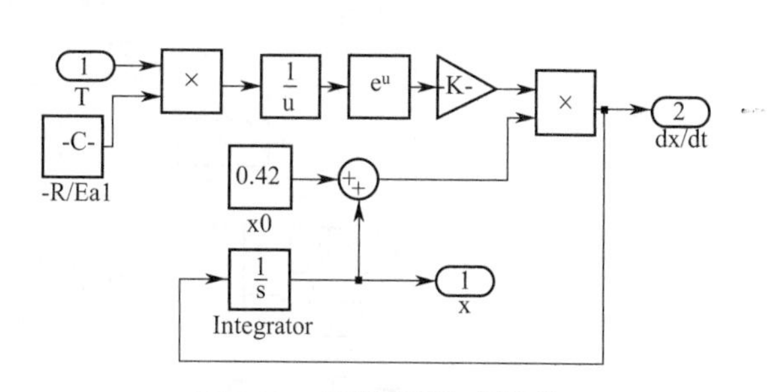

图 7-37　吸附过程仿真模型

b. 复合管内工作仿真模块，如图 7-38 所示。

c. 冷凝器工作仿真模块，如图 7-39 所示。

d. 蒸发器工作仿真模块，如图 7-40 所示。

e. 将各个模块封装连接构成的整个运行仿真系统如图 7-41 所示。

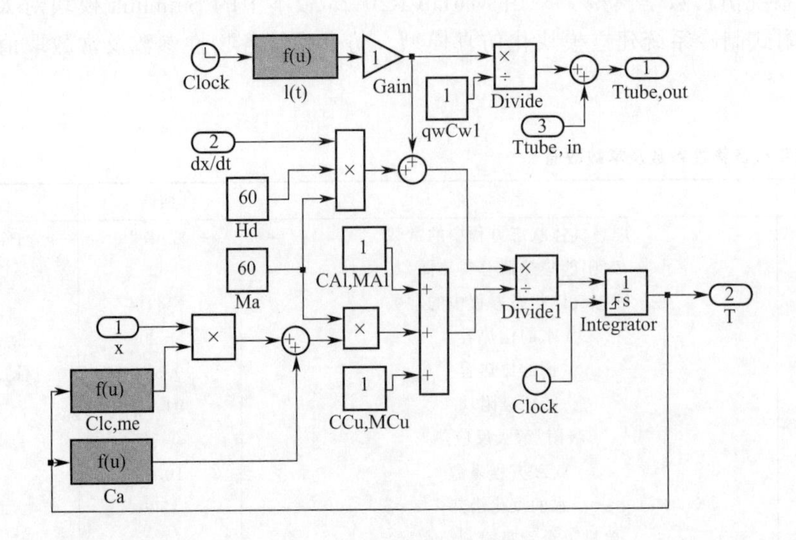

图 7-38 复合管内工作仿真模块

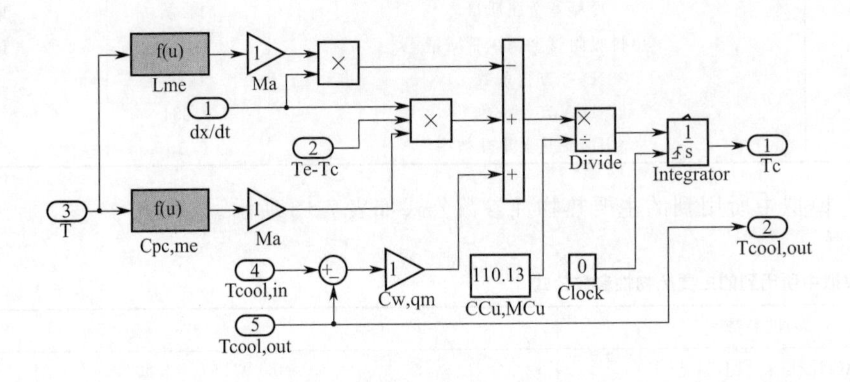

图 7-39 冷凝器工作仿真模块

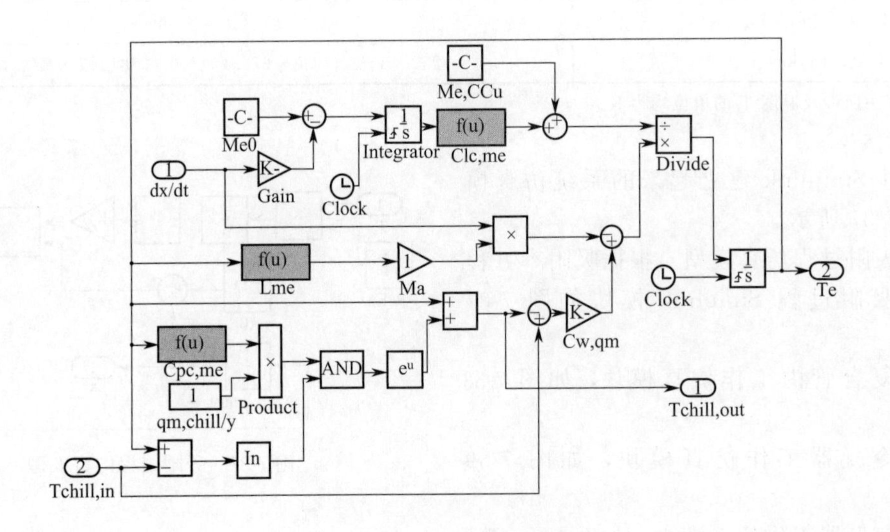

图 7-40 蒸发器工作仿真模块

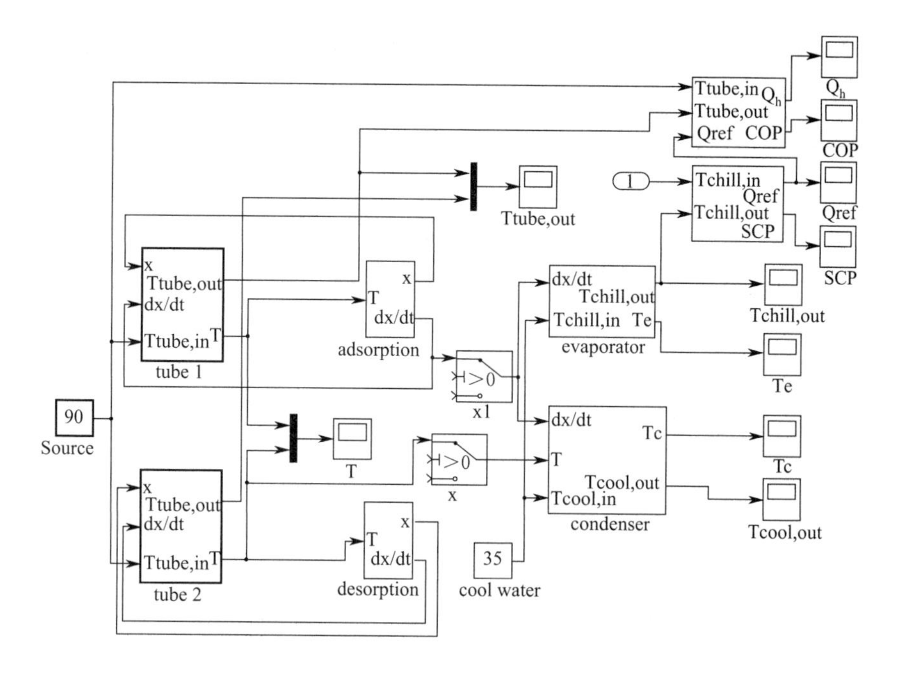

图 7-41　吸附制冷运行仿真系统

7.2.4　太阳能空调工况制冷仿真系统性能分析

（1）太阳能加热功率及管内水温

采用 HottelModel 模型计算出来的武汉市夏季典型日的太阳逐时辐照强度分布如图 7-42 所示，可以通过 excel 拟合出太阳辐照强度一天之内随时间变化的平均功率方程。

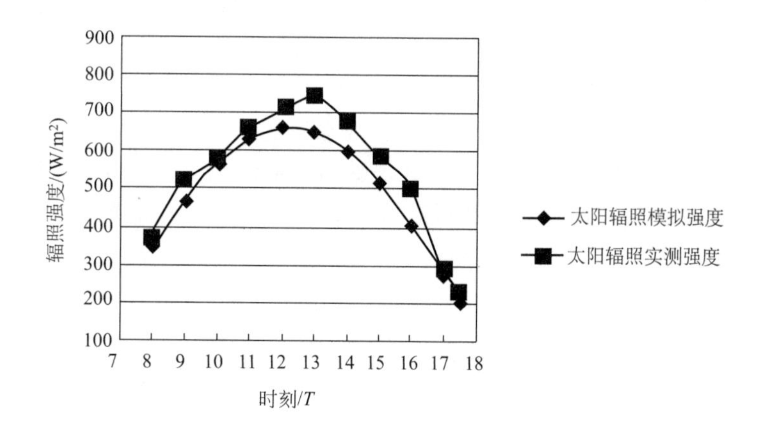

图 7-42　武汉市夏季典型日的太阳逐时辐照强度分布

由于 Simulink 是一个以秒为单位的时间积分系统，为了便于将公式应用到仿真系统中，可将实际时间 9 时作为系统的初始时刻（即 0s），将 17 时作为系统的终了时刻（28800s），由此可以得到太阳单位面积指标辐照强度（W/m^2）与时间 t 的拟合方程：

$$I(t)=-1.81\times10^{-6}t^2+4.3\times10^{-2}t+345.9 \tag{7-58}$$

式中，t 为仿真系统时间，$t\in(0,28800)$，单位 s。

已知集热面积 $A_{\text{seff}}=50\text{m}^2$，$\eta=0.55$，则太阳能平均加热功率 $W=\eta A_{\text{seff}}I(t)$随时间的变化如图 7-43 所示。一天在 13800s（即实际时刻 13 点左右）达到最高加热功率 16.58kW，一整天的太阳能平均加热功率为 12.44kW。

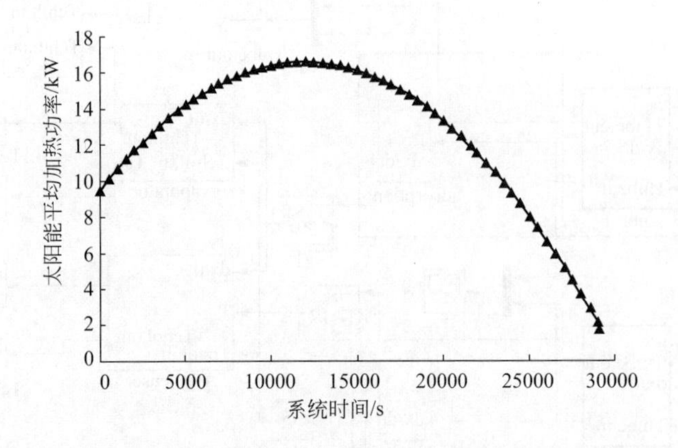

图 7-43　太阳能平均加热功率随时间的变化

这样，一天内水联箱中温度随太阳光辐照强度的变化规律可由式(7-59) 表达出来：

$$\lambda\eta A_{\text{seff}}I(t)\,\text{d}t=G_{\text{w,bed}}c_{\text{w}}\,\text{d}T \tag{7-59}$$

变换为：

$$\frac{\text{d}T}{\text{d}t}=\frac{\lambda\eta A_{\text{seff}}I(t)}{G_{\text{w,bed}}c_{\text{w}}} \tag{7-60}$$

式中，λ 为真空玻璃管的阳光透过率，97%。

将太阳能复合管集热器 Simulink 模型输出的 Scope 数据利用 Matlab 主程序的 plot 函数输出可以得到如图 7-44 所示的图形，显示了复合管集热器内水温在一天内随太阳光辐照强度的瞬时变化。循环入水水温设定为 70℃，与整个系统的最低开机温度相对应。集热器的水温与太阳辐照强度的大小基本对应，在模拟时间 1.8×10^4s 左右，即实际时刻 14 时左右，水温达到峰值 93.4℃。对比图 7-43 的数据，管内水温变化趋势相对于加热功率明显有着一定的延迟，参考峰值出现时间大约在 1h，这是受集热器结构换热性能作用的影响。一天内大部分时间水温能达到 90℃以上，能够很好地满足吸附床内工质解吸对温度的要求。

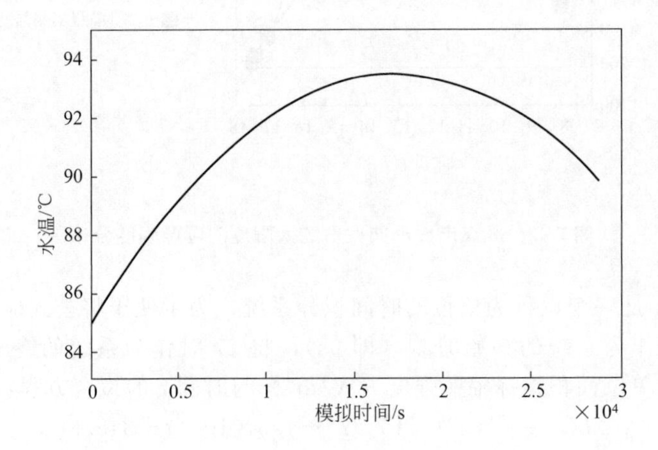

图 7-44　复合管集热器内水温一天内随太阳光辐照强度的瞬时变化

（2）系统仿真初始参数的设定

考虑到系统实际运行时的情况，系统供空调冷水提供用户与冷冻制冰冷藏功能为不同时间段工作，因此大致分为两个工况来进行考虑：

① 低温制冷工况　蒸发温度 $T_e=-10℃$，冷凝温度 $T_c=35℃$。冷冻水进水温度水温 $T_{eva,w,in}=2℃$。

② 空调工况　蒸发温度 $T_e=5℃$，冷凝温度 $T_c=35℃$。冷冻水进水水温 $T_{eva,w,in}=12℃$。

对以上两种工况，其他参数设定如下：冷却水进水温度水温为 30℃，开机吸附床热水温度 $T_{bed,w}=70℃$，环境初始温度 $T_{a1}=30℃$。吸附床冷却阶段所需冷却水与冷凝器的冷却水进、出口温度分别为 $T_{cool,in}=31℃$、$T_{cool,out}=37℃$。

（3）最佳半循环周期及回热回质时间的确定

吸附系统半循环周期（即单个加热或冷却时间）的确定对系统的整个运行效率有着很大影响。系统一个循环周期（初始设定为 50min）的吸附率 x 变化曲线如图 7-45 所示，其中系统时间 400～1900s 为吸附床加热解吸阶段，床内温度不断升高，制冷剂被逐渐解吸出来，吸附率不断下降；1900～3400s 为冷却吸附阶段，吸附床被冷却，在压力的驱动下，吸附剂吸附甲醇蒸气实现制冷过程，吸附率随温度的降低而上升。

吸附率的大小直接影响吸附制冷效率值。在一定的循环时间内，吸附制冷系统效率与制冷量是一个相互矛盾的关系，冷却吸附床过程时间的增加意味着吸附过程时间的增加，很明显会直接影响系统制冷量的增大。但是，由于物理吸附的吸附过程与解吸过程为一个基本可逆的反应，解吸附过程加热所需要的时间与热量必然对应增加，也就是高效制冷过程时间相应减少，导致系统 COP 值下降。图 7-46 为仿真模型计算出的系统 COP 值与循环平均制冷功率随着半循环周期时间的变化情况。

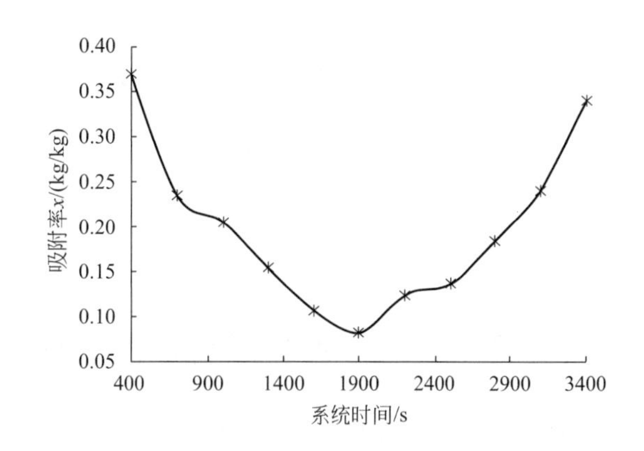

图 7-45　一个循环周期的吸附率 x 变化曲线

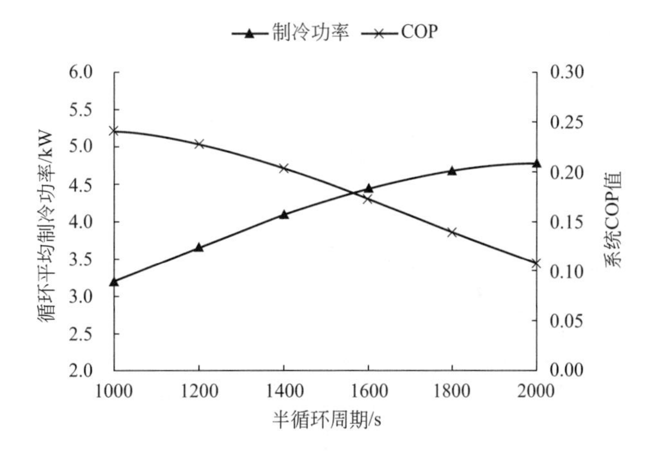

图 7-46　系统 COP 值与循环平均制冷功率随半循环周期时间变化

可见，随着运行周期时间单调递增，循环平均制冷功率与单调递减的系统 COP 值存在一个相交点。该点所对应的时间（1550s）即为理论上本仿真系统的最佳半周期循环时间，这样可以得到结论：循环周期 3100s（加热解吸、冷却吸附时间 1550s，暂不考虑回热回质）可使系统性能达到最优。

图 7-47 为一个周期内 COP 值与循环平均制冷功率随回质时间的变化情况，循环时间设定为 3000s。由于两个吸附床运行条件相同，只是相差 90℃反向运行，仅考虑单床的平均功率（包括解吸阶段未制冷时间的功率）。循环平均制冷功率随回质时间的增加先是单调上升，然后出现一个下降的过程；系统 COP 值随着回质时间的增加先是很快上升，然后趋于平稳。这是因为回质时间的增加减少了冷却高温吸附床所需的部分热量，间接提高整个循环过程高效制冷的时间，COP 值随之提高，然而回质时间增加的同时也压缩了循环总制冷的时间。当其浪费的制冷时间将带来的制冷效率的提高抵消掉时，系统的制冷功率就会出现下滑趋势。因此，回质时间选择 90s 能兼顾系统制冷功率与 COP 值均处于较优范围。

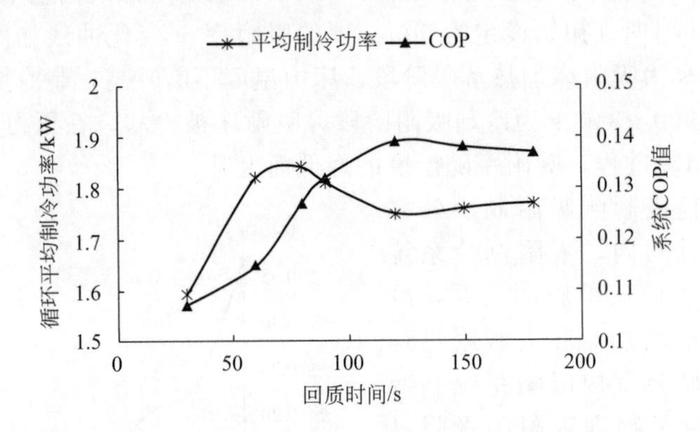

图 7-47　一个周期内系统 COP 值与循环平均制冷功率随回质时间的变化情况

由图 7-48 回热过程两复合管吸附床温度随时间的变化情况可以看出，低温床吸收高温床的热量而使温度升高；随着回热过程的进行，两床温度梯度逐渐变小，两床温度变化的速率随之减小，最终趋近平衡。图 7-48 中回热时间为 210s 左右，两床温差达到 10℃以内；继续换热，温度变化已经不太明显，反而增加系统无效的制冷时间。因此，系统回热时间确定为 210s，能使回热效果为最好。

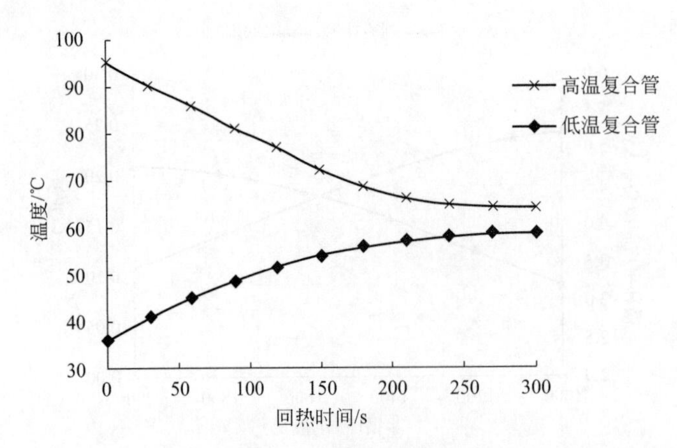

图 7-48　回热过程两复合管吸附床温度随时间的变化情况

（4）仿真系统额定工况参数分析

系统采用自适应步长 ode 45（4、5 阶隆格-库塔算法）求解器对耦合微分方程组进行求解。半周期循环时间设定为1500s（其中回热120s，回质90s），结合武汉市的日照情况，模拟结果见表7-14。

表7-14 额定工况下模拟结果

工况	蒸发温度/℃	热水平均温度/℃	冷冻水进水温度/℃	制冷功率/kW	COP值
空调	5	90	12	6.55	0.59
低温制冷	−10	90	2	3.14	0.21

表7-15是各国研究团队对太阳能驱动吸附制冷系统实验研究结果。

表7-15 太阳能驱动吸附制冷系统实验研究结果

人员	M. Pons	E. F. Passos	Hildbrand	李中付	Niemann	李明
工质对	活性炭-甲醇	活性炭-甲醇	硅胶-水	活性炭-甲醇	活性炭-氢	活性炭-甲醇
集热器类型/m^2	平板	平板	平板	金属管	真空管	平板
集热面积/m^2	6	6	2	0.92	—	6
辐照强度/(MJ/m^2)	22	22	20	17～19	25	29
COP值	0.12	0.16	0.15	0.11	—	0.13
日产冰量/(kg/m^2)	5.8	7.3	4.7	4.5	2.8	8

由表7-15可知，以活性炭-甲醇为工质对的平板太阳能集热器结构吸附制冷系统实验获得的平均COP值在0.11～0.16；而本复合管式太阳能吸附式制冷仿真系统的平均模拟运行COP值可以达到0.35，效率提高了118.8%左右。

图7-49为单元复合管吸附床内吸附质的温度在一个循环周期内的变化过程。其中，0～1500s为制冷系统启动，复合管1内开始加热，温度上升至解吸所需温度，完成对制冷剂的解吸附过程；解吸完毕时复合管2开始升温运行。1500～1590s为两床回质过程，掺杂着热量瞬时交换的过程；1590～1710s为回热过程；1710s为复合管2接入外界热源继续升温，复合管1则由外界通入冷却水对其继续降温预冷。图7-50为单元复合管吸附床热水出口水温及冷却水出口水温随系统时间变化，可以看出，其变化的走向与吸附质的温度基本相同，具体数值由于热水中的热量被吸附工质吸收，热水出水温度低于吸附床内平均温度。同理，冷却水的出水水温略高于吸附床吸附时的管内平均温度。

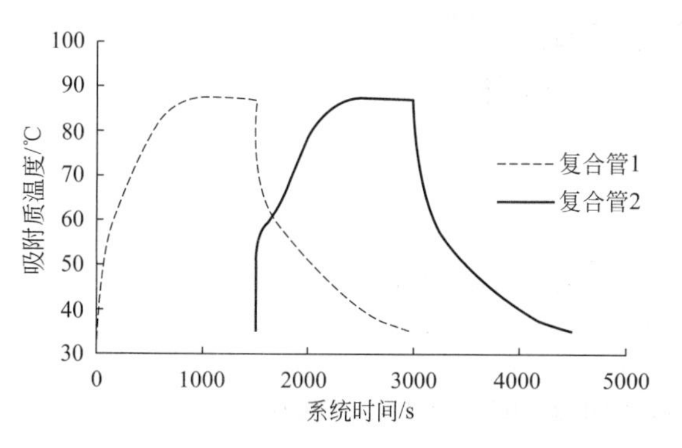

图7-49 单元复合管吸附床内吸附质温度变化

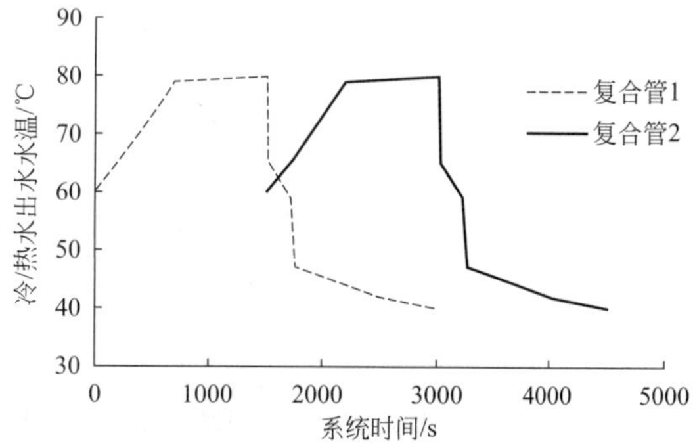

图7-50 单元复合管吸附床热水出口水温及冷却水出口水温随系统时间变化

图 7-51 为模拟中冷凝器及蒸发器出口水温的变化，1500～1710s 有明显的水温波动，是受回热回质过程的影响而出现的。

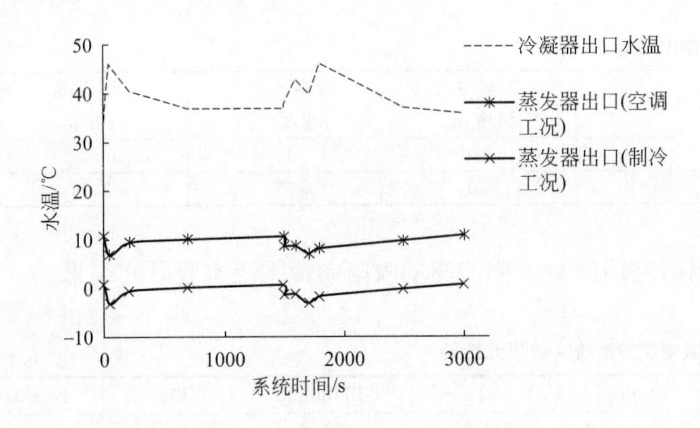

图 7-51 冷凝器及蒸发器出口水温变化

（5）工况改变时对系统性能的影响

在实际运行过程中，由于各种外界因素的干扰，系统不可能完全在理想的设计工况下运行。因此，有必要对几个重要参数如解吸温度、冷却水入水温度等对系统性能的影响进行分析。

外界热源不稳定（比如太阳光强变弱）时容易引起吸附床解吸温度的波动，直接作用到工质对解吸过程，进而对系统整体性能造成影响。图 7-52 为空调与制冷工况下系统平均 COP 值与解吸温度 T_{g2} 的变化。该结果未考虑温度过高可能引起甲醇分解的影响，可见不论哪种工况系统，平均 COP 值随着解吸温度的不断升高都是一个先升后降的过程，这是由于解吸温度的升高有利于吸附剂中甲醇的迅速解吸，提高系统的制冷量。但是，这个过程有一个限值，即趋近制冷剂被完全吸出，吸附温度在 95℃左右时，继续增加吸附床温度，制冷量不会继续上升，反而浪费能量，使整个复合管显热增加，从而使系统 COP 值出现下滑。对比两种工况，制冷工况的 COP 值大部分低于 0.35，而空调工况的 COP 值平均在 0.4 以上。在其他条件相同的情况下，制冷工况蒸发温度较低，制冷量会比空调工况低，COP 值也会整体低于空调工况。

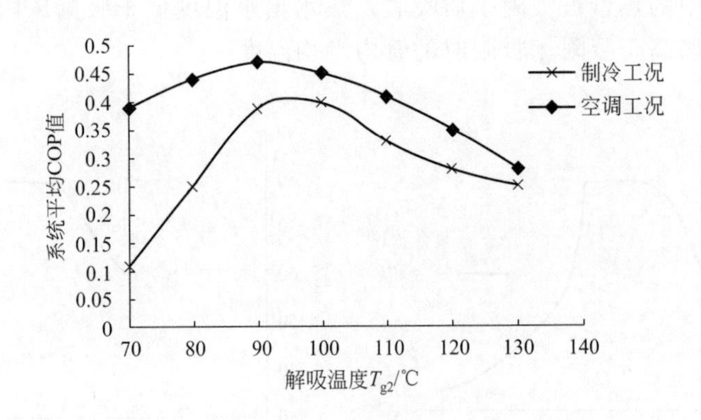

图 7-52 空调与制冷工况下系统平均 COP 值与解吸温度 T_{g2} 的变化

图 7-53 为系统 COP 值随吸附温度 T_{a2} 的变化情况，可见吸附温度的升高对系统性能不利，根本原因在于吸附温度的升高降低了吸附率。由前面的 D-A 方程可知，制冷工质对的

吸附率与吸附温度成反比，因此保证系统高效率运行的另一个必要条件是控制低温吸附床的吸附温度，该温度与具体选用工质对性质有关。活性炭-甲醇保证 T_{a2} 的值在40℃以下时可基本保证系统较高的COP值（0.3左右）；同时，对冷却水的要求不至于苛刻。

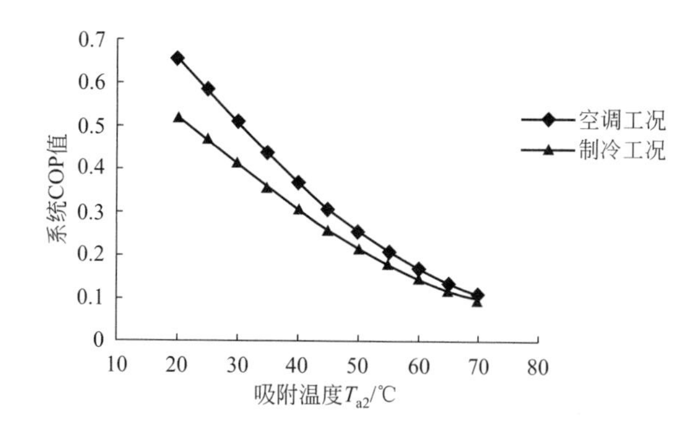

图7-53　系统COP值随吸附温度 T_{a2} 的变化

7.3　基于余热利用的卡车驾驶室局部空调系统研究

7.3.1　汽车空调与吸附式制冷技术

（1）汽车空调与现存问题

据统计，我国中低档次的卡车空调装配率一直不高，仅为15%左右，驾驶环境恶劣。同时，目前绝大多数车用空调系统均采用传统压缩式制冷，虽然制冷量大，能够满足日常行车需要，但依旧存在以下缺点：

① 卡车空调装配率不高　原因主要是装配空调会使运行成本增加。

② 汽车启程牵引力降低　采用传统压缩式制冷方式，将使汽车发动机输出功率降低10%～20%，油耗增加10%～20%。汽车夏天开空调也将引起牵引力降低，尾气增多，污染环境，运行费用增加。

③ 制冷剂对环境不友好　汽车空调中常用的制冷剂是R134a。这种制冷剂的ODP值为0，但GWP（温室效应潜能值）为1300，温室效应较大。根据欧盟关于含氟温室气体控制法规的要求，自2017年1月1日起，欧盟将禁止新生产的汽车空调使用GWP>150的制冷剂，故将被禁用。

④ 绝大多数卡车仍采用内燃机驱动　这种方式决定了汽车发动机的动力仅占燃料燃烧产能的30%，其余均以废热形式排至外界环境。表7-16为内燃机热平衡。倘若能将废热回收利用，将大大提高能源利用率，缓解能源问题。

表7-16　内燃机热平衡

热平衡分项	汽油机/%	柴油机/%
做功热量	20～30	30～45
冷却水热量	25～30	10～20
尾气热量	40～45	30～40
其他损失	5～10	10～15

（2）吸附制冷技术及余热利用

吸附制冷技术对热源要求不高，可充分利用低品位热能。研究显示，汽车发动机消耗的能量中至少有51%转化成废热，在这部分废热中，30%以高温尾气形式排出车外，70%则被发动机循环冷却水带走。倘若能够基于卡车余热利用，将吸附制冷技术用于卡车空调制冷，那么不仅能够实现热能回收利用，实现节能减排的目标，而且能够为卡车驾驶员提供舒适的驾驶环境。

7.3.2 余热利用空调系统稳定性分析

保证空调系统的稳定性是卡车驾驶室长时间保持较好舒适度的前提条件。本节从卡车运行及吸附制冷技术两方面剖析了影响余热利用、吸附制冷系统稳定运行的因素；从卡车运行工况、余热量、吸附制冷系统本身等方面进行了分析和比较，为后期驾驶室室内局部空调系统研究提供理论基础。

（1）卡车运行工况影响因素分析

余热量是影响吸附制冷系统制冷量的一个重要因素。卡车余热量主要包括两个方面：发动机余热及排气余热。若采用回收发动机余热，此时虽然水与吸附床的换热好于气体换热，热回收情况较好，但是此时热源温度较低且受到发动机温度限制，不能过低（正常工作85℃左右），可导致吸附解吸温差较小，解吸量较小。若采用排气热回收，排气温度可达500℃，冷却空气温差较大，有利于吸附解吸过程的进行。综合比较二者优缺点，本书采用排气热量作为吸附制冷空调系统的驱动热源。

卡车排气热量的多少受到卡车运行工况的影响，与排气量及排气温度有关。卡车在行驶过程中，由于路况复杂，卡车经常处于怠速、上下坡、急刹、正常行驶等工况的交替变化之中。因此，排气量及排气温度也随之变化。

图7-54为不同转速下排气温度随负荷的变化。从图7-54中可以看出，转速不变时，排气温度均随着负荷的增加而增大；在负荷为20%～90%时，柴油机排气温度随转速的升高而降低；在负荷为90%～100%时，排气温度随转速升高而升高。排气温度在2100r/min、负荷100%时为最高，为475℃。图7-55为不同转速下排气量随负荷的变化。从图7-55中可以看出，转速不变时，排气量均随着负荷的增加而增大；在负荷不变时，柴油机排气量随转速的升高而升高。排气量在2100r/min、负荷100%时为最高，为0.42kg/s。

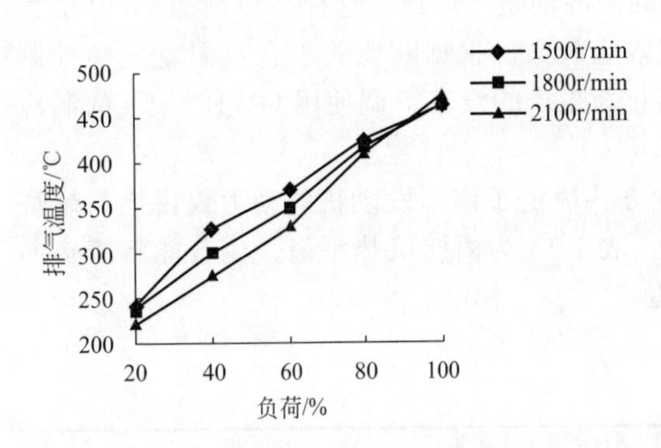

图7-54 不同转速下排气温度随负荷的变化

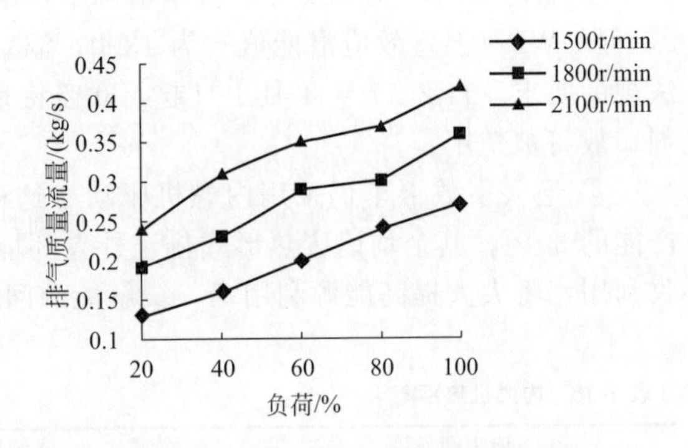

图7-55 不同转速下排气量随负荷的变化

根据发动机设计标定，当卡车在高速行驶时，发动机转速比低速行驶时高；又由于转矩不变，发动机功率增大，因此排气量及排气温度均增大，尾气余热量增加。

汽车在怠速工况下运行时，发动机处于无负载运转状态。此时，发动机的输出转矩等于内部负载转矩，只需要克服卡车本身机械运转的阻力；这时，进入气缸的混合气只需要满足燃烧后产生的动力与阻力相等的条件，便可以保证发动机稳定运转。因此，尾气排放量较小。若此时外界负荷增加，如爬坡等，会导致发动机负荷增大。此时，为了维持发动机稳定运行，发动机根据外界负荷的变化情况应调节进气量，排气量也随之变化。而当发动机正常运转时，负荷增大，同样会引起排气量增加。在怠速工况下，由于燃烧不充分，排气温度相对较低，尾气中含有的CO和烃类等较高。

对于卡车来说，由于其工作性质是长期往返于两地运输货物，多数时间处于高速、高负荷行驶状态，余热量较大。因此，如何保证长时间提供冷量，或者如何以更小的冷量需求来维持驾驶室内环境的舒适度，是卡车空调系统研究的重要问题。

当卡车在市内行驶时，由于路况，会存在需要频繁怠速的情况。根据胡芃等研究结果，当连续且短暂怠速时，制冷性能会发生微小波动，但输出冷量依旧稳定。

根据王如竹、陈焕新等学者研究结果，吸附制冷系统COP值随着热源温度的增加而显著提高；但当制冷量的增幅小于解吸所需加热量时，COP值将逐渐减小。

综上所述，空调系统制冷量及COP值随着卡车速度、负荷的增大而增大。由于卡车本身的工作特性，决定了当其长时间处于高速、高负荷状态工作时，余热量较大，系统热源温度较高，制冷量充足。但当卡车在城区低速并通常伴有怠速行驶时，热源有所降低，制冷量及COP值均下降。由此可见，余热量的大小对空调系统的制冷性能有显著影响。因此，如何在卡车不断变化的运行工况之中依然能够保证驾驶室内的舒适度需要进一步研究。

卡车本身对于吸附制冷空调系统稳定性的影响，除了余热量之外，汽车行驶时的震动问题是需要考虑的另一个影响因素。汽车空调外界环境相对恶劣，制冷系统管道与设备连接处在车辆颠簸、震动时易发生泄漏，使系统压力偏离正常运行参数要求，而且容易在力的作用下发生形变。这就要求系统本身及各个零部件应具有足够的强度及抗震能力，在车辆工作时，能够承受剧烈的震动及冲击。

（2）吸附制冷系统确定

① 吸附工质的选择　吸附制冷技术能否很好地应用于实际工程中，前提条件就是吸附工质对的选择是否合理。吸附工质对依靠物理或化学吸附产生压力差，从而驱动制冷循环，但不同的吸附工质对具有的性质、使用范围、外界环境要求等均有所不同。因此，选择一个合理、与实际工程相匹配的吸附工质对显得尤为重要。

按吸附原理可以分为物理吸附、化学吸附、复合/混合吸附。目前国内外学者主要研究的且性能较好的吸附工质对有：活性炭-甲醇、沸石分子筛-水、硅胶-水、活性炭-氨、金属氢化物-氢、金属氯化物-氨等。

卡车排气余热温度为200～500℃。目前研究中能够适应较高温度热源的吸附工质对主要有：活性炭-氨、化学吸附剂-氨、复合吸附剂-氨以及沸石分子筛-水。考虑到氨存在一定危险性且卡车空调系统在安全性、可维护性等方面有较高要求，因此这里选择沸石分子筛-水为吸附工质对。

② 制冷循环方式比较分析　吸附式制冷虽然具有无运动部件、无噪声、环保无污染、无CFC_S问题等优点，但最简单的吸附制冷循环只有一个吸附床，为间歇式制冷，结构简单，制冷不连续。当解吸阶段结束后，冷却吸附床进入吸附阶段，蒸发制冷。当制冷剂蒸发完毕后，吸附床又回到初始阶段，需要再加热一定时间才能进入下一循环。

因此，在间歇式制冷循环的基础上，各学者又提出了各种连续式吸附制冷系统。

a. 连续回热循环。采用双床吸附，两个吸附床分别处于高温高压状态和低温低压状态，即将进入吸附过程。利用双床的温差使得两个吸附床一个升温，另一个降温，最终两床温度相等。此循环可以节约较多的外界加热量，提高系统 COP 值。

b. 热波循环。利用传热流体在回路中对吸附床进行加热或降温，从而形成陡峭的温度波，增大吸附床之间的传热量。循环一定时间后，温度波将变得平坦，此时使流体逆向流动。但系统性能的提高及能量密度的降低之间存在矛盾，实现较困难。

c. 回质循环。在压力差的作用下，解吸出来的高温高压状态的制冷剂蒸气进入低压发生器，以此提高循环吸附量，进而提高 COP 值。

除了上述循环之外，还有分布再生循环、吸附吸收联合制冷循环、复叠循环、多效循环等；但包括热波循环在内，它们的系统过于复杂，实现难度较高。

卡车行驶路况复杂多变，长期工作在低幅震动的工作环境中，因此要求系统尽可能简单、可靠。目前针对汽车空调系统的连续吸附制冷技术主要有双床吸附或单床吸附＋蓄冷器两种形式。其中，前者中有一个吸附床解吸，另一个吸附床吸附，排气余热利用充分；但这种吸附制冷系统结构复杂，受到空间限制，不利于安装，且双床吸附系统在行车工况多变情况下解吸、吸附，过程匹配难度大，可靠性低。后者采用单床吸附＋蓄冷器的形式，实现当吸附床处于加热状态时，依靠蓄冷器供冷，保证空调系统稳定运行。

考虑到卡车多数时间处于高速、高负荷状态，排气温度高，排气量大，余热量充足等，本书选用后者，即基本型固体单效间歇吸附式制冷＋蓄能装置的制冷系统。此系统能将多余冷量储存并在其他时段释放，在卡车停止运行时，仍可利用蓄冷器的蓄冷来提供冷量，并且蓄冷还可以对实际制冷功率的变化起到一定的缓冲作用，有利于保证驾驶室长期处于舒适性环境。

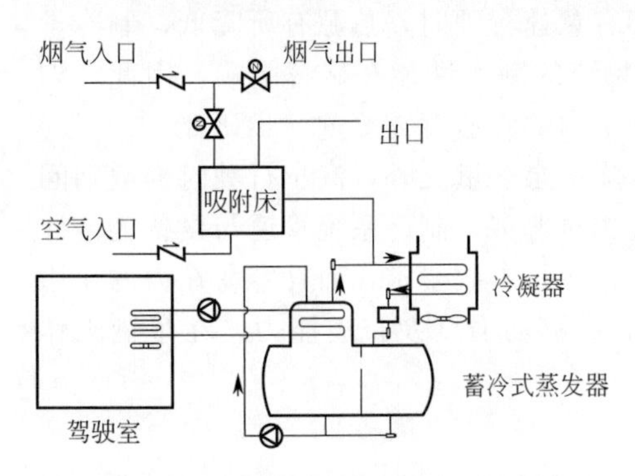

图 7-56　基本型固体单效间歇吸附式制冷＋蓄能装置制冷系统运行原理

（3）系统设计分析

① 系统构成　本书选用的基本型固体单效间歇吸附式制冷＋蓄能装置制冷系统的运行原理如图 7-56 所示。

本系统依靠蓄冷式蒸发器实现连续制冷，在吸附床处于解吸阶段时，提供冷量，解决了单床吸附制冷不连续的问题。

系统采用单效间歇吸附式制冷＋蓄能装置的形式，吸附床处于解吸状态时，卡车排气进入吸附床换热，换热后尾气不低于 180℃，压力控制在增压器背压以内。解吸出的制冷剂蒸气进入冷凝器冷凝后，经节流阀、储液器进入蓄冷式蒸发器进行蒸发制冷。吸附时，卡车直接排气至室外，由迎面气流对吸附床实现冷却降温，完成吸附过程。

② 系统影响因素分析　参考王如竹等学者以及上海铁路局杭州机务段东风 4B 型 2369 号客运机车中采用的吸附制冷系统对本系统进行理论分析。

a. 冷却放冷过程。在该系统放冷过程中，吸附床在吸附热与迎面空气的共同作用下进行吸附过程。吸附开始时，床内压力瞬间升至蒸发压力，随后在吸附作用下逐渐下降，因此刚开始时制冷效果很好，而后逐渐下降。吸附床的温度最开始时由于吸附热而迅速升高，随后逐渐降低。

在卡车运行时，车速受到路况的影响而改变，这是无法预测且无规律的，由此造成的烟气及冷却空气的流动状况也不受人为控制。随着冷却空气量的增加，吸附过程加速进行，且在空气流量较低时，吸附过程受到空气流量的变化影响较大，这是因为吸附床热阻受到外侧热阻影响较大。吸附器外侧的换热热阻主要由流体侧热阻决定。流体侧对流换热系数随流量的增大而增大，而吸附床内侧热阻是温度的函数，变化相对较小。

在吸附阶段，吸附床由迎面风冷却降温。由于气体换热系数不高，且夏季室外气温较高，进一步降低换热效果。因此，应当适当地提高吸附温度来提高换热温差，以获得良好的冷却效果。

在一定范围内，吸附温度随着解吸温度的提高而提高。当吸附床温较高时，系统吸收的热量主要用来增加显热，即使解吸温度再增加，吸附量也基本保持不变。此时，吸附过程要延长以抵消这部分热量，使解吸温度降低。本系统取吸附温度为 90～100℃。

b. 加热解吸及冷却过程。系统的解吸过程主要受到两方面因素影响：初始状态及排气余热。其中，初始状态是指床温与吸附量，与外界环境有关。外界环境的变化，不仅影响室内冷负荷的大小，而且室外空气温度、流速对系统的制冷能力也有影响。当室外空气温度上升时，冷凝压力、冷凝温度均上升，并导致初始解吸温度提高，推迟吸附过程的开始时间，SCP（单位吸附剂质量的制冷功率）值降低。

受到路况、车速、负载等多方面因素影响，卡车行车工况多变，排气余热量无法持续稳定输出，导致吸附制冷系统制冷量、COP 值等处于无规律波动之中，无法精确测量和计算实际情况下的余热量、制冷量等具体参数。与初始状态相比，解吸过程受到排气余热量的影响更大。卡车的排气余热量受卡车车速变化的影响，与排气流量、排气温度有关，并与转速成正比。根据前面对发动机的实际性能测试可知，随着转速的提高，车速增加，排气量增大，温度升高，解吸过程加快，解吸时间缩短；并且在车速较低时，解吸过程受到排气的变化影响较大。当车速较高时，影响较小。参考对烟气余热单床吸附＋水蓄冷系统中解吸温度与制冷功率的相关研究，最佳解吸温度在 230～290℃。本书取解吸温度为 230℃。

解吸阶段结束后，吸附床进入冷却阶段，由迎面空气进行冷却降温。冷却时间受空气流量及空气温度的影响。卡车行驶路况多变，这是无法预测且无规律的，由此造成冷却空气的流动状况也不受人为控制。通过合理的吸附床结构设计，再通过优化安装方式、优化空气流道，可降低空气阻力以提高传热。

当吸附床处于加热解吸阶段时，由蓄冷器提供冷量，因此吸附阶段时间大于解吸阶段时间将有利于保证驾驶室得到冷量的持续输入。

系统的制冷量、COP 值受到解吸温度、吸附温度、循环时间、蒸发温度、冷凝温度等几方面共同作用的影响。卡车行驶速度提高，排气温度升高，迎面空气流量增大，则系统解吸温度升高，循环时间缩短，SCP 值和 COP 值均提高。由吸附理论可知，这是循环吸附率的增加导致的。而当排气温度继续提高时，单位吸附剂质量的制冷能力提升已经不明显，COP 值有可能降低。

相关研究表明，冷凝温度对沸石分子筛-水吸附制冷 COP 值影响较小。考虑到系统依靠迎面风冷却降温，应采取适当提高冷凝温度的措施，这有利于减小冷凝器尺寸。取冷凝温度 70～80℃为宜。

COP 值对蒸发温度的变化较为敏感，蒸发温度的降低会导致 COP 值的下降。当蒸发温度过低时，冷媒水有可能冻结。反之，提高蒸发温度，COP 值虽然能够增加，但冷源品质下降。因此，合理地设置蒸发温度能够保证系统稳定高效运行。本书取蒸发温度为 5℃。

卡车在白天工作时冷负荷较大，夜晚工作时冷负荷较小，而系统的制冷量主要受到行车工况的影响。当保持较高车速、较高负荷运行时，制冷量较大；当处于低速或怠速行驶时，制冷量较小；而冷负荷主要受天气、时间的影响，因此，二者不能很好地匹配。要保证驾驶室内的舒适及环境稳定，为驾驶员提供良好的驾驶环境，不仅要满足全天的制冷量要求，更要满足白天冷负荷最大时的冷量需求。

因此，本书从驾驶室局部空调系统出发，探究能否对其进行优化，针对吸附制冷 COP 值不高的问题，通过优化驾驶室空调系统，实现在更少的冷量输入情况下，依旧能够保证驾驶室环境的舒适性，进而保证制冷空调系统持续稳定地运行。

③ 余热量计算及分析　为了进一步对余热利用吸附制冷系统进行分析，首先根据针对柴油机排气温度及排气量实验所得的结论进行进一步计算。

排气热量 $Q_{排}$ 可用公式(7-61) 进行计算：

$$Q_{排}=M_{排}C_{烟}(t_1-t_2) \tag{7-61}$$

式中　$M_{排}$——排气质量流量，kg/s；

$C_{烟}$——烟气平均比定压热容，kJ/(kg·K)；

t_1——排气温度,℃；

t_2——排气出口温度,℃。

假设烟气流动为定常流动，汽车尾气属于雾状气体且成分复杂，以 CO、烃类、NO 化合物居多，在 450℃左右与空气密度相近，因此取烟气平均比定压热容 $C_{烟}$ 为 1.06kJ/(kg·K)。由于排气温度过低会引起酸性氧化物露点腐蚀问题，因此排气出口温度 t_2 取 180℃。

根据式(7-61) 计算分析可得出柴油机排气余热量，如图 7-57 所示。排气余热量与排气量的变化趋势相类似。

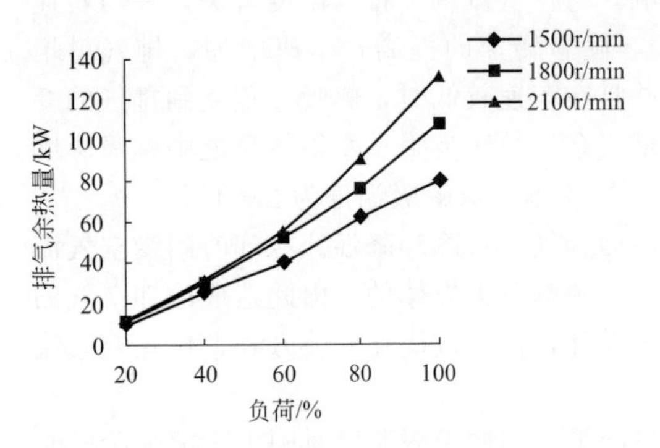

图 7-57　柴油机排气余热量

随着转速与负荷增大，排气余热量也随之增加，在转速为 2100r/min、满负荷运行时，排气余热量最大，达到 131.3kW。从图 7-57 中可以得出，排气余热量受负荷的影响较大。同时，在大负荷情况下，转速的提高也同样能够较明显地提高排气余热量。由于柴油机运行时工况多变，余热量处于变化之中，因此针对排气余热量进行能量分析还是必要的。

考虑到卡车一直在高速、城区道路等多变路况下行驶，行驶状况复杂多变，余热量随时间、路况的变化难以确定，精确计算较为困难。因此，本研究以一天为基准，分别对驾驶室为 1 人时和 2 人时进行分析计算，并以此作为后面研究的理论基础。

当驾驶室仅为司机 1 人时，可假设卡车在转速 1800r/min、满负荷运行条件下行驶 8h，则排气温度为 463℃，排气量为 0.36kg/s，排气热量为 108kW；在转速 1500r/min、满负荷运行条件下行驶 3h，则排气温度为 459℃，排气量为 0.27kg/s，排气热量为 79.85kW；其余 13h 柴油机停止工作。

当采取 2 人 24h 轮流开车时，可假设卡车在转速 1800r/min、满负荷运行条件下行驶 13h，排气热量为 108kW；转速为 1500r/min 时，满负荷运行条件下行驶 11h，排气热量为 79.85kW。

基于基本型单吸附床制冷系统的研究，采用沸石分子筛-水为吸附工质对，在热源温度为 180～463℃、冷却温度为 32℃时，取解吸/吸附循环时间为 20～40min，系统 COP 值为 0.1～0.3。根据计算结果可知，以一天为例，按最不利情况计算，COP 值取 0.1，循环时间为 1h，在 2 人 24h 轮流驾驶情况下，全天总制冷量为 237kW，平均制冷功率为 9.875 kW（以 24h 计）；相比于全天冷负荷 161kW，足以满足室内制冷需求。当仅为司机 1 人开车情况下，全天总制冷量为 110kW，平均制冷功率为 4.58 kW（以 24h 计），相比于全天产生冷负荷 110kW（以白天工作 8h、夜晚工作 2h，且晚上在车内休息 7h 计算），总制冷量等于冷负荷。

考虑到本书以最不利条件进行计算，且冷负荷受时间、地理位置、工作时间及卡车行驶状态影响，变化较大。因此，在实际情况下，可以认为能够基本保证供需平衡。但由于制冷功率受到卡车行驶状态影响，不稳定，依旧存在系统在某段时间内制冷量不足以满足室内舒适性要求的可能性。虽然蓄冷器的设置对这种情况的发生能够起到一定的缓冲作用，但合理地设置系统末端以及室内气流组织更加成为必不可少的措施。

7.3.3 驾驶室局部空调系统模拟研究

从卡车驾驶室局部空调系统角度出发，可利用PHOENICS模拟软件对利用吸附制冷技术的卡车驾驶室进行模拟研究。通过研究驾驶室内的速度场、温度场等问题，以期在基于余热利用吸附制冷技术的基础上，通过寻求最优的空调系统方案，实现在降低冷量输入的同时，满足人体活动区域的舒适性，保障空调系统持续稳定运行，进一步实现能量回收利用，达到节能减排、提高卡车性能的目的。

（1）模型设置

① 研究方法　基于前面对在驾驶室内有1人和2人情况下的冷负荷计算分析，当配备有2名驾驶员24h工作时，基于余热利用的吸附制冷系统产生的总冷量远大于冷负荷，完全可以满足室内环境需求。当仅为1名驾驶员时，由于存在卡车夜间停车休息不产生余热的情况，经过计算，总冷负荷与总制冷量相当。考虑到制冷量受卡车运行状态影响以及冷负荷的不均匀性，依旧存在制冷量不足的情况，且后者驾驶环境不舒适的可能性远大于前者。因此，研究如何在更少的冷量输入情况下，保证驾驶室局部区域的舒适度是有必要的。

基于前面的理论分析计算，本节模拟首先研究全部送风口均开启时，以仅有1名驾驶员为主，通过模拟在不同风口布置方案下驾驶室内的舒适度情况，得出较优的方案；再针对1名驾驶员，仅开启主驾驶上方风口送风时，进行驾驶室内局部区域的舒适度研究及系统优化，再基于模拟研究结果对有2名驾驶员轮流驾驶的情况下驾驶室内局部的舒适度情况进行模拟研究，探究能否满足驾驶室内舒适度的要求。

为便于确定研究方案，按以下3种工况情况进行研究：工况1，全部风口开启，仅有1人时，驾驶室模拟研究；工况2，只开启主驾驶风口，仅有1人时，驾驶室模拟研究；工况3，全部风口开启，有2人时，驾驶室模拟研究。

② 物理模型　基于在驾驶室内热环境进行的数值模拟研究，本书针对工况1设计了两种空调系统方案，建立的两种模型如图7-58、图7-59所示。

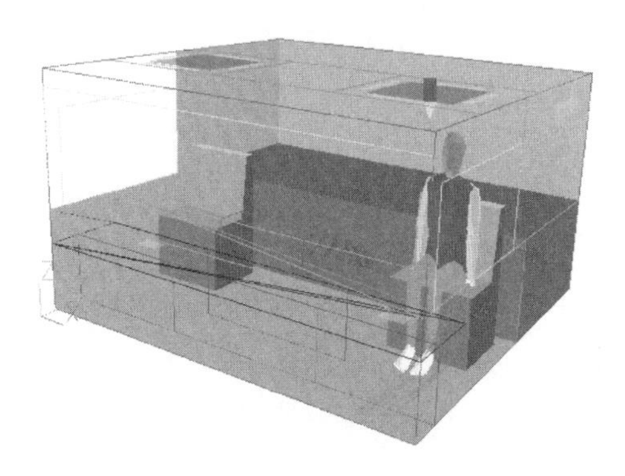

图7-58　方案一驾驶室模型

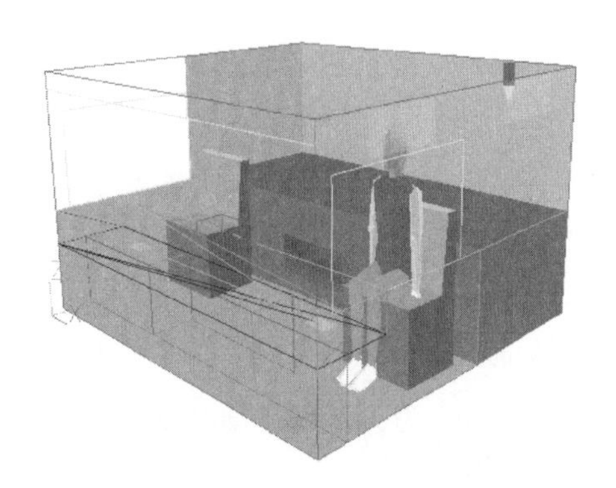

图7-59　方案二驾驶室模型

驾驶室模型尺寸沿 X、Y、Z 方向分别为 2.5m、2.3m、1.4m。驾驶室前部为仪表盘及设备箱体，并设有前挡风玻璃；两侧为门及侧窗玻璃，后部设有一张 0.8m 宽床，以供休息使用。

方案一中在驾驶员上方及副驾驶上方各设置一个四面出风、中间回风风口，各送风口尺寸：0.4m×0.05m；回风口尺寸：0.5m×0.5m。驾驶员后部侧壁上设有矩形条缝送风口，尺寸：0.4m×0.1m；在主驾驶及副驾驶脚部分别设有送风口，尺寸：0.15m×0.1m；驾驶座侧下方设有回风口，尺寸：0.5m×0.2m。

方案二中在驾驶坐侧壁上方水平设置两个送风口，尺寸：0.5m×0.2m；在主驾驶及副驾驶脚部分别设有送风口，尺寸：0.15m×0.1m；在驾驶座侧下方设有回风口，尺寸：0.8m×0.25m。

③ 数学模型　在进行驾驶室内流体计算时，应满足动量守恒定律和质量守恒定律。为简化计算，在建立模型时做出如下假设：

a. 空气为不可压缩气体，符合 Boussinesq 假设；

b. 属于稳态紊流；

c. 驾驶室内环境封闭，忽略漏风；

d. 流体紊流黏性各向同性；

e. 空气为辐射透明介质。

卡车驾驶室雷诺数较低，且属于三维稳态问题。若与当前大多数汽车空调室内数值模拟一样选用 k-ε 双方程湍流模型，则得出的结果往往偏差较大。本研究选择 PHOENICS 软件特有的 LVEL 紊流模型。该模型是一种低雷诺数的紊流模型。基于 Spalding 壁面定律对运动黏度进行计算。该壁面定律尤其适用于近壁区的层流底层到远离壁面的对数区域间的区域，其本质上是一种零方程模型，依靠代数关系式将湍动黏度与时均值联系起来。同时，LVEL 模型相对于 k-ε 双方程紊流模型要简单得多。大量数值实践表明，LVEL 模型对于三维问题有较好的经济性。

LVEL 模型计算公式：

$$y^+=u^++\frac{1}{E}[e^{ku^+}-1-ku^+-\frac{(ku^+)^2}{2!}-\frac{(ku^+)^3}{3!}-\frac{(ku^+)^4}{4!} \tag{7-62}$$

$$y^+=\frac{y\times\sqrt{\tau_{w/p}}}{v} \tag{7-63}$$

$$u^+=\frac{u}{\sqrt{\tau_{w/p}}} \tag{7-64}$$

式中　k——卡曼系数，取 0.417；

E——系数，取 8.6；

y^+——无量纲长度；

u^+——无量纲速度。

无量纲黏度：

$$v^+=1+\frac{k}{E}[e^{ku^+}-1-ku^+-\frac{(ku^+)^2}{2!}-\frac{(ku^+)^3}{3!}-\frac{(ku^+)^4}{4!}] \tag{7-65}$$

式中，v^+ 为无量纲运动黏度。

④ 边界条件

a. 方案一。

入口边界：顶部为四面出风风口。根据冷负荷计算确定送风温度 16℃，送风速度 3m/s，送

风角度与 X 轴呈 30°。后侧壁送风速度为 2m/s，脚部风口风速为 2m/s，风向垂直于风口平面。

出口边界：四面出风、中间回风风口的回风速度为 0.96m/s，下部回风口风速为 1.4m/s，压力取外界环境压力。

壁面边界：车前、侧、后围及车顶为第二类边界条件；地板及座椅按绝热计算，玻璃按热流密度计算，不考虑遮阳。

驾驶室内负荷：驾驶员散热量按 224W、仪表设备等按 196W 计算。

收敛误差：收敛误差设置为 0.1%。

b. 方案二。

入口边界：侧面为条缝送风口，根据冷负荷计算得出送风温度 16℃，送风速度为 2.85m/s，送风角度与 X 轴呈 0°。

出口边界：下部回风口风速为 3.15m/s，压力取外界环境压力。

壁面边界：车前、侧、后围及车顶为第二类边界条件；地板及座椅按绝热计算，玻璃按热流密度计算，不考虑遮阳。

驾驶室内负荷：驾驶员散热量按 224W、仪表设备等按 196W 计算。

收敛误差：收敛误差设置为 0.1%。

⑤ 网格划分　在划分网格时，应保证独立性要求。考虑到驾驶室内部结构复杂，为保证足够的精度要求，较好地模拟出驾驶室内的温度场、速度场及 PMV（预测平均评价）、PPD（预测不满意百分比）等，在人体、风口等周围应进行网格局部加密并同时控制好网格数，提高收敛稳定性，减少计算量。图 7-60～图 7-63 为方案一及方案二不同平面网格分布。

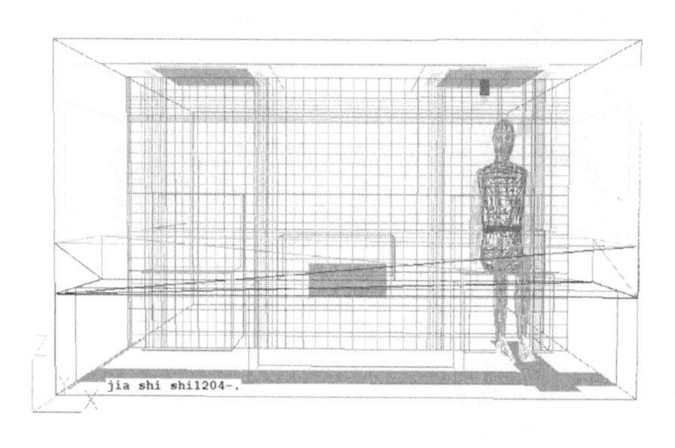

图 7-60　方案一 Y=0.975m 截面网格

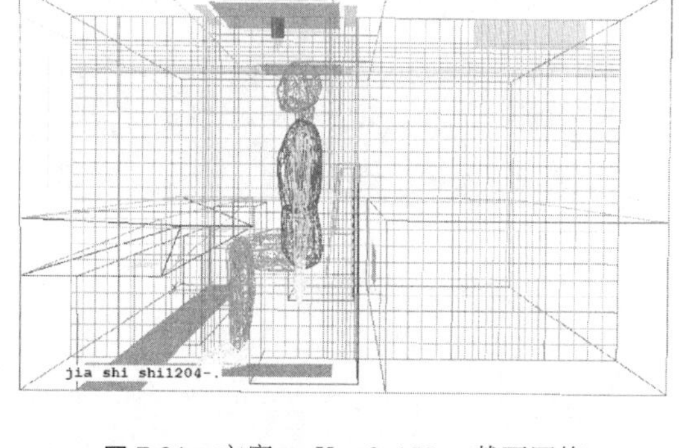

图 7-61　方案一 X=2.155m 截面网格

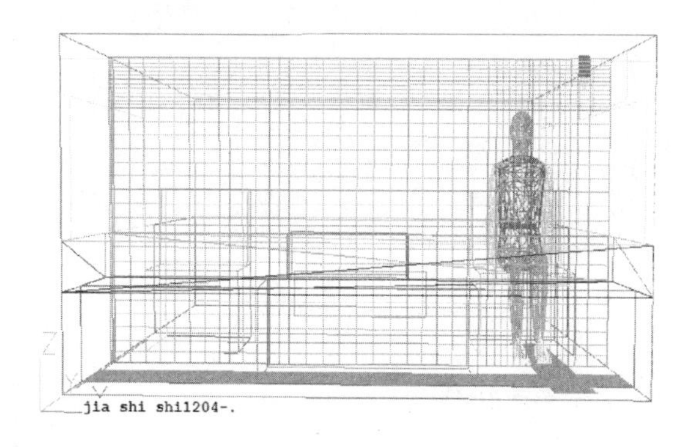

图 7-62　方案二 Y=0.975m 截面网格

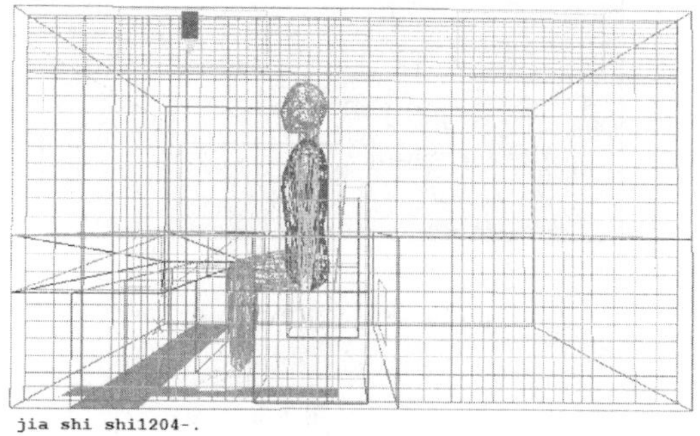

图 7-63　方案二 X=2.155m 截面网格

（2）工况1模拟研究及结果分析

首先对工况1驾驶室内只有1名驾驶员情况，就方案一、方案二两种送风方式进行研究，并分别改变送风温度、送风角度、送风速度进行模拟研究。

① 方案一模拟结果及分析　根据冷负荷计算，采用送风温度为16℃，四面出风口风速为3m/s，送风角度与车顶水平面呈30°；后侧壁送风口，风速为2m/s，脚部风口风速为2m/s，送风方向均垂直于风口平面，模拟得出的温度分布、速度分布、PMV分布、PPD分布如图7-64～图7-67所示。

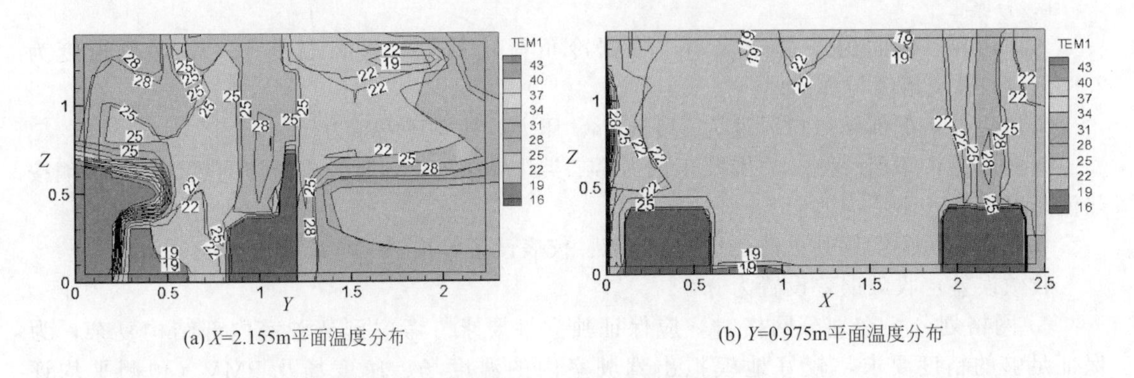

(a) X=2.155m平面温度分布　　(b) Y=0.975m平面温度分布

图7-64　$X=2.155$m、$Y=0.975$m平面温度分布

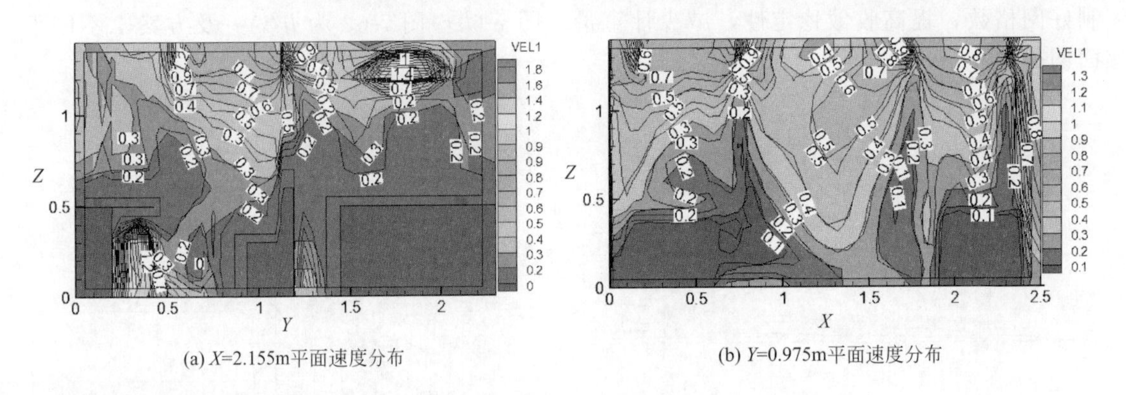

(a) X=2.155m平面速度分布　　(b) Y=0.975m平面速度分布

图7-65　$X=2.155$m、$Y=0.975$m平面速度分布

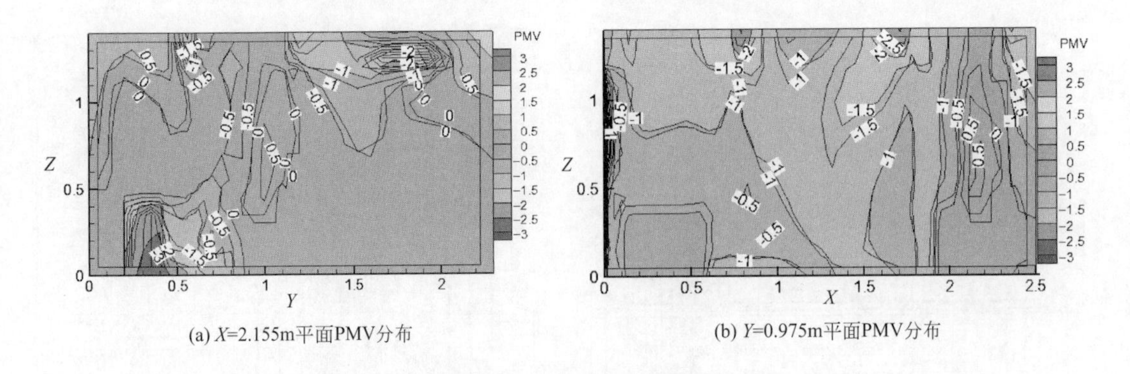

(a) X=2.155m平面PMV分布　　(b) Y=0.975m平面PMV分布

图7-66　$X=2.155$m、$Y=0.975$m平面PMV分布

针对模拟结果进行分析可知：根据两个方向平面温度分布可以看出，驾驶员周围温度基

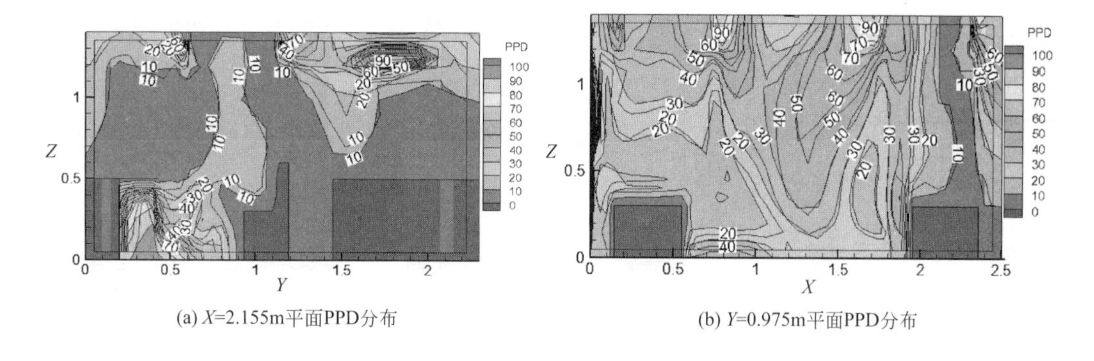

(a) X=2.155m平面PPD分布

(b) Y=0.975m平面PPD分布

图 7-67　$X=2.155\mathrm{m}$、$Y=0.975\mathrm{m}$ 平面 PPD 分布

本处于 19～25℃，脚部温度略低，主要是由于脚部离送风口较近，送风温度较低导致。头部比较舒适，处于 25℃左右。由于主驾驶及副驾驶位置上方均装有四面送风口，从 $Y=0.975\mathrm{m}$ 平面可以看出，副驾驶处温度基本保持在 19～22℃。从 Z 方向上可以发现，受到冷热空气密度差的作用，下部温度略低于上部温度，形成冷空气湖。

根据图 7-65 平面速度分布可知，空调呈淋浴送风状态，驾驶员处于回流区，除头部外整体处在 0.6m/s 风速环境下。头部由于靠近回风口，风速为 0.6～0.8m/s，偏高。左臂由于风口离壁面较近，空气沿壁面向下流动，流速较高且横向梯度较大，有轻微吹风感。

从图 7-66 预测平均评价分布（PMV）可以看出，除脚以外，驾驶员所处环境 PMV 值均在－1～0.5 之间波动。脚部由于离送风口较近，风速较大，处于－2～－1.5 之间。根据 Fanger 提出，当 PMV 值处于－1～1 之间时，可以认为人体对当前环境舒适性感到满意。因此可以认为，此时驾驶员除脚部以外，可满足舒适性标准。

从预测不满意百分比（PPD）分布（图 7-67）可以看出，驾驶员腿部以上 PPD 值基本处在 10%以内，不满意程度较低。腿部以下，由于脚部送风的影响，不满意百分数由腿至脚上升至 70%，不满意程度较大。根据 Fanger 提出的不满意百分比在 27%以内均可认为满意，驾驶员所处环境达不到满意标准。

下面分别研究改变送风温度、送风角度和送风速度对卡车室内舒适性的影响。

a. 送风温度。本次比较选取送风温度分别为 16℃、18℃、20℃进行模拟研究，送风角度为 30°、送风速度为 3m/s 保持不变，得到温度分布、速度分布、PMV 分布、PPD 分布如图 7-68～图 7-75 所示。

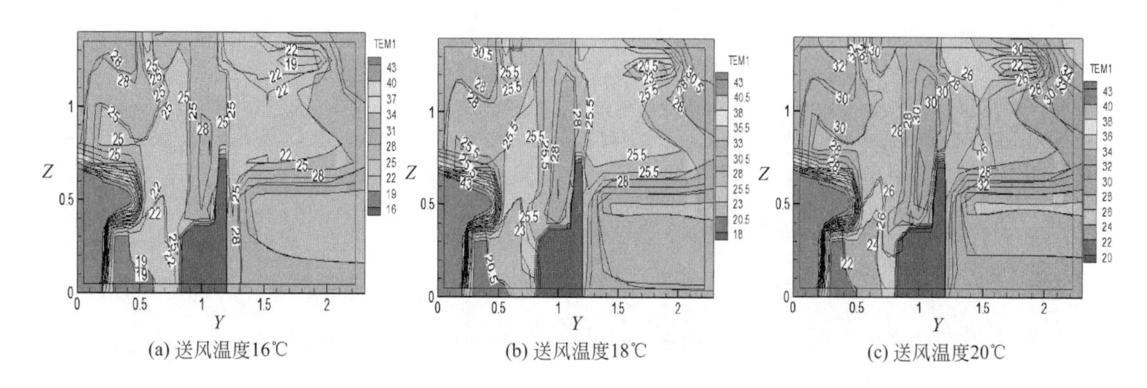

(a) 送风温度16℃

(b) 送风温度18℃

(c) 送风温度20℃

图 7-68　三种送风温度 16℃、18℃、20℃依次在 $X=2.155\mathrm{m}$ 平面上温度分布

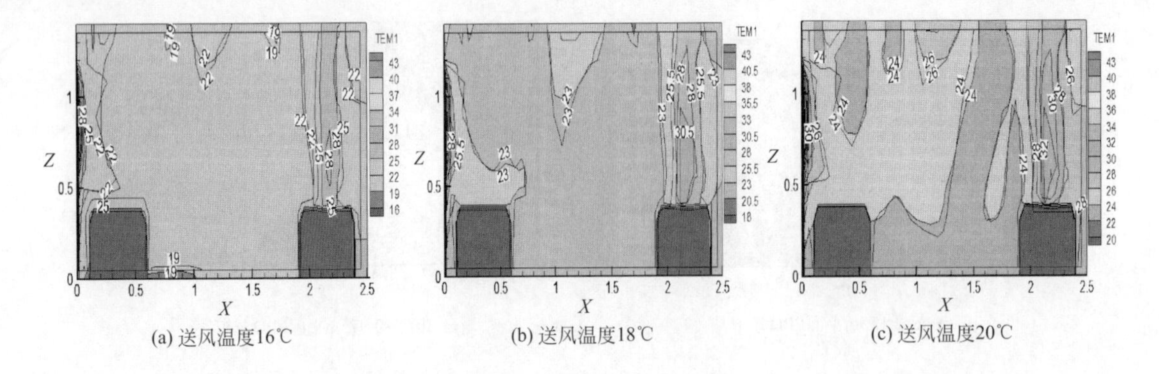

(a) 送风温度16℃　　(b) 送风温度18℃　　(c) 送风温度20℃

图 7-69　三种送风温度 16℃、 18℃、 20℃依次在 $Y=0.975$m 平面上温度分布

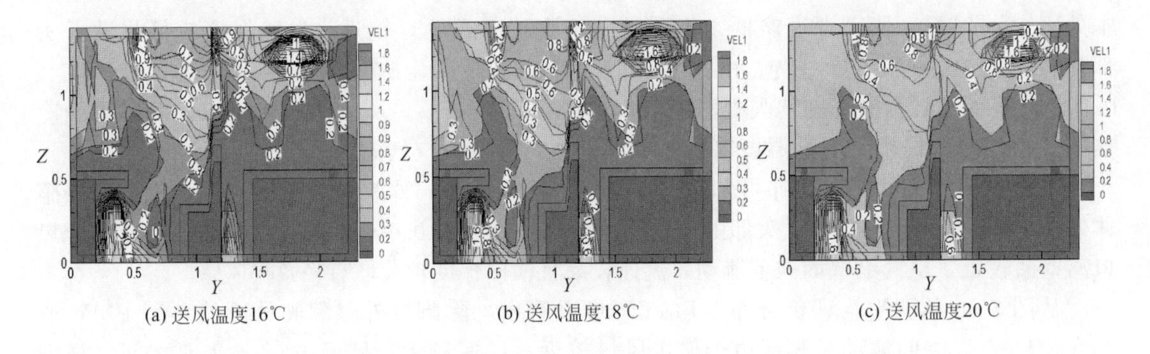

(a) 送风温度16℃　　(b) 送风温度18℃　　(c) 送风温度20℃

图 7-70　三种送风温度 16℃、 18℃、 20℃依次在 $X=2.155$m 平面上速度分布

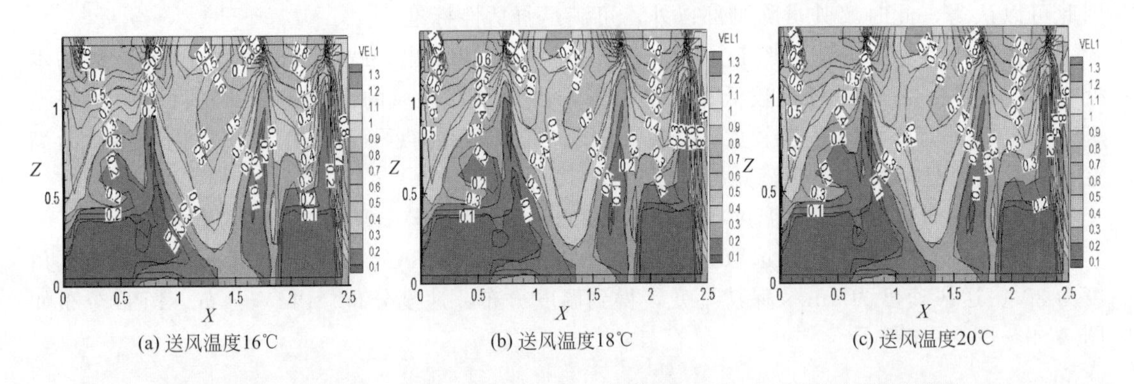

(a) 送风温度16℃　　(b) 送风温度18℃　　(c) 送风温度20℃

图 7-71　三种送风温度 16℃、 18℃、 20℃依次在 $Y=0.975$m 平面上速度分布

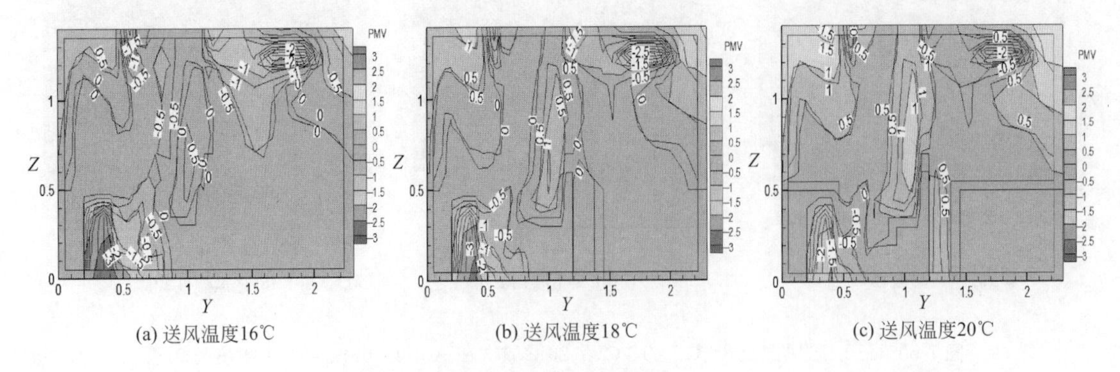

(a) 送风温度16℃　　(b) 送风温度18℃　　(c) 送风温度20℃

图 7-72　三种送风温度 16℃、 18℃、 20℃依次在 $X=2.155$m 平面上 PMV 分布

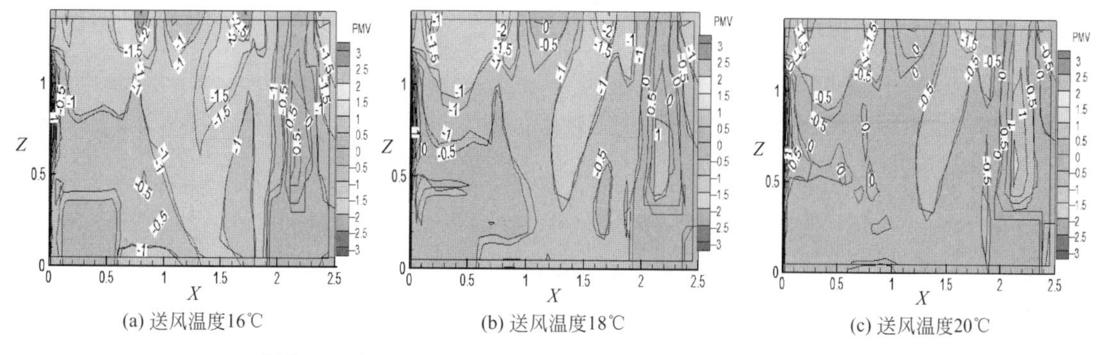

图 7-73　三种送风温度 16℃、 18℃、 20℃依次在 $Y=0.975$m 平面上 PMV 分布

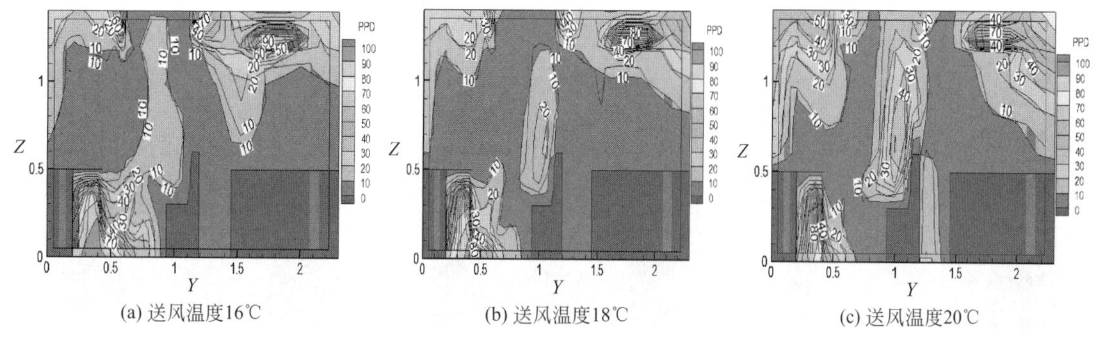

图 7-74　三种送风温度 16℃、 18℃、 20℃依次在 $X=2.155$m 平面上 PPD 分布

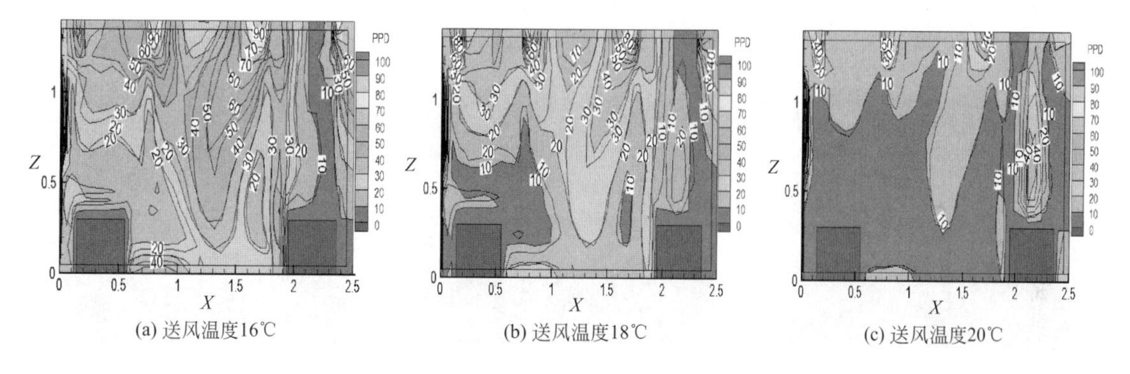

图 7-75　三种送风温度 16℃、 18℃、 20℃依次在 $Y=0.975$m 平面上 PPD 分布

根据模拟结果，当送风温度由 16℃上升至 20℃时，驾驶室内平均温度由 21℃上升至 25℃；同时，驾驶室内温度场分布趋势基本保持不变，但温度分层现象逐渐显现。送风温度升高时，驾驶室内平均流速略微下降，但基本保持在 0.4m/s 左右。从图 7-75 中可以看出，驾驶室内速度场不随送风温度的变化而变化。

根据 PMV 分布图及 PPD 分布图变化趋势可知，温度为 16℃及 18℃时驾驶室内环境舒适度均优于 20℃时室内环境舒适度。但由于脚部送风风速较大，舒适度有所下降。其中，送风温度 18℃时，舒适度最佳。综上所述，在一定范围内，送风温度的降低有利于提高驾驶室内环境的舒适性。

b. 送风角度。由于送风口安装在驾驶员头部上方，距离较近，若冷风直接吹向人体则会造成舒适感下降。因此，基于前面研究结果，本节研究送风角度对室内舒适性的影响。当送风温度为 18℃、送风速度为 3m/s 保持不变时，就送风角度分别为 30°、45°、60°三种模式进行模拟研究，模拟结果如图 7-76～图 7-83 所示。

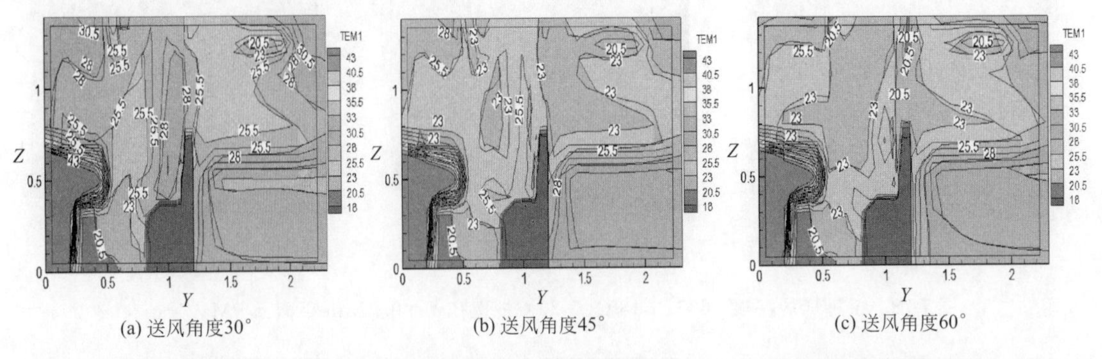

(a) 送风角度30°　(b) 送风角度45°　(c) 送风角度60°

图 7-76　三种送风角度 30°、45°、60°依次在 $X=2.155\text{m}$ 平面上温度分布

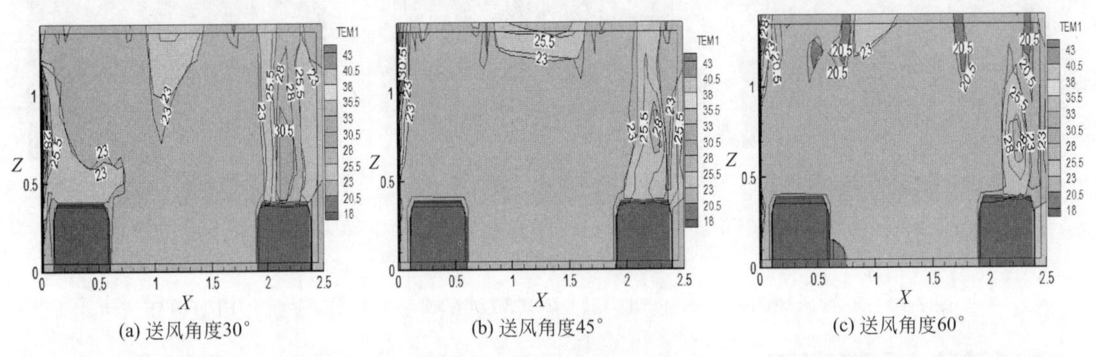

(a) 送风角度30°　(b) 送风角度45°　(c) 送风角度60°

图 7-77　三种送风角度 30°、45°、60°依次在 $Y=0.975\text{m}$ 平面上温度分布

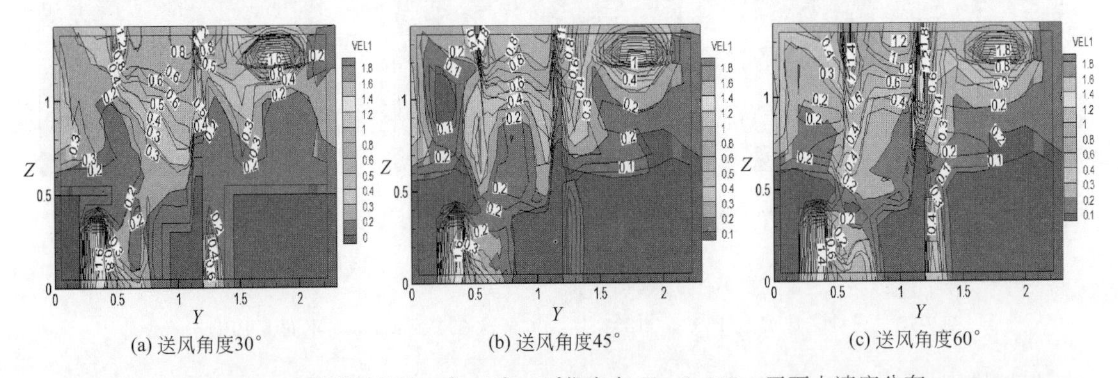

(a) 送风角度30°　(b) 送风角度45°　(c) 送风角度60°

图 7-78　三种送风角度 30°、45°、60°依次在 $X=2.155\text{m}$ 平面上速度分布

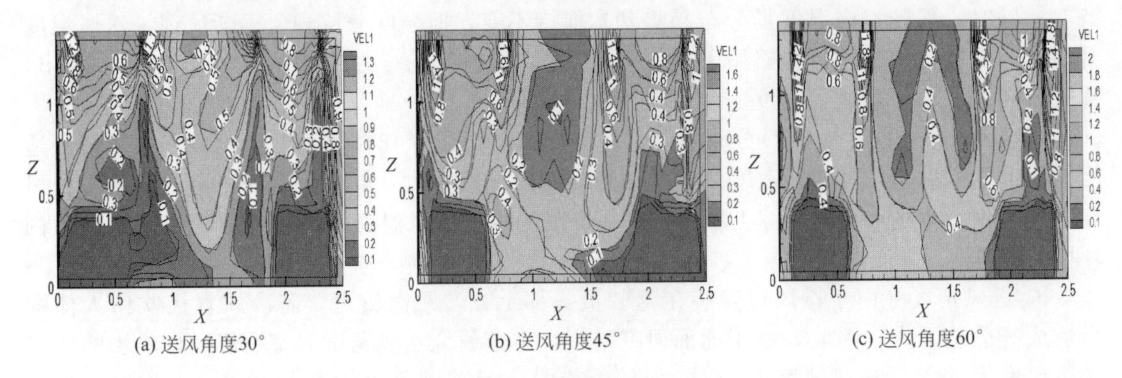

(a) 送风角度30°　(b) 送风角度45°　(c) 送风角度60°

图 7-79　三种送风角度 30°、45°、60°依次在 $Y=0.975\text{m}$ 平面上速度分布

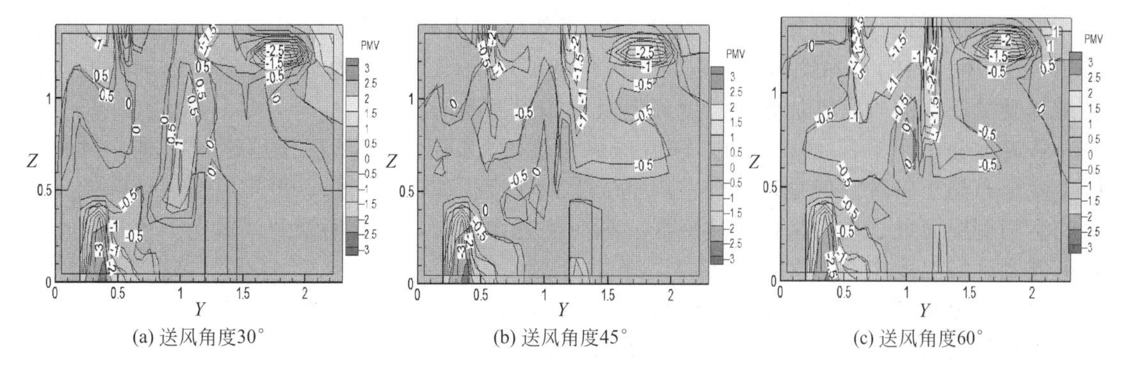

(a) 送风角度30°　(b) 送风角度45°　(c) 送风角度60°

图 7-80　三种送风角度 30°、45°、60°依次在 $X=2.155$m 平面上 PMV 分布

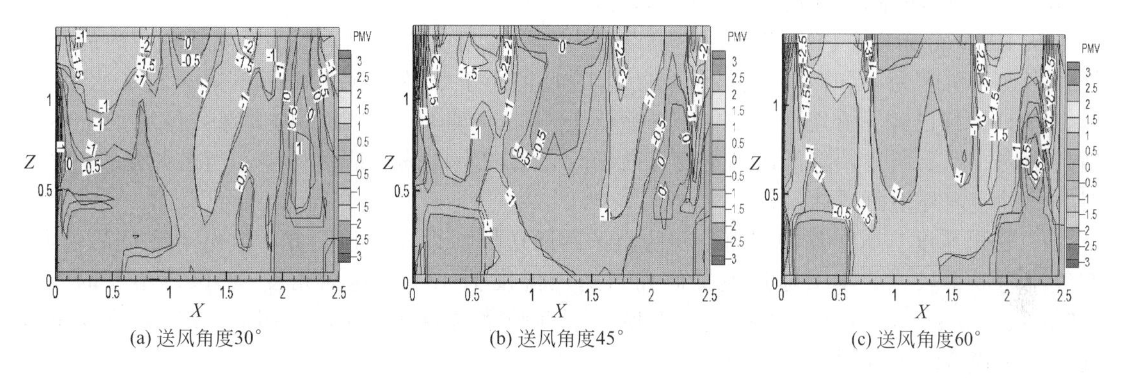

(a) 送风角度30°　(b) 送风角度45°　(c) 送风角度60°

图 7-81　三种送风角度 30°、45°、60°依次在 $Y=0.975$m 平面上 PMV 分布

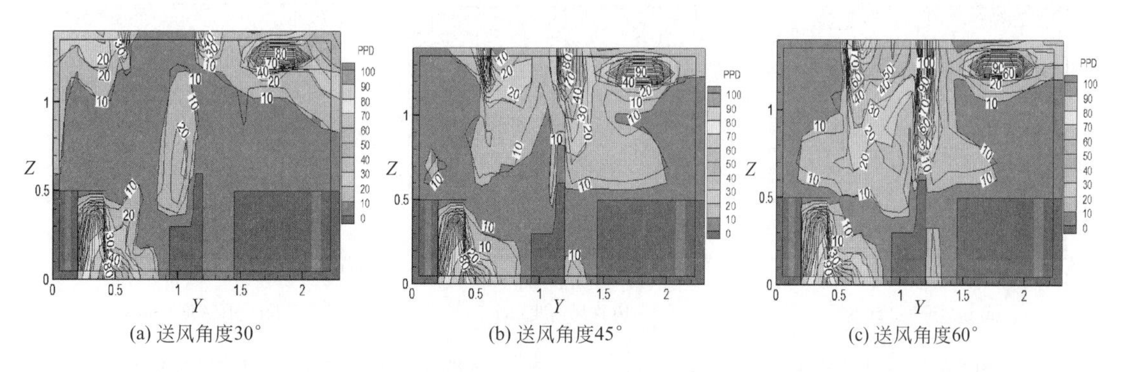

(a) 送风角度30°　(b) 送风角度45°　(c) 送风角度60°

图 7-82　三种送风角度 30°、45°、60°依次在 $X=2.155$m 平面上 PPD 分布

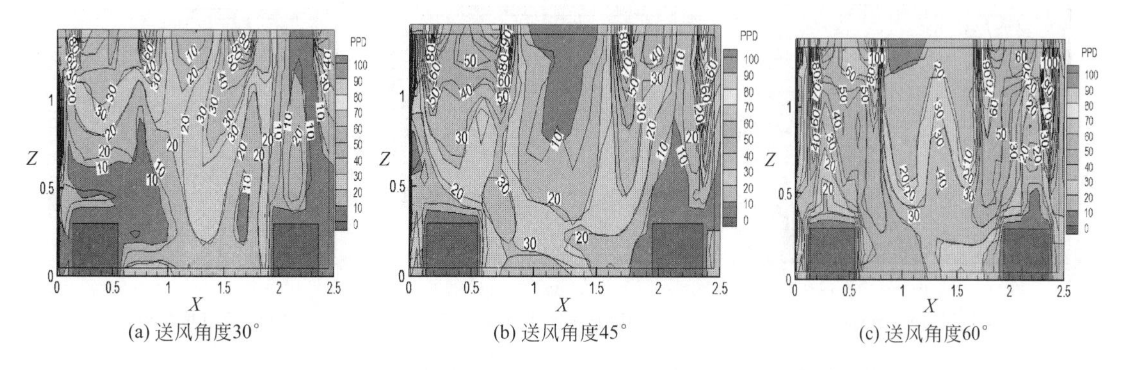

(a) 送风角度30°　(b) 送风角度45°　(c) 送风角度60°

图 7-83　三种送风角度 30°、45°、60°依次在 $Y=0.975$m 平面上 PPD 分布

根据模拟结果分析可知，改变送风角度对驾驶室内环境舒适性影响非常大。对比分析PMV分布图、PPD分布图可知，随着送风角度的增加，驾驶室内环境舒适性逐渐降低。主要是驾驶员受到的吹风感加强及温度降低联合作用导致的。

从温度分布图7-77可以看出，随着送风角度增加，冷空气下沉作用逐渐明显，驾驶室内温度分布趋于一致。但是，驾驶室内空气受到气流扰动作用加强，平均温度逐渐降低。在驾驶室两侧壁面处，受到横向流速降低、纵向流速增加影响，壁面温升区域向上侧移动。驾驶员周围区域温度由24.8℃下降至21.4℃。

由速度分布图7-78、图7-79可知，随着送风角度的增加，驾驶员左臂处吹风感逐渐加强。头顶风速由0.6m/s增加到1m/s，其他部位基本处在0.6m/s以下。从$Y=0.975$m截面对比分析可知，在中央区域，由于横向流速随送风角度的减小而降低，在靠近车顶处出现0.2m/s左右的涡流，同时仪表盘下方涡流逐渐消失。

从PMV分布图、PPD分布图中可以看出，送风角度的增加，严重影响驾驶室内的舒适性。当送风角度为30°时，驾驶员基本处于PPD值小于20的环境中；而当送风角度达到60°时，PPD指标已经上升至70，PMV指标低于-1.5。此时，驾驶室内大部分区域处于不舒适范围内。综上所述，降低送风角度有助于改善驾驶室内热舒适性环境。当送风角度为30°时，驾驶室内环境舒适性最好。

c. 送风速度。卡车驾驶室内空间狭小，四面送风口设在头顶上方，但由于冷负荷较大，空气流速取得较大。本书通过模拟研究当送风温度为18℃、送风角度30°保持不变时，在2.5m/s、3m/s、3.5m/s三种送风速度模式下驾驶室内温度、速度、PPD、PMV的分布情况，得出模拟结果如图7-84～图7-91所示。

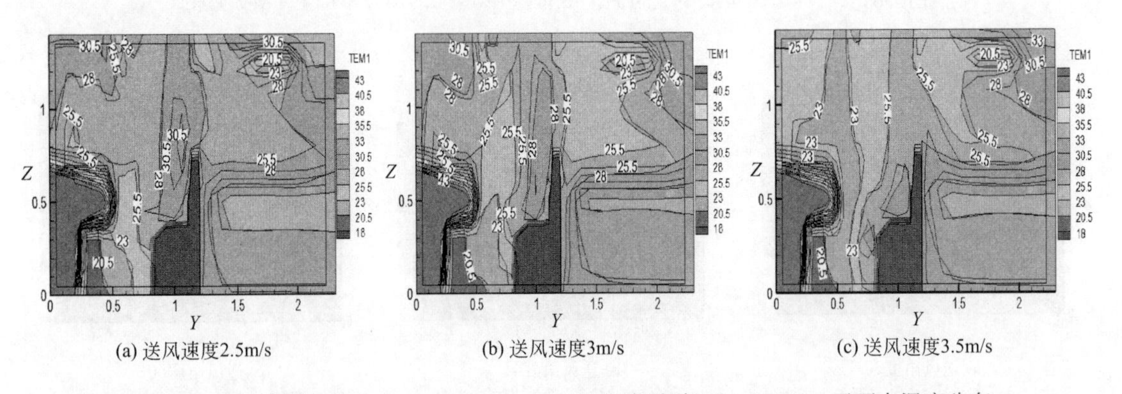

(a) 送风速度2.5m/s　(b) 送风速度3m/s　(c) 送风速度3.5m/s

图7-84　三种送风速度2.5m/s、3m/s、3.5m/s依次在$X=2.155$m平面上温度分布

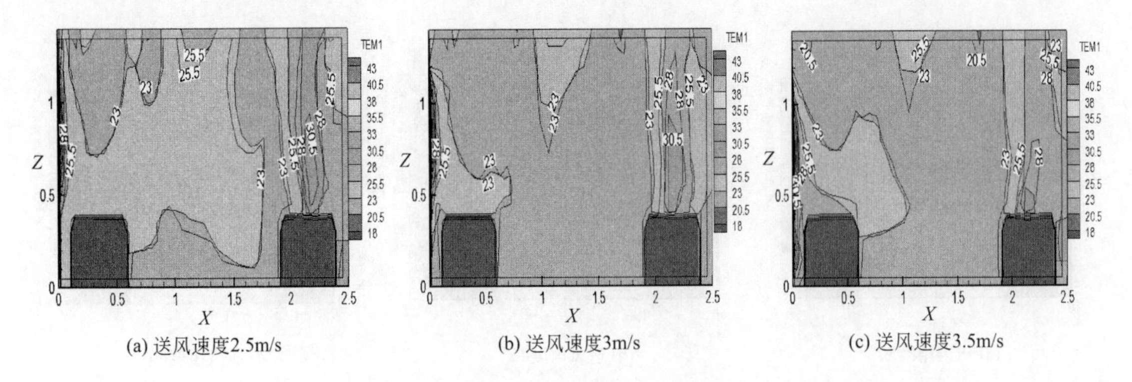

(a) 送风速度2.5m/s　(b) 送风速度3m/s　(c) 送风速度3.5m/s

图7-85　三种送风速度2.5m/s、3m/s、3.5m/s依次在$Y=0.975$m平面上温度分布

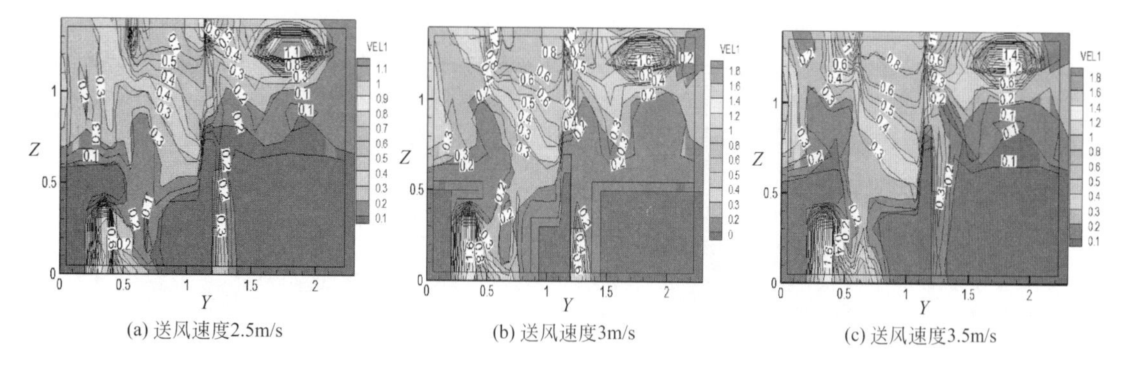

(a) 送风速度2.5m/s　(b) 送风速度3m/s　(c) 送风速度3.5m/s

图 7-86　三种送风速度 2.5m/s、 3m/s、 3.5m/s 依次在 $X=2.155$m 平面上速度分布

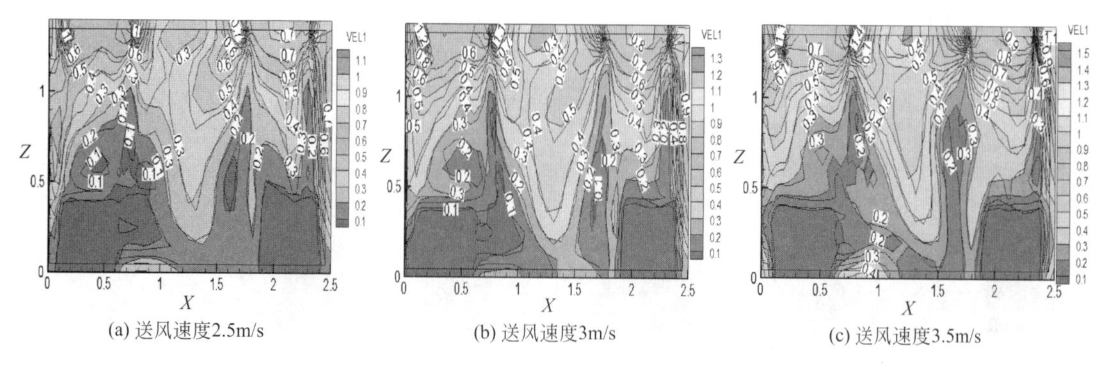

(a) 送风速度2.5m/s　(b) 送风速度3m/s　(c) 送风速度3.5m/s

图 7-87　三种送风速度 2.5m/s、 3m/s、 3.5m/s 依次在 $Y=0.975$m 平面上速度分布

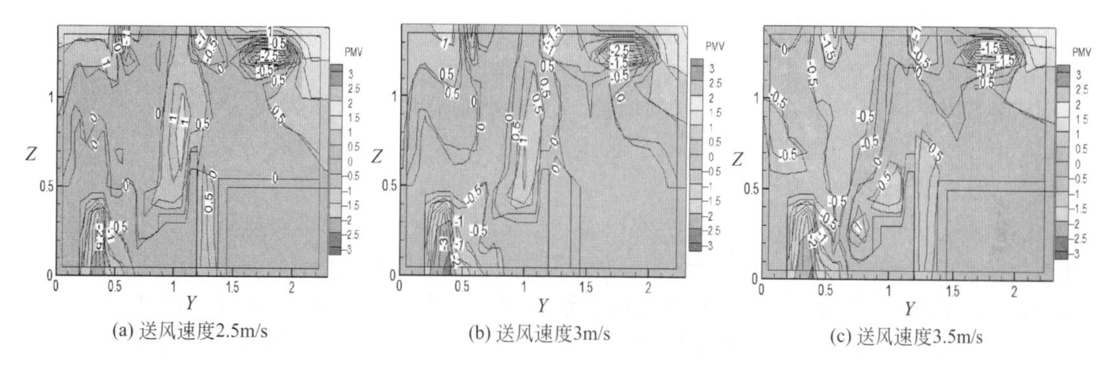

(a) 送风速度2.5m/s　(b) 送风速度3m/s　(c) 送风速度3.5m/s

图 7-88　三种送风速度 2.5m/s、 3m/s、 3.5m/s 依次在 $X=2.155$m 平面上 PMV 分布

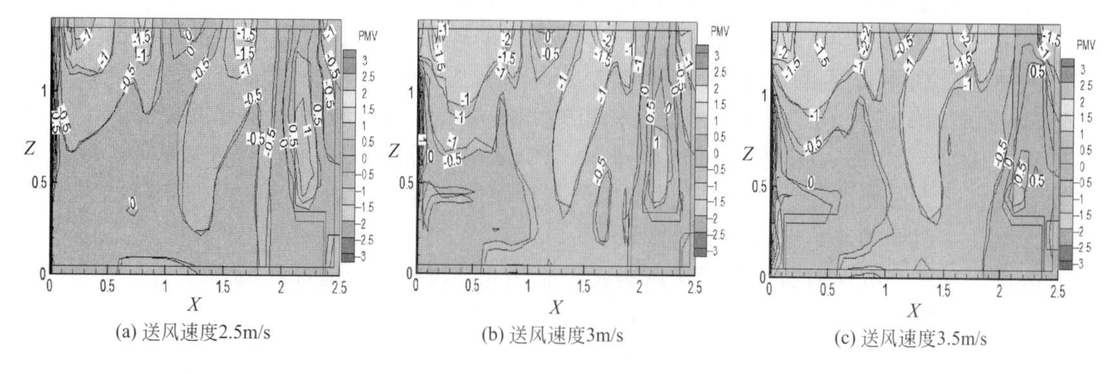

(a) 送风速度2.5m/s　(b) 送风速度3m/s　(c) 送风速度3.5m/s

图 7-89　三种送风速度 2.5m/s、 3m/s、 3.5m/s 依次在 $Y=0.975$m 平面上 PMV 分布

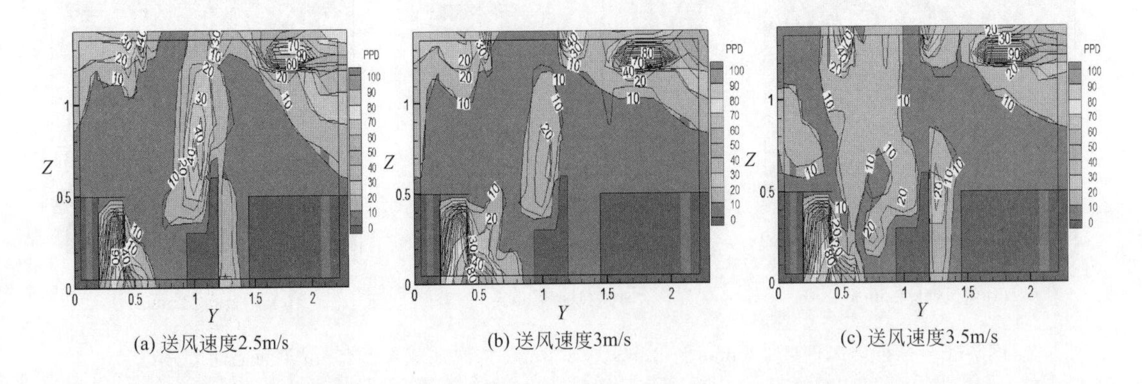

(a) 送风速度2.5m/s (b) 送风速度3m/s (c) 送风速度3.5m/s

图 7-90 三种送风速度 2.5m/s、 3m/s、 3.5m/s 依次在 X=2.155m 平面上 PPD 分布

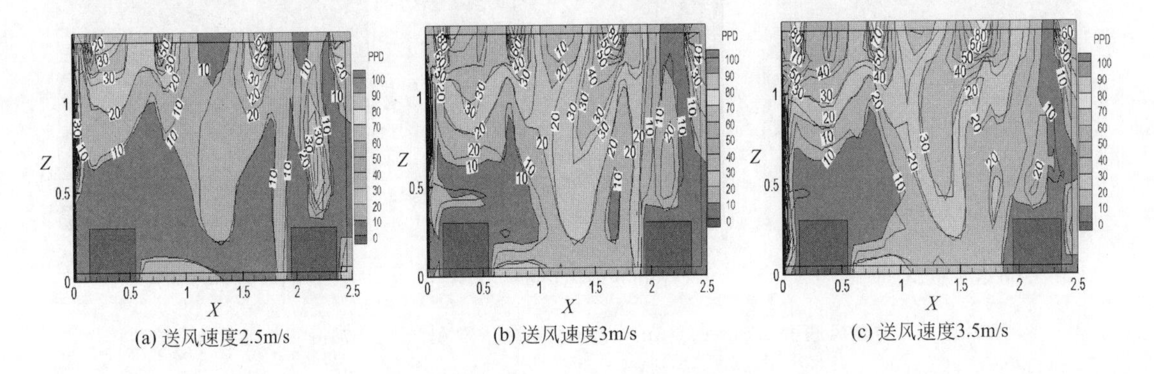

(a) 送风速度2.5m/s (b) 送风速度3m/s (c) 送风速度3.5m/s

图 7-91 三种送风速度 2.5m/s、 3m/s、 3.5m/s 依次在 Y=0.975m 平面上 PPD 分布

从模拟结果可知，随着送风速度的增加，室内平均温度由 27℃降低至 24℃，人体所在区域温度由 26℃降低至 23℃。这是由于送风口位于驾驶员上方，随着送风速度的增大，冷量输入也随之增大。

由平面速度分布图 7-86、图 7-87 可以看出，人体所在区域风速明显增大，头部风速由 0.6m/s 增大到 0.8m/s，能够感受到明显的吹风感。当仅改变风速时，驾驶室内空气流速分布趋势基本保持不变。在冷风下沉及室内热源的联合作用下，驾驶室下部形成两个涡流区域。随着送风速度的增加，离风口等距处，风速也相应提高；同时，回风速度增大。通过对比三种送风速度分布图可以发现，人体周围区域风速基本小于 0.6m/s；而且风速越低，头部出现吹冷风感的概率也明显降低，有利于提高人体舒适度。

由 PMV 分布图、PPD 分布图可以看出，在当前速度变化范围内，随着送风速度的增加，人体感受到不舒适的可能性逐渐增大且驾驶室整体不满意率上升。通过对比 X=2.155m 截面的 PPD 分布图、PMV 分布图可知，驾驶员腿部区域由于风速的提高，可出现不适感。从 Y=0.975m 截面的 PPD 分布图、PMV 分布图可以看出，当风速为 2.5m/s 时架驶室内整体舒适度最好，PPD 值、PMV 值基本保持在标准舒适度范围内；而随着风速的增加，架驶室内局部开始出现不舒适区域。

因此，在一定范围内通过降低送风速度，能够取得较好的舒适性环境。

通过综合比较送风温度为 16℃、18℃、20℃，送风角度为 30°、45°、60°，送风速度为 2.5m/s、3m/s、3.5m/s 等几种情况发现，采用四面送风、中间回风风口布置方案并选取送风温度为 18℃、送风角度为 30°、送风速度为 2.5m/s 时，能够在减少冷量输入的同时，保持驾驶室内热环境舒适度良好。此时一天所需总冷量 100kW，低于余热利用吸附制冷系统一天产生总冷量 110kW；提高卡车余热利用吸附制冷空调系统的持续供冷能力，保证驾驶室热环境的舒适性。

② 方案二模拟结果分析　当送风温度为 16℃、侧壁风口风速均为 2.35m/s、送风角度沿 X 轴负方向、脚部风口风速为 2m/s、送风方向垂直风口平面时，模拟得出温度分布、速度分布、PMV 分布、PPD 分布如图 7-92～图 7-95 所示。

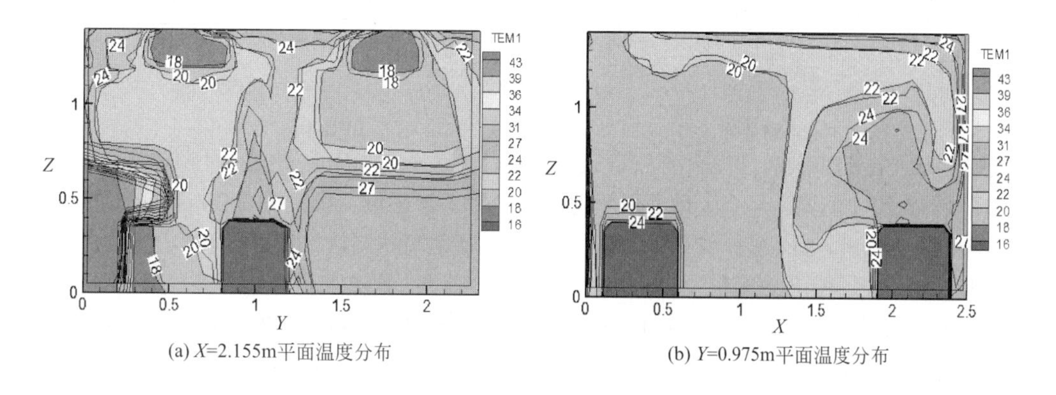

(a) X=2.155m平面温度分布　　(b) Y=0.975m平面温度分布

图 7-92　X＝2.155m、Y＝0.975m 平面温度分布

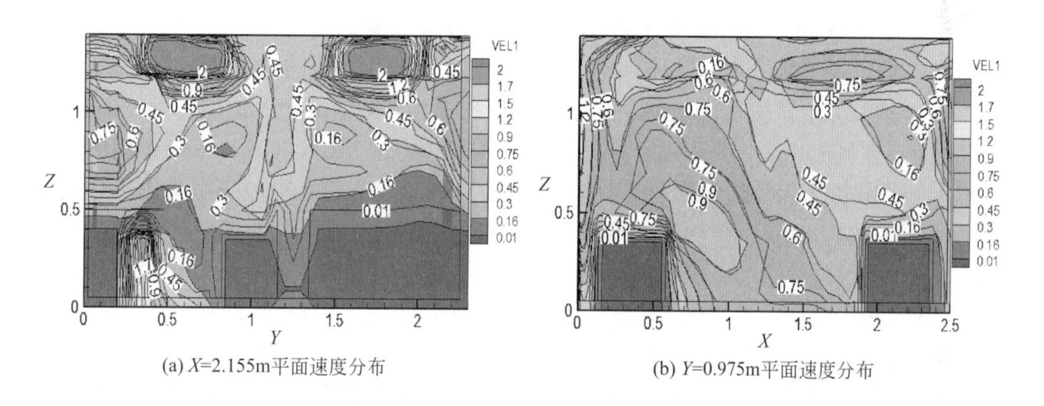

(a) X=2.155m平面速度分布　　(b) Y=0.975m平面速度分布

图 7-93　X＝2.155m、Y＝0.975m 平面速度分布

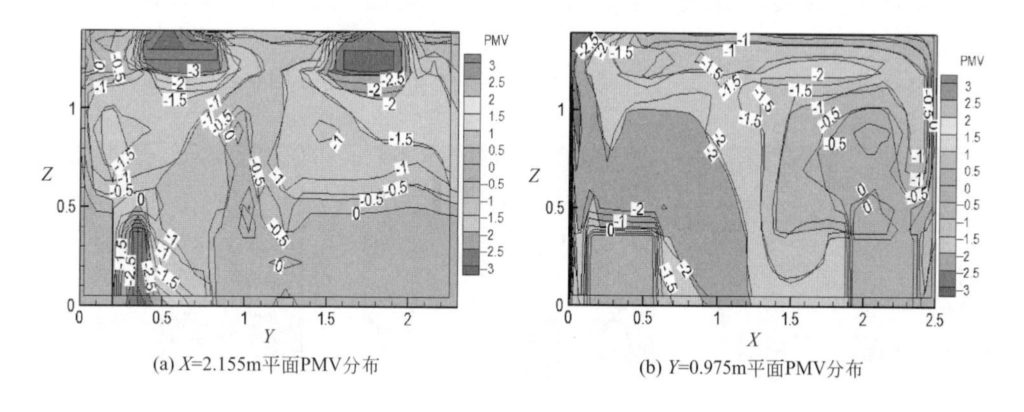

(a) X=2.155m平面PMV分布　　(b) Y=0.975m平面PMV分布

图 7-94　X＝2.155m、Y＝0.975m 平面 PMV 分布

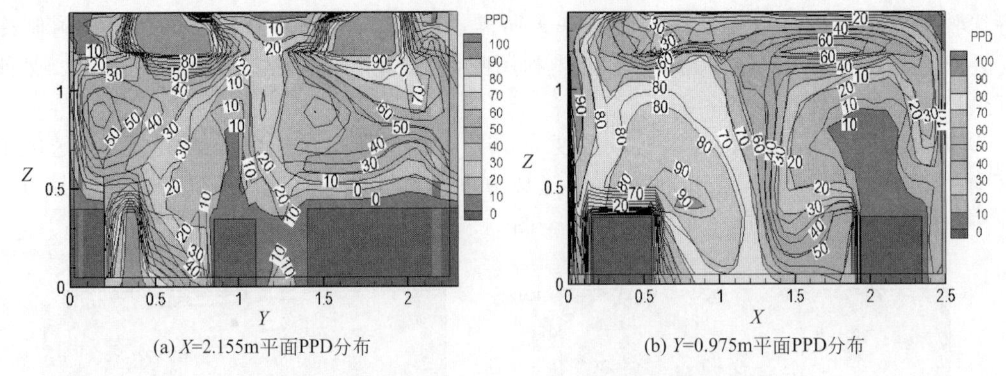

(a) X=2.155m平面PPD分布　　(b) Y=0.975m平面PPD分布

图 7-95　$X=2.155$m、$Y=0.975$m 平面 PPD 分布

根据模拟结果分析可知，当采用侧壁送风口送风时，驾驶室内温度、速度、PMV、PPD 均出现明显分区现象。主驾驶位置为一个区域，副驾驶位置为另一个区域。从 $Y=0.975$m 平面 PPD 分布图、PMV 分布图可以看出，副驾驶区域不舒适性程度较高，不满意率高达 88%，且 PMV 值在 -1.5 以下，主要原因是温度较低且空气流速较大。下面分别就温度、速度、PMV、PPD 进行进一步分析。

图 7-92 为温度分布，从 $X=2.155$m、$Y=0.975$m 两个截面可以看出，在主副驾驶位置温度呈现较为明显的区域性分布。主驾驶区域温度为 24℃左右，副驾驶区域温度为 20℃左右，温度差异明显；而驾驶室内温度推荐值为 26～28℃，副驾驶区域舒适度较差。这是由于冷风由驾驶员侧壁上方送出，直接送至副驾驶区域并在室内障碍物热源、回风口位置的共同作用下，在主副驾驶区域形成两大旋涡气流，导致副驾驶温度较低。而驾驶员位置不直接受送的冷风影响，而是旋涡气流与周围空气换热降温，因此产生温度分布区域性差异。

图 7-93 为速度分布，从 $Y=0.975$m 平面可以看出，副驾驶区域空气流速达到 0.9m/s，明显高于主驾驶附近空气流速。主要原因是冷风由驾驶员侧壁上方送出，在冷风下沉作用下直接送至副驾驶区域。驾驶室内旋涡的形成是由于侧壁面前后两股送风气流在冷风下沉作用下到达另一侧壁面后，向四周扩散、回流。但由于回风口设置在驾驶室中部下方，因此两股送风气流之间的回风与脚部送风口送风气流汇合，流入回风口，并在此平面形成旋涡。而靠近前挡风玻璃及驾驶室后壁面的回风气流沿途回流至驾驶员处后，沿右侧壁面汇合，并同样形成旋涡。

从图 7-94、图 7-95PMV 分布图、PPD 分布图可以看出，舒适度区域性差异较为明显。驾驶员上半身舒适性较好，腿部由于空气流速过大，舒适性降低，头部有轻微吹风感。而主驾驶以外区域舒适性明显降低，尤其是副驾驶区域，不舒适感强烈。

同样，可分别通过改变送风温度、送风角度和送风速度来研究这三个因素对卡车室内舒适性的影响。

a. 送风温度。本次比较选取送风温度分别为 16℃、18℃、20℃进行模拟研究。送风速度为 2.35m/s、送风角度为 0°保持不变，得到温度分布、速度分布、PMV 分布、PPD 分布如图 7-96～图 7-103 所示。

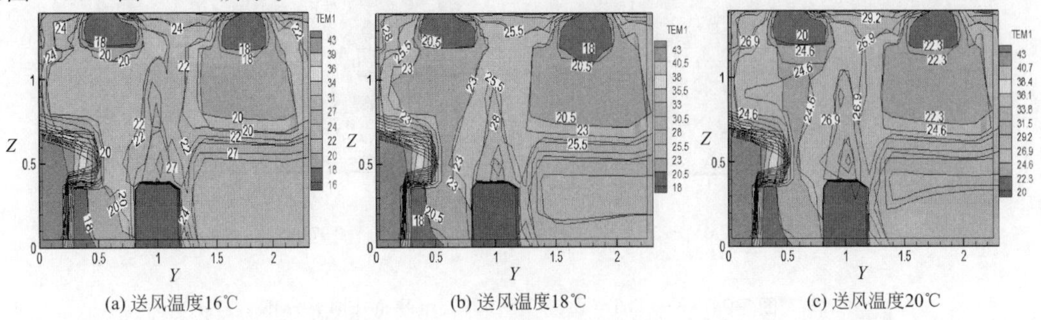

(a) 送风温度16℃　　(b) 送风温度18℃　　(c) 送风温度20℃

图 7-96　三种送风温度 16℃、18℃、20℃依次在 $X=2.155$m 平面上温度分布

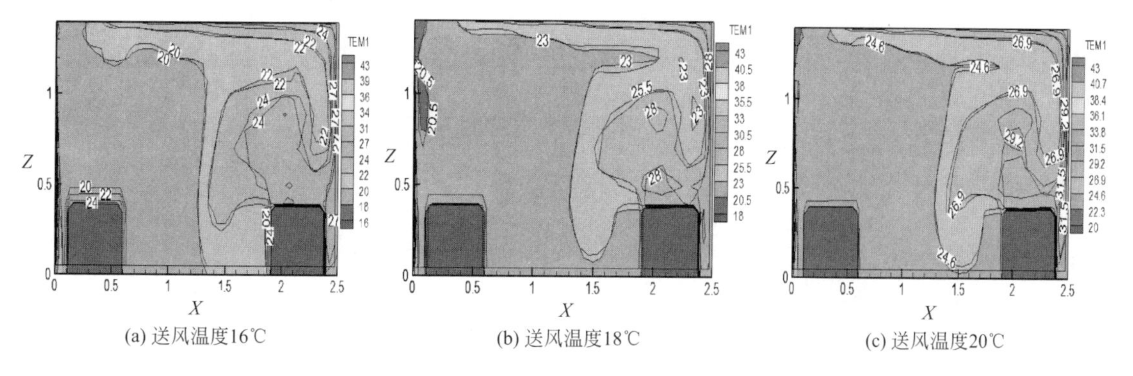
(a) 送风温度16℃　(b) 送风温度18℃　(c) 送风温度20℃

图 7-97　三种送风温度 16℃、18℃、20℃依次在 $Y=0.975\mathrm{m}$ 平面上温度分布

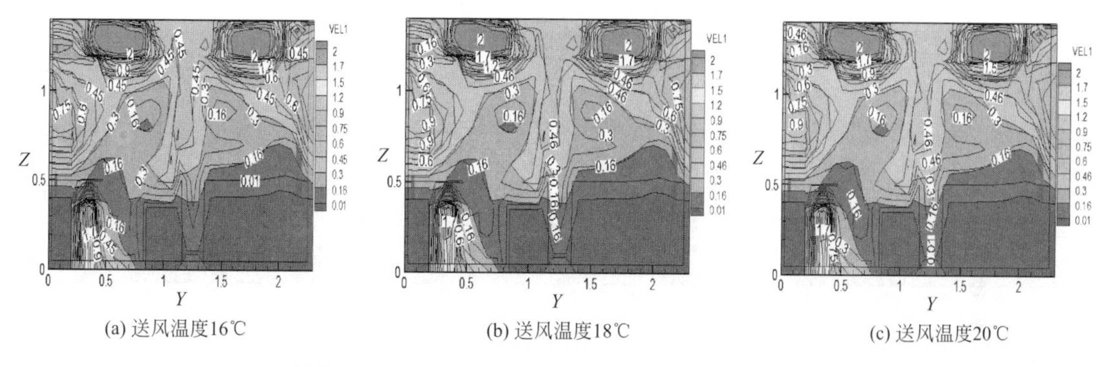
(a) 送风温度16℃　(b) 送风温度18℃　(c) 送风温度20℃

图 7-98　三种送风温度 16℃、18℃、20℃依次在 $X=2.155\mathrm{m}$ 平面上速度分布

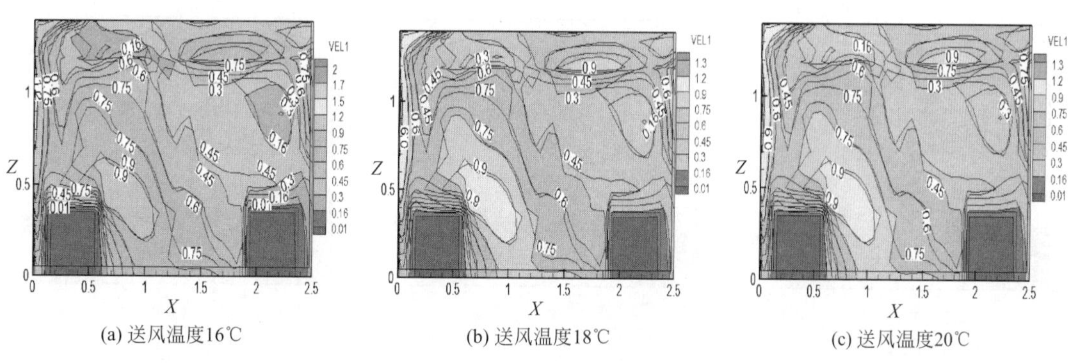
(a) 送风温度16℃　(b) 送风温度18℃　(c) 送风温度20℃

图 7-99　三种送风温度 16℃、18℃、20℃依次在 $Y=0.975\mathrm{m}$ 平面上速度分布

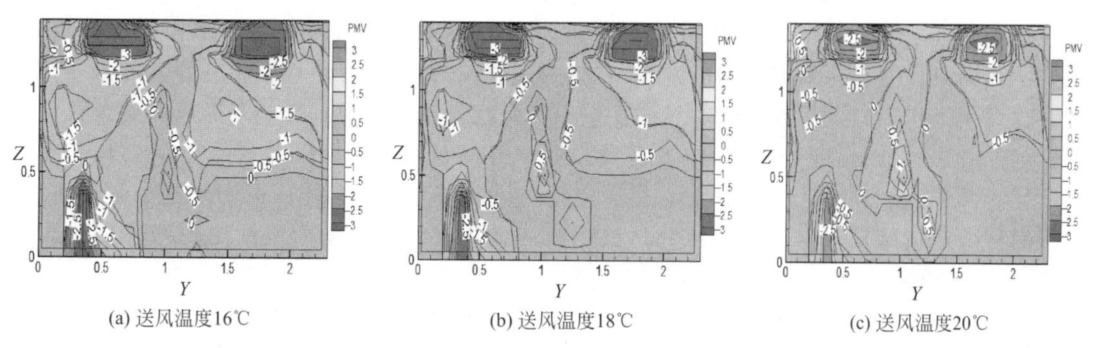
(a) 送风温度16℃　(b) 送风温度18℃　(c) 送风温度20℃

图 7-100　三种送风温度 16℃、18℃、20℃依次在 $X=2.155\mathrm{m}$ 平面上 PMV 分布

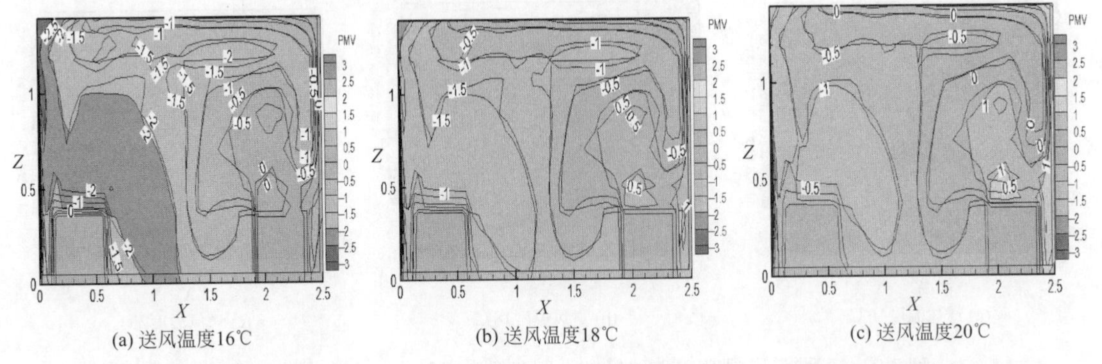

(a) 送风温度16℃　(b) 送风温度18℃　(c) 送风温度20℃

图 7-101　三种送风温度 16℃、18℃、20℃依次在 $Y=0.975$m 平面上 PMV 分布

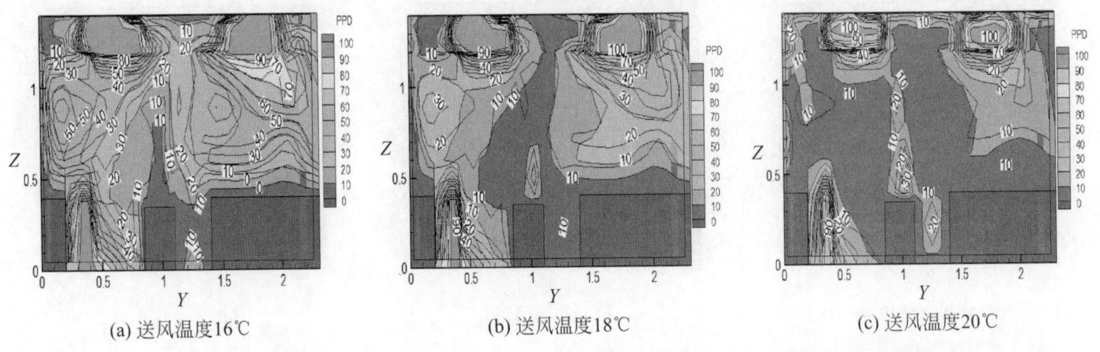

(a) 送风温度16℃　(b) 送风温度18℃　(c) 送风温度20℃

图 7-102　三种送风温度 16℃、18℃、20℃依次在 $X=2.155$m 平面上 PPD 分布

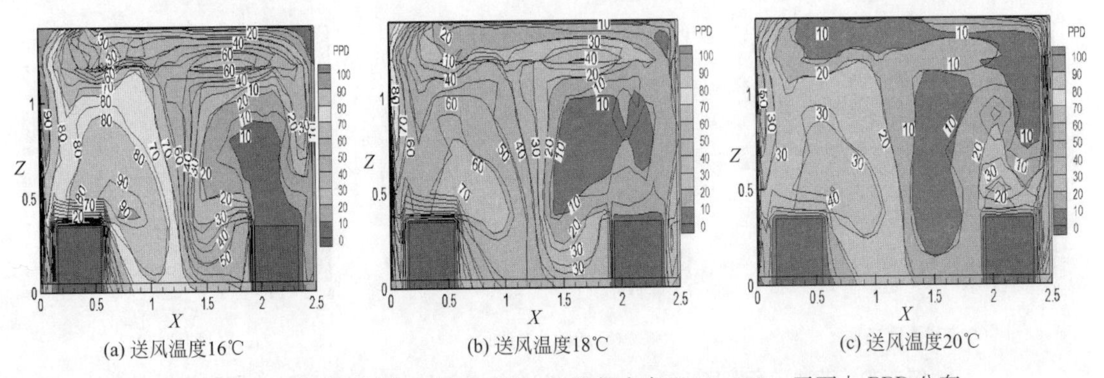

(a) 送风温度16℃　(b) 送风温度18℃　(c) 送风温度20℃

图 7-103　三种送风温度 16℃、18℃、20℃依次在 $Y=0.975$m 平面上 PPD 分布

从图 7-96、图 7-97 可以看出，随着送风温度的提高，室内温度平均值由 21℃上升至 25℃。横向对比三种送风温度图后发现，驾驶室前后、左右部分出现较明显的温度差异性分布，这是由于送风口设置在侧壁，气流在室内障碍物、室内热源的影响下形成涡流导致。对比 $Y=0.975$m 平面温度分布可知，由于驾驶员处于气流旋涡处，不直接受冷风影响，平均温度比副驾驶区域高 4～5℃。同时，由于侧壁送风，在冷风下沉作用下，到达左侧壁面后，直接对壁面进行降温，由四周回流并形成涡流，导致主驾驶侧壁面温度比副驾驶侧壁面温度高。

从图 7-98、图 7-99 可以看出，驾驶员所处区域空气流速明显低于副驾驶区域空气流速，对比 $Y=0.975$m 平面速度分布图可以发现，送风温度的增加对驾驶室空气流速分布影响较小，但头部由于离送风口较近，可以感受到吹冷风感。通过对比 X、Y 平面速度分布图可知，侧壁面前后两股送风气流在冷风下沉作用下到达另一侧壁面，向四周扩散后，沿四周回流；但由于回风口设置在驾驶室中部下方，因此两股送风气流之间的回风与脚部送风口送风气流汇合，流入回风口并在此平面形成旋涡。而靠近前挡风玻璃及驾驶室后壁面的回风气流沿途回流至驾驶员处后汇合并同样形成旋涡。

从 PMV 分布图、PPD 分布图可以发现，随着送风温度的提高，人体的舒适性不满意率逐渐下降。当送风温度为 20℃时，驾驶员对局部环境舒适度基本处于满意状态。但通过横向对比可以发现，驾驶室内环境舒适度差异非常大。尽管可提高送风温度，使舒适性有所改善，但副驾驶区域 PPD 指标仍在 28％以上，PMV 指标在－1 以下，环境属于不舒适状态。

b. 送风角度。本次横向比较分别选择与水平面呈 30°、0°、－30°三种送风角度，在送风温度为 16℃、送风角度 0°保持不变时进行模拟计算，得出模拟结果如图 7-104～图 7-111 所示。

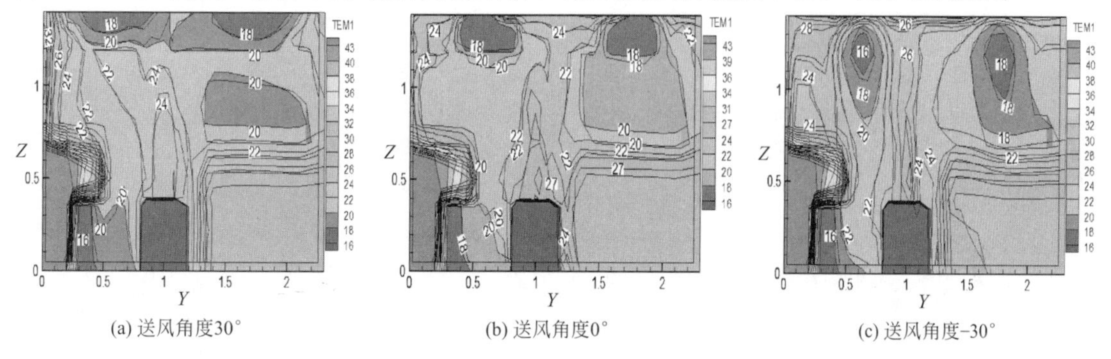

(a) 送风角度30°　(b) 送风角度0°　(c) 送风角度-30°

图 7-104　三种送风角度 30°、0°、－30°依次在 $X=2.155$m 平面上温度分布

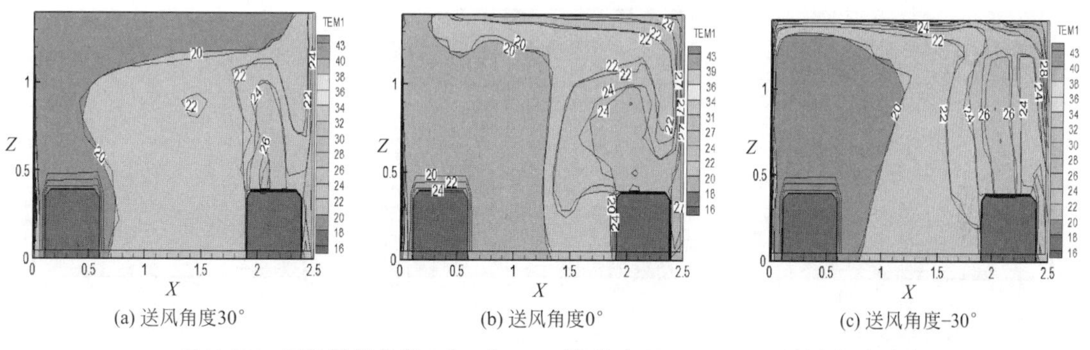

(a) 送风角度30°　(b) 送风角度0°　(c) 送风角度-30°

图 7-105　三种送风角度 30°、0°、－30°依次在 $Y=0.975$m 平面上温度分布

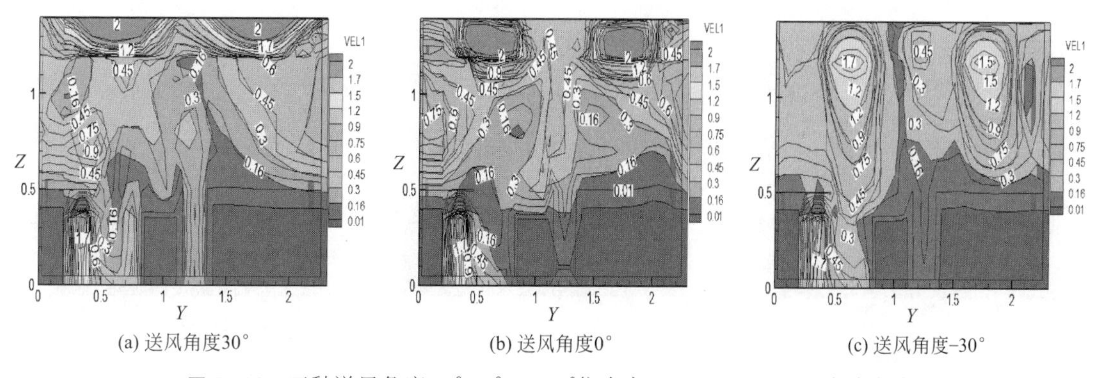

(a) 送风角度30°　(b) 送风角度0°　(c) 送风角度-30°

图 7-106　三种送风角度 30°、0°、－30°依次在 $X=2.155$m 平面上速度分布

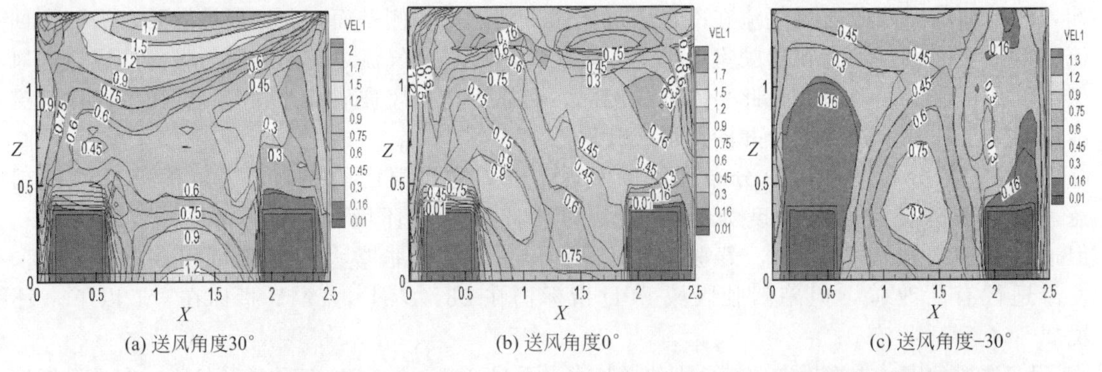

(a) 送风角度30°　(b) 送风角度0°　(c) 送风角度-30°

图 7-107　三种送风角度 30°、0°、−30°依次在 $Y=0.975\mathrm{m}$ 平面上速度分布

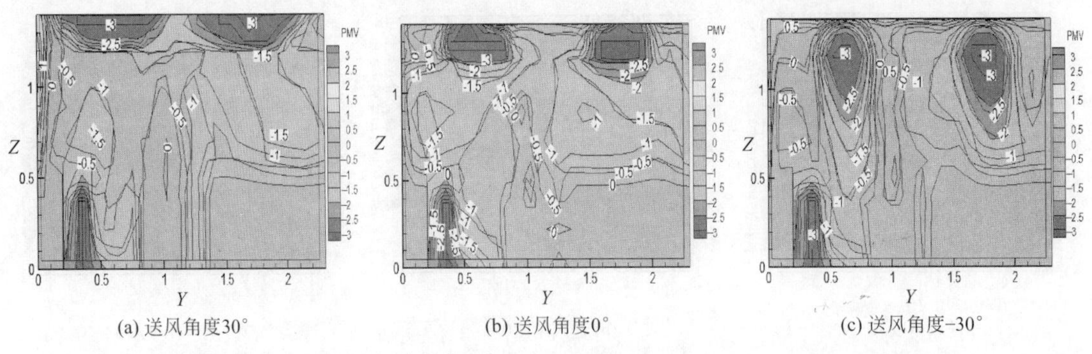

(a) 送风角度30°　(b) 送风角度0°　(c) 送风角度-30°

图 7-108　三种送风角度 30°、0°、−30°依次在 $X=2.155\mathrm{m}$ 平面上 PMV 分布

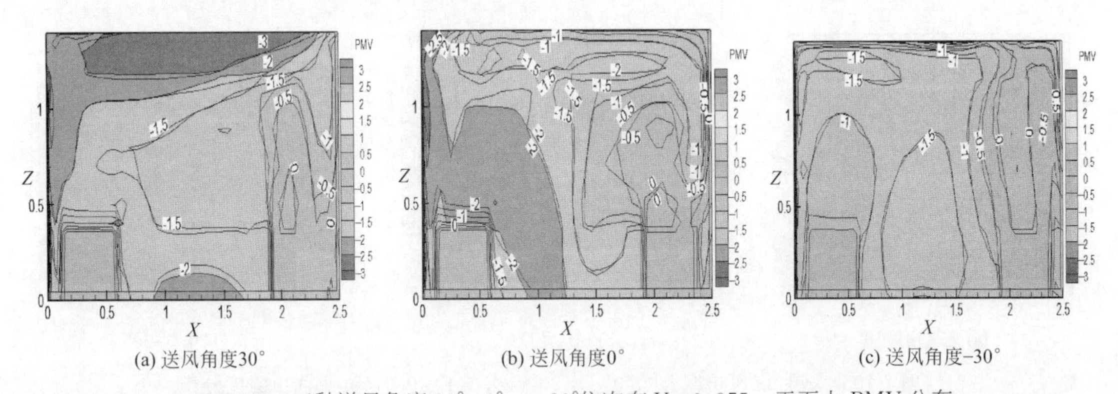

(a) 送风角度30°　(b) 送风角度0°　(c) 送风角度-30°

图 7-109　三种送风角度 30°、0°、−30°依次在 $Y=0.975\mathrm{m}$ 平面上 PMV 分布

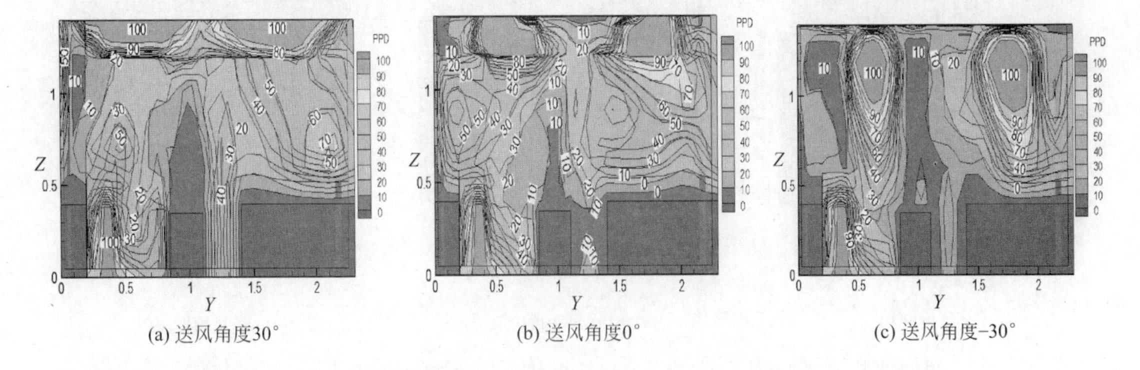

(a) 送风角度30°　(b) 送风角度0°　(c) 送风角度-30°

图 7-110　三种送风角度 30°、0°、−30°依次在 $X=2.155\mathrm{m}$ 平面上 PPD 分布

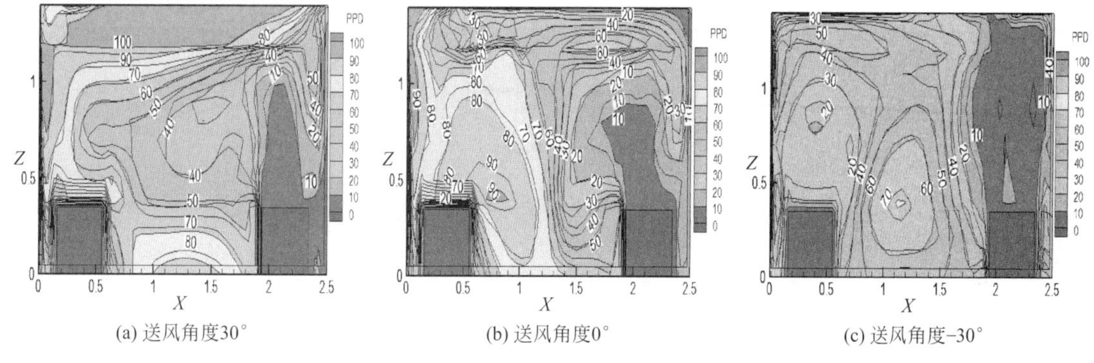

(a) 送风角度30°　　(b) 送风角度0°　　(c) 送风角度-30°

图 7-111　三种送风角度 30°、0°、−30°依次在 $Y=0.975$m 平面上 PPD 分布

从图 7-104、图 7-105 可以看出，当仅改变送风角度而其他参数保持不变时，驾驶室内平均温度基本维持 21℃恒定，驾驶员周围环境温度保持在 21～24℃。分析 $Y=0.975$m 平面温度分布发现，随着送风角度的变化，副驾驶区域温度分布有所不同。当送风角度朝上 30°时，气流沿车顶及左侧壁面流动，该区域温度较低；当送风角度朝下 30°时，在冷风下沉作用加强下，左侧壁面上部出现涡流，温度较低。对比左右侧壁面发现，受送风方式影响，左侧壁面温度均比右侧壁面温度低。

对比分析图 7-106 发现，在 $X=2.155$m 平面上，随着送风角度的变化，驾驶员附近空气流速逐渐增大。当送风角度朝下 30°时，驾驶员脸部有吹冷风感。驾驶室内涡流区分布同样发生改变，从图 7-107 $Y=0.975$m 平面速度分布图上可以看出，副驾驶区域涡流区逐渐上移并由逆时针旋转变为顺时针旋转。这是因为随着送风角度的调整，气流送至副驾驶的位置逐渐下移，导致驾驶室上部开始出现涡流区域。

从 PMV 分布图、PPD 分布图可以看出，送风角度的调整并不能很好地改善驾驶室内舒适度的分布情况。虽然随着送风角度的降低，驾驶员处整体舒适度有所改善，但脸部开始因风速过大而出现不适感，且副驾驶区域和驾驶室后部休息区 PMV、PPD 依旧处在不舒适范围内，差异较明显。

c. 送风速度。以第 6 章理论分析计算为基础，方案二模拟研究送风速度分别取 1.85m/s、2.35m/s、2.85m/s 时，研究室内温度、速度、PPD、PMV 分布情况，得出模拟结果如图 7-112～图 7-119 所示。

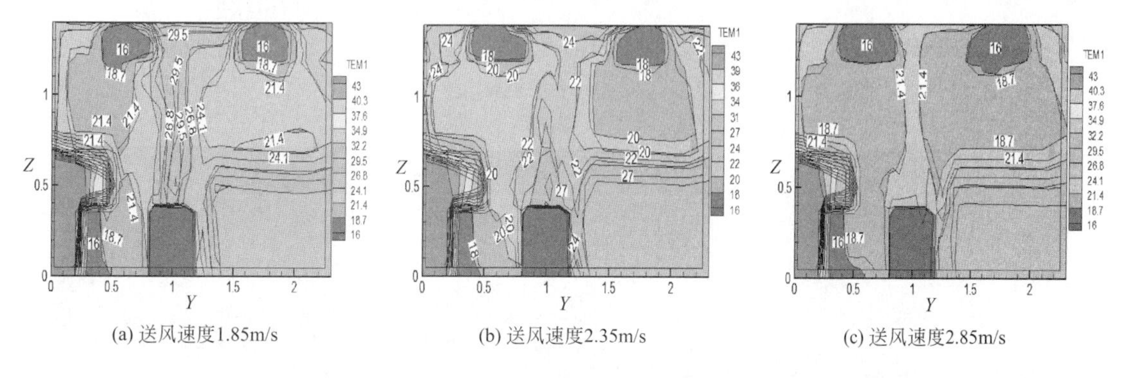

(a) 送风速度1.85m/s　　(b) 送风速度2.35m/s　　(c) 送风速度2.85m/s

图 7-112　三种送风速度 1.85m/s、2.35m/s、2.85m/s 依次在 $X=2.155$m 平面上温度分布

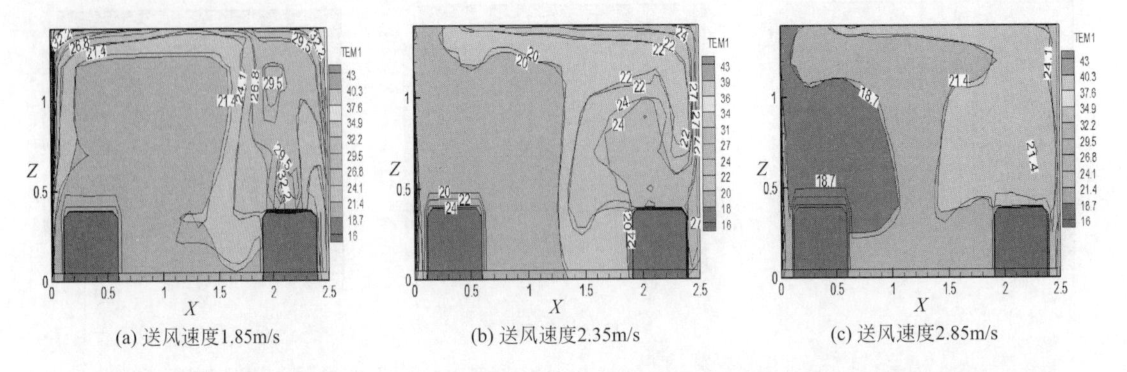

图 7-113　三种送风速度 1.85m/s、2.35m/s、2.85m/s 依次在 $Y=0.975$m 平面上温度分布

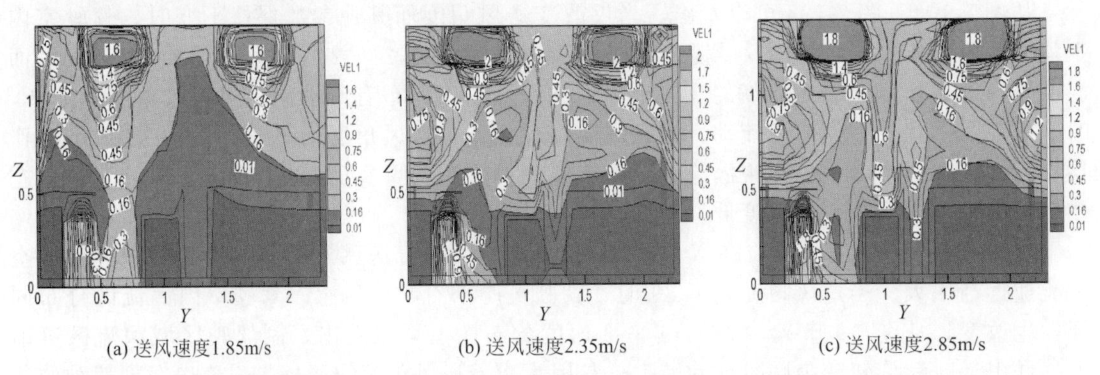

图 7-114　三种送风速度 1.85m/s、2.35m/s、2.85m/s 依次在 $X=2.155$m 平面上速度分布

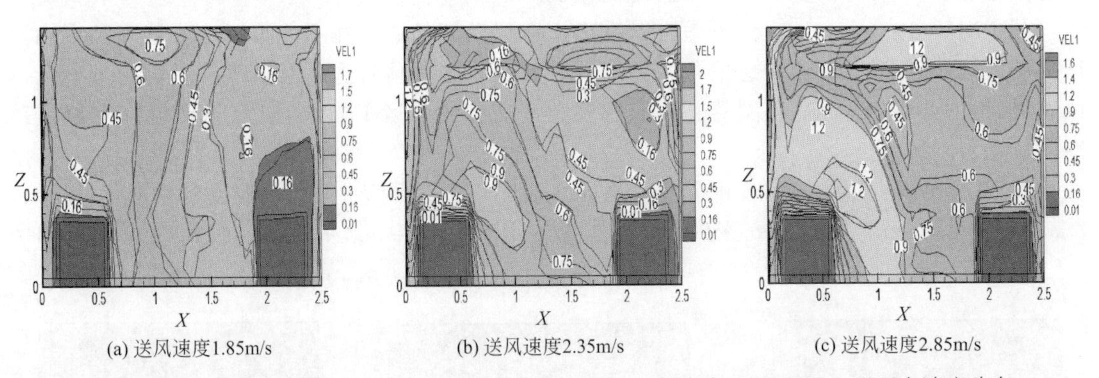

图 7-115　三种送风速度 1.85m/s、2.35m/s、2.85m/s 依次在 $Y=0.975$m 平面上速度分布

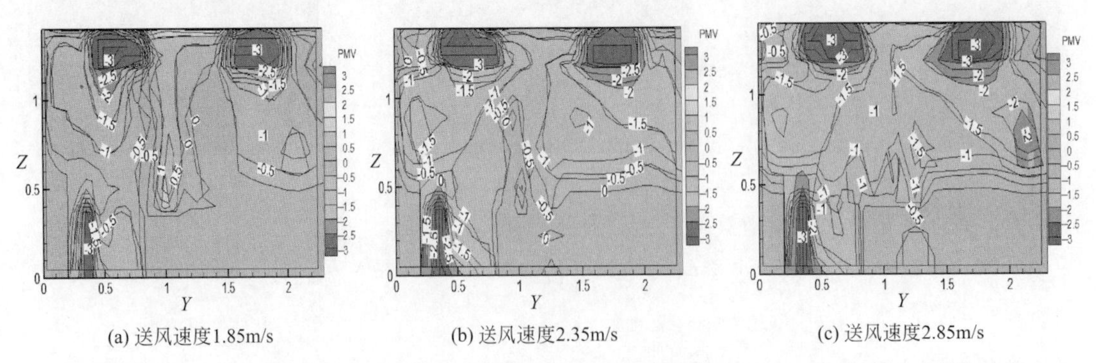

图 7-116　三种送风速度 1.85m/s、2.35m/s、2.85m/s 依次在 $X=2.155$m 平面上 PMV 分布

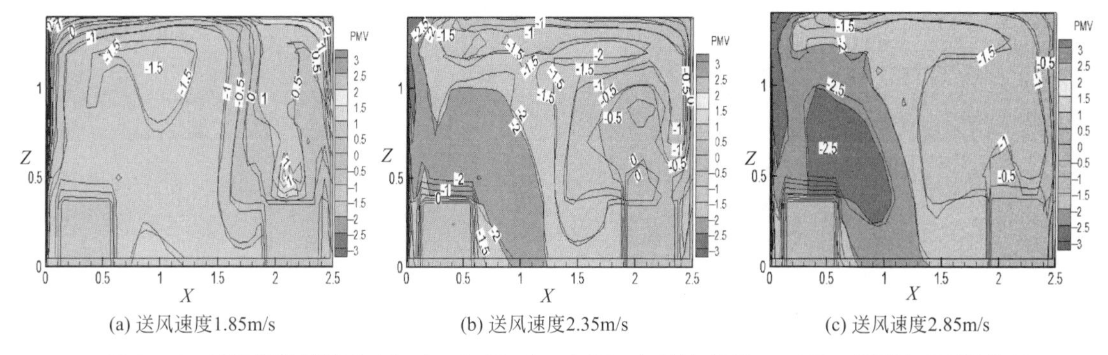

(a) 送风速度1.85m/s (b) 送风速度2.35m/s (c) 送风速度2.85m/s

图 7-117　三种送风速度 1.85m/s、2.35m/s、2.85m/s 依次在 $Y=0.975$m 平面上 PMV 分布

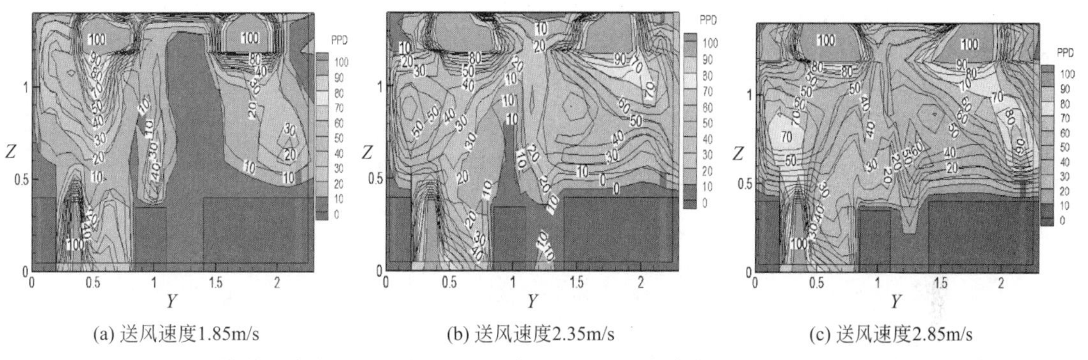

(a) 送风速度1.85m/s (b) 送风速度2.35m/s (c) 送风速度2.85m/s

图 7-118　三种送风速度 1.85m/s、2.35m/s、2.85m/s 依次在 $X=2.155$m 平面上 PPD 分布

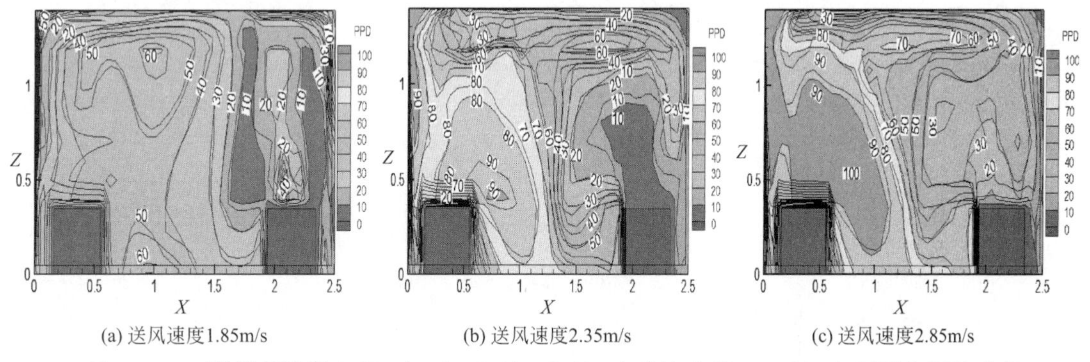

(a) 送风速度1.85m/s (b) 送风速度2.35m/s (c) 送风速度2.85m/s

图 7-119　三种送风速度 1.85m/s、2.35m/s、2.85m/s 依次在 $Y=0.975$m/s 平面上 PPD 分布

（3）工况 2 模拟研究及结果分析

为了进一步提高余热利用吸附制冷系统持续供冷的可靠性，本节研究驾驶室内仅 1 名驾驶员时，通过模拟在只开启驾驶员处风口情况下，主驾驶区局部范围内的温度、风速、PMV、PPD 分布情况，探究在减少冷量输入的情况下，能否提供一个局部热舒适性环境，以更好地保证系统持续供冷的能力。

基于前面两节模拟研究结果，本节研究单一送风口在改变送风温度、送风角度、送风速度三种情况下的室内环境并进行横向比较。物理模型同方案一中一样，但只有一个风口送风，数学模型、边界条件不变，网格划分如图 7-120、图 7-121 所示。

① 改变送风温度　本次比较选取当送风速度为 3m/s、送风角度为 45°时，按送风温度分别为 16℃、18℃、20℃的情况进行模拟研究，得到温度分布、速度分布、预测平均评价（PMV）分布、预测不满意百分比（PPD）分布如图 7-122～图 7-129 所示。

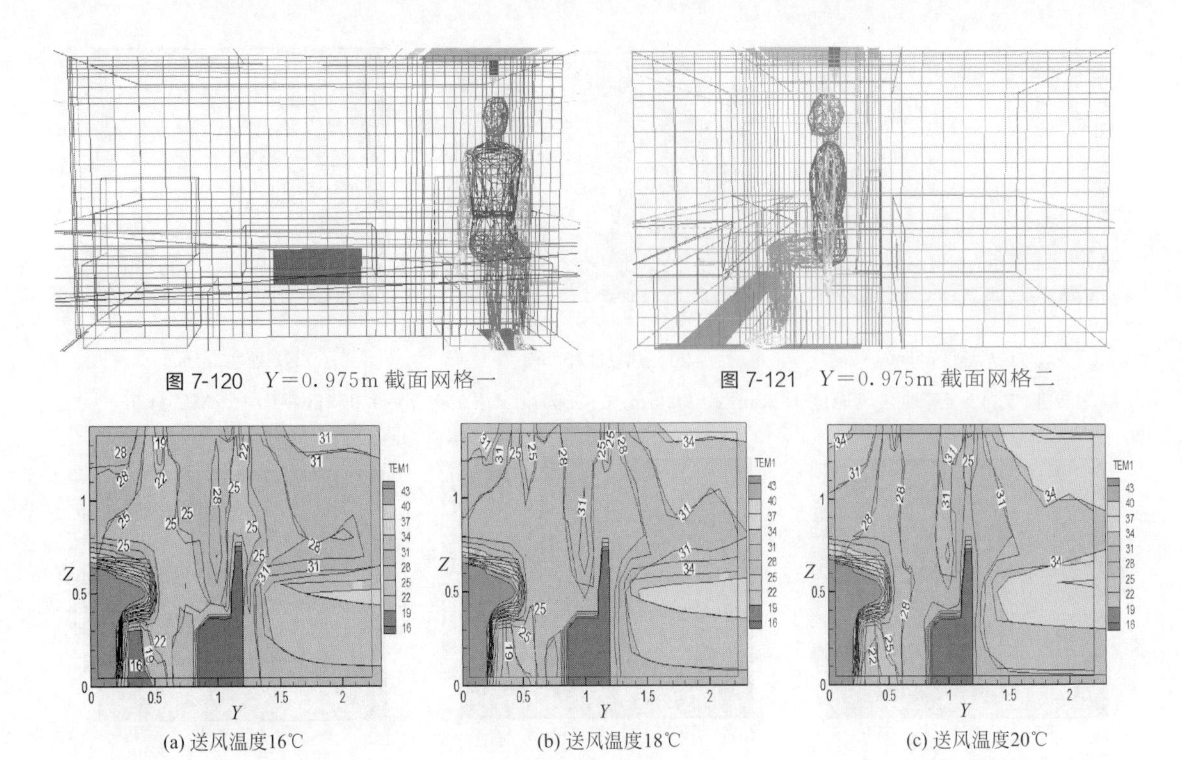

图 7-120　$Y=0.975\mathrm{m}$ 截面网格一

图 7-121　$Y=0.975\mathrm{m}$ 截面网格二

(a) 送风温度16℃　(b) 送风温度18℃　(c) 送风温度20℃

图 7-122　三种送风温度 16℃、18℃、20℃依次在 $X=2.155\mathrm{m}$ 平面上温度分布

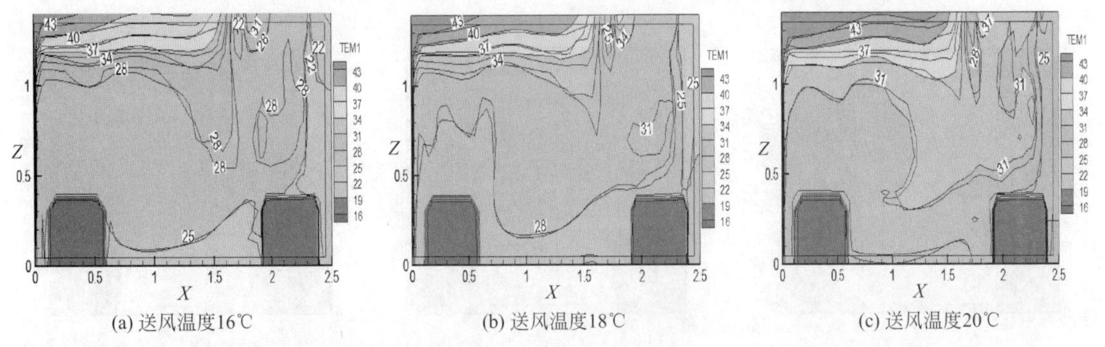

(a) 送风温度16℃　(b) 送风温度18℃　(c) 送风温度20℃

图 7-123　三种送风温度 16℃、18℃、20℃依次在 $Y=0.975\mathrm{m}$ 平面上温度分布

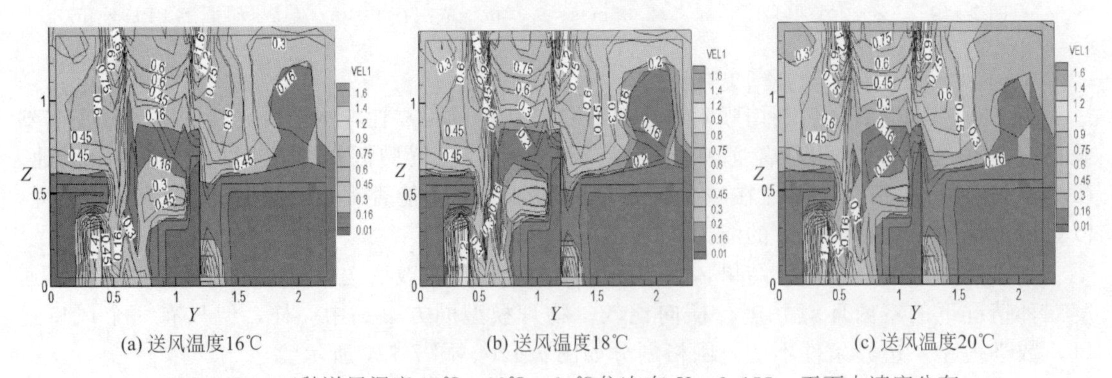

(a) 送风温度16℃　(b) 送风温度18℃　(c) 送风温度20℃

图 7-124　三种送风温度 16℃、18℃、20℃依次在 $X=2.155\mathrm{m}$ 平面上速度分布

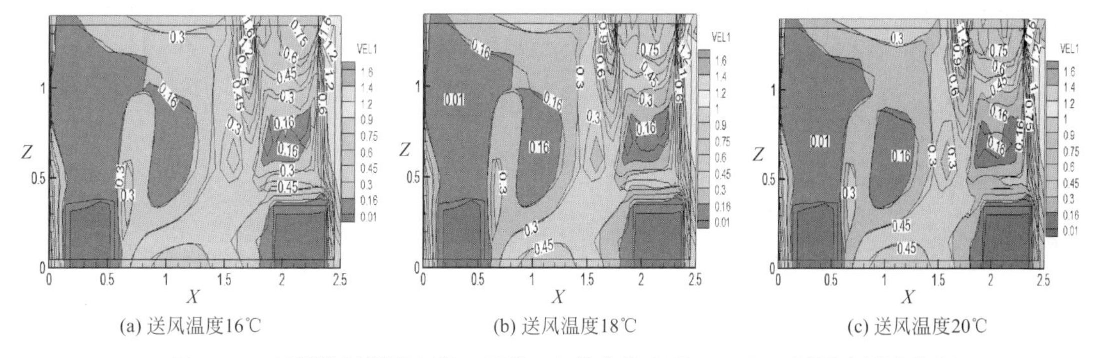

(a) 送风温度16℃　(b) 送风温度18℃　(c) 送风温度20℃

图 7-125　三种送风温度 16℃、18℃、20℃依次在 $Y=0.975$m 平面上速度分布

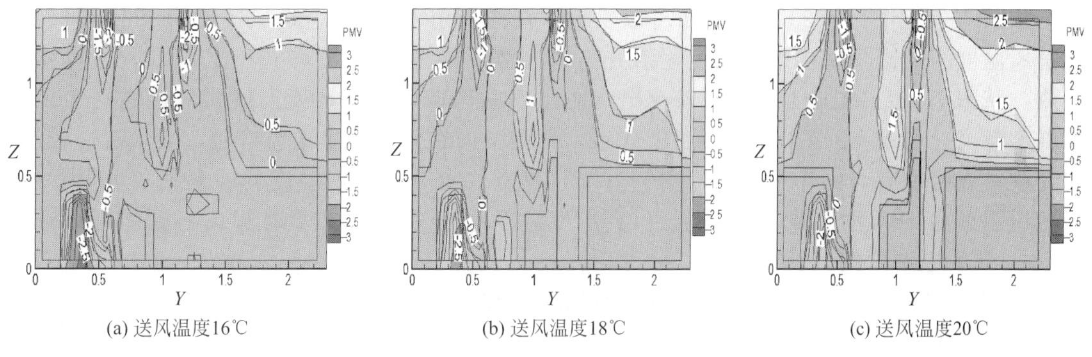

(a) 送风温度16℃　(b) 送风温度18℃　(c) 送风温度20℃

图 7-126　三种送风温度 16℃、18℃、20℃依次在 $X=2.155$m 平面上 PMV 分布

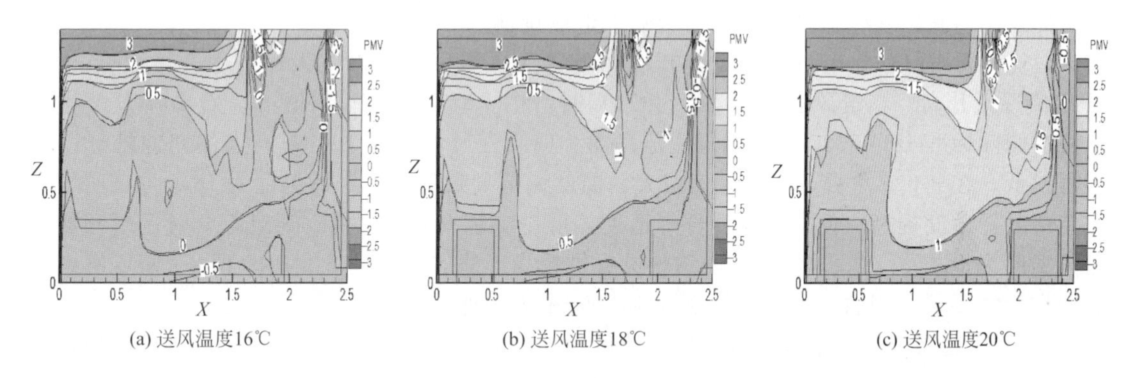

(a) 送风温度16℃　(b) 送风温度18℃　(c) 送风温度20℃

图 7-127　三种送风温度 16℃、18℃、20℃依次在 $Y=0.975$m 平面上 PMV 分布

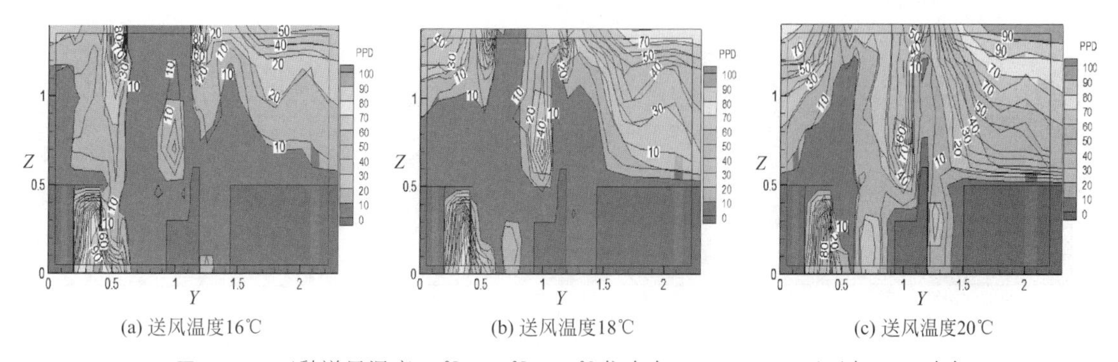

(a) 送风温度16℃　(b) 送风温度18℃　(c) 送风温度20℃

图 7-128　三种送风温度 16℃、18℃、20℃依次在 $X=2.155$m 平面上 PPD 分布

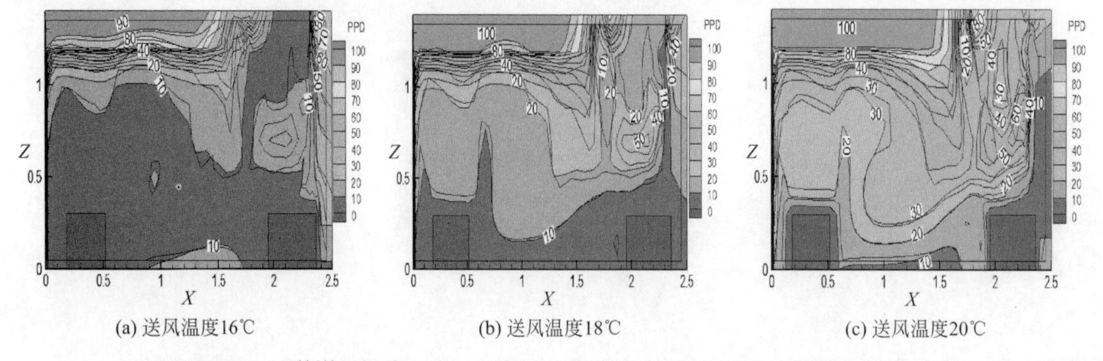

图 7-129　三种送风温度 16℃、18℃、20℃依次在 $Y=0.975$m 平面上 PPD 分布

从图 7-122、图 7-123 温度分布可以发现，在送风角度为 45°、送风速度为 3m/s 时，随着送风温度的升高，室内平均温度逐渐升高，人体周围温度由 28℃上升至 31℃，人体感到偏热。从图 7-122、图 7-123 中可以看出，在主驾驶区域以外，环境温度明显偏高且距离越远温度越高。对 $Y=0.975$m 截面温度分布，驾驶室内在只开一个送风口时，空气流速较小，副驾驶区在密度差异的作用下，冷空气下降，热空气上升，出现温度分层现象。可以看出，当送风温度为 16℃时，副驾驶区温度与送风温度为 18℃；与 20℃时相比，更加舒适；但 $Z=1.2$m 区域温度偏高。

从图 7-124、图 7-125 速度分布可以看出，在仅改变送风温度时，室内的空气流速及分布基本保持不变。人体周围空气流速在 0.26m/s 左右，头部风速略高，可达到 0.65m/s。靠近壁面处风口送风气流沿壁面向下流动，速度较大，驾驶员左臂有可能感受到吹风。驾驶室后部及副驾驶区在气流及障碍物的影响下形成旋涡。

对比分析 PMV 分布图、PPD 分布图，随着送风温度的升高，人体周围环境 PMV 值、PPD 值逐渐升高。当送风温度在 16℃、18℃时，由 PMV 值、PPD 值可以看出，人体均基本处在国际标准 ISO 7730 规定的舒适范围内。但当送风温度为 16℃时，人体左臂处舒适度相对偏低，在−1.0 左右，这是风速偏大、温度偏低导致的。而送风温度为 18℃时，虽然人体左臂处舒适度提高，但右臂及背部舒适度偏低，满意率有所降低。通过综合对比研究，当送风温度为 16℃、18℃时，均能为驾驶员提供较为舒适的驾驶环境，PPD 值、PMV 值也基本处在标准要求范围内，但送风温度为 16℃时更为舒适。

② 改变送风温度　本次选取当送风速度为 3m/s、送风温度为 16℃时，送风角度分别为 30°、45°、60°进行模拟研究，得到温度分布、速度分布、PMV 分布、PPD 分布如图 7-130～图 7-137 所示。

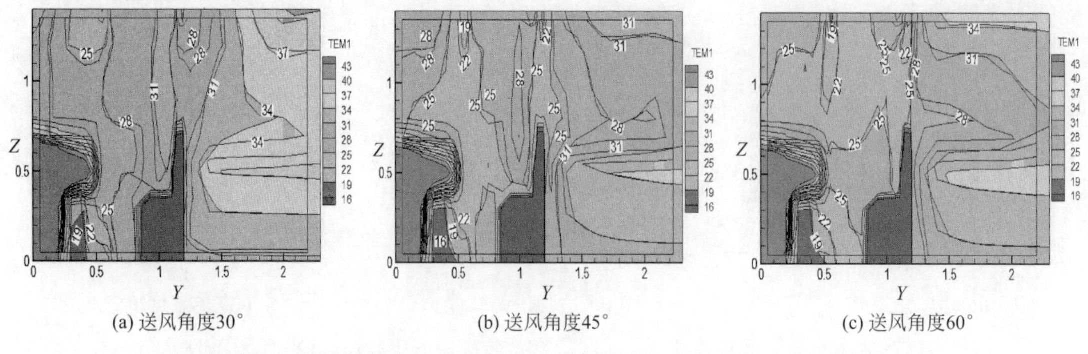

图 7-130　三种送风角度 30°、 45°、 60°依次在 $X=2.155$m 平面上温度分布

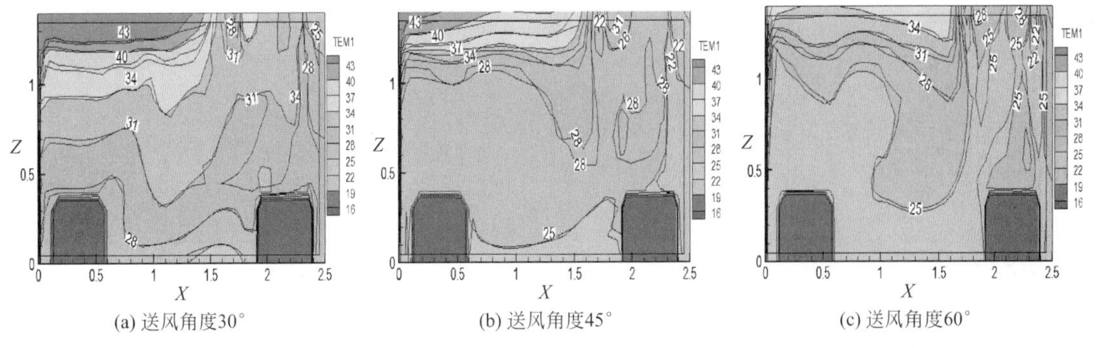

图 7-131　三种送风角度 30°、 45°、 60°依次在 $Y=0.975$m 平面上温度分布

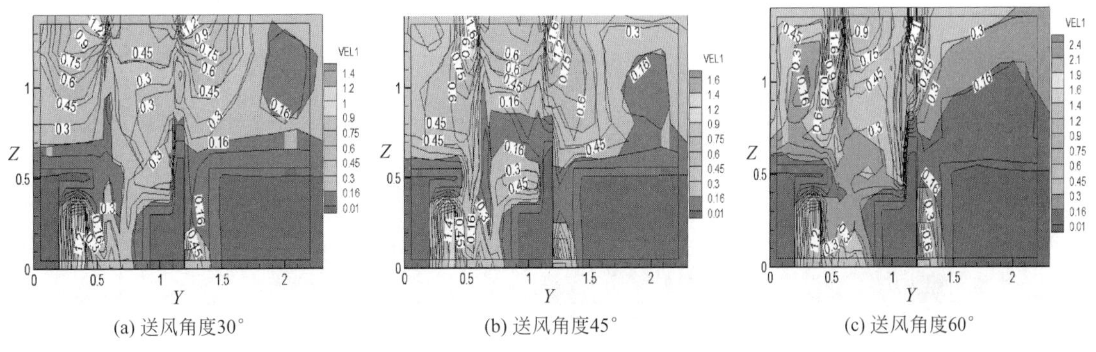

图 7-132　三种送风角度 30°、 45°、 60°依次在 $X=2.155$m 平面上速度分布

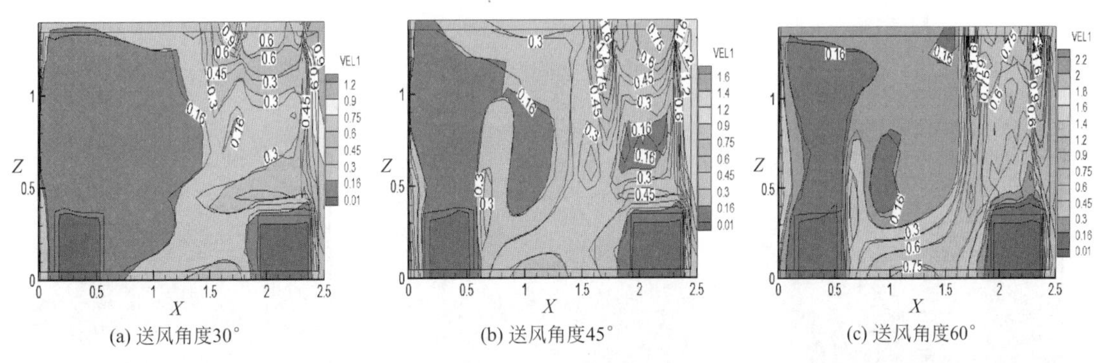

图 7-133　三种送风角度 30°、 45°、 60°依次在 $Y=0.975$m 平面上速度分布

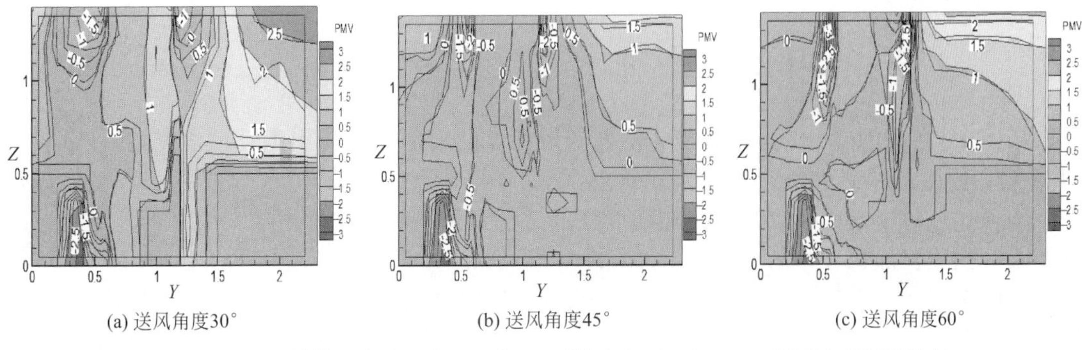

图 7-134　三种送风角度 30°、 45°、 60°依次在 $X=2.155$m 平面上 PMV 分布

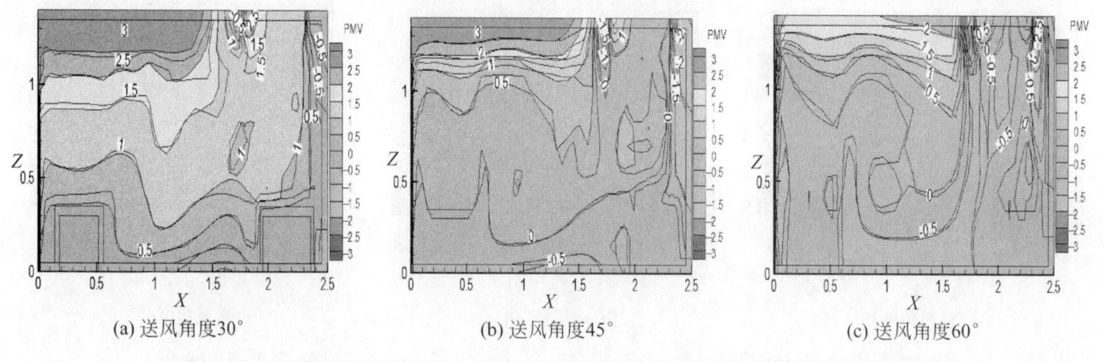

(a) 送风角度30°　　(b) 送风角度45°　　(c) 送风角度60°

图 7-135　三种送风角度 30°、45°、60°依次在 Y=0.975m 平面上 PMV 分布

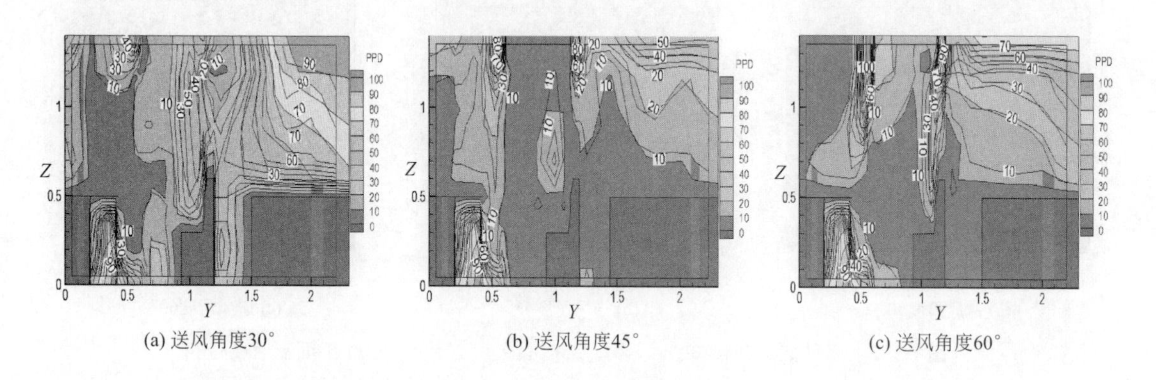

(a) 送风角度30°　　(b) 送风角度45°　　(c) 送风角度60°

图 7-136　三种送风角度 30°、45°、60°依次在 X=2.155m 平面上 PPD 分布

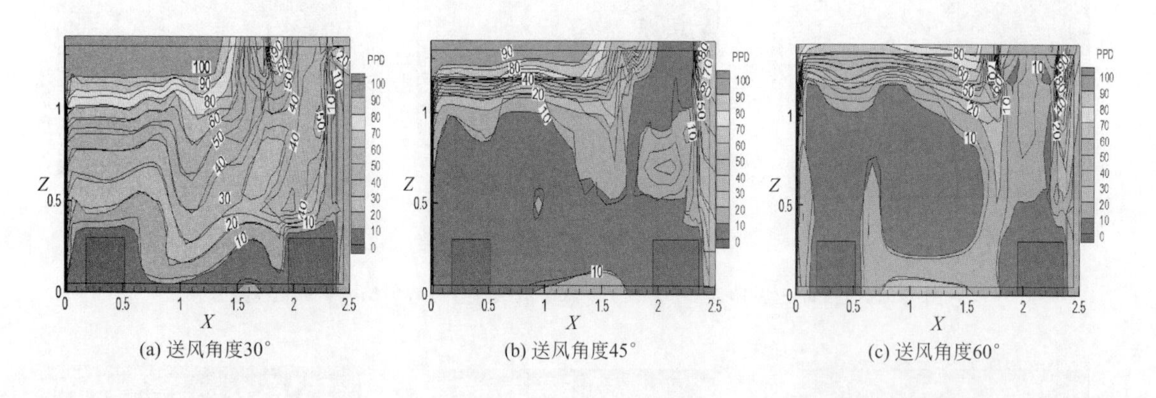

(a) 送风角度30°　　(b) 送风角度45°　　(c) 送风角度60°

图 7-137　三种送风角度 30°、45°、60°依次在 Y=0.975m 平面上 PPD 分布

从图 7-130、图 7-131 可以看出，随着送风角度的增加，人体周围环境温度由 31℃下降到 26℃，原因是纵向风速的增加以及横向风速的减小。对比 Y=0.975m 平面温度分布发现，随着送风角度增大，副驾驶区域温度降低。这是送风纵向风速增加，副驾驶区域旋涡范围变大，热交换加快导致的。

从图 7-132、图 7-133 可以发现，人体头部风速略微增加，仪表盘上方逐渐形成涡流区，驾驶室后部涡流区变大。当送风角度增加到 60°时，人体背部及左臂可感受到明显在吹冷风。从 Y=0.975m 平面可以看出，受到室内障碍物的影响，驾驶室中部也出现涡流区。同时，副驾驶区域空气流速明显减小，基本小于 0.26m/s。

由 PMV 分布图、PPD 分布图可以看出，随着送风角度的增大，人体周围区域 PMV 值由 1 逐渐降低至 −1，PPD 值逐渐减小，舒适度先增加后减小；当送风角度为 60°时，背部由于风速过大，感觉不适，不满意率偏大。但送风角度的变大，有利于除主驾驶区以外区域舒适度的提高，这是纵向风速的增加使得其他区域涡流区变大导致的。综合对比温度、速度、PMV、PPD 可以发现，随着送风角度的增加，驾驶员区域的舒适度呈先增加后减小的趋势。送风角度为 45°时，舒适度最佳。

③ 改变送风速度　本次选取当送风角度为 45°、送风温度为 16℃时，送风速度分别为 2.5m/s、3m/s、3.5m/s 进行模拟研究，得到温度分布、速度分布、PMV 分布、PPD 分布如图 7-138～图 7-145 所示。

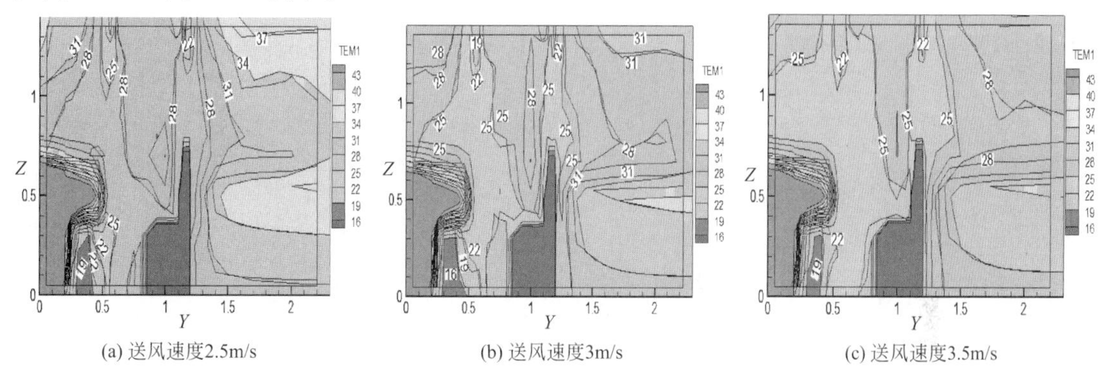

(a) 送风速度2.5m/s　(b) 送风速度3m/s　(c) 送风速度3.5m/s

图 7-138　三种送风速度 2.5m/s、3m/s、3.5m/s 依次在 $X=2.155$m 平面上温度分布

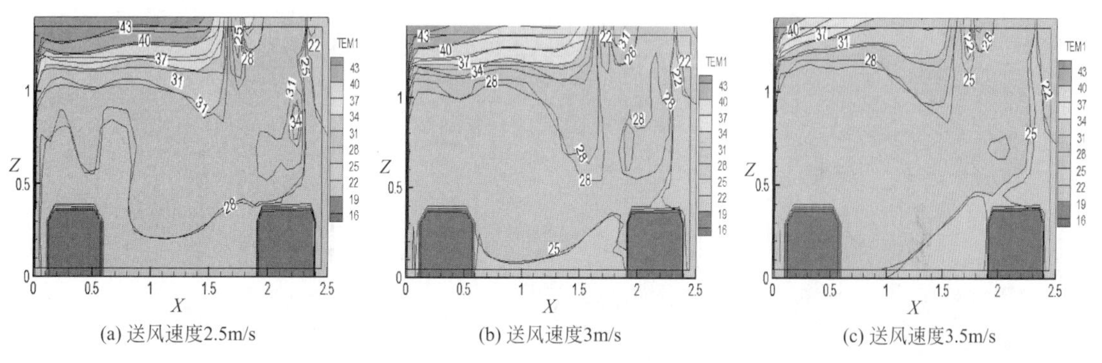

(a) 送风速度2.5m/s　(b) 送风速度3m/s　(c) 送风速度3.5m/s

图 7-139　三种送风速度 2.5m/s、3m/s、3.5m/s 依次在 $Y=0.975$m 平面上温度分布

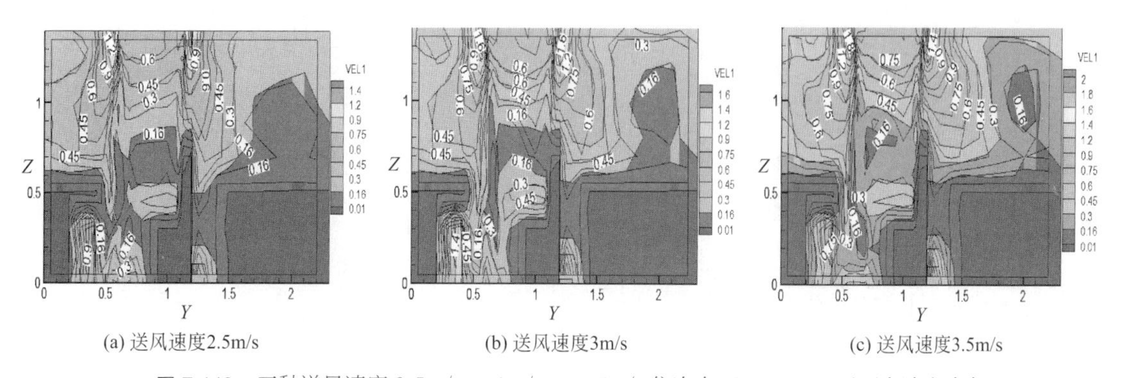

(a) 送风速度2.5m/s　(b) 送风速度3m/s　(c) 送风速度3.5m/s

图 7-140　三种送风速度 2.5m/s、3m/s、3.5m/s 依次在 $X=2.155$m 平面上速度分布

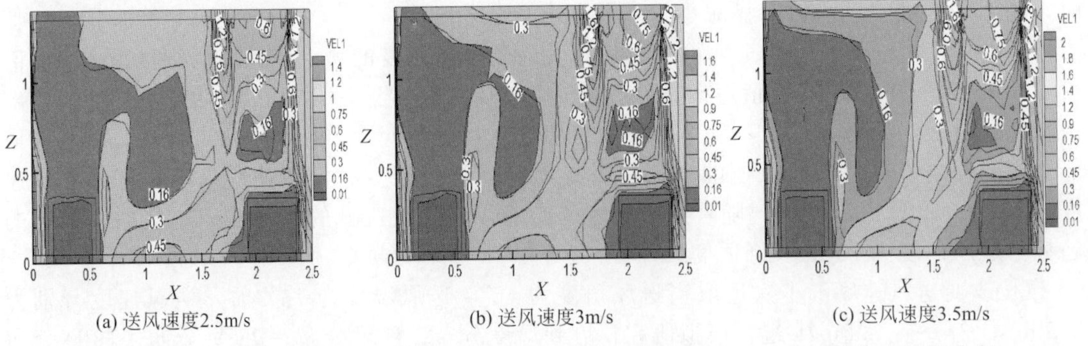

(a) 送风速度2.5m/s　(b) 送风速度3m/s　(c) 送风速度3.5m/s

图 7-141　三种送风速度 2.5m/s、3m/s、3.5m/s 依次在 $Y=0.975$m 平面上速度分布

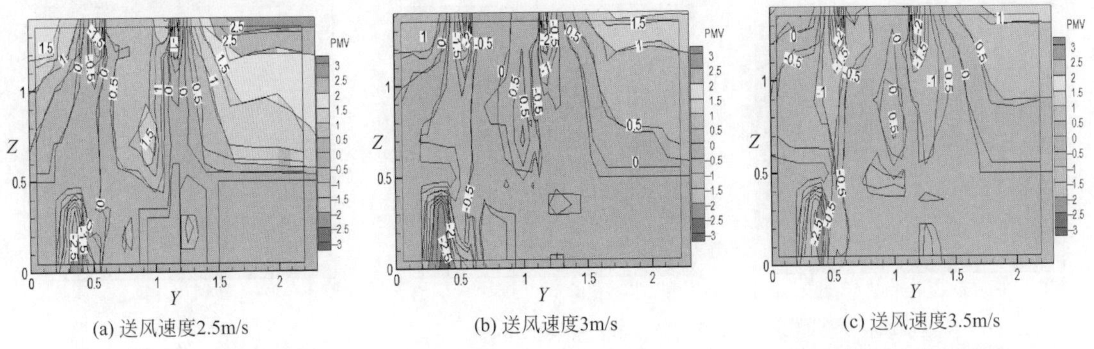

(a) 送风速度2.5m/s　(b) 送风速度3m/s　(c) 送风速度3.5m/s

图 7-142　三种送风速度 2.5m/s、3m/s、3.5m/s 依次在 $X=2.155$m 平面上 PMV 分布

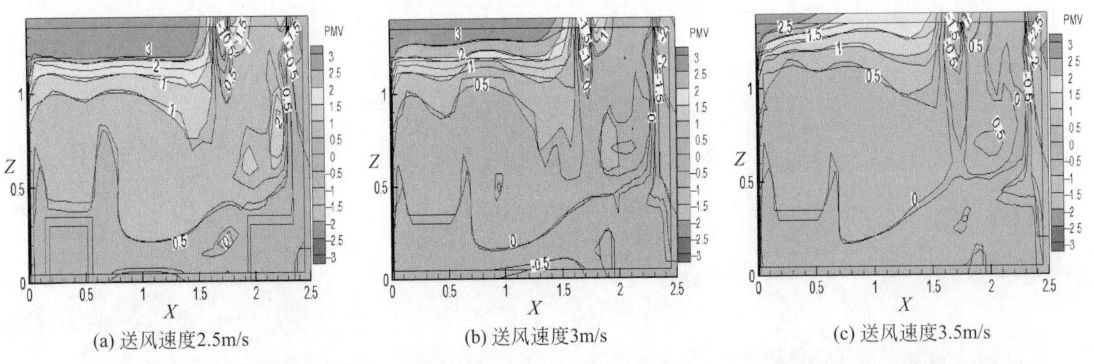

(a) 送风速度2.5m/s　(b) 送风速度3m/s　(c) 送风速度3.5m/s

图 7-143　三种送风速度 2.5m/s、3m/s、3.5m/s 依次在 $Y=0.975$m 平面上 PMV 分布

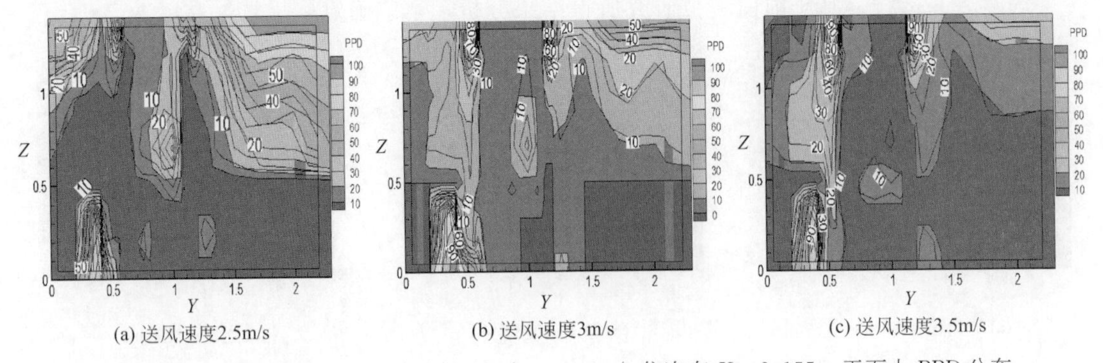

(a) 送风速度2.5m/s　(b) 送风速度3m/s　(c) 送风速度3.5m/s

图 7-144　三种送风速度 2.5m/s、3m/s、3.5m/s 依次在 $X=2.155$m 平面上 PPD 分布

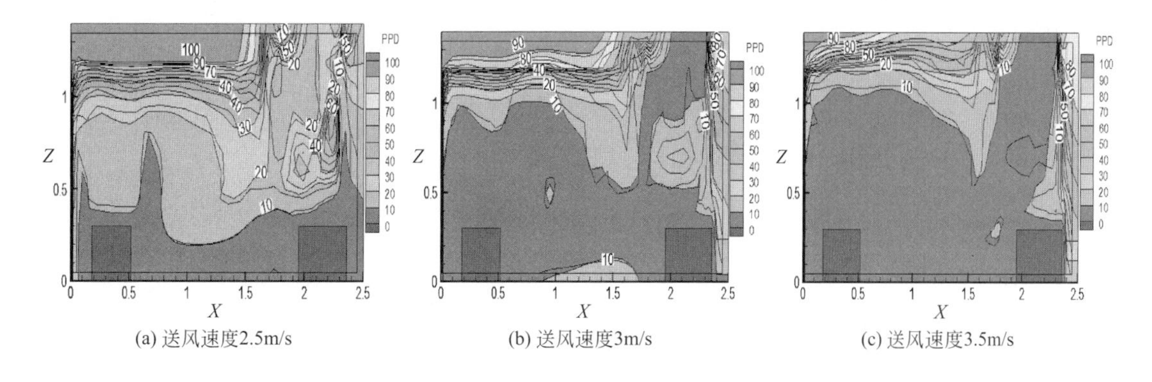

图 7-145 三种送风速度 2.5m/s、3m/s、3.5m/s 依次在 Y=0.975m 平面上 PPD 分布

横向对比图 7-138、图 7-139 温度分布可知，随着送风速度的增加，驾驶室内各区域温度均有所下降，人体周围环境温度从 31℃下降至 26℃。主要原因是冷量的输入增加，室内空气流速加快。

从图 7-140、图 7-141 速度分布可知，送风速度的增加使得驾驶室内整体空气流速均增加。驾驶员头部出现吹风感，左臂处吹风感强烈，副驾驶区域处于涡流中心，空气流速较小。

从 PMV 分布图、PPD 分布图可以发现，送风速度的增加，对人体周围环境舒适度有所改善；但当风速增大到 3.5m/s 时，驾驶员左臂由于吹冷风感强烈，舒适度明显下降，不满意率升高。但送风速度的增加，有利于提高副驾驶区及驾驶室后部区域的舒适度。从图中还可以看出，当送风速度为 3.5m/s 时，副驾驶区及驾驶室后部对热舒适性不满意程度仅为 5%，且 PMV 值处于－1～1 之间。

经综合比较分析，在仅考虑主驾驶局部环境舒适度的境况下，当送风风速为 3m/s 时，局部环境舒适度最好。

综上所述，通过对驾驶室局部范围空调系统模拟研究发现，当驾驶室内仅有 1 名人员时，采取仅开启一个四面风口送风且送风温度为 16℃、送风角度为 45°、送风速度为 3m/s 的送风方案，完全能够保证在驾驶员活动的局部区域内达到良好的舒适度环境要求。此时制冷量需求仅为 3.18kW，更进一步降低了冷量需求，极大程度地提高了系统持续供冷的能力，保证空调系统的稳定运行。

(4)工况 3 模拟研究及结果分析

卡车运行的另外一种情况是有 2 名驾驶员轮流驾驶，此时卡车基本处于 24h 行驶状态，此时空调 24h 运行。基于前面模拟研究所得结果分析，本节确定采用送风温度为 16℃、送风速度为 2.5m/s、送风角度为 30°的方案，并探究在只开启主驾驶及后部送风口时，能否满足人体所在局部区域环境舒适性的要求。

① 模型建立　当处于工况 3 即 2 人轮流驾驶卡车时，通常在大部分时间内，处于 1 人休息、1 人工作状态。基于前面的模拟研究结果，建立针对工况 3 的物理模型，如图 7-146 所示。

驾驶室模型尺寸不变，沿 X、Y、Z 方向分别为 2.5m、2.3m、1.4m。驾驶室前部为仪表盘及设备箱体，并设有前挡风玻璃；两侧为门及侧窗玻璃，后部设有一张 0.8m 宽的床，以供休息使用。驾驶室内设有 2 人，模拟 1 人位于主驾驶座、1 人休息工况。

基于上一节研究得出的送风方案，四面出风、中间回风风口设置在驾驶员上方，各送风口尺寸为 0.4m×0.05m，回风口尺寸为 0.5m×0.5m。驾驶员后部侧壁上部设有矩形条缝送风口，尺寸为 0.4m×0.1m；在主驾驶及副驾驶脚部分别设有送风口，尺寸为 0.15m×0.1m，并在驾驶座旁下方设有回风口，尺寸为 0.5m×0.2m。

数学模型同模拟研究工况 1 时相同，采用 LVEL 模型进行数值计算。

② 边界条件　入口边界：顶部四面出风风口，四面送风口送风速度为 2.5m/s，送风角度与 X 轴呈 30°；后侧壁送风速度为 2m/s，脚部风口风速为 1m/s，风向垂直于风口平面。

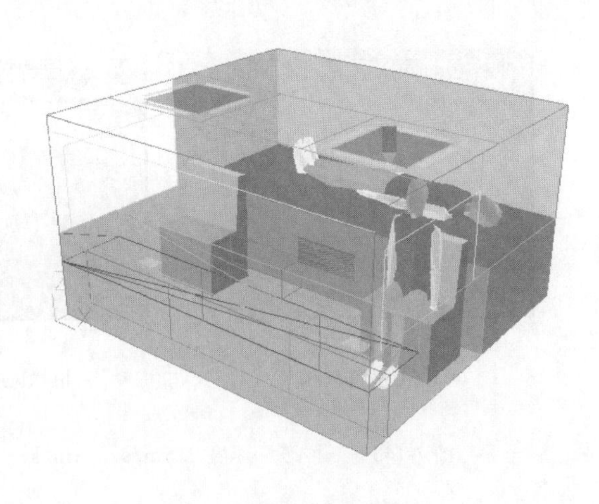

图 7-146　驾驶室模型

出口边界：四面出风、中间回风风口的回风速度为 0.8m/s，下部回风口风速为 0.95m/s，压力取外界环境压力。

壁面边界：车前、侧、后围及车顶为第二类边界条件；地板及座椅按绝热计算，玻璃按热流密度计算，不考虑遮阳。

驾驶室内负荷：驾驶员散热量按 172W 计算，休息区人员散热量按 52W 计算，仪表设备等按 196W 计算。

收敛误差：收敛误差设置为 0.1%。

③ 网格划分　高质量的网格划分是保障模拟研究成功的前提条件。网格过疏或过密都不利于模拟研究：网格过疏导致计算精度下降，不能实现模拟研究的最终目的；网格过密则会大大增加计算量，对计算机硬件要求提高，增加计算时间，同时使收敛稳定性降低。

因此，应在保证足够计算精度的前提下，减少计算量。本模拟研究在人体、风口等区域进行网格局部加密，同时控制好网格数，提高收敛稳定性，以便较好地模拟出室内的温度场、速度场、PMV、PPD 等。图 7-147、图 7-148 为不同平面网格分布。

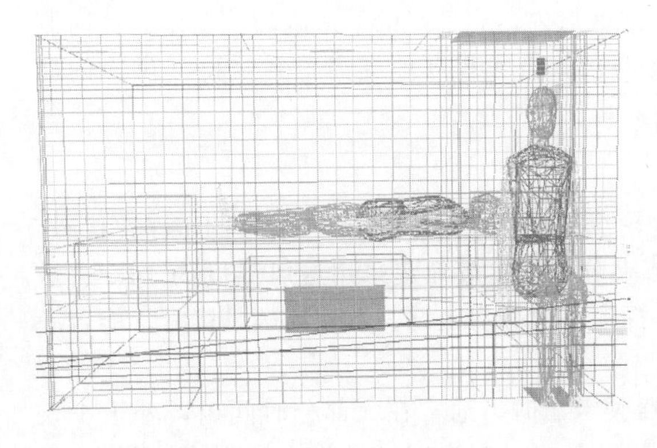

图 7-147　X、Z 平面网格分布

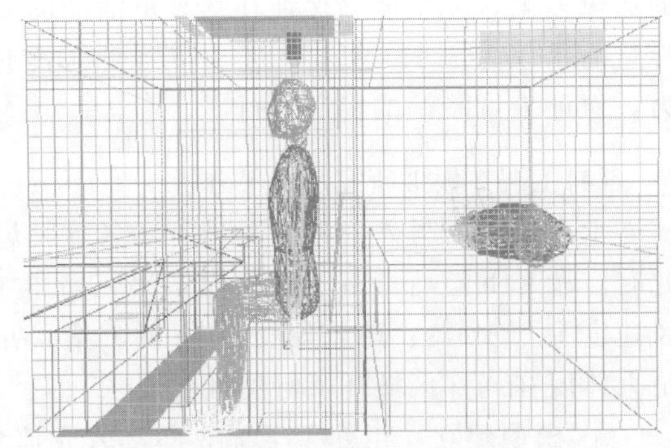

图 7-148　Y、Z 平面网格分布

④ 模拟结果及分析　基于前文模拟研究结果，采用送风温度为 16℃、送风角度为 30°、送风速度为 2.5m/s 的条件，对驾驶室内有 2 名人员的情况进行模拟研究，得出温度分布、速度分布、PMV 分布、PPD 分布如图 7-149～图 7-156 所示。注意主要针对人体截面，其中，截面 $Y=0.975$m、$Z=0.68$m 分别为 2 名驾驶员人体中心横向平面；$X=2.155$m、$Y=1.85$m 分别为 2 名驾驶员人体中心纵向平面。

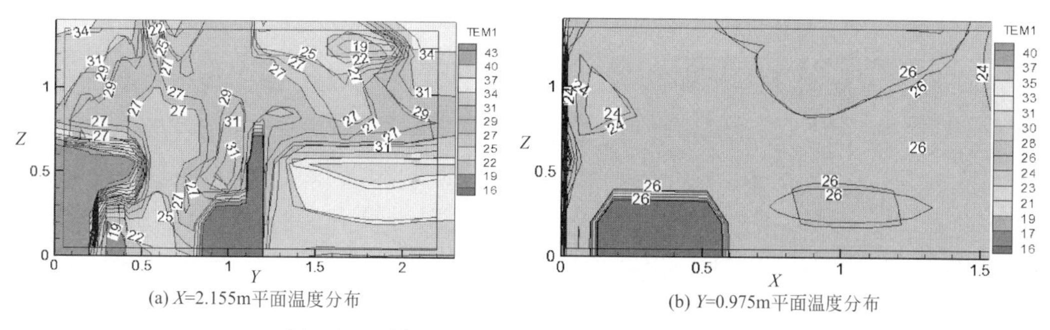

(a) X=2.155m平面温度分布

(b) Y=0.975m平面温度分布

图 7-149　$X=2.155$m、$Y=0.975$m 平面温度分布

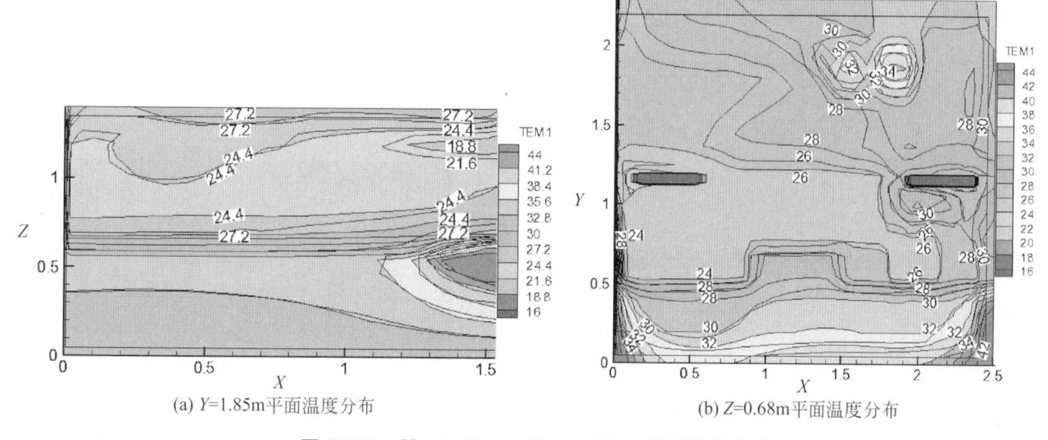

(a) Y=1.85m平面温度分布

(b) Z=0.68m平面温度分布

图 7-150　$Y=1.85$m、$Z=0.68$m 平面温度分布

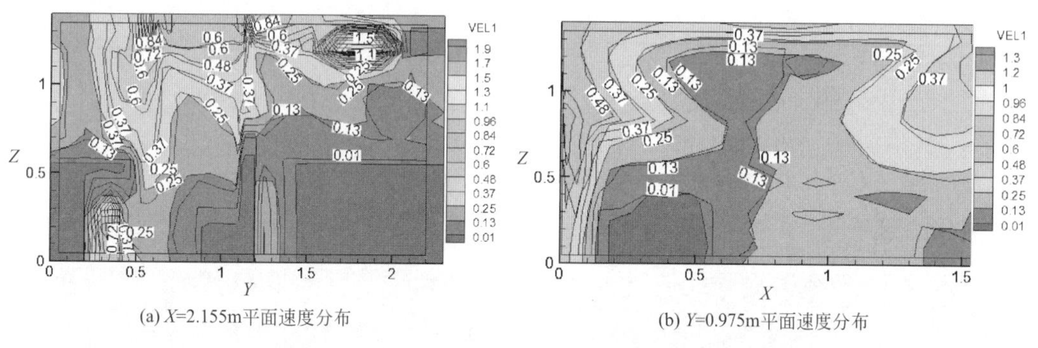

(a) X=2.155m平面速度分布

(b) Y=0.975m平面速度分布

图 7-151　$X=2.155$m、$Y=0.975$m 平面速度分布

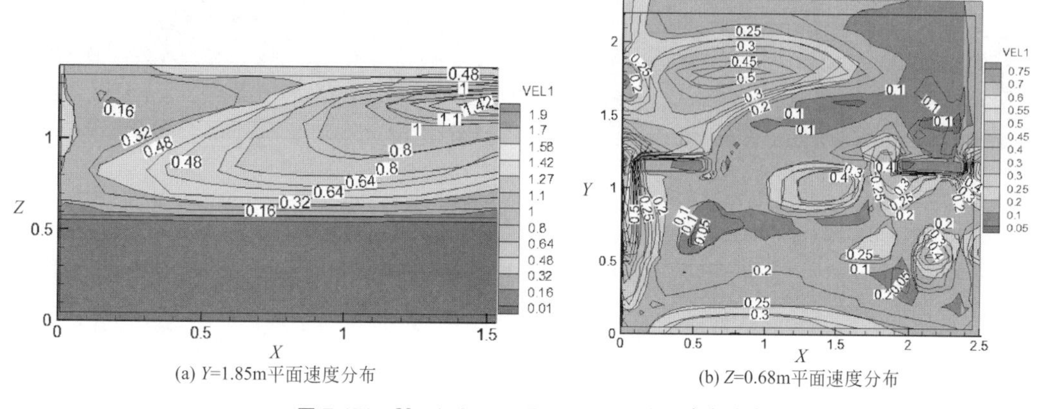

(a) Y=1.85m平面速度分布

(b) Z=0.68m平面速度分布

图 7-152　$Y=1.85$m、$Z=0.68$m 平面速度分布

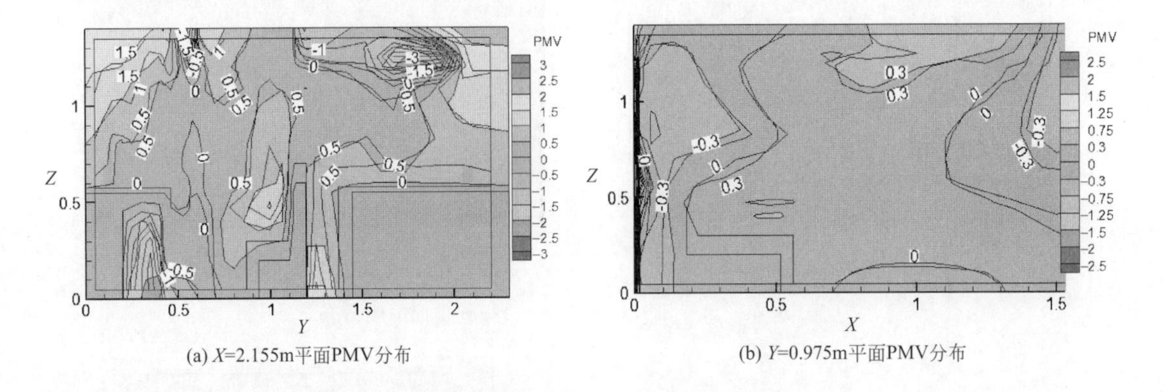

图 7-153　X＝2.155m、Y＝0.975m 平面 PMV 分布

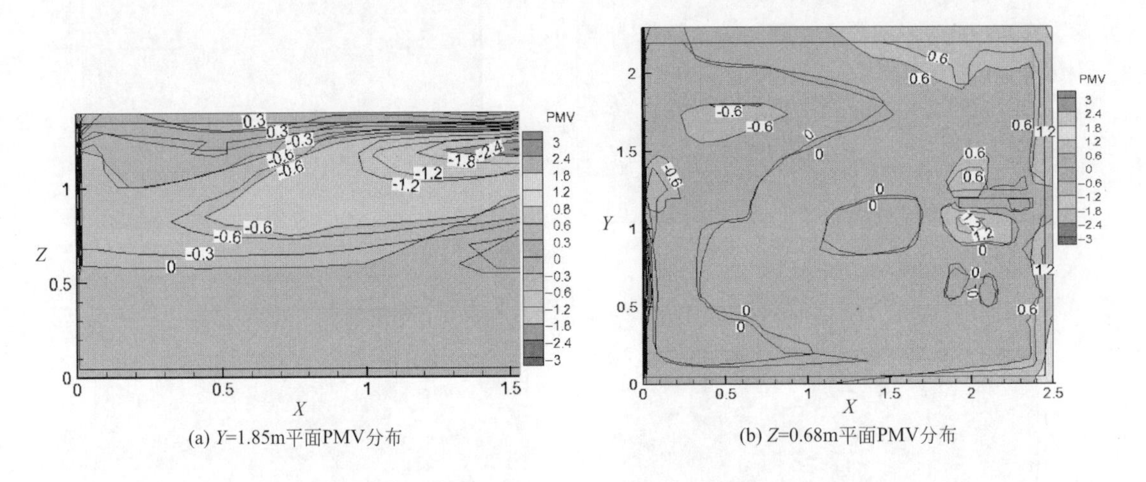

图 7-154　Y＝1.85m、Z＝0.68m 平面 PMV 分布

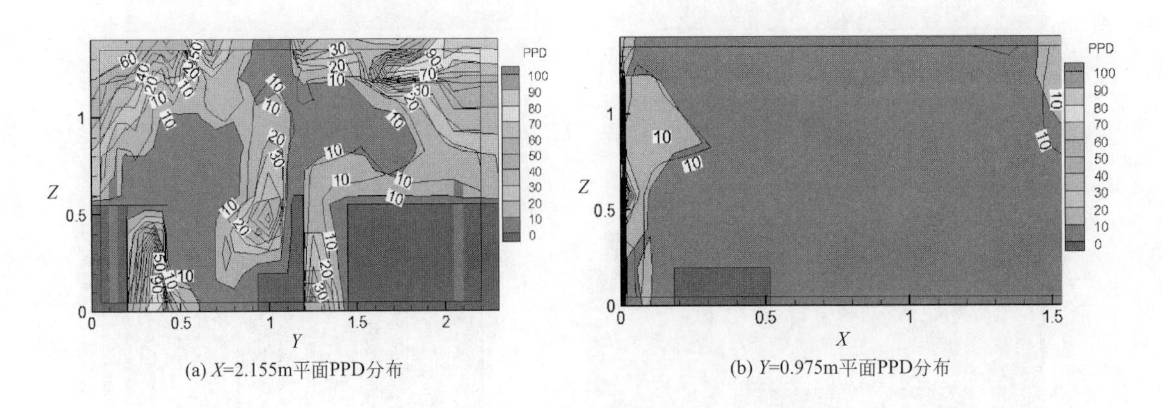

图 7-155　X＝2.155m、Y＝0.975m 平面 PPD 分布

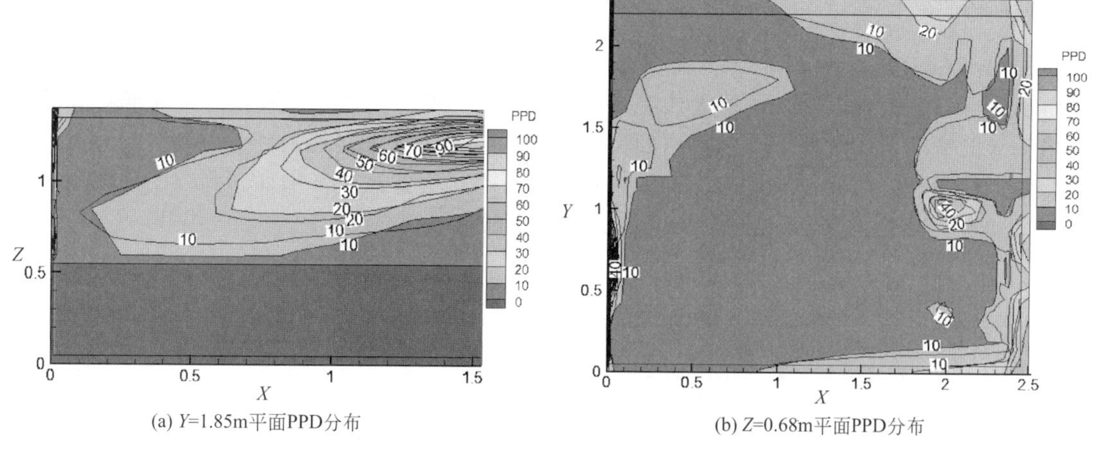

图 7-156　Y＝1.85m、Z＝0.68m 平面 PPD 分布

由图 7-149 温度分布可知，驾驶室内活动区域环境温度区域性差异较小。驾驶员周围环境温度保持在 26～28℃，腿部温度略低，在 24℃左右；上半身在 26℃左右。从图 7-150 可以发现，驾驶室后部休息区环境温度在 28℃以下，比主驾驶区温度略高，主要是由于休息区只有一个送风口，送入冷量相对较小。副驾驶区域温度比主驾驶区域温度略低，原因是主驾驶侧门玻璃热辐射更强。在仪表盘上方，由于太阳辐射及设备散热，导致温度偏高。综合分析可知，人员所在区域温度均能达到舒适度的要求，温度偏高的地方都在人员主要活动区域以外，不会产生不舒适感。

从图 7-151、图 7-152 可以看出，2 名人员所处环境附近空气流速均在 0.6m/s 以内，且大部分部位空气流速小于 0.3m/s；还可以看出，由于侧送风口的影响，在副驾驶区域形成旋涡，活动区域风速较低。驾驶员由于靠近风口，周围风速高于副驾驶区的空气流速，但空气流速依旧在 0.6m/s 以内，基本满足卡车驾驶室内空气流速推荐值 0.25～0.5m/s 的要求，但副驾驶区空气流速更低，舒适性更好。

由图 7-153 预期平均评价（PMV）分布图发现，主、副驾驶区 PMV 值基本均在－1～1，且副驾驶区舒适度优于主驾驶区，这是因为侧壁面风口单侧送风导致副驾驶区形成旋涡，同时还因主驾驶侧门玻璃辐射量大而导致的。由图 7-154 可以看出，另一名人员处在休息区时舒适度良好，PMV 值在－0.75～0。受到太阳辐射的影响，驾驶室左边区域舒适度要优于右边，但均基本符合国际标准 ISO 7730 中的规定。

图 7-155、图 7-156 为预计不满意百分比（PPD）分布图，可以看出，整个驾驶室 PPD 值均处在 27%以下，大部分空间 PPD 值在 5%以内，仅主驾驶侧壁面 PPD 值略高；符合丹麦 Fanger 教授提出的 PPD 值小于 27%时，评价为“满意”的要求。

综上所述，通过对不同方案的模拟：采用送风温度为 16℃、送风角度为 30°、送风速度为 2.5m/s，当仅开启主驾驶上方风口与后部侧送风口时，不仅能够在一定程度上减少冷量输入，而且能够保证整个驾驶室环境均能达到满意的舒适度要求，进一步实现能量回收利用、节能减排、提高卡车性能的初衷。

7.3.4　驾驶室局部空调系统实验研究

在减少冷量输入的情况下，为了验证在只开启主驾驶送风口时，依旧能够保证驾驶室内局部热舒适性环境这一结果的正确性，针对上一节得出的较优驾驶室局部空调系统方案进行了实验研究。

（1）实验台建立

由于实验室条件限制，实验无法完全模拟真实的驾驶室结构。实验的目的是验证在减少冷量输入的情况下，根据第 6 章得出的较优空调系统方案能否实现驾驶室内环境的温度、风速、舒适性要求。因此，通过简化驾驶室结构，可采用镀锌铁皮及泡沫塑料保温层制作实验台，实验台物性参数如表 7-17 所示。

⊡ 表 7-17　实验台物性参数

名称	物性参数	名称	物性参数
前壁面	1.5mm 镀锌铁皮＋2mm 泡沫塑料	顶面	1.5mm 镀锌铁皮＋10mm 泡沫塑料
侧壁面	1.5mm 镀锌铁皮＋1.5mm 泡沫塑料	玻璃	6mm Low-E 玻璃
后壁面	1.5mm 镀锌铁皮＋2mm 泡沫塑料		

顶部安装有主风口，仪表盘下方装有脚部送风口，驾驶室中间下部设有回风口。实验台布置及尺寸如图 7-157 所示，实验台实物如图 7-158 所示。

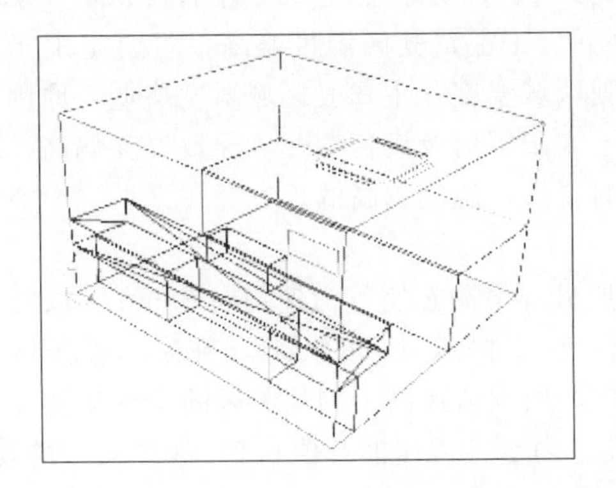

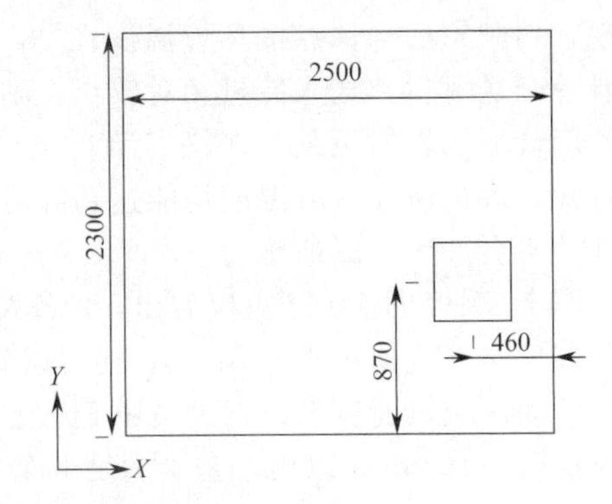

图 7-157　实验台布置及尺寸

图 7-158　实验台实物

实验箱体尺寸：2500mm×2300mm×1400mm；

送风口：400mm×50mm 4 个，150mm×100mm 1 个；

回风口：500mm×500mm 1 个，500mm×200mm 1 个。

（2）实验方法及步骤

① 实验条件

测试时间：2017 年 7 月 25 日上午 11 点 30 分；

室外温度：37℃；

室外相对湿度：45%；

室外风速：0.5m/s；

测试内容：实验箱内对应测点处温度、风速；

测量仪器：卷尺，TSI 特赛 TSI8345 风速风量温度仪，性能参数见表 7-18。

表 7-18　TSI 特赛 TSI8345 风速风量温度仪性能参数

参数/型号		TSI8345
温度	量程	－17～93℃
	精度	0.1℃
风速	量程	0～30m/s
	误差	0.015m/s 或读数的 3%中较大值
相对湿度	范围	0～95%RH
	误差	±3%RH
	分辨率	±0.1%RH

② 测点布置　为测量实验台内不同区域温度、风速，在 $X=2.155$m 及 $Y=0.975$m 两个平面上布置测点。

选取 $X=2.155$m 平面，即过人体中心纵向平面布置测点。因实验主要研究主驾驶附近局部热环境，故在人体周围及风口处进行测点局部加密，如图 7-159 所示。

选取 $Y=0.975$m 平面，即过人体中心横向平面布置测点。同样在人体周围及风口处进行测点局部加密，如图 7-160 所示。

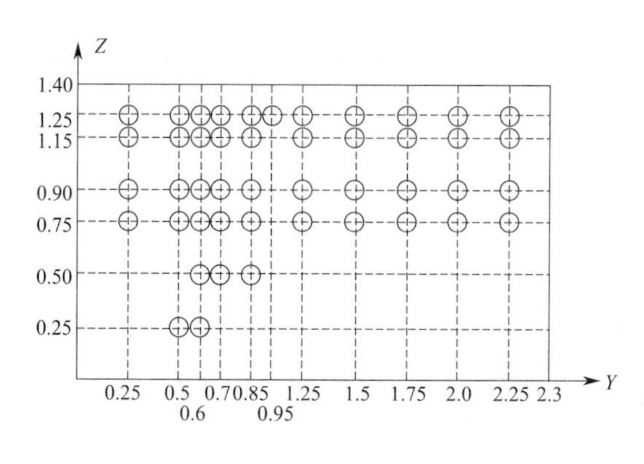

图 7-159　Y-Z（$X=2.155$m）上测点布置（单位：m）

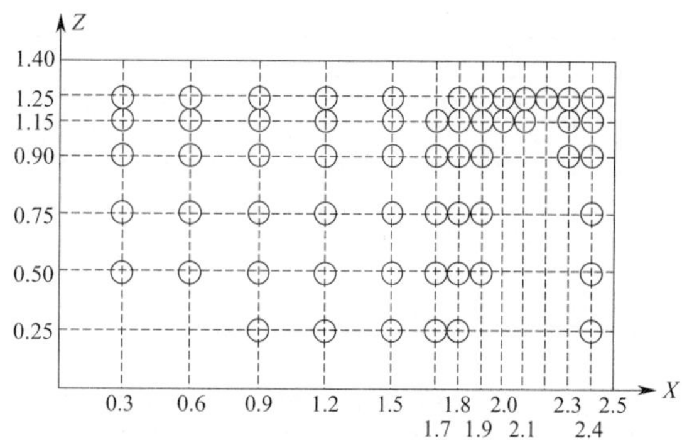

图 7-160　X-Z 平面（$Y=0.975$m）上测点布置（单位：m）

（3）实验步骤

① 由 1 名人员进入实验箱体，模拟驾驶员在驾驶室内的活动情况，调整送风角度为 45°，送风温度为 16℃，送风速度为 3m/s，开启空调送风。

② 待驾驶室内状态稳定后，用 TSI8345 风速风量温度仪按上述测点位置进行测量，由

另 1 名人员记录和测量温度、风速。

③ 每次测量结束后，等待 20min，重复第 2 步，再次测量，记录数据。测量 3 次取平均值。

④ 进行数据处理和分析。

（4）实验结果及分析

对实验箱内测点位置处的温度，空气流速进行了 3 次测量并进行平均值计算，结果如表 7-19～表 7-34 所示。Y＝0.975m 上各测点温度如表 7-19～表 7-21 所示，表 7-22 为 3 次测量平均值。

⊡ 表 7-19　第一次测量在 Y= 0.975m 平面上不同 X、 Z 位置测点温度　　单位:℃

Z/m	X/m												
	0.30	0.60	0.90	1.20	1.50	1.70	1.80	1.90	2.00	2.10	2.20	2.30	2.40
0.25	—	—	26.1	25.3	25.2	25.0	24.2	—	—	—	—	—	—
0.50	27.0	26.7	26.8	26.1	25.1	24.4	24.4	25.2	—	—	—	—	23.6
0.75	28.1	27.1	27.3	27.1	27.1	27.1	27.8	27.4	—	—	—	—	23.1
0.90	28.7	28.3	28.6	28.0	27.7	27.2	27.2	27.7	—	—	—	—	23.1
1.15	30.1	30.1	29.9	29.8	29.3	26.8	25.2	27.7	27.9	28.1	—	25.9	21.2
1.25	33.9	33.2	32.6	32.1	29.3	22.3	23.4	24.5	25.7	26.7	26.2	26.1	20.4

⊡ 表 7-20　第二次测量在 Y= 0.975m 平面上不同 X、 Z 位置测点温度　　单位:℃

Z/m	X/m												
	0.30	0.60	0.90	1.20	1.50	1.70	1.80	1.90	2.00	2.10	2.20	2.30	2.40
0.25	—	—	26.5	26.2	25.5	24.7	24.8	—	—	—	—	—	—
0.50	27.2	27.5	27.1	26.1	25.8	25.1	25.2	25.3	—	—	—	—	23.7
0.75	28.2	27.6	27.4	27.5	27.6	27.5	27.6	27.6	—	—	—	—	24.3
0.90	28.6	28.6	28.8	27.9	28.3	27.4	27.5	27.1	—	—	—	—	22.1
1.15	32.5	32.4	30.8	30.6	29.8	26.9	25.3	27.9	28.2	27.6	—	25.9	21.1
1.25	33.4	33.1	32.5	32.0	28.9	21.8	23.4	24.4	25.9	26.5	26.3	25.9	20.1

⊡ 表 7-21　第三次测量在 Y= 0.975m 平面上不同 X、 Z 位置测点温度　　单位:℃

Z/m	X/m												
	0.30	0.60	0.90	1.20	1.50	1.70	1.80	1.90	2.00	2.10	2.20	2.30	2.40
0.25	—	—	25.7	25.9	25.5	25.3	24.5	—	—	—	—	—	—
0.50	27.1	26.8	26.8	26.1	25.3	25.8	25.7	24.2	—	—	—	—	23.8
0.75	27.3	27.8	27.5	27.6	28.1	27.9	27.7	28.1	—	—	—	—	23.1
0.90	28.5	28.6	28.4	28.4	28.3	27.3	27.5	27.4	—	—	—	—	21.4
1.15	31.9	31.7	31.1	31.1	30.0	26.7	25.7	28.7	27.9	27.4	—	26.5	19.8
1.25	32.9	33.0	32.4	32.2	29.1	22.2	23.4	24.0	25.8	26.3	26.4	26.9	19.2

⊡ 表 7-22　Y= 0.975m 平面上不同 X、 Z 位置测点平均温度　　单位:℃

Z/m	X/m												
	0.30	0.60	0.90	1.20	1.50	1.70	1.80	1.90	2.00	2.10	2.20	2.30	2.40
0.25	—	—	26.1	25.8	25.4	25.0	24.5	—	—	—	—	—	—
0.50	27.1	27.0	26.9	26.1	25.4	25.1	25.1	24.9	—	—	—	—	23.7
0.75	27.9	27.5	27.4	27.4	27.6	27.5	27.7	27.7	—	—	—	—	23.5
0.90	28.6	28.5	28.6	28.1	28.1	27.3	27.4	27.4	—	—	—	—	22.2
1.15	31.5	31.4	30.6	30.5	29.7	26.8	25.4	28.1	28.0	27.7	—	26.1	20.7
1.25	33.4	33.1	32.5	32.1	29.1	22.1	23.4	24.3	25.8	26.5	26.3	26.3	19.9

X=2.155m平面上各测点温度如表7-23～表7-25所示，表7-26为3次测量平均值。

⊡ 表7-23　第一次测量在X= 2.155m平面上不同Y、Z位置测点温度　　单位:℃

Z/m	Y/m										
	0.30	0.50	0.60	0.70	0.85	0.95	1.25	1.5	1.75	2.00	2.25
0.25	—	18.7	21.3	—	—	—	—	—	—	—	—
0.50	—	—	24.1	24.1	25.1	—	—	—	—	—	—
0.75	28.3	25.1	25.6	26.4	26.3	—	26.1	26.8	28.1	29.1	30.1
0.90	26.9	23.9	24.6	26.8	27.1	—	25.7	26.4	28.3	28.8	30.0
1.15	27.1	22.5	22.8	23.4	25.3	—	24.2	26.7	30.1	30.2	30.5
1.25	27.8	19.7	21.1	23.3	25.6	26.3	20.1	26.8	30.4	30.7	30.8

⊡ 表7-24　第二次测量在X= 2.155m平面上不同Y、Z位置测点温度　　单位:℃

Z/m	Y/m										
	0.30	0.50	0.60	0.70	0.85	0.95	1.25	1.5	1.75	2.00	2.25
0.25	—	19.1	21.5	—	—	—	—	—	—	—	—
0.50	—	—	23.3	23.9	24.8	—	—	—	—	—	—
0.75	27.2	24.0	25.4	26.3	26.2	—	25.3	26.2	27.6	28.3	29.2
0.90	26.1	23.3	24.1	25.6	26.4	—	25.2	26.1	28.1	28.4	29.3
1.15	26.6	22.1	22.7	23.3	24.9	—	23.8	27.1	29.4	29.7	30.6
1.25	27.7	18.8	21.4	23.1	24.9	26.6	20.8	27.3	30.6	30.3	30.6

⊡ 表7-25　第三次测量在X= 2.155m平面上不同Y、Z位置测点温度　　单位:℃

Z/m	Y/m										
	0.30	0.50	0.60	0.70	0.85	0.95	1.25	1.5	1.75	2.00	2.25
0.25	—	19.8	24.7	—	—	—	—	—	—	—	—
0.50	—	—	21.9	23.7	24.2	—	—	—	—	—	—
0.75	25.8	23.5	24.3	25.9	25.8	—	24.8	25.9	26.8	26.9	27.4
0.90	24.4	22.1	23.6	24.7	25.4	—	25.0	25.8	28.2	28.3	28.9
1.15	26.4	22.3	22.9	22.9	25.1	—	24.3	26.9	29	30.4	30.7
1.25	27.3	18.8	21.1	22.9	25.1	26.3	21.2	27.5	30.8	30.8	31.0

⊡ 表7-26　X= 2.155m平面上不同Y、Z位置测点平均温度　　单位:℃

Z/m	Y/m										
	0.30	0.50	0.60	0.70	0.85	0.95	1.25	1.5	1.75	2.00	2.25
0.25	—	19.2	22.5	—	—	—	—	—	—	—	—
0.50	—	—	23.1	23.9	24.7	—	—	—	—	—	—
0.75	27.1	24.2	25.1	26.2	26.1	—	25.4	26.3	27.5	28.1	28.9
0.90	25.8	23.1	24.1	25.7	26.3	—	25.3	26.1	28.2	28.5	29.4
1.15	26.7	22.3	22.8	23.2	25.1	—	24.1	26.9	29.5	30.1	30.6
1.25	27.6	19.1	21.2	23.1	25.2	26.4	20.7	27.2	30.6	30.6	30.8

Y=0.975m平面上各测点空气流速如表7-27～表7-29所示，表7-30为3次测量平均值。

⊡ 表7-27　第一次测量Y= 0.975m平面上不同X、Z位置测点空气流速　　单位：m/s

Z/m	X/m												
	0.30	0.60	0.90	1.20	1.50	1.70	1.80	1.90	2.00	2.10	2.20	2.30	2.40
0.25	—	—	0.43	0.53	0.61	0.60	0.45	—	—	—	—	—	—
0.50	0.32	0.33	0.19	0.33	0.57	0.53	0.50	0.37	—	—	—	—	0.62
0.75	0.25	0.21	0.31	0.37	0.63	0.78	0.51	0.25	—	—	—	—	0.79
0.90	0.41	0.29	0.28	0.31	0.71	0.81	0.47	0.35	—	—	—	—	0.90
1.15	0.41	0.37	0.38	0.41	1.13	1.50	0.77	0.59	0.66	0.57	—	0.83	1.82
1.25	0.33	0.45	0.71	0.57	1.41	2.07	1.31	0.71	0.73	0.77	1.03	1.46	2.41

表 7-28　第二次测量 Y= 0.975m 平面上不同 X、 Z 位置测点空气流速　　　单位：m/s

Z/m	X/m												
	0.30	0.60	0.90	1.20	1.50	1.70	1.80	1.90	2.00	2.10	2.20	2.30	2.40
0.25	—	—	0.39	0.51	0.60	0.54	0.44	—	—	—	—	—	—
0.50	0.34	0.30	0.20	0.35	0.56	0.64	0.49	0.33	—	—	—	—	0.65
0.75	0.37	0.27	0.23	0.26	0.47	0.65	0.37	0.18	—	—	—	—	0.85
0.90	0.34	0.33	0.37	0.35	0.68	0.85	0.55	0.33	—	—	—	—	1.03
1.15	0.35	0.31	0.43	0.57	1.33	1.57	0.93	0.63	0.57	0.60	—	0.92	1.88
1.25	0.25	0.33	0.58	0.65	1.51	2.15	1.27	0.65	0.61	0.85	0.94	1.55	2.27

表 7-29　第三次测量 Y= 0.975m 平面上不同 X、 Z 位置测点空气流速　　　单位：m/s

Z/m	X/m												
	0.30	0.60	0.90	1.20	1.50	1.70	1.80	1.90	2.00	2.10	2.20	2.30	2.40
0.25	—	—	0.41	0.54	0.62	0.57	0.40	—	—	—	—	—	—
0.50	0.27	0.30	0.24	0.34	0.61	0.66	0.60	0.53	—	—	—	—	0.74
0.75	0.40	0.30	0.21	0.36	0.67	0.70	0.47	0.29	—	—	—	—	0.82
0.90	0.27	0.37	0.43	0.45	0.83	0.83	0.54	0.31	—	—	—	—	0.86
1.15	0.23	0.37	0.42	0.61	1.38	1.52	0.97	0.64	0.60	0.60	—	0.89	1.91
1.25	0.29	0.45	0.57	0.61	1.37	2.17	1.14	0.65	0.67	0.84	0.94	1.61	2.31

表 7-30　Y= 0.975m 平面上不同 X、 Z 位置测点平均空气流速　　　单位：m/s

Z/m	X/m												
	0.30	0.60	0.90	1.20	1.50	1.70	1.80	1.90	2.00	2.10	2.20	2.30	2.40
0.25	—	—	0.41	0.53	0.61	0.57	0.43	—	—	—	—	—	—
0.50	0.31	0.31	0.21	0.34	0.58	0.61	0.53	0.41	—	—	—	—	0.67
0.75	0.34	0.26	0.25	0.33	0.59	0.71	0.45	0.24	—	—	—	—	0.82
0.90	0.34	0.33	0.36	0.37	0.74	0.83	0.52	0.33	—	—	—	—	0.93
1.15	0.33	0.35	0.41	0.53	1.28	1.53	0.89	0.62	0.61	0.59	—	0.88	1.87
1.25	0.29	0.41	0.62	0.61	1.43	2.13	1.24	0.67	0.67	0.82	0.97	1.54	2.33

$X=2.155$m 平面上各测点空气流速如表 7-31～表 7-33 所示，表 7-34 为 3 次测量平均值。

表 7-31　第一次测量 X= 2.155m 平面上不同 Y、 Z 位置测点空气流速　　　单位：m/s

Z/m	Y/m										
	0.30	0.50	0.60	0.70	0.85	0.95	1.25	1.5	1.75	2.00	2.25
0.25	—	0.51	0.28	—	—	—	—	—	—	—	—
0.50	—	—	0.25	0.23	0.03	—	—	—	—	—	—
0.75	0.53	0.47	0.36	0.21	0.21	—	0.45	0.41	0.32	0.21	0.29
0.90	0.36	0.71	0.48	0.47	0.33	—	0.57	0.58	0.37	0.13	0.29
1.15	0.67	1.19	0.88	0.71	0.67	—	1.28	0.66	0.29	0.14	0.21
1.25	0.37	1.78	1.23	0.81	0.78	0.85	1.57	0.83	0.33	0.33	0.41

表 7-32　第二次测量 X= 2.155m 平面上不同 Y、 Z 位置测点空气流速　　　单位：m/s

Z/m	Y/m										
	0.30	0.50	0.60	0.70	0.85	0.95	1.25	1.5	1.75	2.00	2.25
0.25	—	0.42	0.35	—	—	—	—	—	—	—	—
0.50	—	—	0.21	0.15	0.14	—	—	—	—	—	—
0.75	0.39	0.52	0.33	0.27	0.31	—	0.38	0.44	0.41	0.32	0.38
0.90	0.48	0.68	0.57	0.38	0.35	—	0.49	0.46	0.32	0.27	0.18
1.15	0.56	1.07	0.79	0.85	0.60	—	1.17	0.57	0.35	0.23	0.19
1.25	0.35	1.63	1.11	0.84	0.75	0.83	1.64	0.81	0.41	0.38	0.43

⊡ 表 7-33　第三次测量 X= 2. 155m 平面上不同 Y、 Z 位置测点空气流速　　单位：m/s

Z/m	Y/m										
	0.30	0.50	0.60	0.70	0.85	0.95	1.25	1.5	1.75	2.00	2.25
0.25	—	0.36	0.30	—	—	—	—	—	—	—	—
0.50	—	—	0.41	0.16	0.13	—	—	—	—	—	—
0.75	0.31	0.24	0.24	0.30	0.23	—	0.40	0.56	0.38	0.25	0.29
0.90	0.36	0.56	0.48	0.38	0.31	—	0.53	0.49	0.30	0.20	0.19
1.15	0.66	1.10	0.85	0.78	0.56	—	1.24	0.66	0.29	0.20	0.32
1.25	0.27	1.78	1.17	0.81	0.90	0.75	1.83	0.73	0.34	0.4	0.48

⊡ 表 7-34　X= 2. 155m 平面上不同 Y、 Z 位置测点平均空气流速　　单位：m/s

Z/m	Y/m										
	0.30	0.50	0.60	0.70	0.85	0.95	1.25	1.5	1.75	2.00	2.25
0.25	—	0.43	0.31	—	—	—	—	—	—	—	—
0.50	—	—	0.29	0.18	0.10	—	—	—	—	—	—
0.75	0.41	0.41	0.31	0.26	0.25	—	0.41	0.47	0.37	0.26	0.32
0.90	0.4	0.65	0.51	0.41	0.33	—	0.53	0.51	0.33	0.20	0.22
1.15	0.63	1.12	0.84	0.78	0.61	—	1.23	0.63	0.31	0.19	0.24
1.25	0.33	1.73	1.17	0.82	0.81	0.81	1.68	0.79	0.36	0.37	0.44

针对所得实验结果进行初步分析发现，对比测点布置图，在 Y=0.70m 到 Y=1.25m 之间，温度基本保持在 23～26℃，风速在 1.7m/s 以内；在 X=1.9m 到 X=2.4m 之间，温度在 20～28℃，风速在 0.4～2.3m/s。在这两个区域，高度较高时，风速较大。

为了更好地、直观有效地分析室内温度、速度分布，将 3 次测量所得平均值以图 7-161～图 7-164 折线形式呈现。

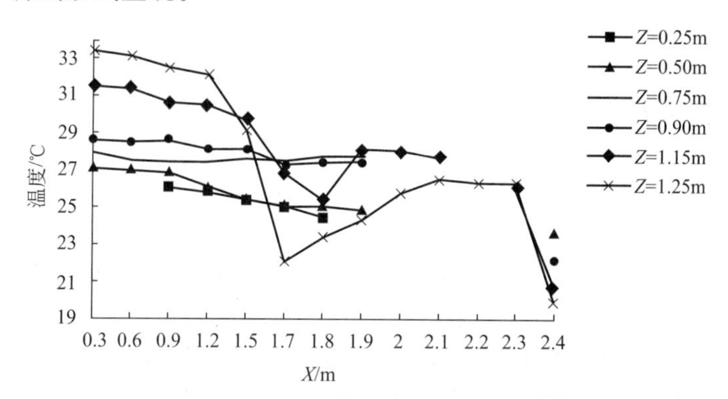

图 7-161　在 Y=0.975m 平面不同高度处沿 X 轴方向温度

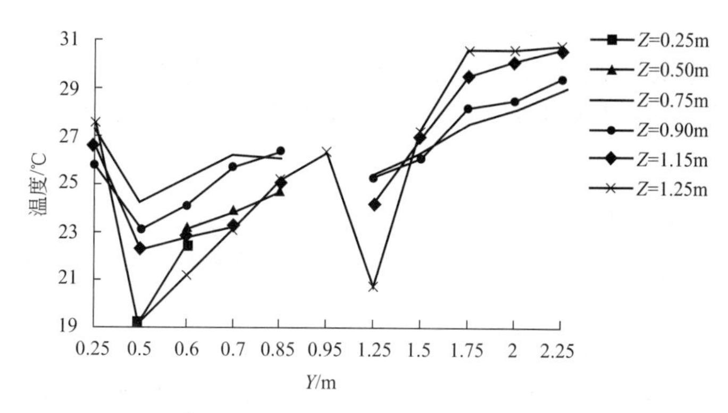

图 7-162　在 X=2.155m 平面不同高度处沿 Y 轴方向温度

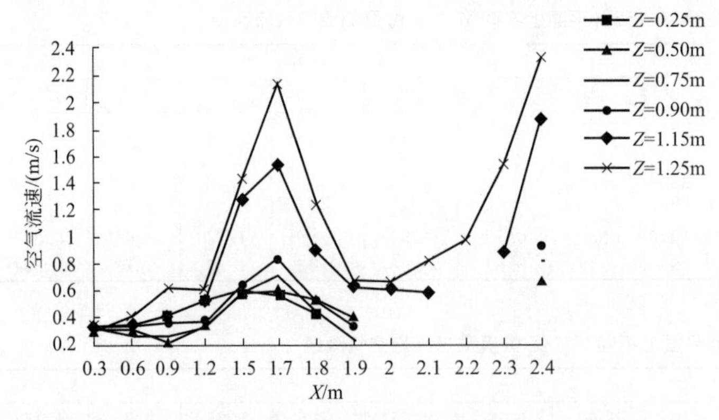

图 7-163　在 $Y=0.975\mathrm{m}$ 平面不同高度处沿 X 轴方向空气流速

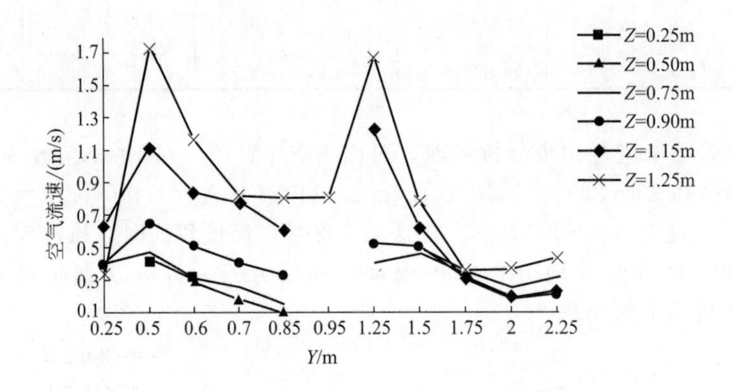

图 7-164　在 $X=2.155\mathrm{m}$ 平面不同高度处沿 Y 轴方向空气流速

从图 7-161～图 7-164 中可以看出，主驾驶区域与其他区域温度和速度存在着较明显的差别。驾驶员周围温度在 23～27℃，风速在 1.6m/s 以下，风速较高的原因是风口离左侧壁面较近，靠近壁面处空气流速较快，左臂处有轻微吹风感。人体大部分区域风速均在 0.6m/s 以下，头部风速在 0.8m/s 左右。在靠近送风口处，温度较低，风速较大。其他区域的温度、风速基本呈现离风口越远温度越高、风速越低的分布规律。

由模拟结果分析发现，主驾驶区域温度实验结果比模拟结果低 1～2℃，风速高 0.1～0.2m/s，这是由于模拟时边界条件设置的是第二类边界条件，且仪表盘设置有内热源。实验时，受外界环境温度（除实验人员本身散热外未设置其他内热源）以及测量时驾驶室内空气扰动的影响，导致温度偏低，风速略高。结合模拟及实验综合来看，驾驶室内温度及速度分布趋势相同，模拟结果具有正确性。在只开一个风口时，主驾驶区域基本能够保证相对舒适的驾驶环境。

（5）实验误差分析

本次实验虽然采用泡沫塑料保温，但泡沫塑料传热系数受室外温度的影响，温度越高，传热系数越低。由于受到室外环境参数，如温度、辐射的影响，边界条件随时间改变，与设计值有一定偏差。

实验时，由实验箱内人员进行测量。在测量过程中，空气受到扰动，温度、风速存在一定偏差；同时，由于测点较多，测试时间长，所用测点温度、风速并非同时完成，存在一定偏差。

受实验条件限制，实验数据均由人员采集，存在读数偏差。

7.3.5 经济性分析

（1）余热利用吸附制冷系统主要设备确定

根据前面研究分析得出，在送风温度为16℃、送风速度为2.5m/s、送风角度为30°时，驾驶室内不论是1名人员还是2名人员均能达到理想的室内热舒适性环境。故可按照此方案确定空调系统的主要设备，并进行经济性分析。

① 驾驶室风口确定　根据模拟实验研究结果，各送风口具体参数见表7-35。

表7-35　各送风口具体参数

名称	风口尺寸			风速	送风量	温度	室内焓值	送风焓值	制冷量
	长/m	宽/m	面积/m^2	/(m/s)	/(m^3/s)	/℃	/(kJ/kg)	/(kJ/kg)	/kW
四面送风口	0.4	0.05	0.02	2.5	0.05	16	53.3	42.9	0.624
侧送风口	0.4	0.1	0.04	2	0.08	16	53.3	42.9	0.9984
脚部送风口	0.15	0.1	0.015	1	0.015	16	53.3	42.9	0.1872

由于主副驾驶座上方分别设置一个四面出风、中间回风口，因此总制冷量为6.2kW。

② 吸附床容积及吸附剂质量的确定　本书选用适用于高温余热的沸石分子筛-水为工质对，解吸温度为70～250℃，确定吸附剂质量的计算方法如下。

制冷量：$Q=6.2\text{kW}=22320\text{kJ/h}$

每小时所需水的质量：制冷量/水汽化潜热。其中水的汽化潜热取230℃时，汽化潜热为1812.6kJ/kg，得出每小时所需水的质量为12kg/h。

当循环时间为60min时，一个完整吸附循环过程所需要的水量为：

$$12\times(60\div60)=12(\text{kg})$$

取沸石分子筛循环吸附量为0.15kg/kg，则所需要的沸石分子筛质量为：

$$12\div0.15=80(\text{kg})$$

所需沸石分子筛体积（取沸石分子筛堆积密度ρ为640kg/m^3）为：

$$V=\frac{m}{\rho}=\frac{80}{640}=0.125(\text{m}^3)$$

所需吸附床（圆柱形）的尺寸（直径×高）为0.3m×0.5m。

③ 冷凝器的选择　结合系统实际运行情况，采用风冷式冷凝器，依靠卡车迎面风速进行换热，选择SRZ型绕片式钢制换热器。钢管、铝翅片、迎风面上管间距为25×10^{-3}m，同时取管外径为16×10^{-3}m，管壁厚为1×10^{-3}m，片距为1.8×10^{-3}m，片厚为0.18×10^{-3}m，根据计算得出所需传热面积为6.67m^2，所需传热管束为90根。

④ 蓄冷式蒸发器的选择　为保证持续供冷，该系统采用喷淋式蒸发器（图7-165），又叫作降膜式蒸发器。降膜蒸发属于流动沸腾。换热器位于蒸发器上部，冷剂水从换热器上部喷淋到换热管上，形成一层薄薄的冷剂液膜，管外表面液膜层厚度较小，冷剂在蒸发时静液位压力小，从而提高换热效率，相比于满液式机组提高5倍左右。

当吸附床处于解吸过程中且需要有蓄冷器供冷时，可打开蓄冷器与喷淋泵之间的阀门。蓄冷器中的冷剂水与蒸发器底部冷剂水混合后，经喷淋泵再次与冷媒水进行换热。根据计算，可选择制冷量为7kW的喷淋式蒸发器。

⑤ 水泵的选择　系统运行时，水泵一直处于开启状态，由喷淋泵在换热管上方喷淋冷

剂水，进行蒸发换热与强制对流换热以强化冷媒水与冷剂水之间的换热能力。选择水泵型号为 KQL20/160-0.18/4，流量为 $1.25m^3/h$，扬程 $8mH_2O$（$1mH_2O$=98.1kPa），质量为 13kg。

⑥ 储液器的选择　为避免冷凝液在冷凝器中积存过多而使传热面积变小，影响冷凝器的换热效果，本书按每小时循环总量的 50%进行选择，选择容量为 6L 的储液器。

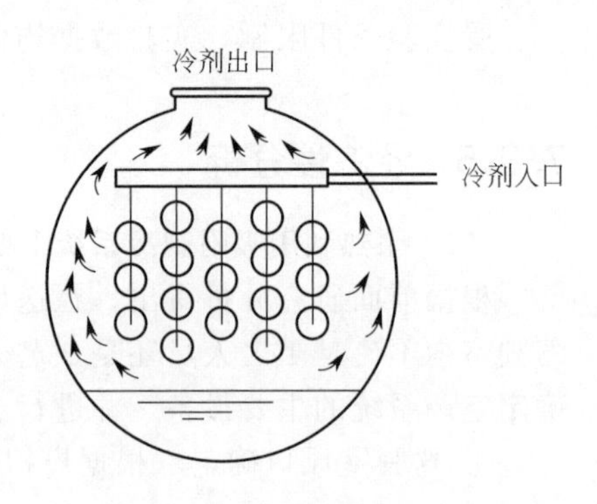

图 7-165　喷淋式蒸发器截面

（2）经济性分析

基于余热利用的卡车驾驶室局部空调系统能否实际投入运行，应主要考虑如下两方面问题。

a. 系统制冷性能及稳定性。根据前面所研究的内容，通过采取单床吸附＋蓄冷式蒸发器的制冷方案以及四面出风、送风温度为 16℃、送风角度为 30°、送风速度为 2.5m/s 的送风方案，能够在多种工况下保证空调系统持续稳定的供冷能力。同时，相比于其他新型汽车空调系统，例如用太阳能进行制冷，其受天气影响较大，制冷不稳定且不能很好地为夜间行车提供制冷能力；而本书所采取的空调方案，受天气影响较小，能较好地将行车时间与制冷时间进行匹配，并在一定程度上延长供冷时间。

b. 经济性。经济性是另一个制约因素，相比于传统压缩式空调系统及其他新型汽车空调系统，采用基于余热利用的吸附制冷空调系统具有对环境无污染、运动部件少、可充分利用低品位热能、大大减轻对环境的破坏等优点。但因其制冷效率不高，以及设备占用空间较多等，限制了它的大范围推广和使用。本书在理论分析计算＋模拟实验的基础上，结合市场调研，分析了基于余热利用的卡车驾驶室局部空调系统的经济性。表 7-36 为余热利用吸附制冷系统的初投资。

⊡ 表 7-36　余热利用吸附制冷系统的初投资

设备	数量	使用寿命/年	购买费用/元
吸附剂	1	25	2000
吸附床	1	10	—
冷凝器	1	10	6000
喷淋式蒸发器	1	10	6300
水泵	2	10	240
储液器	1	8	200
风口	5	25	200

为了更好地比较分析经济性，现选择普通卡车压缩式空调及基于太阳能制冷的卡车空调进行对比。相比于其他学者将太阳能半导体制冷用于汽车空调的相关研究，若运行工况与本书相同，成本将是吸附制冷空调成本的近 5 倍之多，且受天气、行车时间影响较大，现将三种空调费用列于表 7-37 中进行比较。

⊡ 表 7-37　三种空调费用比较

空调类型	购买费用/元	寿命/年	年平均折旧费/元	年运行费用/元	年维护费用/元	年平均费用/元
压缩式空调	4000	7	570	200	50	820
吸附制冷空调	15920	25	400	0	50	450
太阳能半导体制冷空调	85560	25	386	0	0	386

由表7-37中数据可以看出，吸附式制冷空调初投资高于压缩式空调，但低于太阳能半导体制冷空调且相差较大；后两者相比于压缩式空调寿命要长很多，大多数压缩式空调使用3～4年后制冷效率明显下降。但是，太阳能半导体制冷费用太高，回收期太长，可行性较差。

采用余热利用吸附式制冷空调，价格在可接受范围内，不仅能够实现能量回收利用，而且不与汽车共用压缩机，因此不存在因开空调而导致油耗上升的问题。调查研究表明，采用传统压缩式空调，发动机输出功率会减少10%～12%，油耗增加10%～20%。若采用余热利用吸附制冷空调，并将采用传统压缩式空调的卡车百公里油耗以20L/100km计算，相当于每百公里省油2～4L。若按一年中7月、8月开空调计算，行驶里程为800km/d，以每升柴油价格6.38元计算，每年节约柴油1464L，每年节约费用5826～12053元，1～3年可以回收成本。单台卡车每年还至少减少CO_2排放2176kg，能产生一定的经济效益与社会效益。

根据我国相关法规规定：营运车辆8年强制报废，非营运车辆15年但不强制报废。卡车一般使用期限在10年左右。由此看来，吸附式空调使用寿命大大超过了卡车的使用年限；而较高的初投资费用降低了它的优势，但依旧能产生一定的经济效益和社会效益。

7.4 本章小结

本章主要介绍吸附式制冷技术在夏热冬冷地区的应用，主要包括太阳能溶液除湿空调系统、太阳能吸附式制冷系统。另外，还介绍了一种基于卡车余热利用的小型吸附式空调。使用计算机语言VBA编制除湿和再生模块的模拟程序，对溶液除湿工作特性进行理论研究；设计了一套太阳能复合管式的吸附式制冷系统，并基于集总参数法利用Matlab软件中的Simulink模块对活性炭-甲醇系统建立仿真数学模型。采用PHOENICS软件模拟与实验结合的方法对一种基于卡车余热利用的小型吸附式空调进行研究，效果表现良好，并已申请专利和获得授权。

参考文献

[1] 中国建筑节能协会 . 中国建筑节能现状与发展报告（2013-2014）［M］. 北京：中国建筑工业出版社，2015：20-24.

[2] 张林峰,李志国 . 我国建筑节能的发展［J］. 建筑技术，2005，10：4-6，20.

[3] 张时聪,徐伟,姜益强,等 . “零能耗建筑”定义发展历程及内涵研究［J］. 建筑科学，2013，10：114-120.

[4] Wang Liping，Gwilliam Julie，Jones Phil. Case study of zero energy house design in UK［J］. Energy & Buildings，2009，4111.

[5] 计永毅,郭霞 . 国外零能耗建筑的发展状况分析［J］. 建筑经济，2013，5：88-92.

[6] 张时聪,徐伟,姜益强,等 . 国际典型“零能耗建筑”示范工程技术路线研究［J］. 暖通空调，2014，44：52-59.

[7] 徐伟 . 国际建筑节能标准研究［M］. 北京:中国建筑工业出版社，2012.

[8] 杨锋斌 . 夏热冬冷地区气候区划、住宅建筑负荷特性及供暖模式适宜性研究［D］. 西安:西安建筑科技大学，2016.

[9] 徐伟,孙德宇,路菲,等 . 近零能耗建筑定义及指标体系研究进展［J］. 建筑科学，2018，34（4）：1-9.

[10] 李海峰,王光辉 . 建筑节能的意义与节能途径［J］. 山西建筑，2008，8：257-258.

[11] George Baird，Carmeny Field. Thermal comfort conditions in sustainable buildings – Results of a worldwide survey of users' perceptions［J］. Renewable Energy，2013，49：44-47.

[12] Ding G K C. Life cycle assessment（LCA）of sustainable building materials：an overview［J］. Eco-efficient construction and building materials，2014：38-62.

[13] 范晋莉,郝赫元 . 浅议建筑节能对节能减排的重大意义［J］. 现代工业经济和信息化，2011，8：35-36.

[14] Mitchell Leckner，Radu Zmeureanu. Life cycle cost and energy analysis of a Net Zero Energy House with solar combisystem［J］. Applied Energy，2010，881：232-241.

[15] FedericoM Butera. Zero-energy buildings：the challenges［J］. Advances in Building Energy Research，2013，71：51-65.

[16] Saman Wasim Y. Towards zero energy homes down under［J］. Renewable Energy，2013，49：211-215.

[17] 康盛君 . 国外建筑节能的实践［J］. 山西建筑，2009，27：232-233.

[18] Maria Panagiotidou，Fuller Robert J. Progress in ZEBs-A review of definitions，policies and construction activity［J］. Energy Policy，2013：196-206.

[19] Kapsalaki M，Leal V，Santamouris M. A methodology for economic efficient design of Net Zero Energy Buildings［J］. Energy & Buildings，2012，55：765-778.

[20] Patxi Hernandez，Paul Kenny. From net energy to zero energy buildings：Defining life cycle zero energy buildings（LC-ZEB）［J］. Energy & Buildings，2009，426：815-821.

[21] Andreja Stefanović，Milorad Bojić，Dušan Gordić. Achieving net zero energy cost house from old thermally non-insulated house using photovoltaic panels［J］. Energy & Buildings，2014：57-63.

[22] Deng S，Wang R Z，Dai Y J. How to evaluate performance of net zero energy building-A literature research［J］. Energy，2014.

[23] 翟边 . 美国:推广零能耗住宅技术［J］. 中国地产市场，2005，11：72.

[24] Parker Danny S. Very low energy homes in the United States：Perspectives on performance from measured data

[J] . Energy & Buildings, 2008, 415: 512-520.

[25] Adhikari R S, Aste N, Del Pero C, et al. Net Zero Energy Buildings: Expense or Investment? [J] . Energy Procedia, 2012, 14: 1331-1336.

[26] Moldovan Macedon D, Ion Visa, Mircea Neagoe, et al. Solar Heating & Cooling Energy Mixes to Transform Low Energy Buildings in Nearly Zero Energy Buildings [J] . Energy Procedia, 2014, 48: 924-937.

[27] Zhu L, Hurt R, Correia D, et al. Detailed energy saving performance analyses on thermal mass walls demonstrated in a zero energy house [J] . Energy & Buildings, 2008, 413: 303-310.

[28] Srinivasan Ravi S, Braham William W, Campbell Daniel E, et al. Re(De)fining Net Zero Energy: Renewable Emergy Balance in environmental building design [J] . Building and Environment, 2011, 47: 300-315.

[29] Amélie Robert, Michaël Kummert. Designing net-zero energy buildings for the future climate, not for the past [J] . Building and Environment, 2012, 55: 150-158.

[30] 刘昭君．我国建筑节能现状及对建筑节能发展的思考 [J] . 天津科技，2013，1：46-47.

[31] 范一飞，曹嘉明．都市绿色住宅——沪上・生态家 [J] . 建筑学报，2010，8：29-32.

[32] 陈硕．世博零碳馆：零碳理念与实践 [J] . 建设科技，2010，10：80-85.

[33] 王厚华，庄燕燕，吴伟伟．夏热冬冷地区围护结构热工性能节能分析 [J] . 同济大学学报（自然科学版），2010，11：1641-1646，1700.

[34] 闫成文，姚健，周燕，等．夏热冬冷地区外窗传热系数对建筑能耗的影响 [J] . 重庆建筑大学学报，2008，6：120-123.

[35] 黄硕．严寒地区低能耗建筑热工特性及供暖系统研究 [D] . 哈尔滨：哈尔滨工业大学，2011.

[36] 刘志云．重庆地区"零能耗"建筑的可行性及应用前景研究 [D] . 重庆：西南大学，2010.

[37] 刘茂灼．我国零能耗试验性建筑研究 [D] . 天津：天津大学，2014.

[38] 罗甲．零能耗居住建筑技术研究 [D] . 天津：河北工业大学，2011.

[39] 夏菁，黄作栋．英国贝丁顿零能耗发展项目 [J] . 世界建筑，2004，8：76-79.

[40] 叶晓莉，端木琳．零能耗建筑围护结构设计特点 [J] . 建筑节能，2013，7：50-53.

[41] 杨红，冯雅，陈启高．夏热冬冷气候条件下低能耗建筑设计 [J] . 新建筑，2000，3：11-13.

[42] 中国建筑科学研究院．民用建筑热工设计规范：GB 50176—1993 [S] . 北京：中国标准出版社，1993.

[43] 杨锋斌，王智伟，闫增峰．夏热冬冷地区气候区划方法及应用初探 [J] . 暖通空调，2015，6：10-15.

[44] 中国建筑科学研究院．民用建筑供暖通风与空气调节设计规范：GB 50736—2012 [S] . 北京：中国建筑工业出版社，2012.

[45] 徐小林，李百战．室内热环境对人体热舒适的影响 [J] . 重庆大学学报（自然科学版），2005，4：102-105.

[46] 周正平，连之伟，叶晓江．热舒适与工作效率关系的研究 [A] . //上海市制冷学会．上海市制冷学会 2005 年学术年会论文集 [C] . 上海市制冷学会，2005：4.

[47] 纪秀玲，李国忠，戴自祝．室内热环境舒适性的影响因素及预测评价研究进展 [J] . 卫生研究，2003，3：295-299.

[48] 许景峰．浅谈 PMV 方程的适用范围 [J] . 重庆建筑大学学报，2005，3：13-18.

[49] Fanger P O, Thermal Comfort, Robert E. Krieger Publishing Company, Malabar, FL, 1982.

[50] 钱晓倩，朱耀台．夏热冬冷地区建筑节能存在的问题与研究方向 [J] . 施工技术，2012，3：27-29，54.

[51] 王大伟．"零排放"建筑在中国的实现：从宁波诺丁汉大学"零排放"建筑说起 [J] . 中国建设信息，2008，9：45-48.

[52] 卢求．德国建筑节能与被动房技术体系的发展 [J] . 中国建筑金属结构，2016，9：36-41.

[53] 刘刚，沈镭．中国生物质能源的定量评价及其地理分布 [J] . 自然资源学报，2007，1：9-19.

[54] 张伯寅，桑建国，吴国昌．建筑群环境风场的特性及模拟 [J] . 力学与实践，2004，2（3）：1-9.

[55] 王菲，肖勇全．应用 PHOENICS 软件对建筑群风环境的模拟和评价 [J] . 山东建筑工程学院学报，2005，20（5）：39-42.

[56] 陈滨，孙鹏，丁颖慧，等．住宅能源消费结构及自然能源应用 [J] . 暖通空调，2011，3.

[57] 洪天真，江亿．低能耗健康建筑与可持续发展 [J] . 暖通空调，1996，27（6）.

[58] Stevents B Willis. Building for the Future. Building Services [J] . 1995，17（5）.

[59] Marcel Elswilk, Henk Kaan. European Embedding of passive Houses. PEP-project Report, 2008.

[60] 包延慧，谷岩，送志永．河北省建筑科技研发中心中德被动式低能耗建筑方案设计 [J] . 建筑技艺，2012（5）.

[61] 侯志远．被动房将成为换代住宅 [J] . 建筑建材装饰，2013（5）.

[62] Croom D. Furure Horizons in Building Environmental Engineering Tsinghua HVAC. 1996，9（24）.

[63] Zain-Ahmed A. The bioclimatic design approach to low-energy buildings in the Klang Valley, Malaysia. Renewable Energy, 1998.
[64] Andy Kirby. Redefining social and environmental relations attheeco-village at Ithaca: A case study [J]. Journal of Environment Psychology, 2003 (23).
[65] Sodha M S, et al. Solar passive building science and design [J]. Paragon Press, 1986.
[66] 张小玲．我国被动房理论与实践中需要注意的问题 [J]．住宅与产业，2011，5 (38)．
[67] 彭梦月．被动房在中国北方地区及夏热冬冷地区应用的可行性研究 [J]．建设科技，2011 (5)．
[68] 住房城乡建设科技发展促进中心，等．河北省近零能耗（被动式低能耗）居住建筑节能设计标准（送审稿）[M]．2014.
[69] Athienitis A K Building thermal analysis and design of passive solar building [M]. 2002.
[70] Robert D Busch. Methods of Enerkry Analysis, Fun damentals of Building Energy Dynamics (Edited by Bruce D. Hunn). The MIT Yress, 1996.
[71] Sam C M Hui. Low energy building design in high desity urban cities. Renewable Energy, 2001(24)(3): 627 ~ 640.
[72] 彭梦月．欧洲超低能耗建筑和被动房的标准、技术及实践 [J]．建设科技，2011 (05)：41-47+ 49.
[73] Willie Smith, Steven Kelly. Science, technical expertise and the human environment. Progress in Planning, 2003 (4): 321-394.
[74] Isaac Turiel. Perent status of residential appliance energy effciency standards-an internatianal review. Energy and buildings, 2007 (26).
[75] Taheri M, Shafie S. A case study on the reduction of energy use for the heating of buildings. Renewable Energy, 1995, 6 (7): 673-678.
[76] Thorsten Schuetze, Zhou Zhengnan. Passive houses in east asia: transferability of european experences to Koreaand China [J]. World architecture, 2011 (3): 108-111.
[77] 勒鹤松，李向群．低能耗绿色建筑暖通空调的探讨 [J]．房地产导刊，2013 (3)．
[78] 国贤发，戴占彪，等．浅析中国被动房中节能建筑的关键技术 [J]．中国建筑金属结构，2013 (8)．
[79] 杨红，冯雅，陈启高．夏热冬冷气候条件下低能耗建筑设计 [J]．新建筑，2011，3 (11)：11-13.
[80] 陈小琴．被动式建筑设计策略在夏热冬冷地区的应用研究 [J]．城市建设理论研究，2012 (14)．
[81] 许锦峰，黄欣鹏，吴志敏．被动式节能建筑围护结构的技术特征 [J]．南京工业大学学报（自然科学版），2011，9 (3)．
[82] 李炳男．郑州地区建筑外墙被动式节能应用研究 [D]．郑州：郑州大学，2013.
[83] 祖宁．西安地区低能耗住宅墙体构造技术研究 [D]．西安：西安建筑科技大学，2009.
[84] 苏艳蕾．被动房登上舞台或引发节能建筑新革命 [J]．中州建设，2013 (12)．
[85] 刘洋．秦皇岛“在水一方”被动式房屋示范项目研究与实践 [J]．建设科技，2012 (17)．
[86] 陈丙军，刘永新．被动式低能耗建筑设计与评估 [J]．施工技术，2013，5 (42)．
[87] 黄秋平，马伟骏，等．德国被动房中国本土化设计实现探讨 [J]．绿色建筑，2011 (3)．
[88] 杨玉苹，刘爱玲，等．高舒适度低能耗健康建筑构造与施工 [J]．建筑技术，2006，2 (37)．
[89] 刘静君，陈滨，王艳红．低能耗建筑的技术经济性浅析 [J]．能源技术，2006，2 (27)．
[90] 王珺．长江三角洲地区低能耗城市住宅设计与技术研究 [D]．南京：东南大学，2005.
[91] 罗甲．零能耗居住建筑技术研究 [D]．天津：河北工业大学，2010.
[92] 黄欣．浅议被动式房屋设计要点 [J]．太原城市职业技术学院学报，2013 (8)．
[93] Sodha M S, Bansal N K. Solar passive building; sicence and design [M]. New York: Pergamon Press, 1986.
[94] 张树亮，高鹏．被动式设计在寒冷地区住宅设计中的应用 [J]．科技信息，2013 (11)．
[95] Windows and dalighting Group Building Technologies Program Energy and Environment Division LBL Berkeley. USA WINDOW 4. 1, 1994.
[96] Chen Bin, Yang Jinghui, Yao Wei, et al. Passive Solar Heating and Indoor. Air Quality. Chongqing: The proceedings of international conference on sustainable development in built environment, 2009.
[97] 陈华．寒冷地区住宅建筑采暖节能综合设计与分析 [D]．天津：天津大学，2007.
[98] 刘志云．重庆地区“零能耗”建筑的可行性及应用前景研究 [D]．重庆：西南大学，2010.
[99] 房涛．天津地区零能耗住宅设计研究 [D]．天津：天津大学，2012.
[100] 殷超杰．夏热冬冷地区被动式建筑设计策略应用研究：基于武汉市艺术家村规划与建筑设计 [D]．武汉：华中科

技大学，2007.
[101] 孙鹏．被动式采暖降温技术对室内热湿环境调节作用的研究 [D]．大连:大连理工大学，2009.
[102] 喻伟．住宅建筑保障室内（热)环境质量的低能耗策略研究 [D]．重庆:重庆大学，2011.
[103] 简毅文，江亿．住宅室内发热状况调查 [J]．太阳能学报，2006，2（27）.
[104] 简毅文，江亿．北京住宅房间内热源逐时发热状况的调查分析 [J]．暖通空调，2006（36）.
[105] 唐春晖．半导体制冷：21世纪的绿色“冷源” [J]．半导体技术，2005，30（5）.
[106] 金刚善，李彦，刁永发．小空间半导体制冷的实验研究 [J]．兰州理工大学学报，2004，6（30）.
[107] Jim W M. Bi-Sb alloys for magneto-thermoelectic and thermomagnetic cooling. Solid State Electronics，1972，18（15）.
[108] 黄焕文，冯毅．半导体制冷强化传热研究 [J]．低温与超导，2010，38（8）.
[109] Sopian K，Alghoul M A. Evaluation of thermal efficiency of double-pass solar collector with porous-nonporous media [J]．Renewable Energy，2008.
[110] Xuan X C. Optimum design of a thermoelectric device [J]．Semicond Sci. Technol，2002，17.
[111] 戴源德，雷强萍，古宗敏．太阳能半导体空调技术应用分析及前景展望 [J]．太阳能，2011（11）：34-37.
[112] 赵玉文．21世纪我国太阳能利用发展趋势 [J]．中国电力，2000，33（9）：73-77.
[113] 赵军，李新国，陈雁．太阳能热发电技术及其在我国的应用前景 [J]．太阳能，2005（4）：36-37.
[114] 项立成，赵玉文．太阳能的热利用 [M]．北京:宇宙出版社，1990.
[115] Ashfaque A C，Rasul M G. Thermal-Comfort Analysis and Simulation for Various Low-Energy Cooling- Technologies Applied to an Office Building in a Subtropical Climate [J]．Applied Energy，2008，85（6）：449-462.
[116] Kim T，Kato S，Murakami S. Indoor Cooling/Heating Load Analysis Based on Coupled Simulation of Convection，Radiation and HVAC control [J]．Building and Environment，2001，36（7）：901-908.
[117] Miyanaga T，et al. Simplified Body Model for Evaluating Thermal Radiant Environments in a Radiant Cooling Space [J]．Building and Environment，2001，6：801-808.
[118] Peter Simmonds，Stefan Holst. Using Radiant Cooled Floors to Conditioning Large Spaces and Maintain Comfort Conditions [J]．ASHRAE Transactions Symposia，2000，DA-00-8-3：695-701.
[119] 王子介．低温辐射供暖与辐射供冷 [M]．北京:机械工业出版社，2004.
[120] Palmer J M. Direct Calculation of Mean Radiant Temperature Using Radiant Intensities [J]．ASHRAE Transactions Symposia，2000，DA-00-3-2：447-486.
[121] 陆耀庆．实用供热空调设计手册 [M]．北京:中国建筑工业出版社，2007.
[122] 陶莉．国外分时电价政策简介及探究 [J]．江苏电机工程，2007，26（1）：58-60.
[123] 郭占军，余才锐，杨晓亚．太阳能热泵-低谷电与地板辐射采暖系统联合运营方式探讨 [J]．建筑节能，2007，35（10）：46-48.
[124] 中国建筑科学研究院．太阳能供热采暖工程技术规范：GB 50495—2009 [S]．北京:中国建筑工业出版社，2009.
[125] 江亿，李震，陈晓阳，等．溶液除湿空调系列文章 溶液式空调及其应用 [J]．暖通空调，2004，34（11）：80-97.
[126] Critoph R E. Performance limitations of adsorption cycles for solar cooling [J]．Solar energy，1988，41（1）：21-31.
[127] Meunier F. Solid Sorption Heat Powered Cycles for Cooling and Heat Pumping Applications [J]．Applied Thermal Engineering，1998，18：715-729.
[128] ZHONG J X. Air-conditioning System Driven by Waste Heat and Solar Energy [J]．Journal of Central South University of Forestry & Technology，2010，30（8）：138.
[129] MA G，LI J H. The Application of Solid Adsorption Refrigeration in Automobile Air-conditioning [J]．Refrigeration，2004，23（1）：23-26.
[130] 张勇斌．汽车废热利用的途径和现状分析 [J]．小型内燃机与车辆技术，2016（2）：62-64.
[131] 黄清，陈焕新．燃料电池汽车余热驱动吸附式空调中回质过程对系统性能的影响 [J]．制冷，2006（3）：5-8.
[132] 李玲超．余热冷管吸附特性研究 [J]．制冷，2015（3）：20-24.
[133] Kato Y，Takahashi F U，Watanabe A，et al. Thermal Analysis of a Magnesium Oxide/Water Chemical Heat Pump for Cogeneration [J]．Applied Thermal Engineering，2001（21）：1067-1081.
[134] 胡韩莹，方徐君，贺伟．分体式双床连续型吸附制冷系统的设计开发 [J]．制冷学报，2017（2）.

[135] 王学生，王如竹，吴静怡，等．发动机余热驱动的固体吸附式制冷技术应用研究［J］．现代化工，2004（24）：207-210.

[136] 陈二雄，方徐君，胡韩莹，等．采用沸石-水工质对的吸附式制冷空调系统性能试验研究［J］．制冷与空调，2016（6）：43-46.

[137] 徐圣知，王丽伟，王如竹．回质回热吸附式制冷循环的热力学分析与方案优选［J］．化工学报，2016（6）：2202-2210.

[138] 江龙，路会同，王如竹．两级吸附式制冷工质对性能实验研究［J］．制冷学报，2017（6）.

[139] 李昕．浅析某轻卡空调制冷系统设计［J］．汽车实用技术，2017（17）：25-27.

[140] 陈二雄，方徐君，胡韩莹．一体式两床连续型吸附制冷系统设计开发［J］．太阳能学报，2017（4）：1097-1101.

[141] 王如竹，王丽伟，吴静怡．吸附式制冷理论与应用［M］．北京：科学出版社，2007.

[142] 孙永明．制冷空调技术在运输工程中的应用［M］．北京：机械工业出版社，2012.

[143] 刘朝贤．夏季新风逐时冷负荷计算方法的探讨［J］．暖通空调，1999（29）.

后记

首先，著者将《近零能耗建筑技术标准》规定的围护结构传热系数与先进标准进行了对比；以武汉市某一实验室为例，利用DeST软件分析了外围护结构的热工性能变化对于建筑物能耗的影响情况，计算得出武汉市建筑保温材料的经济厚度，进而得出武汉市典型零能耗建筑的外墙和屋顶传热系数。根据欧洲各国的实践经验，设计零能耗建筑时如果从隔热和保温方面着手考虑，同时结合使用节能设备，可实现节约60%～70%建筑能耗的目标；而剩下的30%～40%建筑能耗可以通过合理利用当地可再生能源的方法进行提供。因此，研究可再生能源技术与建筑的有机耦合进而实现零能耗建筑就显得十分重要，本书介绍了相关可再生能源技术。

依据建筑能耗模拟情况以及近零能耗建筑对于建筑围护结构、参数的规定成功建立了实验近零能耗建筑；在近零能耗实验室中，构建了冷热墙及系统，完成冬、夏季冷热墙体的运行并进行实验测试。将可再生能源在近零能耗建筑中加以利用，可进一步减少近零能耗建筑的能耗，进而实现零能耗建筑。在武汉市，对太阳能的利用主要是以光伏发电系统及太阳能热水系统来实现，都可以与近零能耗建筑很好地结合。太阳能光伏系统输出的电能在夏季可以供半导体制冷与制热，在过渡季节可供室内照明等用电器具。太阳能热水系统主要是为住宅建筑提供必需的生活用水，以此来减少生活热水能耗。

依据光伏发电技术和半导体制冷技术，实现了利用太阳能驱动的空调系统。通过理论分析后得出系统各部分的匹配情况，设计、制作了内嵌墙体式太阳能半导体空调器和内嵌墙体式太阳能半导体冷热墙，搭建了实验平台；利用实验测试的方法，对系统进行了深入研究，分析其制冷/制热效果和经济/社会效益以及未来的发展前景。研究结果表明：①太阳能光伏电池的倾斜角度直接影响其输出功率，最佳倾角的选择应该根据不同的地理位置和所在地全年太阳辐射强度来确定；②太阳能光伏电池的输出电压和输出电流随着负载的变化而变化；③太阳辐射强度的大小是影响光伏电池输出功率的一个重要因素，光伏电池的开路电压随着辐射强度的增大而增大，并呈对数变化趋势，输出电流随着辐射强度的增大而增大，并呈线性变化趋势，④制冷空间的制冷效果受到工作电流、环境温度、有无蓄电池和风扇功率等因素的影响；⑤半导体制冷器的制热比制冷更易实现，当工作电流在2～3A时，制热效果较好；⑥分析了书中设计、制作的太阳能半导体空调器的成本及优缺点，并得出其减排效益。

本书提出了一种基于太阳能利用的风冷热泵三联供系统。该系统包括夏季制冷制热水、过渡季节单独制热水、冬季单独制热、冬季制热兼制热水等多种运行模式，对其原理及结构进行了分析。考虑武汉市典型夏热冬冷的气候特点，对系统设备进行了匹配，设置了控制系统，搭建了实验平台，并且对一年中的春、夏、秋、冬四季进行了运行研究，测试了机器运行性能，测试结果表明该系统具有较好的节能环保优势。

另外，著者还针对辐射供暖技术，包括以太阳能为热源的辐射冷热墙系统和低谷电地板辐射采暖系统，通过实验和 DeST 软件模拟的方式，对该地区的一特定研究对象进行了研究。设计的辐射冷热墙系统在夏热冬冷地区冬季供暖效果良好，而夏季仅能承担约一半的冷负荷。设计的蓄热型低谷电地板辐射采暖系统，当采用特定的运行方案时，在冬季运行中有良好的供暖效果，节电效果显著；对夏热冬冷地区的辐射采暖技术的节能设计和运行有一定参考价值与推广意义。

同时，著者介绍了吸附式制冷技术在夏热冬冷地区的应用，主要包括太阳能溶液除湿空调系统、太阳能吸附式制冷系统。另外，还介绍了一种基于卡车余热利用的小型吸附式空调器。使用计算机语言 VBA 编制除湿和再生模块的模拟程序，对溶液除湿工作特性进行了理论研究。设计了一套太阳能复合管式的吸附式制冷系统，并基于集总参数法利用 Matlab 软件中的 Simulink 模块对活性炭-甲醇系统建立仿真数学模型。采用 PHOENICS 软件模拟与实验结合的方法对一种基于卡车余热利用的小型吸附式空调进行研究，效果表现良好，目前已申请专利并获授权。